都市計画家 石川栄耀

ISHIKAWA Hideaki

都市探究の軌跡

中島直人
西成典久
初田香成
佐野浩祥
津々見崇 共著

鹿島出版会

都市計画家　石川栄耀

目次

第2章　商店街盛り場の都市美運動

第3章　東京、外地での都市計画の実践と学問

第6章 都市計画家としての境地、そして未来への嘱望

執筆分担

中島直人――序章、第2章（1、2）、第3章、第6章（1）
西成典久――第1章、第5章（1、3）、あとがき
初田香成――第2章（3）、第5章（1、2）、第6章（3）
佐野浩祥――第4章
津々見崇――第6章（2）

第5章（1）は西成と初田で「今に残る石川栄耀の足跡」を、西成が「石川栄耀が責任者となるまで」、「戦災復興計画の概要」、「計画の縮小とその実現過程」を、初田がそれ以外を分担した。

第5章（2）は中島が「東京都美観商店街」、「屋外広告と都市美」を分担した。

第6章（3）は佐野が「岡山百万都市構想」、中島が「名都と市民感情」を分担した。


引用に関しては「　」で示した。読書の煩わしさを避けるため原則として引用文中の旧字を新字に、旧仮名遣いを現代仮名遣いに改めている。漢字表記をかな書きとしたところもある。表紙を掲載した書籍については所蔵先を明記した。ただし著者蔵については標記を省略した。

石 川 栄 耀

1893–1955

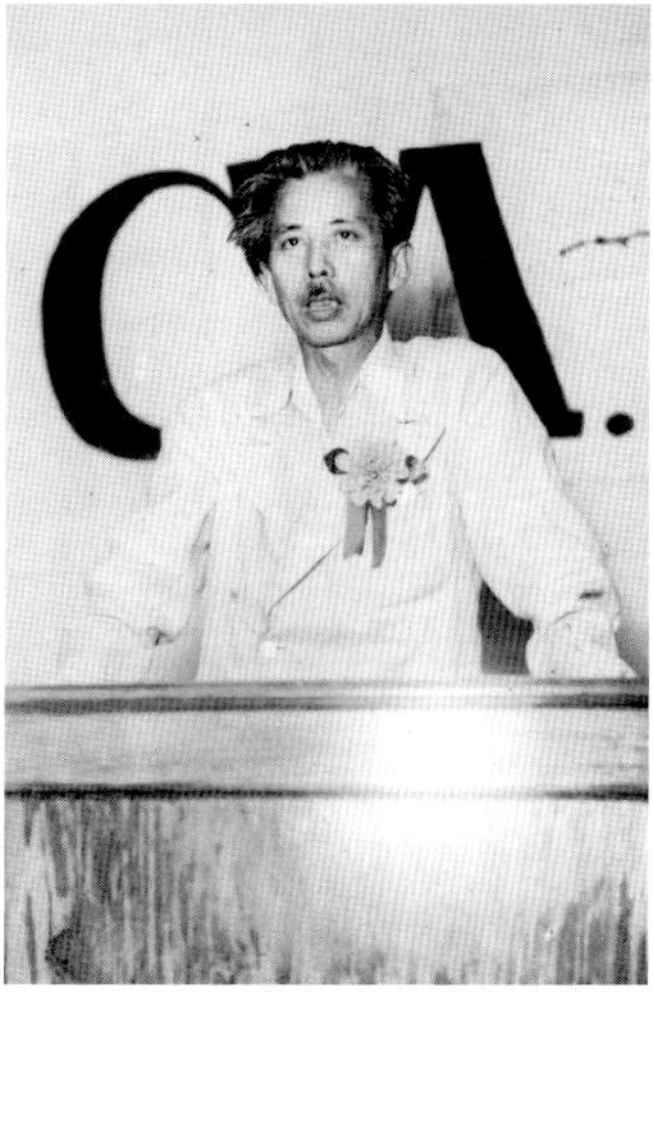

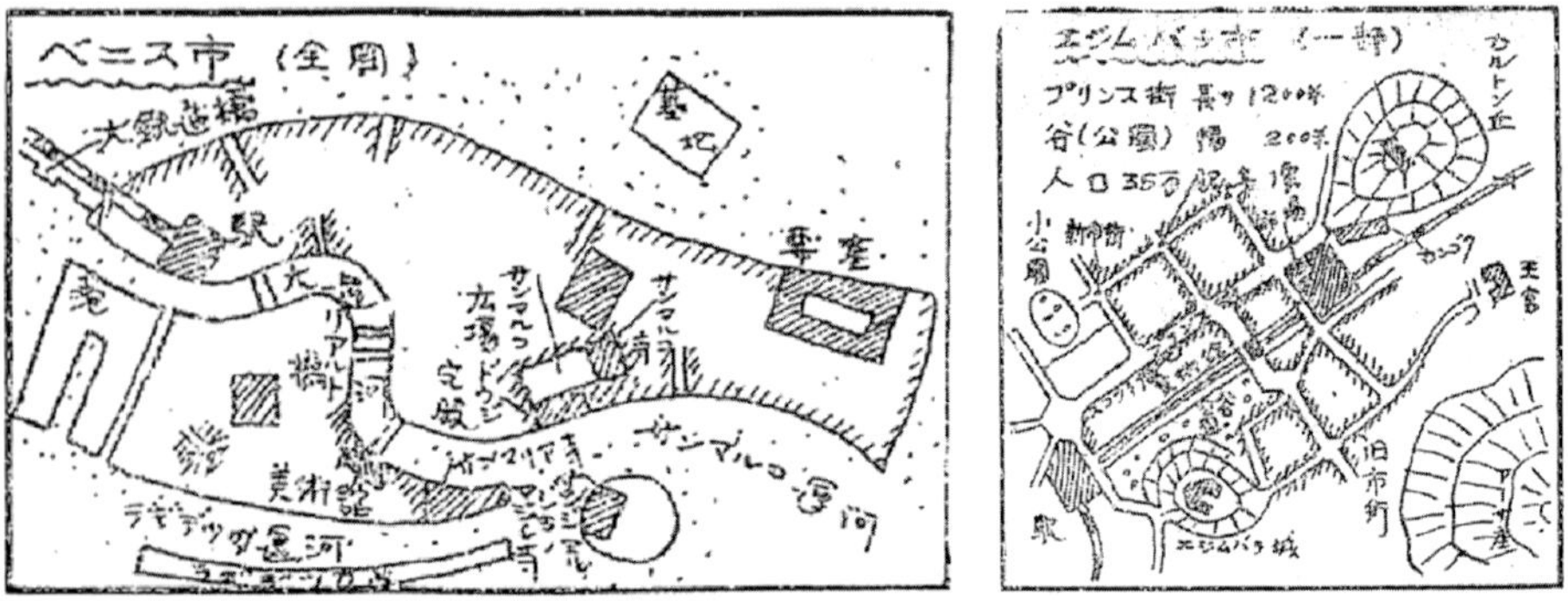

図1　**外国諸都市の構造スケッチ**　石川は1922年に中国、1923年から24年にかけて欧米の各都市を巡った。その際に立ち寄った都市の幾つかに、追い求めるべき「郷土都市」のありようを見出した。そうした都市の構造を明らかにしようと試みた際のスケッチである。（1章参照）

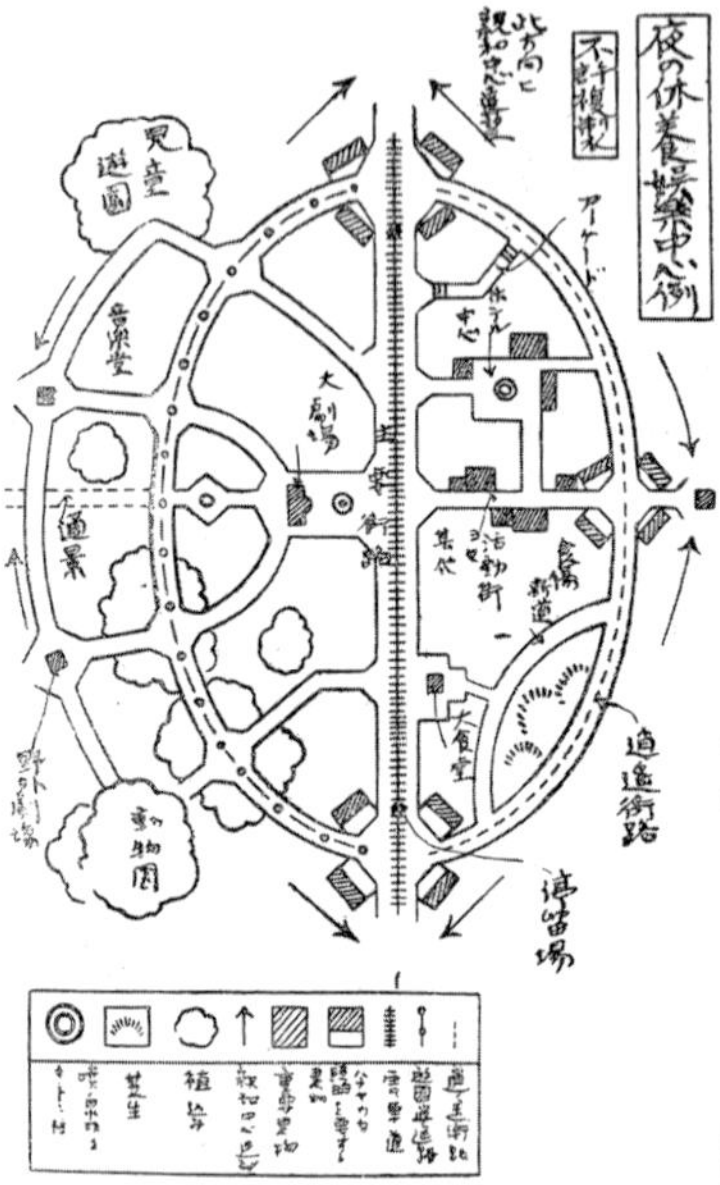

図4　**「夜の休養娯楽中心例」（1926年）**　昼の産業主体の都市計画に対し、夜の人間生活中心の都市計画を標榜した石川ならではの提案である。（1章・2章・5章参照）

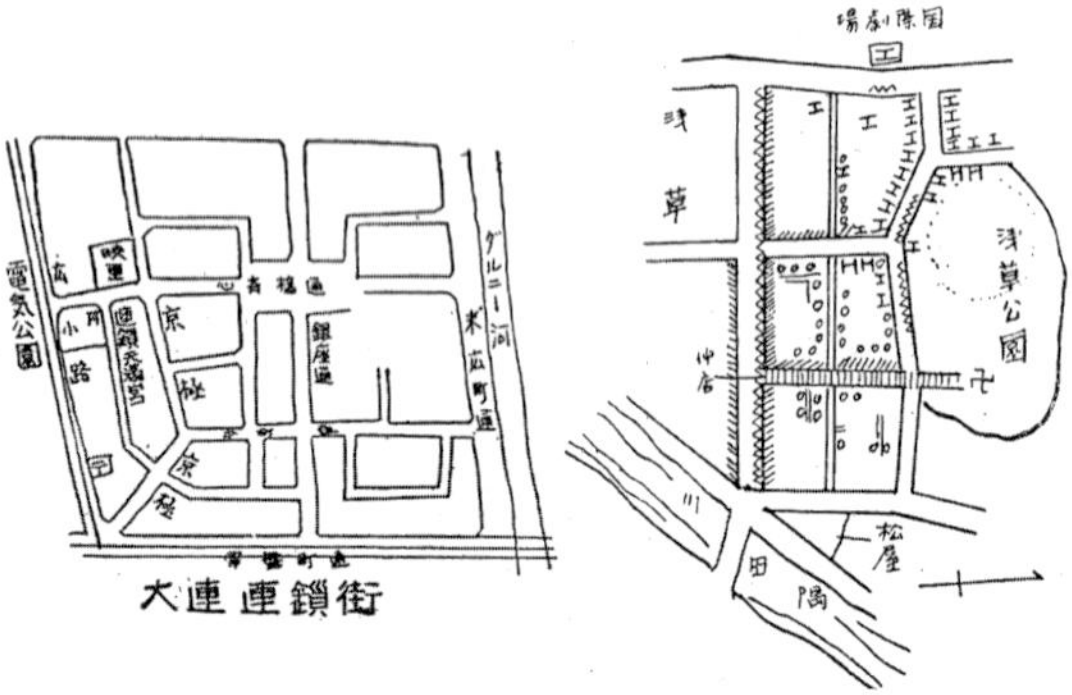

図2　**手書きの盛り場スケッチ**　1936年、『都市公論』誌に日本全国、朝鮮、満州の各都市の盛り場の特徴を巧みなスケッチとともに描き出す「盛り場風土記」を連載した。石川は出掛けた日本全国の都市で、盛り場に着目してまちを歩いた。（2章・3章・5章参照）

図3　**商店街を視察する石川栄耀（戦後）**　石川は自分の脚で全国の盛り場、商店街を尋ね歩いた。（2章・3章・5章・6章参照）

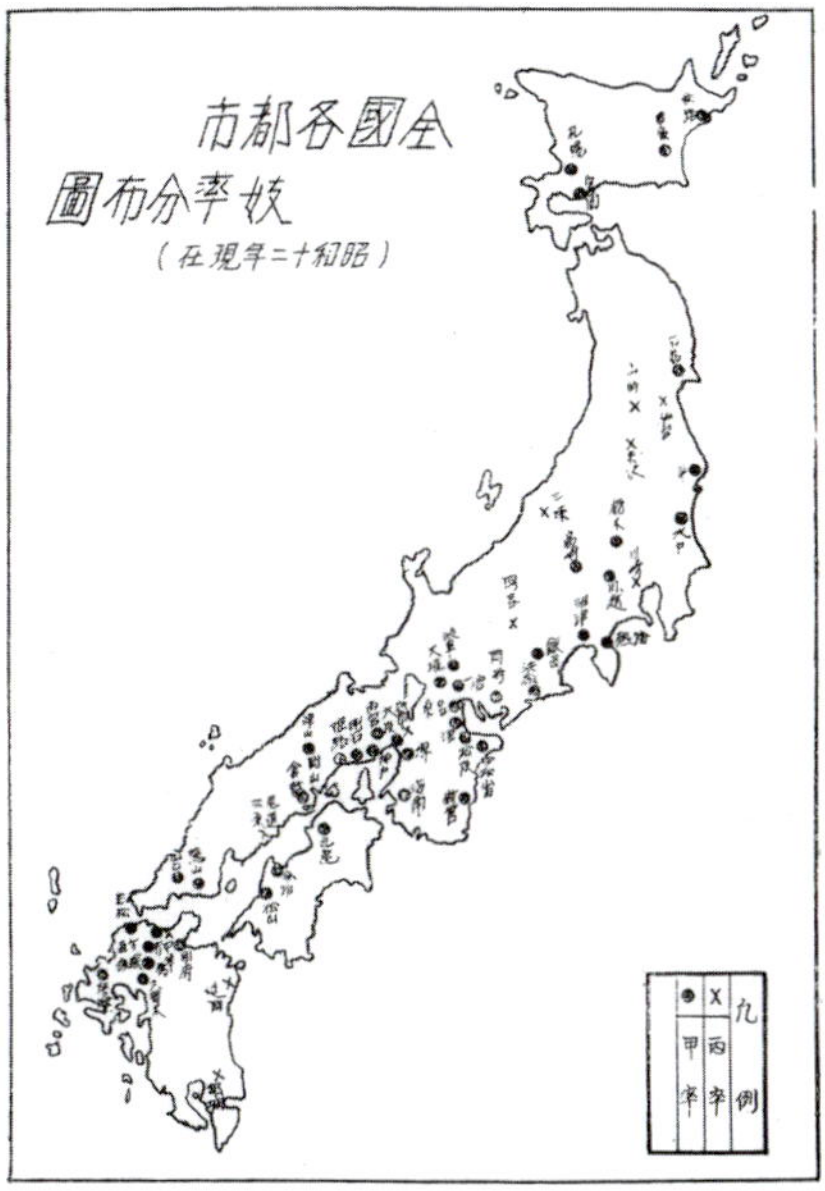

図6　**全国都市妓率分布図（1940年）**　石川は各都市のポテンシャルを様々な指標で表現した。上図は各都市の芸妓数を指標としている。（2章・3章参照）

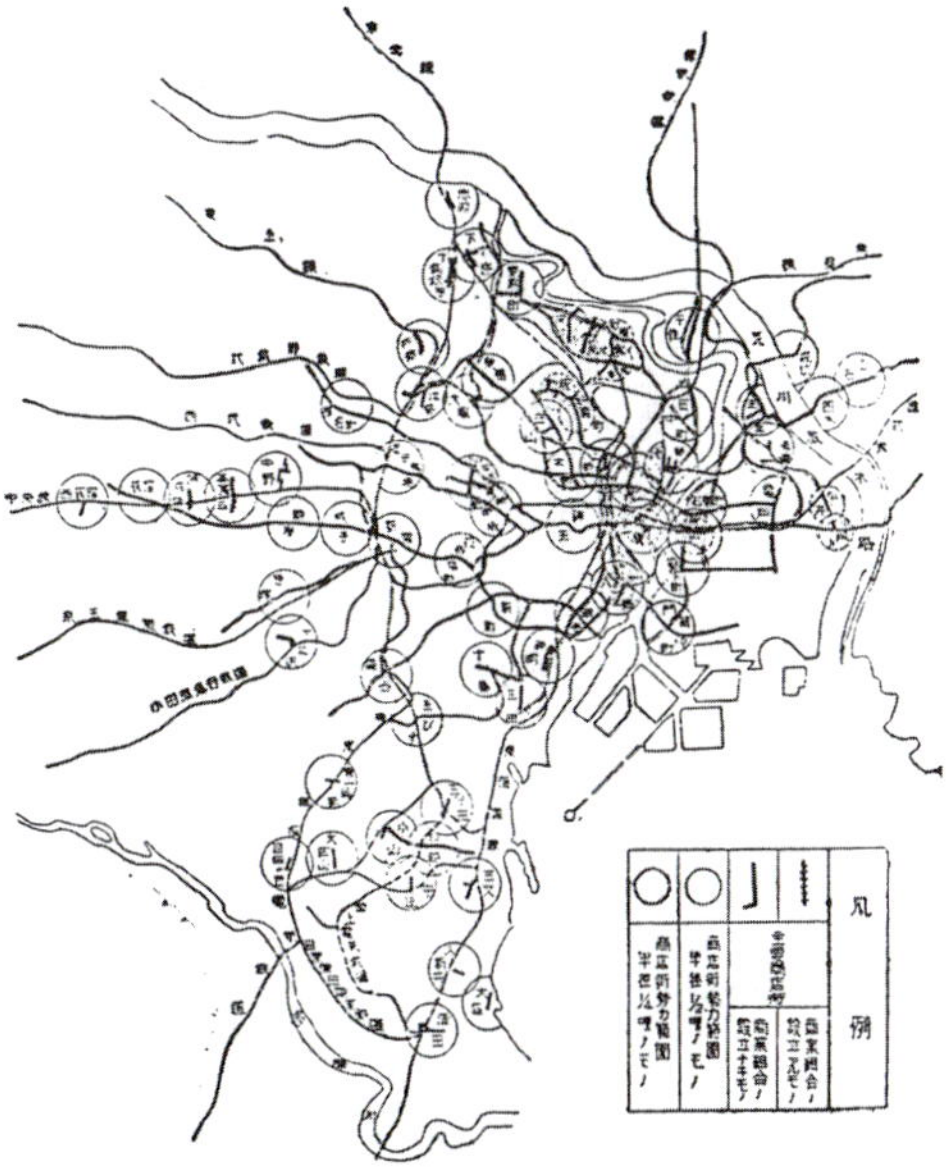

図5　**東京における盛り場の分布図（1944年）**　商店街、盛り場の勢力範囲を表示している。石川は盛り場、商店街が生活圏の中心にあると考えていた。（2章・4章・5章参照）

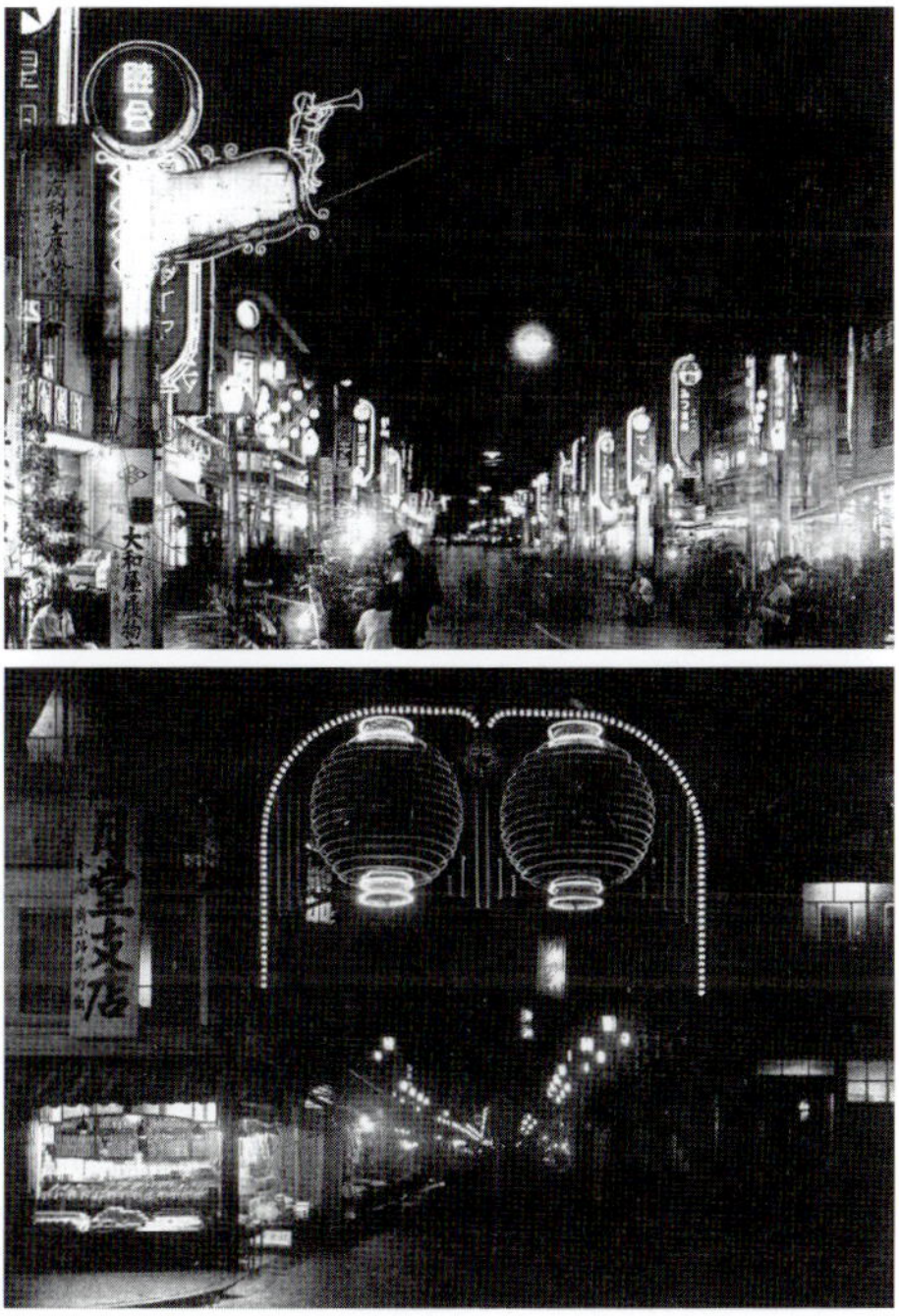

図8　**昭和戦前期の商店街の夜景**　上は浅草区役所通りのネオン、下は名古屋大須のネオンで縁取られた大提灯の街門。石川は照明学会でも活躍した。（2章参照）

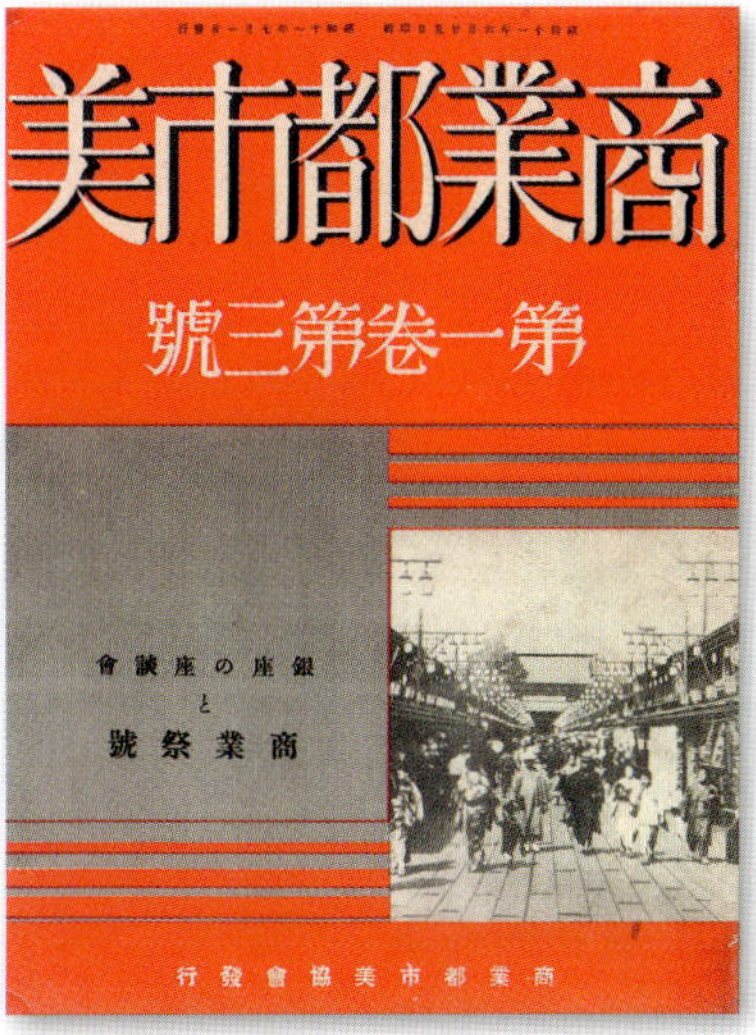

図7　**雑誌『商業都市美』の表紙**　石川は1936年に商業都市美協会を立ち上げ、商店街盛り場の育成を目的とした「商業都市美運動」を展開した。（2章参照）

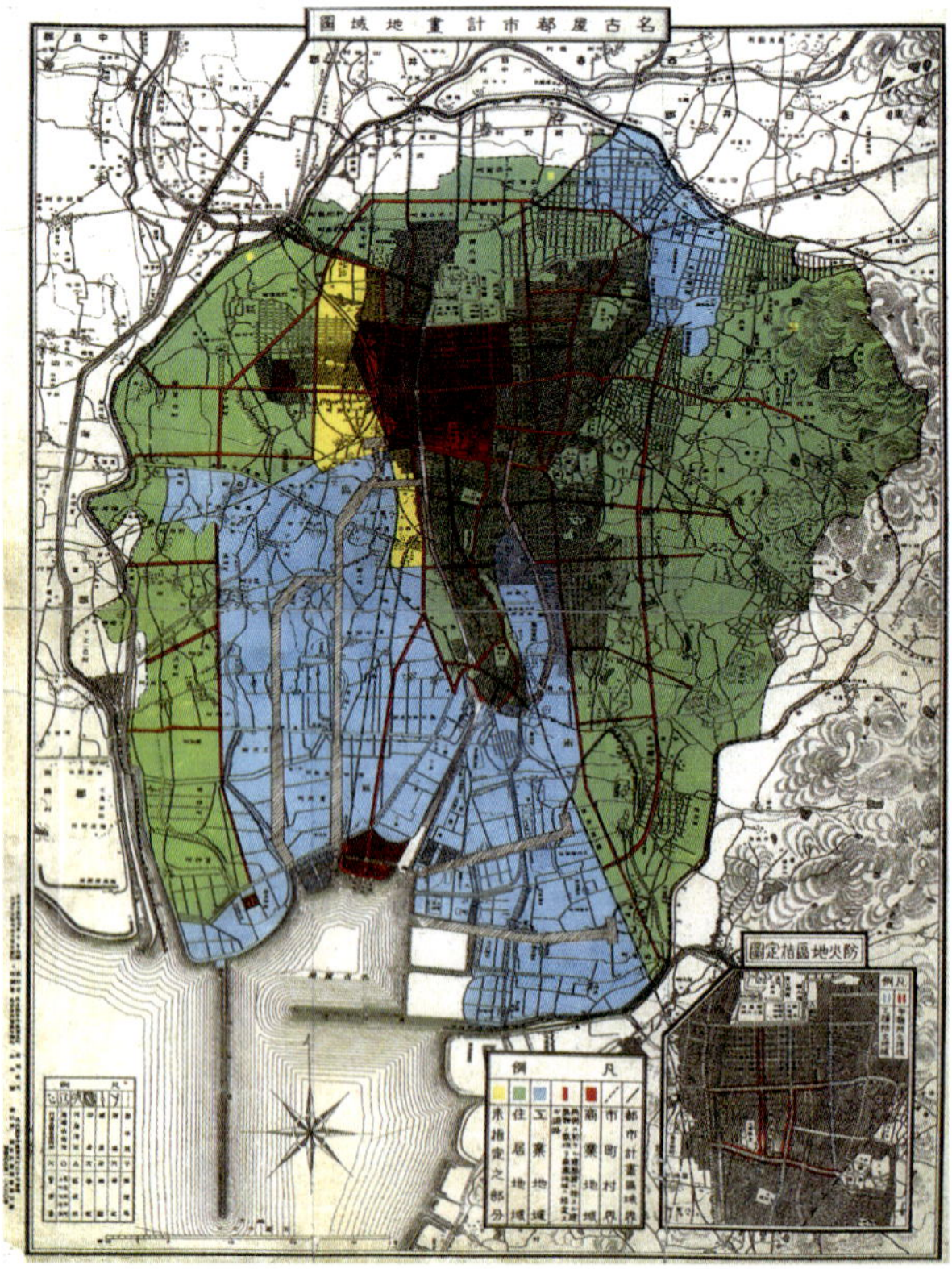

図9　**名古屋都市計画地域図（1924年）**
当時の名古屋は、都市部の工業化に伴う人口増加により、拡大する住宅地の基盤整備が求められていた。石川はR.アンウィンに名古屋の都市計画について高評を仰いだところ、海岸付近全てが工業一色であることは考え直す必要があると指摘される。以後、産業主体で進む日本の都市計画を批判的に見る視点が宿ることとなる。（1章・2章参照）

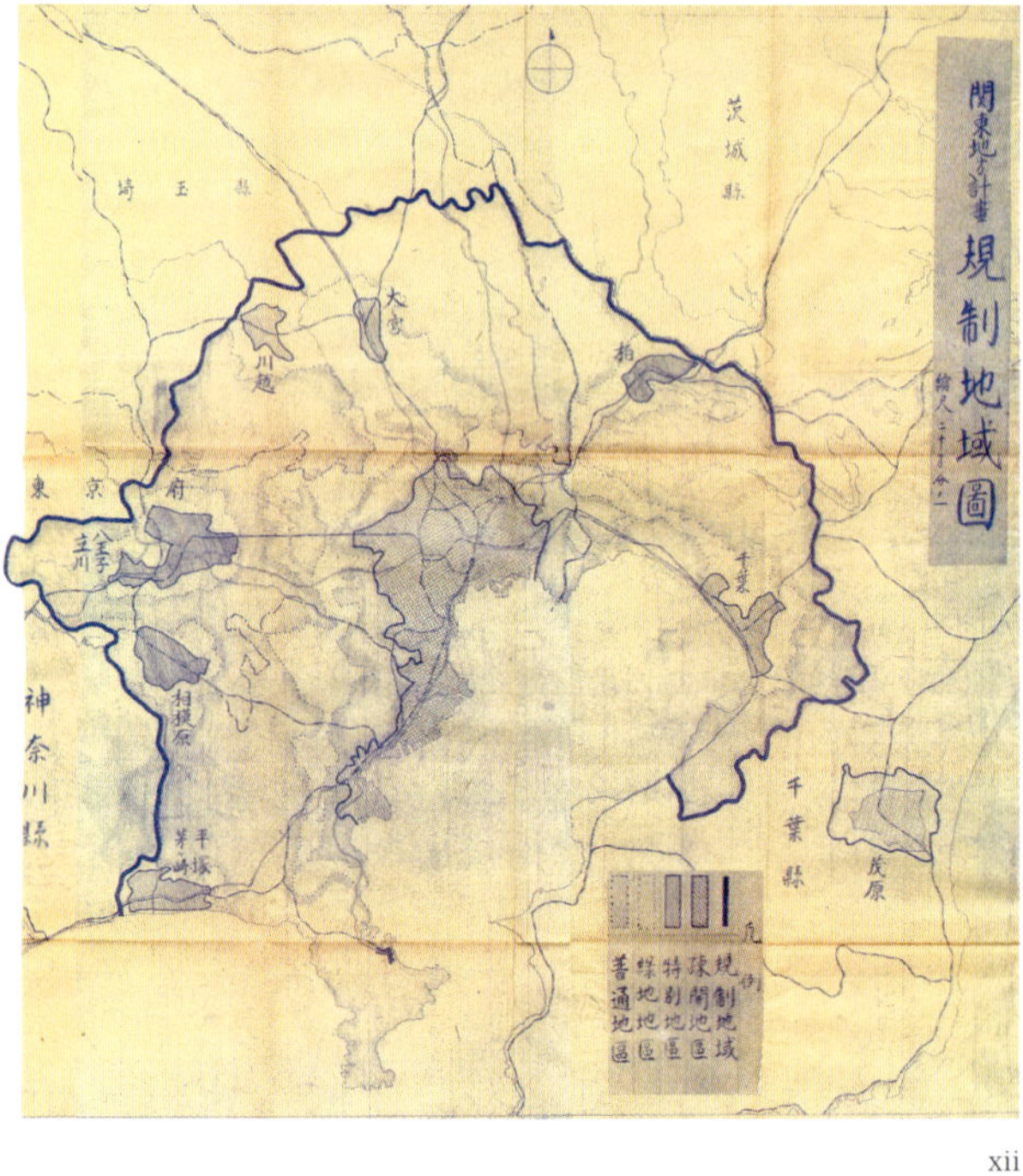

図10　**関東地方計画規制地域図（1942年）**
小都市を愛した石川は、東京のような大都市の人口吸引力を十分に考慮し、かなり広域的なレベルで大都市の膨張を抑制しようとしていた。都心から栃木県にかけての地域において、各戸への訪問調査による地道な生活圏実態調査をもとに、都心から40km圏に衛星都市（柏、大宮等）、100km圏に外郭都市（茂原、宇都宮等）を配置、現在の首都圏整備計画に通ずるプランをすでに戦時に考案していた。（4章・5章参照）

図11　**東京戦災復興街路網・緑地・区画整理計画図**　1946年8月20日に東京都建設局監修のもと発表した計画図。幅員100m道路が皇居の周囲を巡り東京の東（下町）と西（山の手）をつなぐように計画され、帯状の緑地が都内の中小河川や幹線街路をつたって核となる緑地を網の目のようにつないでいる。この壮大な復興計画は1949年6月に縮小方針が決定される。（5章参照）

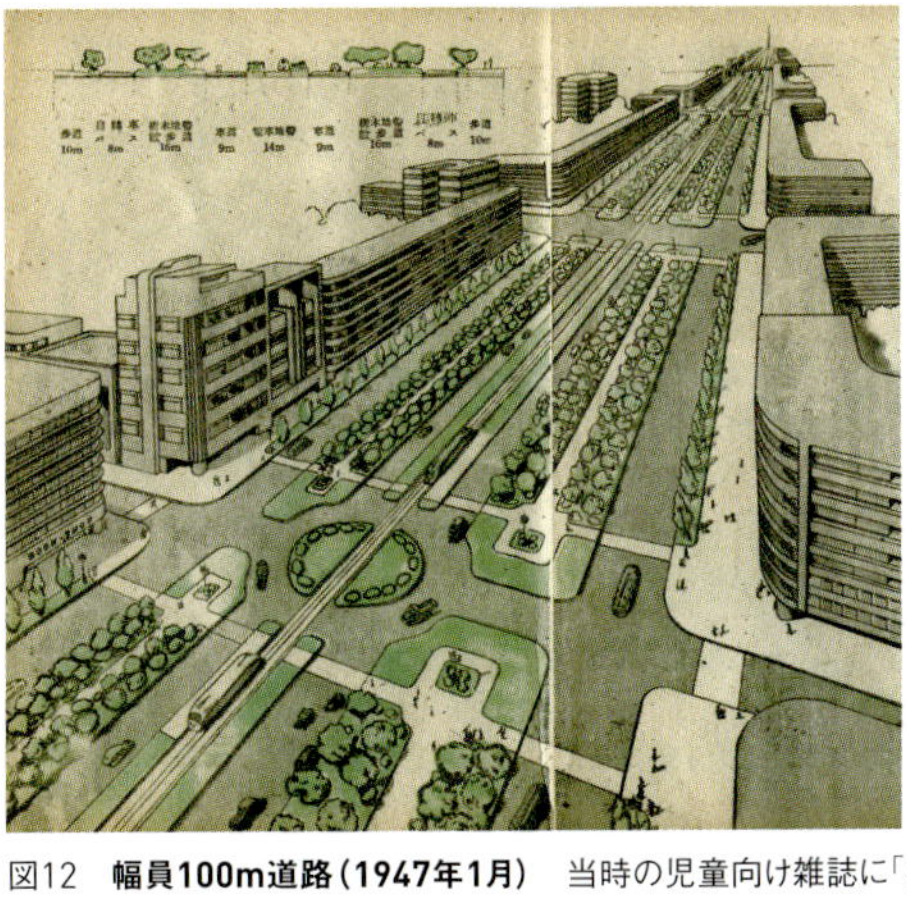

図12　**幅員100m道路（1947年1月）**　当時の児童向け雑誌に「20年後の東京」と題して発表した原稿の挿絵。石川は東京戦災復興計画で7本の100m道路を計画したが、1949年に行われた計画の縮小に伴い、これらの道路が実現することはなかった。（5章・6章参照）

(上)図13　**中野美観商店街(現中野サンモール商店街 1951、2年)**　1948年、石川の提案にもとづいて都内に31カ所の美観商店街が指定された。石川が関与した「都市空間遺産」は現在でも多数残っている。(5章参照)

(右下)図14　**浅草新仲見世商店街のアーケード(1952年頃)**　石川は戦前から商店街の共同設備について研究を進め、戦後はまだ草創期のアーケードに着目した。日本独特とも言われる商店街風景の成立に石川は大きな役割を果たした。(5章参照)

(左中)図15　**上野水上音楽堂(1957年頃)**　石川は地元と協働し、不忍池を中心に上野を一大盛り場にしようと目論んだ。とくに水面にステージを配置する水上音楽堂は石川がほれこんだ計画だった(現在はステージの位置は変更されている)。(5章参照)

(左下)図16　**上野西郷会館(年代不明)**　GHQの命令による東京都の露店整理事業の責任者となった石川は営業者の新生に尽力した。石川は営業者が入居する共同店舗(現上野西郷会館)を上野公園の斜面に建設するアイデアを出した。設計は土浦亀城。(5章参照)

(上)図17　**竣工当時の新宿歌舞伎町広場(1956年頃)**
(下)図18　**現在の新宿歌舞伎町広場**
戦災復興当時、町会長である鈴木喜兵衛からの嘆願に応じ、石川は理想的な盛り場を目指して歌舞伎町を計画した。特に中央西側に配置した広場は、西欧の中世広場を参照しつつも、日本の伝統的盛り場の空間構成から広場および周辺街路網を設計した。広場周囲には竣工当時から映画・劇場が建ち並び、現在でもその賑わいは変わっていない。「人と人のつながり」を盛り場(商店街)に求めた石川の理念は、その表情を変えながらも生きている。(5章参照)

図19　**現在の麻布十番広場**
石川は麻布十番においても広場を創出していた。広場中央にある階段状のアイランドは80年代後半に整備されたものである。現在は「パティオ十番」と呼ばれ、商店街の様々な催しに利用されている。(5章参照)

石川栄耀の主要著作

①

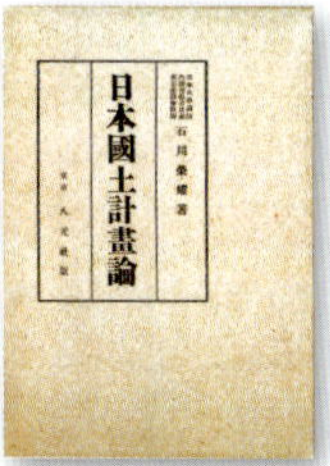

②

③

④

⑤

⑥

⑦

⑧

⑨

⑩

⑪

⑫

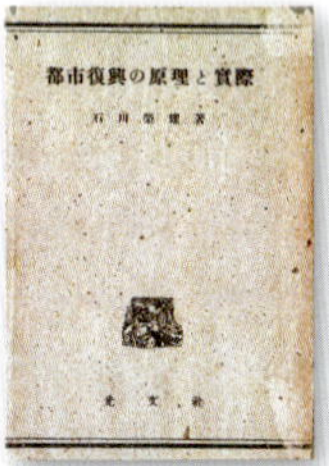
⑬

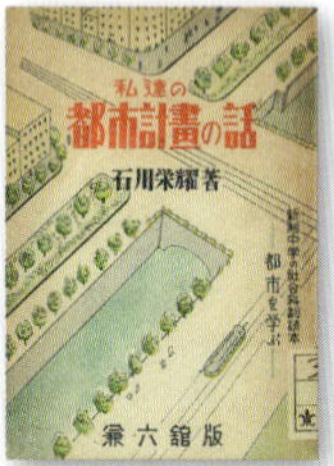

⑭

⑮

⑯

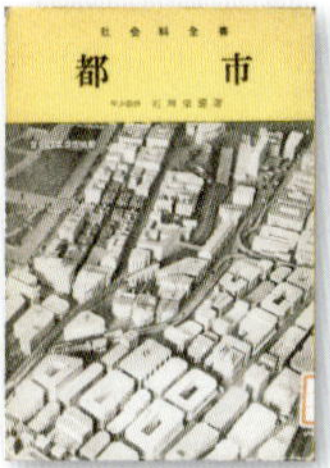

⑰

⑱

⑲

⑳

生誕	1893	
東京帝国大学土木工学科卒業	1918	
都市計画名古屋地方委員会技師	1920	
	1932	『都市動態の研究』①
都市計画東京地方委員会技師	1933	
	1941	『日本国土計画論』②、『防空日本の構成』③、『都市計画及国土計画』④
	1942	『戦争と都市』⑤、『国土計画:生活圏の設計』⑥、『 国土計画の実際化』⑦
東京都道路課長	1943	『都市の生態』⑧、『国土計画と土木技術』⑨
東京都都市計画課長	1944	『皇国都市の建設』⑩、『国防と都市計画』⑪
	1946	『新首都建設の構想』⑫、『都市復興の原理と実際』⑬
東京都建設局長	1948	『私達の都市計画の話』⑭
	1949	『都市計画と国土計画』⑮
早稲田大学理工学部教授	1951	『都市美と広告』⑯
	1953	『都市』⑰
	1954	『新訂都市計画及び国土計画』⑱
死去	1955	
	1956	『世界首都ものがたり』⑲、『余談亭らくがき』⑳

都市計画家　石川栄耀

都市探求の軌跡

序章　都市計画家・石川栄耀への眼差し

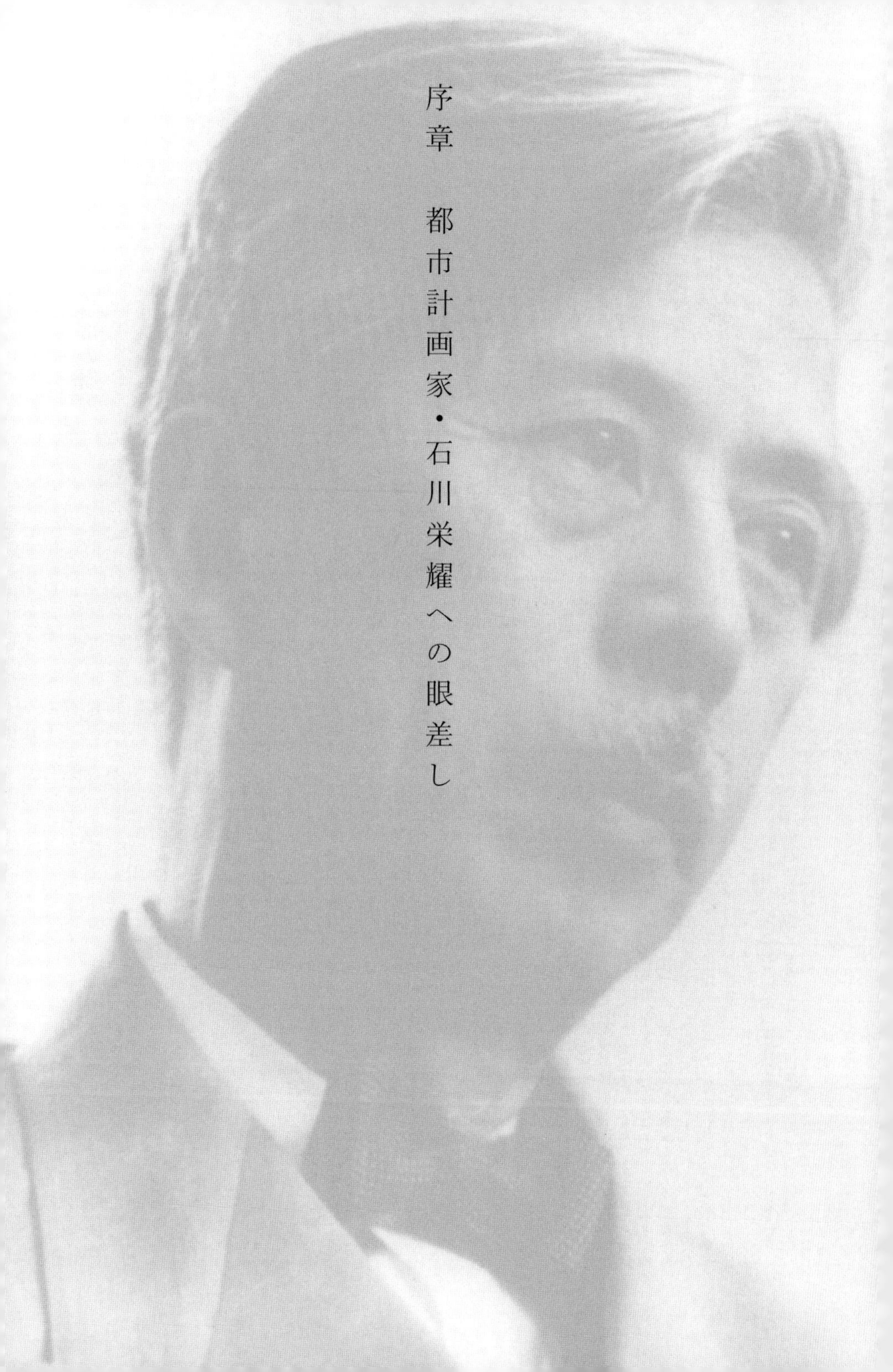

都市計画の現在地と都市の原論

石川栄耀は我国の都市計画界において最も高名な人物である。日本都市計画学会は学会の最も栄誉ある賞を「石川賞」と名付け、石川栄耀の顔が彫られたメダルを受賞者に贈っている。また、学会誌『都市計画』では「石川栄耀生誕百周年記念号」という特集号が組まれ、『石川栄耀都市計画論集』という一〇〇〇ページに迫る大部のアンソロジーも日本都市計画学会から発行されている。石川は「旧都市計画法で最も功績があり、かつ、最も典型的な旧法下の都市計画官」*1と評価されるほどの人物なのである。

しかし、本書が石川栄耀を主題とする理由は、そうした都市計画界での高名さをどんなに説いたとしても伝わらないだろう。なぜなら、今、私たちが石川に着目するのは、石川が都市計画のオーソリティだからなのではない。むしろ、オーソライズされた技術や制度としての都市計画とは異なり、本来あるべき、あるいは可能性としての都市づくりへの能動的な関わり方を「都市計画」と表現するとすれば、石川は最も意識的に「都市計画」を探求し、常に既存の都市計画という枠組みを批判的に超越していくことを実践した人物であった。石川がそうした人物であったからこそ、私たちは石川に着目するのである。この石川という一人の都市計画家の歩みを追うことを通して、「都市計画」を構想し、その自然な延長線上で、都市、そのものを探求していきたいと考えている*2。

なぜ、今、「都市計画」を構想する必要があるのか、についても、ここで説明しておきたい。振り返ってみると、我が国において都市計画という分野が形を成すのは、一九一九年の都市計画法（旧法）の制定以降である。都市計画は、当時、あらゆる都市が共通して経験しようとしていた人口急増と市街地拡大に対して、「計画」的理念と手法によってその制御を試みた社会技術であった。基本的に国家が権限を掌握するスタイルをとった我が国の都市計画

*1　川上秀光・新谷洋二・石田頼房・広瀬盛行（一九九三）、「座談会 石川栄耀と日本都市計画」、『都市計画』182号、一八八頁、日本都市計画学会

*2　石川栄耀は、日本都市計画学会の学会誌創刊号に寄せた「都市計画未だ成らず」という論考で、我が国には都市計画法があり、この法律に則って計画が立てられ、実行されてきたが、それらは「都市計画」の名に値するものではなかったと論じている。「何等ほこるに足る「都市像」を有たぬ人々が「都市計画」を求め都市計画を与えようというのである」（石川栄耀（一九五二）、「都市計画未だ成らず」、『都市計画』創刊号、三二頁、日本都市計画学会）。石川は「都市計画」が成立するためには、都市に対する科学の樹立と都市に対する社会感情の感得によって生み出される「都市学」が必要だと説いた。

は、「近代国家・日本」に相応しい都市の創造という課題に、物的環境の側面から取り組んだ。戦後もこうした都市計画の役割は一貫して引き継がれてきた。都市計画の骨格を規定する都市計画法は、一九六八年の全面的な改正をはじめ、手法としては更に強まった市街化圧力を制御する能力と地区レベルでの土地利用、建築形態を詳細に制御する能力の向上を目指して、また、その手法を行使する主体としては国家から基礎自治体への分権、そして市民参画の導入を目指して、いくたびもの改正を重ねてきた。

私たちが眼にする都市計画は、そうした積み重ねの結果としてある、齢九〇才の姿である。しかし、現在、その都市計画が大前提としていた都市の動態が大きく変わろうとしている。近代以降初めての人口減少社会に突入する我が国では、都市計画が従来対処してきた都市への人口集中、市街地の拡張という現象は緩和されることが予想されている。また、地球環境時代の到来によって、近代が要請した留まることのない成長路線とは異なる持続可能な都市が求められるようになっている。人口減少、都市縮小の動向と地球環境問題への対処とが相まって、成熟したかと思われていた社会技術としての都市計画の根底を揺るがしている。

こうして前提としていた社会状況が変わろうとしている都市計画の現在地にて、私たちが抱いている問題意識は、その変化に技術的に対応するということとは違う次元でも、この転換期に挑まねばならないのではないか、ということである。というのは、今、私たちが直面している課題は、都市計画というよりも都市そのものの意義を再構築するという課題であるからだ。都市は、単に外形的に膨張したり、縮小したりしている、あるいは総体としてエネルギーを大量に消費してきた、ないしは抑制しはじめているということ以上に、生活者としての実感の中で、質的に確実に変化してきている。その変化はさまざまな事象で説明できると思われるが、私たちがもっとも本質的だと思うことを課題というかたちで端的に述べれば、それは近代を通じて、徐々に徐々に、しかし徹底的に個人化されきたこの社会の功罪を冷静にみつめた上で、再び共同や公共といったコンセプトをどのように今日的に意味付け、恢復させていけるのか、その時、都市はどのような役割を果たせるのか、ということなのである。いま、都市計画が本当に挑まなければならないのは、こうした課題に向き合って応えることであるし、都市計画にはそうした都市の原論の再検討が期待されていると感じている。

したがって、都市計画は、市街地の縮小や地球環境問題への対処といった話に技術的なレベルで対応していればいい、とはならないのである。その九〇年近く積み重ねてきた技術を支える都市の思想を、必要であれば大胆に刷新したり、意識的に継承、再生していかねばならないのである。技術とそれを支える思想をひっくるめた総体は、現在の法律や制度に則った都市計画よりも、広い間口、深い奥行きを持っている。

「都市計画」は、法律や制度にのっとった範囲でオーソライズされた社会技術としての都市計画そのものではない。石川栄耀を通して考えていきたい「都市計画」とは、都市の概念や理念、都市に対する態度や姿勢から法律や制度、技術までを貫くものである。つまり、それは、都市の原論に確かに基礎付けられた一つの社会知のことである。

石川栄耀という都市計画家

本書の目次を一瞥すれば察しられるように、石川の活動は「旧都市計画法で最も功績があり、かつ、最も典型的な旧法下の都市計画官」という評価にはとても収まりそうにない。石川は土地区画整理事業による良好な都市基盤の創造に都市計画技師の本務として取組みながら、盛り場に入り、美化運動を展開し、祭りを創設した。また、実践に力を尽くした傍らで、その根底や背景、基盤としての理論を追求し、都市計画の教科書を執筆し、都市計画学の構築を目指した。また、都市スケールを越えて生活重視の国土計画論を展開して、数多くの著作をものにした。東京の戦災復興計画では、首都圏レベルの計画の立案から東京の土地利用計画、街路網計画など中心に据えつつ、個別具体の商業空間や広場空間の設計も多数試みた。更に、全国各地での講演活動や児童向けの書籍による啓蒙、地元でのコミュニティ活動などを積極的に展開した。

都市計画家とは、都市計画の制度や技術によって規定される何かなのではなく、現実の都市や理想とする都市からの要求に真摯に対応する人物のことだとすれば、石川はまさに都市計画家であったと言えよう。石川の活動の広がりは都市計画家のあるべき姿を追い求めたゆえの必然であったと思われる。すなわち、石川は常に次のような謙虚な気持ちで、あるいは都市計画を都市と近づけるべく、「都市計画」の確立に取り組んでいたのである。

「『都市計画』と云う華々しい名前を有ちながら自分達の仕事がどうも此の現実の「都市」とドコかで縁が切れてる様な気がしてならない」＊3

「都市が何だか解らん事は結局それを計画すると云う都市計画と云う字が馬鹿馬鹿しくなる。今更不見識の至りである」＊4

石川の「都市計画」は常に現実の都市と都市計画の関係を巡る苦悩を経て、措定されていた。石川は本書でも言及するように、戦時中、全体主義的な思想を称揚し、皇国都市論を

＊3　石川栄耀（一九三二）、「『盛り場計画』のテキスト 夜の都市計画」、『都市公論』15巻8号、九三頁、都市研究会

＊4　石川栄耀（一九二八）、「都市は永久の存在であろうか『郷土都市の話になる迄』の断章の十四」、『都市創作』4巻1号、一九頁、都市創作会

展開したが、戦後は民主主義を説く知識人の一人となった。思想史的な文脈においては安易な「転向」とも捉えられかねない変わり身で、こうした点をして、ある種の浅はかさを指摘することは可能だ。しかし、私たちが石川を深く理解すべき人物だと考えるのは、石川の活動は全体主義や民主主義といった政治思想以上に、常に「都市の思想」とでも言うべき、全くぶれることのなかった都市への強い関心、興味、情熱に明確に根拠付けられていたように感じられるからである。例えば、石川は戦時中の一九四四年三月に出版した『皇国都市の建設』の序文において、「応戦態勢」「戦争経済」下で都市機能の疎開、簡素化、すなわち都市の解体こそが都市計画家に求められるという状況に対して次のように応答している。

「とまれ、都市の問題にたずさわって既に二十有余年になる。今では膏肓に入って、旅に出ても風景よりは都市を味う様に偏してしまった。都市を通じて表現される人類の味が大らかでなつかしいのである。その都市がここに大きく転換せんとするに当面し云い様なき感慨を感じる。都市を失いたくない」＊5

石川の都市観については本編において徐々に明らかにしていくが、ここで一言で先行的に述べておけば、石川は都市がもたらす問題性だけでなく、可能性に積極的に目を向け、都市生活者の視点から、人間の郷土としての都市を追求していった。戦前、戦後を通じて人生の幸福の基礎的な部分としての都市のありようを問い続けたのである。

石川が現代における「都市計画」の可能性に示唆を与えると期待されるのは、こうした人間の郷土としての都市という都市観の強度と持続性ゆえである。倫理の飛躍とのそしりを受けることを予想しつつも、あえて私たちが持つ仮説をあらかじめ提示しておこう。現代

＊5　石川栄耀(一九四四)、『皇国都市の建設　大都市疎開問題』、序三頁、常磐書房

において「都市計画」が可能であるとすれば、それは強い「都市の思想」を持ちえた場合のみではないだろうか。石川は近代日本における都市に対する最もポジティブな夢想家、ロマンティストであり、探求者であった。そして、だからこそ「都市計画」に自由に親しむことができた。石川の思想と生涯、つまり都市探求の軌跡は、そうした事柄を現代の私たちに想起させるだろう。

人物研究としての意義

私たちは、本書を、都市づくりに意識的な関わりをもつ人、例えばまちづくりの現場で日々活動している人々から都市計画に関心を持ち始めた学生まで、様々な人に読んでもらいたいと思っている。多くの人に石川栄耀を「都市計画」を考える題材として提供したいというのが真の狙いである。しかし、その一方で、本書は学術書としての性格も合わせ持っている。本書が切りひらく学問的な文脈での新たな視界についても、説明しておく責任があるだろう。

本書は、都市計画家・石川栄耀を主題とした人物研究である。人物研究の重要性については、ここで言うまでもないかも知れないが、いかなる職業、学問でも、その分野を支える「思想」を先達の思考遍歴、実践的態度から学び取ることは、自分たちなりの哲学の構築のために、あるいは自らの志や初学者のそれを鼓舞し、持続させるために必ず必要な行為である。同時に、そうした人物を通じて、自分たちの用いている「技術」の来歴を知ることは、現在の「技術」の改良の方向性を見定めるにあたっての有効な所作となろう。しかし、我が国では都市計画の歴史を扱う都市計画史の分野における人物研究は、法制度の歴史やプランの歴史に比べて決して多いとはいえない状況である。

これまでに我が国において行われてきた都市計画史分野の人物研究は、大きく以下の三つに分類されよう。

1　都市計画を推進した首長や政治家に関する研究

例えば、関東大震災後の東京にて、帝都復興事業を成し遂げた後藤新平（元東京市長、帝都復興院総裁）、御堂筋をはじめ大大阪時代の都市骨格をつくりあげた関一（元大阪市長）などについて、研究が進められてきた。こうした首長や政治家に着目した研究は、日記や伝記などの諸資料が比較的揃っていて着手しやすいこと、また歴史学など他分野からもアプローチしやすいこともあって、数は多い。しかし、彼らから都市の理想を語り、大局的な将来を見通す力はたしかに見習うべきものは多いが、その多くが都市計画の実際の現場にいる技術家の苦悩、例えばまさに図面に一本の線を引くことに関する苦悩からは遠い、高見であることは否めない。私たちは彼らの高見に学びつつも、もっと都市計画の現場に近い人物を求めている。

2　都市計画法の立案に関わった人物たちに関する研究

例えば池田宏（都市計画法の立案者、初代内務省都市計画課長）や片岡安（日本建築協会初代会長、我が国で最初の都市計画研究者）などの都市計画法成立期の人物に関する研究が進められてきた。我が国に都市計画を導入しようとした彼らの意義込みは熱く、原点にこそ特質が凝集された形で見えるという発生論的アプローチに立ったとき、都市計画法の立案者たちの思想を読み解くことの大きな意味は自明であろう。しかし、それと同等に、そうしてでき上がった都市計画法というツールを使いこなすことになった人物たちがどのような思想でどのような実践を試みたのか、ある意味で現在の私たちの活動にも直接通じる重要なテーマであるが、そこに切り込む研究は少ない。かつて、明治期の都市計画の原型を丹念に研究した藤森照信は、「大正以後の都市計画はコントロール型で、誰がどういう思想を込めてどんな都市像をイメージしているのかわからない」「〝像〟による街づくりから〝法〟による街づくりへ」*6となってしまったと評した。法制定以降は、都市計画家の顔や思想が見えなくなり、法の中で右往左往し、具体の空間にまでは関心を持たなくなったという一般的な都市計画家評は果たして本当に正しいのだろうか。今、私たちは再度丁寧な歴史的アプローチから、法の時代のプランナーたちの実像を浮かび上がらせる必要を感じている。

*6 藤森照信(一九九〇)、『明治の東京計画』、同時代ライブラリー版、三五〇–三五一頁、岩波書店

3 欧米の都市計画家・都市デザイナーたちに関する研究

例えば田園都市論の主唱者のエベネザー・ハワード、生態都市計画の父パトリック・ゲデス、田園都市の設計者であるレイモンド・アンウィン、更に高層の都市像を極めて強烈にプレゼンテーションしたル・コルビュジェなど、欧米の都市計画家や都市デザイナーについては、わたしたちは意外とその名前と業績を知っている。これは欧米での人物研究の蓄積の結果でもあるが、同時に「欧米から学ぶ」という近代日本の典型的学習態度の結果でもある。また、都市計画そのものが、一九世紀末から二〇世紀初頭にかけて、欧州そして米国において誕生したという事実が彼らへの関心を高めている。しかし、彼らへの共感に限界があるのも認めざるを得ない。都市計画は計画文化ともいうべき各国固有の文化、社会制度等を前提としてかたちづくられている。欧米の都市計画家や都市デザイナーたちを比較対象としつつ、我が国の都市計画家がいかなる思想を獲得し、いかなる行動で実践したのかを理解することは我が国固有の計画文化を理解することにもつながる。そうした点

からも、我が国の都市計画家に関する人物研究が望まれている。

以上のように、都市計画史において、今、最も求められている人物史研究は、都市計画の現場にいて、都市計画法の規定する都市計画の限界に対して自覚的であった、我が国の都市計画家、の研究なのである。本書は、そうした人物に関する研究である。＊6。

石川栄耀の原景

本書では、以下の章で、「都市計画家・石川栄耀」の生涯と思想を追っていく。しかし、その前に、そもそも石川栄耀という都市計画家が誕生するまでの経緯、つまり、石川栄耀の生い立ちについて、ここで若干述べておくことにしたい。

石川栄耀は一八九三年九月七日、山形県東村山郡尾花沢村（現在の尾花沢市）にて、根岸文夫、隆夫婦の次男として生まれた。実父根岸文夫はもともと軍人で、故郷の尾花沢に戻ってからは様々な商売に手を出しては失敗していた一種の高等遊民のような人物であった。栄耀は五歳の時に、根岸文夫の実弟で、日本鉄道株式会社の技師であった石川銀次郎、根岸隆の実妹・石川あさ夫婦の養子にもらわれ、埼玉県の大宮で幼少期を過ごした。その後、大宮町の尋常高等小学校、浦和中学校を経て、養父の盛岡工場長への栄転に伴って、一九〇七年、盛岡中学二年に編入した。

石川が在籍したのは盛岡中学が誇る近代日本文学史の系譜で言えば、石川啄木（一九〇二年退学）と宮澤賢治（一九一四年卒業）に挟まれた時代である。啄木や賢治にとっての盛岡と同様に、石川にとって、盛岡中学での生活、そして盛岡という都市での生活は後々まで郷愁の対象であり、生涯忘れ得ないものであった。石川の都市の原風景の一つは、桜、桃、梨、

＊6　なお、石川栄耀について、私たちはこれまでの既往研究の水準を超えて、徹底的に書き残された著作と活動の記録を収集していく方法を採用している。一人の都市計画家の思考と実践の遍歴をこれまでになく詳細に跡づけた結果として見えてくるのは、彼自身の中でも、生活者としての都市の体験や思想と、職業人である都市計画家としての実践が明確には切り分けられていない、相互に浸透しあい、刺激しあい、スパイラルなかたちで展開していくさまであり、その結果実現していく、その時代や風土といった固有の事情に深く根ざした都市づくりのダイナミズムである。石川は自らの居住地で都市生活を味わい、各地を旅するなかで、自らの思想を構成し、実践した。あるいは実践の過程で市井の人々を巻き込み、ときに反発を受けながらも構想を実現に導こうとし、そうしたなかで自らの思想を再構成していった。体験と実践がシームレスにつながり、思想を構成し、その思想が次なる実践を誘発していった。「計画（や構想、整備）の対象としての都市」と「生きられた都市」との表裏の関係、あるいは対抗的で互いに明確に分別しえる関係を前提とするのではなく、相互交通的、浸透的な関係として、それをそのままに描き出したい。

まったく未熟でありながらも、こうした方法を志すのは、現代の地域主導のまちづくりという文脈において、都市計画家はもはや特権的な立場にいるプランナーではなく、地域の一員として、地域に生きながら地域を運営していく新しい役割が期待されているし、更に言えば、地域に関心を持ち、地域の環境をよりよくしていく活動に従事している誰もが現代的な意味での都市計画家であるという状況に応答する必要性を感じているからである。こうした状況を記録していくであろう都市の現代史の叙述として、最早、「計画の対象としての都市」と「生きられた都市」とを対抗的に見る視角は有効ではなく、本書が

林檎の花がいっさいに開花して、山々の上空が紫色になる、盛岡の春の風景であった。中学生の石川の心は教室の窓から見えた春の息吹溢れる山々の景色にすぐに駆け出して行ってしまったという。

　また、学問の対象としての都市との出会いも盛岡中学時代であった。石川は盛岡中学三年生のときに、気鋭の地理学者・小田内通敏が著した『趣味の地理、欧羅巴前編』と巡り合った。この『趣味の地理、欧羅巴前編』は、「乾燥なる教科書専門書以外、趣味豊かなる読物を家庭及び学生に提供するにしくはなし」*7という目的で、ヨーロッパ各国の地誌を彩色された地図の挿絵とともに口語体で紹介した書物であった。この書物は、「大地に対する愛を育ませ、都市と言う人間現象を、生涯の興味の対象たらしめた」*8のである。

　石川は盛岡中学を卒業後、仙台の旧制第二高等学校にて高校生活を送った。そして、大学への進学を前にして、小田内の書物から受けた感慨を思い出したのか、あるいは鉄道技師であった養父の影響もあったのか、土木、建築、庭園という大地を創造する学問に惹かれるようになっていた。この三つの学問分野で迷い、結局、「美しい道路、美しい橋の朗らさ、健かさを憶い」*9、一九一五年四月、東京帝国大学土木工学科へと進学したのである。

　東京帝国大学時代の石川について、隣家の住人で年齢も近く、当時、最も石川の近くにいた従兄弟の根岸情治*10は、次のように書いている。

> 「彼は所謂《いわゆる》まじめな青年であった。女あそびもしなければ酒を呑む事もしなかった。芸術的な雰囲気を愛し、文学、音楽、美術、演劇等に深い興味を持っていた。いわば一種の文学青年であった。殊に、夏目漱石に心酔した事は非常なもので、漱石の著書はおそらく数回となく読んだことであろうし、漱石の写真や著作集を床の間に飾り立て、

志すようなアプローチが一つのオルタナティブとして可能性を持っている

*7　小田内通敏（一九〇九）、『趣味の地理、欧羅巴前編』、一二頁、三省堂

*8　石川栄耀（一九五二）、「私の都市計画史」、『新都市』6巻4号、二六頁、都市計画協会

*9　前掲

「独りで満足していた」*11

都市計画家・石川栄耀は、人なつっこい世話好きな性格と、天才的な話術、座談、ユーモアのセンスで多くの人を魅了し、都市計画界に留まらない巷間の人気をも博した。盛り場をこよなく愛し、人と人との出会い、交流を大事にし、交歓こそが都市の価値であると力強く訴えた。そうした極めて社交的な性格の強い石川の姿は、青年期にはない。

春の夕をただ独り　蘭のかたへに生きてあり
うれしからずやわれ独り　蘭のかたへに生きてあり*12

青年・石川が詠んだ歌である。石川は土木工学という工学系の学問を修めていたが、一方で自宅近辺の文学仲間と「晩餐」という小雑誌を発行し、詩作に耽っていたのである。そんな石川が大学時代から唯一の遊びとしていたのが寄席通いであった。一貫して下町情緒が充満していた庶民的な寄席に足繁く通った。結局、この寄席通いで得た落語の話術が都市計画家としての石川を支えていくことになるが、何れにせよ、石川の社交性は後天的なものであったことに注意しておきたい。

根岸情治によれば、石川はすでに大学時代から都市計画に強い関心を持ち、しばしば都市の話をしていたという。石川の大学時代は、まだ都市計画法の制定以前で、我が国には都市計画家の姿はなかった。そういう時代に、石川は都市計画家を志していたのである。確かに中学時代の小田内の本の影響もあっただろう。しかし、石川が都市計画に惹かれた真の理由、より根底的な志望動機は他にあるような気がしてならない。文学青年石川、孤

*10 根岸情治（一八九七―一九七一）

石川栄耀の従兄弟で、目白では隣家同士で兄弟のように親しくしていた人物。石川栄耀の斡旋で、戦前には都市計画愛知地方委員会や名古屋の各土地区画整理組合の事務を担当し、一宮市都市計画係主任、北海道庁書記（函館土木出張所）、朝鮮京城都市計画課勤務を経て、一九四一年（昭和一六）には再び石川栄耀の推薦で東京商工会議所で国土計画事務を担当した。戦後は、東京都の戦災復興区画整理事業を請け負う日本都市建設株式会社役員として戦災復興事業に従事。石川栄耀没後に、石川栄耀唯一の伝記である『都市に生きる　石川栄耀縦横記』を著した。その他の著書に『旧婚時代』（一九六九年、青年社）がある。（写真は『旧婚時代』より）

*11 根岸情治（一九五六）、『都市に生きる 石川栄耀縦横記』、一九頁、作品社

*12 前掲、二三頁

独を詠った石川が、都市や都市計画に歩みよっていったのは何故なのだろうか。根岸情治は石川の都市計画家としての人生を、孤独で繊細な自分の本質に対する抵抗的精神の歩みそのものであったと評している。

一九一八年七月に大学を卒業した後、米国貿易会社建築部、横河橋梁製作所勤務を経て、一九二〇年一〇月、念願がかない、前年に公布された都市計画法によって設置が決まったばかりの都市計画地方委員会の技師第一期生として内務省に採用され、都市計画家としての第一歩を踏み出すことになったのである。石川はこのとき、すでに二七歳になっていた。

都市計画家としての歩み

石川は最初に都市計画名古屋地方委員会（翌々年に都市計画愛知地方委員会に改称）に赴任し、二七歳から四〇歳までの一三年間を名古屋の地で暮らし、名古屋をはじめとした愛知県内の各都市の都市計画を担当した。一九三三年九月には都市計画東京地方委員会に転任となり、以降、一九四三年の東京都の成立に伴って東京都に移籍し、道路課長、都市計画課長を経て、東京都の二代目の建設局長となり、一九五一年一一月にその職を辞すまで、つまり四〇歳から五八歳までの一八年間、東京の都市計画、特に戦後は東京の戦災復興計画の立案と実施に力を注いだ。東京都の都市計画の第一線を退いた後は、早稲田大学土木工学科の都市計画講座の初代教授に就任し、後進の指導に当りつつ、全国各地の都市の都市計画指導に精を出した。一九五五年九月一七日、岐阜、石川両県への出張中に体調不良を訴え、帰京後に入院、そして九月二六日に急性黄色肝萎縮症が原因で亡くなった。享年六二歳であった。

本書はこうして名古屋に始まり、東京、そして全国へと広がった都市計画家としての石川栄耀の生涯と思想の全貌を、六章構成で描き出そうと考えている。1〜6章は基本的には時系列順に並べられており、各時代の主要トピックを中心に話が展開されている。また、トピックによっては、かなり時間の幅を広くとっているものもあり、互いの章は扱う期間を少しずつ重ね合いながら、徐々に時を刻んでいく構成となっている（図1）。各章の主題について、若干の解説を加えておく。

1章「都市計画技師、区画整理の探求」では、都市計画技師としての本務であった土地区画整理事業に関する石川の思想と実践を主題とする。時代としては、石川の都市計画愛知地方委員会時代である一九二〇年代後半から一九三〇年代前半を扱い、石川の手による具体的な設計の分析まで行う。

2章「商店街盛り場の都市美運動」では、本務の傍らで発展させていった石川独自の盛り場商店街での都市美運動を主題とする。石川が名古屋都市美研究会を結成し、都市美運動を開始したのは一九二八年であった。以降、東京に転任した後も、一九三六年には商業都市美協会を設立するなど、継続して取り組んでいく。

3章「東京、外地での都市計画の実践と学問」は、石川が愛知から東京に転任してきた後の時代の都市計画技師としての本務の活動を主題とする。都市計画地方委員会技師としての計画設計の実務、朝鮮、満州、そして上海での活動に加えて、一九三二年の処女作『都市動態の研究』から一九四一年の『都市計画及国土計画　その構想と技術』に至るまでの石川による都市計画学の構想、つまり都市計画の基盤理論の探求の軌跡を整理する。

4章「生活圏構想と地方計画・国土計画論」は、石川の地方計画論、国土計画論を主題とする。石川は主に一九四〇年代前半の戦時中に、国土計画論者として活躍した。ただ同時

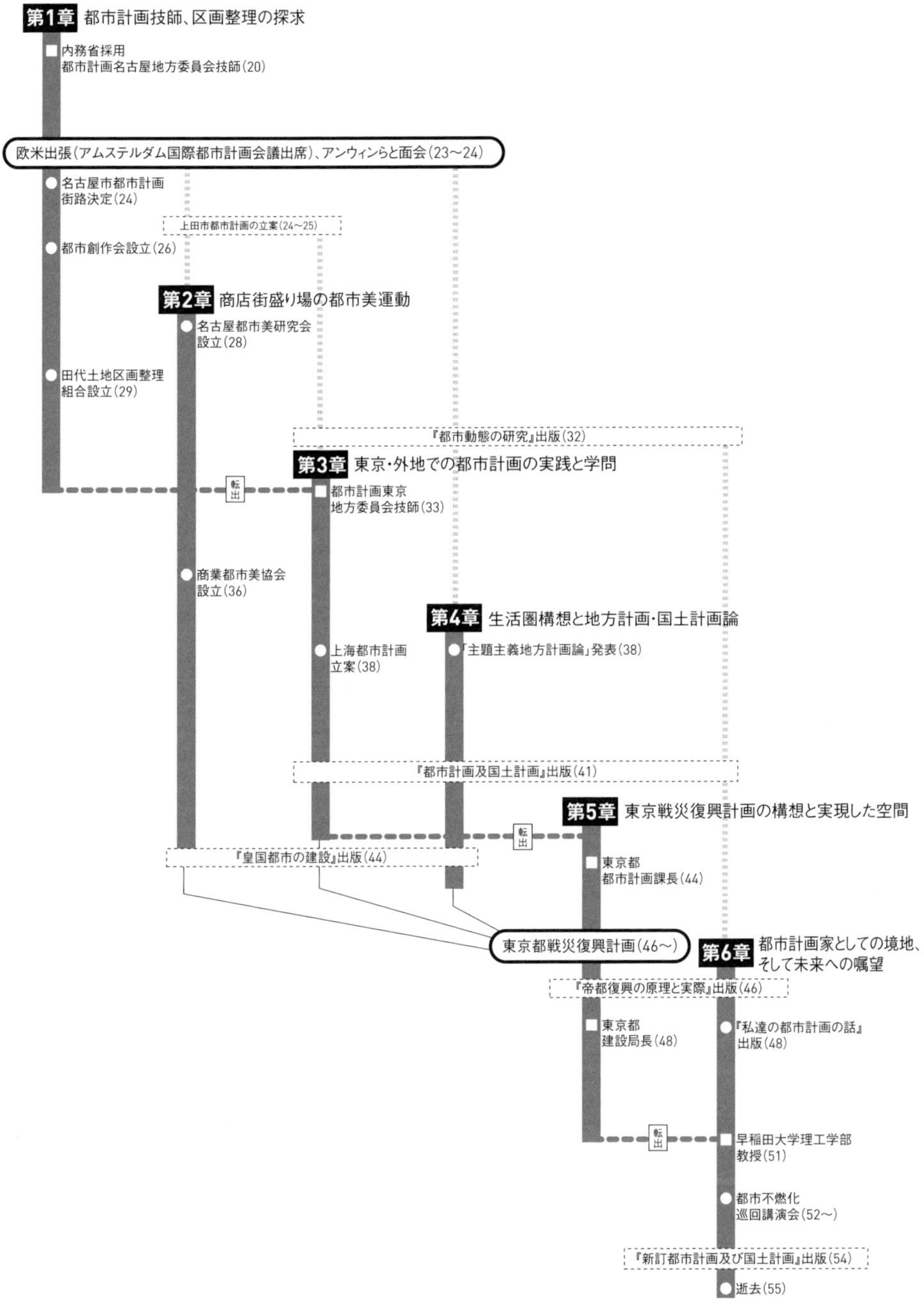
第1章 都市計画技師、区画整理の探求
内務省採用
都市計画名古屋地方委員会技師(20)
欧米出張(アムステルダム国際都市計画会議出席)、アンウィンらと面会(23～24)
名古屋市都市計画
街路決定(24)
上田市都市計画の立案(24～25)
都市創作会設立(26)
第2章 商店街盛り場の都市美運動
名古屋都市美研究会
設立(28)
田代土地区画整理
組合設立(29)
『都市動態の研究』出版(32)
第3章 東京・外地での都市計画の実践と学問
転出
都市計画東京
地方委員会技師(33)
商業都市美協会
設立(36)
第4章 生活圏構想と地方計画・国土計画論
上海都市計画
立案(38)
「主題主義地方計画論」発表(38)
『都市計画及国土計画』出版(41)
第5章 東京戦災復興計画の構想と実現した空間
転出
『皇国都市の建設』出版(44)
東京都
都市計画課長(44)
東京都戦災復興計画(46～)
第6章 都市計画家としての境地、
そして未来への嘱望
『帝都復興の原理と実際』出版(46)
東京都
建設局長(48)
『私達の都市計画の話』
出版(48)
転出
早稲田大学理工学部
教授(51)
都市不燃化
巡回講演会(52～)
『新訂都市計画及び国土計画』出版(54)
逝去(55)

代の経済畑からの国土計画論とは大きく異なる、都市計画理論を拡張した生活重視の国土計画論であったことが明らかにされる。

5章「東京戦災復興計画の構想と実現した空間」は、石川が責任者となった東京の戦災復興計画を主題とする。特にこれまで殆ど整理されてこなかった石川の盛り場商店街の都市計画の実践、具体的な広場設計を中心に、石川の都市計画実務の集大成としての戦災復興の理念と実践を扱う。

6章「都市計画家としての境地、そして未来への嘱望」は、一九五一年に東京都を去った後の石川の活動を主題とする。生態都市計画という発想に達した石川が取り組んだのは、市民都市計画の実践であり、次代を担うものたちへの継承の仕事であった。そして、自身の都市計画論を更に成長させるために。全国の都市への旅に出かけたのである。

以上の順番で、都市計画家・石川栄耀の思想と生涯の全貌を詳《つまび》らかにしていく。そして、全章を通して、石川栄耀を導き手として、「都市計画」について、深く掘り下げて思考していきたいと考えている。

第1章　都市計画技師、区画整理の探求

1――都市計画技師としての出発と理念形成

内務省都市計画名古屋地方委員会への着任

石川栄耀が都市計画の道を歩み始めたのは、一九二〇年、内務省の都市計画名古屋地方委員会に採用されたときからである。一九一八年、内務省に都市計画課が創設され、一九一九年に都市計画法が公布された。それを受けて内務省に都市計画地方委員会が発足し、その一期生として石川は採用された。このときの内務省都市計画課の課長は池田宏、土木主任技師は山田博愛、建築主任技師は笠原敏郎であった。山田博愛は大学を出たばかりで都市計画を志向する人物を集め、石川の前後には、榧木寛之（東京地方委員会）、桜井英記（本省）、武居高四郎（大阪地方委員会）といった面々が採用された。

石川は当初、東京を赴任地として希望していたが、それはかなわず、名古屋に決まった。石川は当時の状況を振り返り、次のように述べている。

「名古屋ときいて私は少なからずラクタンしたのであったが、今にして思えばそれは、名古屋の都市としての最上昇期であり、又名古屋市民の闊達性は我々に何でもさせてくれたので、これ程好い研究室は無かったわけである」＊1

事実、当時の名古屋は人口増加と都市域の拡大を繰り返しており、近代街路網整備や郊

＊1　石川栄耀（一九五二）、「私の都市計画史」、『新都市』6巻4号、二六頁、都市計画協会

＊2　黒谷了太郎（一八七四―一九四五）
山形県鶴岡生まれ。東京専門学校専修英語科卒業後、台湾総督府に勤務し、博物館設立準備、日英博覧会等の業務に携る。一九二〇年都市計画名古屋地方委員会幹事に就任し、都市創作会の母体となる組織を作るなど名古屋の都市計画に尽力する。一九二七年から一九三〇年まで鶴岡市長を務める。主な著書に『山林都市』（一九二八）曠台社、訳書にレイモンド・アンウィン著『都市内容分配論』（一九二九）曠台社がある。

外住宅地の開発など、まさに都市計画が必要とされていた。このような状況下、一九二〇年から一九三三年までの一四年間、石川は名古屋にて都市計画技師としての本務を追求するのである。

レイモンド・アンウィンとの出会い

石川が赴任した当初、課長役である地方委員会幹事として先任していた人物が黒谷了太郎*2である。黒谷は事務系でありながら都市計画に造詣が深く、イギリスの都市計画家レイモンド・アンウィン*3と文通するなど、英国都市計画の正統を導入していた。後年、石川は「私のその後の都市計画理念の如きも、結局この人(黒谷)の影響を強く受け、アンウィンを祖とする形になった」*4という記述を残しており、単なる上司部下という間柄を超えて、黒谷を都市計画の同志として慕っていた。

石川が赴任した翌年、技術系として永田実(建築)、狩野力(造園)らが加わり、都市計画区域の決定や、隣接町村合併によってうまれた地区の街路網計画策定を担当した。そして、一九二三年、石川はイギリス、アメリカ、ノルウェー、フランス、オーストリア、オランダへ、一年間の洋行へと出かけた。この洋行が、石川に大きなカルチャーショックを与え、以後、都市計画家としての活動の大きな足がかりをつくることとなった。なかでも、アンウィンとの出会いは、その後の石川の都市計画思想に多大な影響を与えた。

アンウィンは「イギリス都市計画の父」といわれ、田園都市レッチワースやハムステッド郊外の住宅地を設計した人物である。一九世紀後半のイギリスでは、産業革命にともなう都市への人口集中により、労働環境や住環境の悪化が社会問題となっていた。特にロンドンは、西欧大都市の中でも人口増加、郊外化が最も著しかった。このような社会的要請を

*3 レイモンド・アンウィン(一八六三–一九四〇)

イギリスのヨークシャーに生まれる。近代都市計画揺籃期に活躍したイギリスの都市計画家で、田園都市レッチワースやハムステッド郊外の住宅地を設計したことで有名である。一九世紀後半、イギリスは産業革命による人口の都市集中に伴い、労働環境や住環境が著しく悪化した。アンウィンは、アーツ・アンド・クラフト運動を導いたウィリアム・モリス(一八三四–一八九六)や田園都市論を展開したエベネザー・ハワード(一八五〇–一九二八)に強い影響を受け、悪化した住環境を改善すべく、ヨーロッパ中世村落の空間から住宅地形成手法を理論化し実践した。主著に『Town Planning in Practice』(一九〇九)がある。

*4 石川栄耀(一九五二)、「私の都市計画史」、『新都市』6巻5号、二三頁、都市計画協会

受け、ロンドン周辺部では郊外地の開発が盛んに行われていた。しかし、郊外地開発が始まった当初は、計画的ではあるが決して良好な住宅地とはいえない開発が多かった。いち早くこの問題を指摘し、都市と田園の結婚を主張したのが、エベネザー・ハワード（一八五〇―一九二八）であった。ハワードは、一八九八年に『明日―真の改革に至る平和な道』を出版し、新しい時代の担い手となる中産階級の人々に広く支持されることとなった。こうした時代背景のもと、アンウィンは、当時の開発条例によってできる低層高密で格子状の住宅地を批判し、低層低密の住宅地を提唱し実践した。その新しい空間イメージを中世ヨーロッパの村落空間に求めており、長い歳月の間に形成された中世の都市や農村にみられる不規則な空間構成とその多様さを評価した。そして、これらの空間構成を、道路の緩やかな曲がり込み、道路線と建築線の分離、前庭の設置などによって計画的に再構成し、それらの計画手法を主著『Town Planning in Practice』にまとめている。

こうしたイギリスでの社会状況は、少し遅れて日本においても出現しており、アンウィンが置かれていた社会的状況と立場、そして、アンウィンが技術者として取り組んだ解決手法は、石川にとって極めて具体的な指針となった。石川が洋行した当時、アンウィンは六〇歳で、イギリス政府の都市計画技監を務めていた。最初の田園都市として有名なレッチワースを設計したのは一九〇三年であるから、石川と出会ったタイミングは、レッチワースの設計からすでに二〇年が経過していた。石川は、黒谷との接点からアンウィンを知っており、石川はアンウィンに名古屋の計画について高評を仰いだところ、次のように指摘された。

「君達の計画は尊敬はします。しかし私にいわせればキタンなくいわせれば、あなた

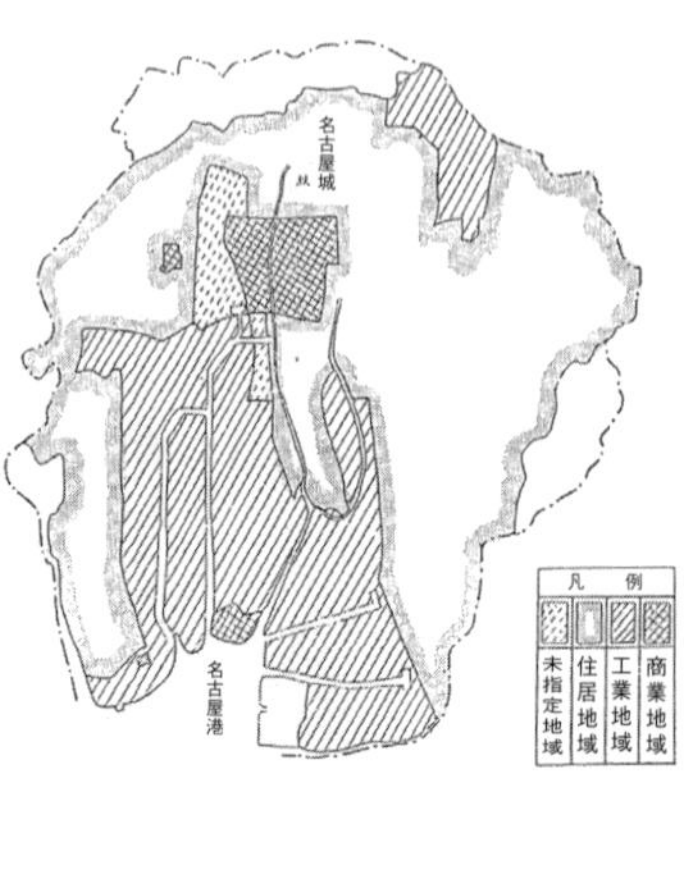

図1　名古屋都市計画地域図
海岸付近は一部を除き工業地帯一色で計画されている。　出典＝石川栄耀（一九二九）、「名古屋の区画整理の特質（上）」、『都市問題』9巻4号、東京市政調査会

方の計画は人生を欠いている。私の察した丈ではこの計画は産業を主体においてる、いや、主体どころではない産業そのものだ。（中略）私の理想では海岸の三分の二はこの遊園施設に与えたいと思ってる位である。残念な事にはこの計画ではこの付近ベタ塗りに工場色で蓋《おお》われてる。考へ可き事と思ふ。」＊5

このようにアンウィンから名古屋の都市計画、とくに海岸付近の計画がすべて産業主体の計画であるとの批判を受ける（なお、当時の名古屋都市計画図は図1および口絵を参照）。石川は「自分達の殆《ほとんど》偶像化してる先輩から思いがけなくこうした若い柔らかい意見が聞けたのが何よりも嬉しかった。文句なしに頭が下がった」＊6と述懐している。こうした経験が契機となり、当時、産業中心で進んでいた日本の都市計画に対して、これを批判的に見る視点が石川に宿ることとなる。しかし、石川の都市計画技師としての基本的なスタンスは、アンウィンとの出会いに強い影響を受けながらも、その後、名古屋での都市計画実務や雑誌『都市創作』への執筆活動を通じて、石川独自の理念が形成されていく。

雑誌『都市創作』の刊行

雑誌『都市創作』は、黒谷や石川ら都市計画愛知地方委員会＊7が中心となって結成した「都市創作会」の機関誌で、「都市計画に関する諸般の事項を研究調査し都市の改良発達及地方の福利開発に貢献する」として一九二五年九月より刊行された。

こうした都市計画専門誌をめぐる出版活動は、愛知地方委員会以外でも鋭意進められており、その先駆けとなったのは一九一八年に刊行された内務省都市計画課を中心とする都市研究会による『都市公論』であった。そして、一九二五年には東京市政調査会による『都

＊5　石川栄耀（一九二五）、「郷土都市の話になる迄―断章の二、夜の都市計画」、『都市創作』3巻1号、一七―一八頁、都市創作会

＊6　前掲、八頁

＊7　一九二三年に都市計画名古屋地方委員会から改称。

図2　雑誌『都市創作』

名古屋都市計画揺籃期に刊行された都市計画専門雑誌。石川栄耀は数多く寄稿している。

賀正

石川榮耀

昨年は大變お世話になりました。勝手な仕度い放題をさせていたゞいて、快くそれに乘つていたゞけた皆樣の御好意を、どれだけ感謝申してよいか解りません。

本年は、大心機轉換を試み、もつと親身に皆樣の爲に盡し度いと思ひます。

（その點昨年は冷汗ものでありました）。

たゞ家へ來て、いたゞく人の爲に思はぬ失禮をするといけませんので、此の際私の苦しい時間の割り當てを知つておいていたゞきます。

石川榮耀私宅時間割

月、火、水 —— 研究日
木 —— 外出日
金 —— 訪問客接見
土 —— 午後、社會奉仕日（但し都市計畫的の）夜、家庭日
日 —— 家庭日

だから、講演その他は金曜の夜か土曜の午後に願ひ度く、御來訪は金曜の夜に願ひ度いのです。
それから御訪問下さる方、特に金曜外の日に御出で下さる方は
豫め御電話なりでお知らせ願ひます。

図3 『都市創作』に掲載された石川栄耀の年賀状。
1週間のうち、石川は私宅時間の3日間を研究日に充てていたことがわかる。たとえば、こうした生活スタイルのもと、石川の旺盛な執筆活動が行われていた。　出典＝都市創作会（1929）、『都市創作』5巻1号

市問題』、大阪都市協会による『大大阪』、兵庫県都市研究会による『都市研究』のように、愛知地方委員会と時期を同じくして、東京、大阪、兵庫においても専門雑誌が刊行されるに至った。こうした地方委員会の動きは、内務省都市計画課による一極管理を超えて、それぞれ地方独自の特性に立脚した都市計画を探ろうとする動きと同調していたといえる。こうした新しいものを産み出していこうとする雰囲気の中で、石川は『都市創作』に毎月のように論考を発表していくのである（表1参照）。

『都市創作』は一九二五年九月に発刊された第一巻一号から一九三〇年四月に発刊された第六巻三号まで、全五五冊が確認されている。そのうち、石川が執筆した論考は五一篇にわたっており、『都市創作』における代表的な執筆者であったことが数字の上からもわかる。

表1　『都市創作』に寄せた石川栄耀の論説タイトル一覧

テーマ	「郷土都市の話になる迄」	
1925年9月	『都市創作』1巻1号	「郷土都市の話になる迄」
1925年11月	『都市創作』1巻3号	「郷土都市の話になる迄(断章の二、夜の都市計画)」
1925年12月	『都市創作』1巻4号	「郷土都市の話になる迄(断章の二、夜の都市計画つづき)」
1926年1月	『都市創作』2巻1号	「郷土都市の話になる迄(断章の二、夜の都市計画つづき)」
1926年2月	『都市創作』2巻2号	「都市の味(「郷土都市の話になる迄」の断章の三)1都市と自然」
1926年3月	『都市創作』2巻3号	「都市の味(「郷土都市の話になる迄」の断章の三)2時代相から」
1926年4月	『都市創作』2巻4号	「都市の味(「郷土都市の話になる迄」の断章の三)3文化相から」
1926年5月	『都市創作』2巻5号	「聚落の構成(「郷土都市の話になる迄」の断章の四)その1人間の巣」
1926年6月	『都市創作』2巻6号	「聚落の構成(「郷土都市の話になる迄」の断章の四)その2聚落の発生」
1926年7月	『都市創作』2巻7号	「聚落の構成(「郷土都市の話になる迄」の断章の四)」
1926年8月	『都市創作』2巻8号	「聚落の構成(「郷土都市の話になる迄」の断章の四)その3聚落の消長」
1926年11月	『都市創作』2巻11号	「聚落の構成(「郷土都市の話になる迄」の断章の四)その4聚落の構成」
1926年12月	『都市創作』2巻12号	「交通力学序説「郷土都市の話になる迄」の断章の五)その1「混雑」について考える」
1927年1月	『都市創作』3巻1号	「小都市主義への実際(「郷土都市の話になる迄」の断章の六)」
1927年2月	『都市創作』3巻2号	「どんたくばなし(「郷土都市の話になる迄」の断章の七)その1墓のはなし」
1927年3月	『都市創作』3巻3号	「どんたくばなし(「郷土都市の話になる迄」の断章の七)その2美しき街路」
1927年5月	『都市創作』3巻5号	「市勢一覧の味ひ方(「郷土都市の話になる迄」の断章の八)」
1927年6月	『都市創作』3巻6号	「市勢一覧の味ひ方(完)(「郷土都市の話になる迄」の断章の八)」
1927年7月	『都市創作』3巻7号	「都市を主題とせる文学(「郷土都市の話になる迄」の断章の九)」
1927年8月	『都市創作』3巻8号	「都市計画学の方向その他(「郷土都市の話になる迄」の断章の十及び断章の十一)」
1927年9月	『都市創作』3巻9号	「都市風景の技巧(「郷土都市の話になる迄」の断章の十二)」
1927年10月	『都市創作』3巻10号	「都市風景の技巧(「郷土都市の話になる迄」の断章の十二)」
1927年11月	『都市創作』3巻11号	「都市風景の技巧その2(「郷土都市の話になる迄」の断章の十二)」
1927年12月	『都市創作』3巻12号	「都市風景の技巧その3(「郷土都市の話になる迄」の断章の十二)及び農村計画のテーマ」
1928年1月	『都市創作』4巻1号	「都市は永久の存在であろうか(「郷土都市の話になる迄」の断章の十四)」
1928年3月	『都市創作』4巻3号	「都市計画街路網の組み方(「郷土都市の話になる迄」の断章の十五)」
1928年4月	『都市創作』4巻4号	「市民倶楽部三相(「郷土都市の話になる迄」の断章の十六)」
1928年5月	『都市創作』4巻5号	「七都行き・前編(「郷土都市の話になる迄」の断章の十七)」
1928年6月	『都市創作』4巻6号	「七都行き・後編(「郷土都市の話になる迄」の断章の十八)」
1928年7月	『都市創作』4巻7号	「郷土都市の話(「郷土都市の話になる迄」の断章の終編)」
1928年8月	『都市創作』4巻8号	「地価の考察その他(郷土都市の話になる迄」の断章の追補)」

テーマ	「郷土都市の話になる迄」以外	
1926年6月	『都市創作』2巻6号	「どんたくばなし」
1926年9月	『都市創作』2巻9号	「設計室より―同じ道を歩む人達の為に」
1927年10月	『都市創作』3巻10号	「八事讃称」
1928年10月	『都市創作』4巻10号	「区画整理設計室より」
1928年11月	『都市創作』4巻11号	「大名古屋都市博覧会報告」
1929年1月	『都市創作』5巻1号	「都市を捉へる人」
1929年2月	『都市創作』5巻2号	「都市会社考課状の研究」
1929年3月	『都市創作』5巻3号	「区画整理換地法案自由換地に就て」
1929年4月	『都市創作』5巻4号	「区画整理組合事業健康診断の標準其他」
1929年5月	『都市創作』5巻5号	「都市を中心とする電鉄会社の健康診断」
1929年6月	『都市創作』5巻6号	「都市鑑賞東京巣素描(前編)」
1929年7月	『都市創作』5巻7号	「都市鑑賞東京巣素描(後編)」
1929年8月	『都市創作』5巻8号	「名古屋都市計画第二次事業に付いての技術的考察」
1929年9月	『都市創作』5巻9号	「都市鑑賞・尾張大野」
1929年10月	『都市創作』5巻10号	「常識的都市計画法鑑賞(一)」
1929年11月	『都市創作』5巻11号	「常識的都市計画法鑑賞(二)」
1929年12月	『都市創作』5巻12号	「常識的用途地域鑑賞」
1930年1月	『都市創作』6巻1号	「大都市計画へのユートピアとその都市価値」
1930年2月	『都市創作』6巻2号	「集団住宅地」設計技巧と経済効果(上)」
1930年4月	『都市創作』6巻3号	「日本に於ける田園都市の可能」

石川は『都市創作』が発刊されると同時に、「郷土都市の話になる迄」と題した論考を一九二八年八月まで、実に三一編にもわたって発表している。この「郷土都市の話になる迄」と題した論考は、石川が敬愛していた夏目漱石の小説「彼岸過ぎ迄」の形式を模したもので、「その都度その都度読者の興味本位の断章を書いて行き結局読後感として『あるもの』を『成程』と感じさせる行き方を眞似て」*8書いたものである。それは、タイトルを見てもわかるように、夜の都市計画、都市の味、集落の構成、交通力学、小都市主義、都市計画学、都市風景など、石川独特の言い方を含め、その内容は極めて多岐に渡るものとなった。これらの論考は、論文のような堅苦しいものではなく、その時々に考えていることをそのまま書き記したものとなっており、当時の石川の都市や都市計画に対する考え方がダイレクトに読み取れる貴重な史料となっている。ここでは、『都市創作』に寄稿した「郷土都市の話になる迄」のなかから、石川の特徴的な考えを抽出して述べていく。

*8　都市創作会(一九二五)、「「巻頭言」、『都市創作』1巻1号、都市創作会

「夜の都市計画」という視点

まず、石川が着目したテーマは「余暇」であり、「夜の都市計画」という概念を提示した。

「考えると妙な話だ。我々はいつの頃からか知らないが、日曜祭日、夜という語を完全に余暇という語の同意語にしてしまっている。(中略)本当の人生計画からいえば産業時間であるところの月火水木金土のしかも昼間が余暇で、普通余暇と称してるそれ以外の時間こそ正味である。都市計画はすべからくこの人生の本態である正味の計画から初めその余地で産業計画をせよと」*9

*9　石川栄耀(一九二五)、「郷土都市の話になる迄—断章の二、夜の都市計画」、『都市創作』1巻3号、一六—一八頁、都市創作会

石川は一般的に余暇と考えられている日曜祭日と夜こそが人生本態の時間であり、人生本態の計画の余地で産業計画を考えるべきだと述べている。そして、石川は、これまで都市計画が着目してこなかった「夜」へと目を向けることの意義を次のように述べている。

『夜』それは実に長い間、まれに日曜に人生の意義を見出す人はあっても恐らく地球創成以来過去十年位は余暇に数えられるどころのさわぎでなく本当は全く休止の時、仮死の時、時の否定とされていた。（中略）『夜』は昼間とても得られぬ親しい人間味のある安静の時だ。トゲトゲしい昼の持つ、一切の仲違いと競争と、過度の急がしさと、人間紡績機の乾燥さに静に幕をおろし本来の人なつこい心に帰る時である」＊10

＊10　前掲、一八頁

「近代文明は土地と土地の距離を短くしたが、その代り人の心と心を遠くした、と或社会学者がいった。殊《こと》にその遠さは都市人の間において然りである。これは都市が田園人の墓であるより呪はしい事だ。この人と人の間に失はれつつある、愛の回復の為に夜の親和計画が考へつかれる。そしてこれこそ散漫《さんまん》な生活様式と機械化物理化された、昼の持たない夜の特殊技能力である筈《はず》である」＊11

＊11　石川栄耀（一九二五）、「郷土都市の話になる迄―断章の二、夜の都市計画つづき」、『都市創作』2巻1号、三〇頁、都市創作会

このように、石川は近代化によって機械化されつつあった人々の生活に問題点を見出し、人と人の親和性を回復するべく「夜」に着目した。また、次のようにも述べている。

「昼間の都市計画殊《こと》に経済計画に於ては建築物の美的価値等は殆ど問題にならない。殊に公館の有ってる、市民を親和統一させる魅力などというものに至っては、完全に

問題の埒外《らち》より放り出されている。しかし夜の都市計画では模様がすっかり逆になって、今度こそそうした美とか魅力とかいうものが勢力を得、堂々と問題の正座に君臨する」*12

このように、石川は、何事も経済的に産業的に進む都市計画に対する対置概念として、「夜の都市計画」を標榜していた。以後、石川は照明や娯楽施設、盛り場について研究を始め、2章で詳述する盛り場商店街を舞台とした都市美運動の実践へと繋がっていく。

*12　石川栄耀（一九二五）、「郷土都市の話になる迄—断章の二、夜の都市計画」、『都市創作』1巻4号、一八頁、都市創作会

都市の大きさと都市の味

「夜の都市計画」と題した論考を寄稿後、石川は「都市の味」と題して、洋行した時に訪ね歩いた欧米諸都市を分析している。そこでは、都市の大きさによる味について、次のように論じている。

「五十万以上の都市は、疑いもなく半面にビロウドの様に複雑な魅力を持ってる。それが田園人を大都市へ大都市へと吸収する。経済学者はこの現象を単に経済上の理由で片付けようとし、社会学者はそれに享楽施設等を加へて説明しようとする。

しかし自分は、自分が東京に対して抱いて居たあこがれから推《お》して、決してそれがそんな教理的なものでなく、もっと人間的な、もっと心理的な、本能程に単的な動機である事を信じる。例えば寂しさへの回避、明るさ賑やかさへのあこがれとでもいったような」*13

*13　石川栄耀（一九二六）、「都市の味『郷土都市の話になる迄』の断章の三、3文化相から」、『都市創作』2巻4号、九頁、都市創作会

このように、石川は大都市に人が集まる現象を人間の心理的な側面から捉えようとしていた。そして、大都市の持つ魅力と問題について次のように述べている。

「自分はしかし、ここに大都市の持つこうした人間性の深所に根ざした魅力を認めると同時に、他の半面にひそむ氷の様に冷たい乾いた生活感の味のある事をも見のがしては居られない。(中略)自分は更に大都市が量において市民をして互いに親しむ集団意識を抱かせる範囲を超えてる事。(中略)何れにしても大都市の住み心地は個人主義の褥《しとね》である。冷たい乾いた石の褥《しとね》である」*14

石川は「冷たい、乾いた、しかも魅して止まない大都市」*15として、大都市が持つアンビバレントな性質を指摘するが、互いに親しむ集団意識を抱かせる範囲を超えているとして、大都市に対して問題意識を抱いていた。一方で、小都市については以下のように述べている。

「自分の手に肌に都市全体を触れ抱いて愛し住むには三万内外の都市にならなければ本当でない。ここでこそあのギリシャの人達の理想とした顔と顔と見知り合の生活が望まれる。人と人との親しみまつはる美しさにも増して、かかる小都市を更に美しくするのは、都市全体ににじみ出る自然である。(中略)充分な日光、爽やかな空気、総ての自然が光澤やかに人の心と融け合って、都市全体が人間の造り得る最も大きな芸術品になる」*16

*14 前掲、九―一〇頁

*15 前掲、一〇頁

*16 前掲、一一頁

このように、石川は小都市にこそ魅力を感じていた。ちなみに、ここで述べている三万人内外という数字は、アンウィンを中心とする田園都市論者が理想として掲げた数字であり、石川もそれを認知していた。石川は、大都市には多くの人々を惹きつける魅力が確かにあることを認めつつも、小都市にこそ都市の味があると考えていた。

「人と人の心理的関係」から都市を捉える

続いて、石川はそもそも都市とは何かという問いに対して思弁を重ねる。

「統計にあらはれぬ故にいわゆる識者なるもの迄それを見のがしてしまう。それは即大都市人間の『人間味』の亡失である。隣人と隣人の間に必然かもさなければならない親愛の心の亡失である。我々の本能の衷心《ちゅうしん》には『人なつかしさ』『話す人なしでは寂しくてたまらない』『相手ほしい心』がある。

我々が、村を造り町を造り大都市へ集る。その心理の底を割れば結局それはその物欲の砂の中から測々としてにじむ『人なつかしさ』の衝動がもとを為してないと誰がいえる」*17

この言葉に代表されるように、石川は数字では表すことができない「人と人の心理的関係」から都市を捉えており、大都市であろうとも小都市（農村）であろうとも、人間の「相手ほしい心」が都市という集住形態の根本的な衝動であると考えていた。（こうした都市社会の捉え方は、ドイツの社会学者ゲオルク・ジンメル*18と近い位置にある。）しかし、「愛には半径がある」として、大都市を迎撃し小都市を求めた。

*17　石川栄耀（一九二七）、「小都市主義への実際『郷土都市の話になる迄』の断章の六」、『都市創作』3巻1号、四五頁、都市創作会

*18　ゲオルク・ジンメル（一八五八－一九一八年）

ドイツの社会学者、哲学者。ベルリンにて裕福なユダヤ人商人の一家に生まれる。ベルリン大学で哲学を修め、二三歳で哲学博士となる。ジンメルは社会そのものを形成する根源的な作用として「社交」に着目した。ジンメルのいう「社交」とは、たんなる暇つぶしや贅沢ではなく、人間が人間らしくあるための不可欠な営みであり、純粋に他者との関係を味わい、楽しみ、享受する関係のことである。当時の社会学は国家や組織、団体といった大きなかたまりとしての社会研究が主流であったが、人と人との間の微妙で繊細な関係から社会を見ていこうとする立場がジンメルによって位置づけられた。このような研究的視点は、ジンメルのもとで学び、都市社会学の父といわれるR・E・パークに引き継がれる。

「人が集って、お互いの親しさを保ってゆける人数には限界がある。その限界をこえて大勢になると急に人々はかえってさわがしい赤の他人に帰ってしまう。この愛の保てる限度を愛の半径となづける。（中略）小都市は本質的に大都市でなきがゆえに直《じか》に美しい。殊にそれが愛の半径の中にあるがゆえにほむ可きものとなる。（中略）これこそ土のもつ個性―郷土性を最高自由に表現して、我々の心と、膠着《こうちゃく》する人間の造った最もすぐれた創作だといい得る。失ってならぬものの一つである」＊19

石川は、こうした考え方を「小都市主義」と呼んでいた。こうした石川の思考は、その後、大都市のなかを小都市に分割する発想につながり、小都市固有の価値を高めることが都市計画の範疇である、とした考えに結びついていく。そして、後の東京戦災復興計画では、実際に東京都内を小都市に分割する計画を立案するに至っている。（5章1節参照）

＊19　石川栄耀（一九二七）、「小都市主義への実際『郷土都市の話になる迄』の断章の六」、『都市創作』3巻1号、四五―四六頁、都市創作会

郷土都市の話――海外の郷土都市のスケッチ

一九二五年九月から『都市創作』に寄稿し始めた「郷土都市の話になる迄」は、鋭意論考が重ねられ、一九二八年七月に「郷土都市の話」と題して終章を迎えた。終章では、自身のスケッチを用いつつ海外の郷土都市を紹介している。石川は、都市計画技師の仕事が「徒《いたず》らに西洋の形骸のみを追う仕事」であり、「都市計画も郷土的でなければならぬ」と自省していた（郷土都市という言葉にはこうした意味が込められている）。ここで描かれた都市は、ロンドン、パリ、ニューヨークといった大都市ではなく、ベニス、トレド、エジンバラなどの中小都市であった。

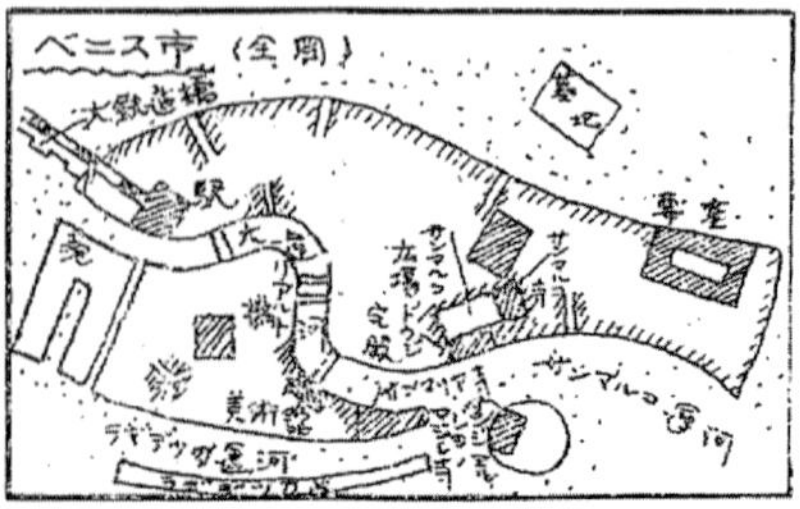

ベニス市（全圖）

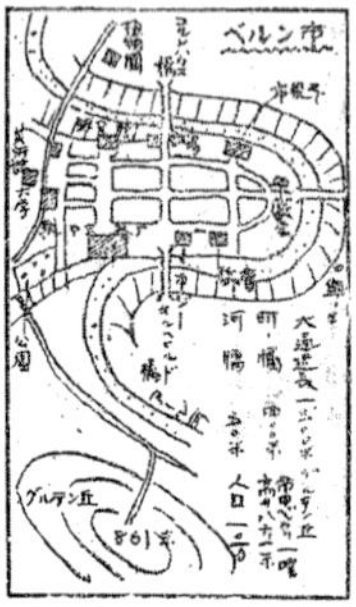

ベルン市（全圖）

ワイマル市（中央一部）

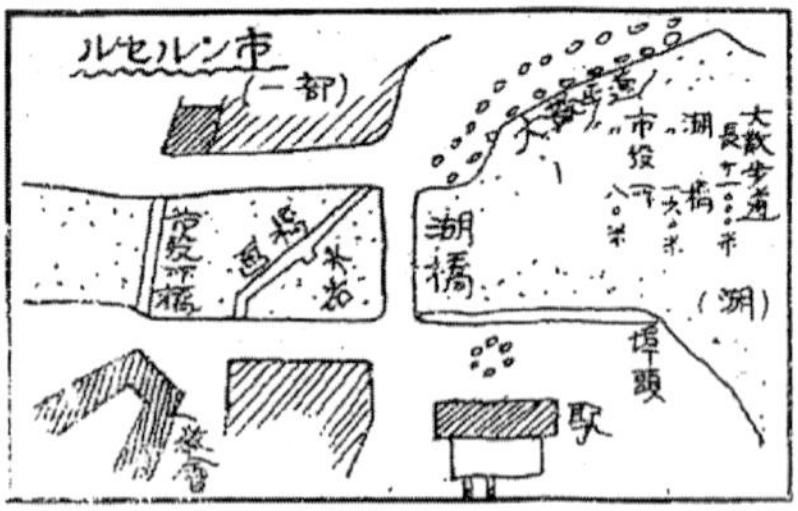

ルセルン市（全圖）

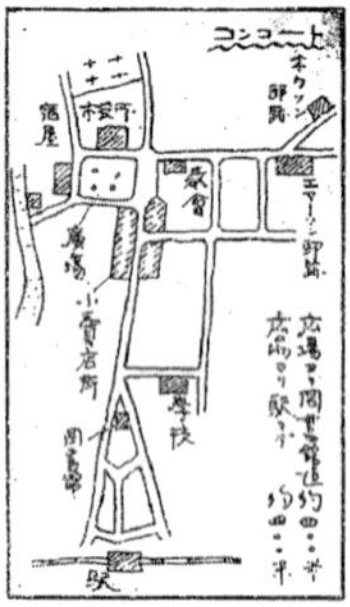

コンコード市（全圖）

ベルゲン市（全圖）

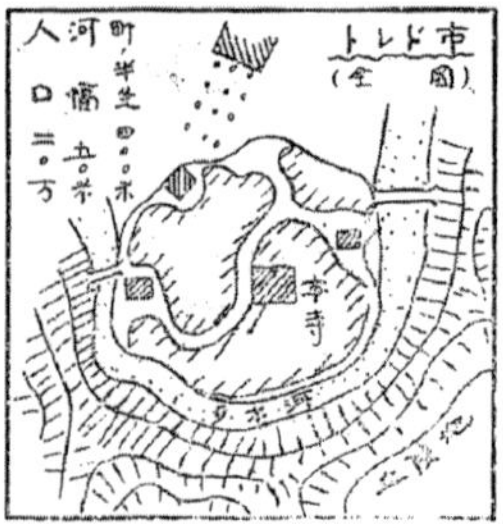

トレド市（全圖）

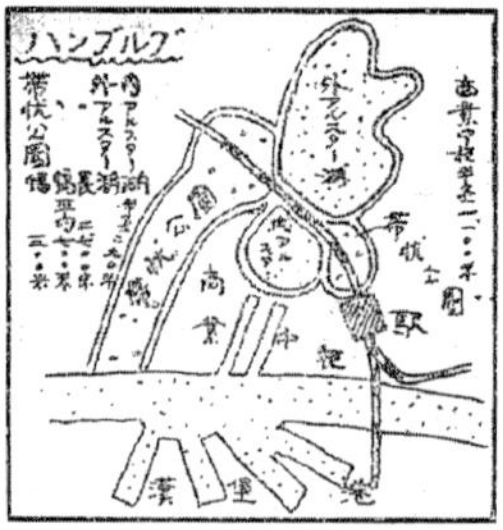

ハンブルグ市（全圖）

エヂムバラ市（一部）

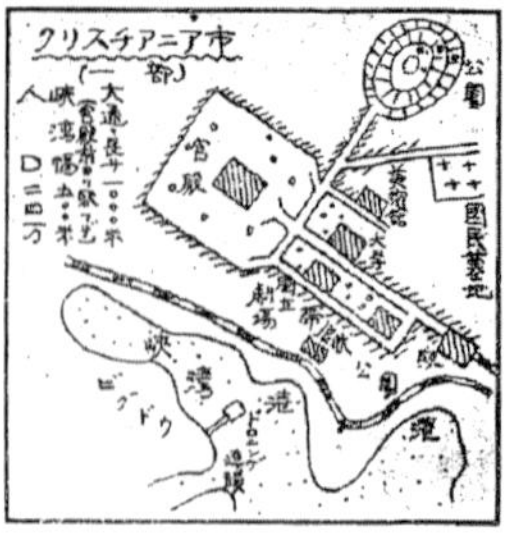

クリスチヤニヤ市（一部）

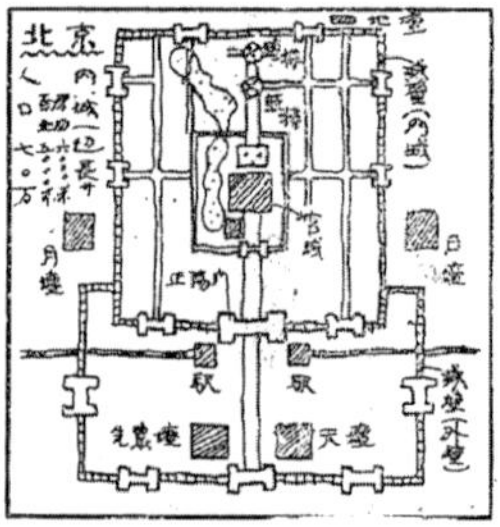

北京市（全圖）

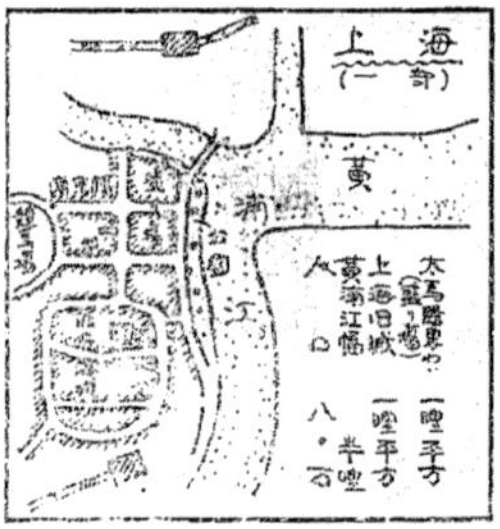

上海（一部）

図4　石川栄耀が描いた海外の郷土都市スケッチ。
出典＝石川栄耀（1928）、「郷土都市の話『郷土都市の話になる迄』の断章の終章」、『都市創作』4巻7号、、都市創作会

「ロンドン、巴里、ニューヨーク、成程それにしても仔細に見るなら、郷土都市でないと誰がいえよう。
（中略）しかし、その味は飽迄《あくまで》大味である。茫漠としている。
（中略）自分は矢張り先輩達のよくいう通り、都市の味は小都市にあるという語を信じない訳にはゆかない。その味というものこそ郷土である」＊20

ここにおいても、石川は大都市ではなく小都市、なかでもヨーロッパの中世都市に憧憬があったといえる。ここでは、石川が都市をいかに描いたのか、その参考としていくつかのスケッチを載せておく（図4参照）。スケッチには、都市の規模、街路の形、広場、丘などが描かれており、石川の都市計画家としての原体験が読み取れる。

＊20　石川栄耀（一九二八）、「郷土都市の話『郷土都市の話になる迄』の断章の終編」、『都市創作』4巻7号、二〇頁、都市創作会

都市創作宣言

こうした石川の『都市創作』を通じた執筆活動は、都市計画技師としての理念を形成するうえで極めて重要な役割を担っていた。そして、一九二九年一〇月に掲載された都市創作宣言には、短い言葉ながら石川の都市計画に対する考え方が端的に反映されている（この宣言文は都市創作会のものであるが、文面からして石川が書き記したと考えて間違いない）。

「都市計画に対する、吾徒《われら》の主張を要約すれば、
手段としては区画整理。
精神としては小都市主義。
態度としては都市味到《みとう》」＊21

＊21　石川栄耀（一九二九）、「都市鑑賞・尾張大野」、『都市創作』5巻10号、都市創作会

こうした言葉や考え方は、一九二五年発刊当初から存在したわけではなく、実務を通じた都市計画技術の発達や技師らによる試行錯誤の積み重ねによって辿り着いた宣言であった。

　手段としての区画整理は次節にて詳しく述べるが、「精神としては小都市主義、態度としては都市味到」という言葉に込められた想いは、まさに石川が記した「郷土都市の話になる迄」のなかで如実に読み取ることができる。都市計画技師として歩み始めた石川にとって、「都市創作会」における知的人的交流は、技師としての理念を形成していくうえで極めて重要な場所となった。

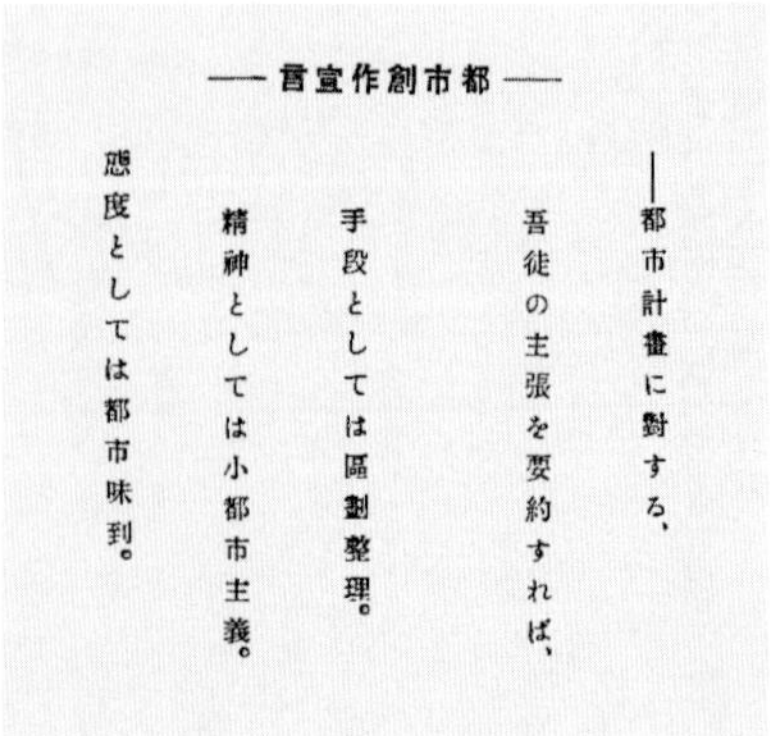
――都市創作宣言――

――都市計畫に對する、
吾徒の主張を要約すれば、
手段としては區劃整理。
精神としては小都市主義。
態度としては都市味到。

図5　都市創作宣言。出典＝（一九二九）、「都市創作宣言」、『都市創作』5巻10号、都市創作会

2——都市創作の手段としての区画整理

都市計画は区画整理にあり

「都市計画に王道なし、ただ区画整理あるのみ」*22

これは、一九三〇年(昭和五)当時の都市計画専門雑誌『都市公論』に、「区画整理を始めるまで」と題して中小都市の都市計画関係者に向けて執筆した原稿の一節である。東京や大阪という大世帯の町は別として、普通の中小都市において、道路網を実現するためにかかる都市計画事業費を担保する財源はほとんどゼロに近い。このような状況下で都市計画事業を実現するためには、寄付道路の形式を合理化した区画整理が最も実現性のある事業手法であった。しかも、この区画整理という手法は、都市計画道路だけでなく、公園を造り運河を拵《こしら》え墓地を美化することを可能としたのである。ゆえに、石川は、都市計画構想を実現する上で最も有力な区画整理技術の探求に勤《いそし》んだのである。

都市・名古屋への人口集中と市域拡大(大正～昭和初期)

石川の名古屋での実践を知るためには、いま一度、当時の名古屋の状況を把握しなければならない。

*22 石川栄耀(一九三〇)、「区画整理を始めるまで—中小都市計画当局のために」、『都市公論』13巻8号、五六頁、都市研究会

一九一〇年代、日本は第一次世界大戦の影響を受け、重工業を中心とした好景気にわいていた。この時期、主要な工業地は都市部に存在しており、全国的に都市部に人口が集中した。名古屋に関していえば、一九二〇年（大正九）に四三万人弱であった人口が、一九三四年（昭和九）には一〇〇万人を突破するに至った。

一九一八年、名古屋市は市区改正準用都市として国より指定を受け、都市計画については東京と同様の扱いを受けることとなった。翌一九一九年、都市計画法が制定され、骨格となる都市の重要施設は国が計画し、事業は県、市、町村がそれぞれ執行するものとして、都市計画事業が体系的に位置づけられた。

図6　名古屋に隣接する16町村合併図（1921年）。
出典＝伊藤徳男（1988）、「名古屋の街―戦災復興の記録」、中日新聞

この時期、名古屋では産業の振興とともに年間一万五〇〇〇人の人口増加を示し、市全体で五〇万人に達する勢いを見せていた。そして、一九二一年、名古屋市は隣接する周辺一六町村を合併し（図6参照）、市域面積は三七・三平方キロメートルから一四九・六平方キロメートル（約四倍）となった。市域の拡大を進めた名古屋市は、翌一九二二年、周辺町村を含めた都市計画区域を決定し、一九二四年と一九二六年の二回に分けて、都市計画法の規定に従い名古屋都市計画の大綱を定めた。

名古屋街路網計画

人口増加、市域拡大が進む名古屋において、石川の最初期の大きな仕事として確認できるのは、名古屋の街路網計画（図7参照）である。

石川は、新しく市域となった既成市街地の周辺部に環状の道路計画を定めた。当時は未だ若い技師の一人であった石川が、このような大きな成果を残した理由として、石川自身が次のように述べている。

「当時の技師で主任技師飛山昇治という人はガン固であるが風格のある人であった。都市計画が嫌いで何に一つしない。

（中略）

名古屋の街路網は、その飛山氏の草案を私が受け取り、石川構想により再編したものである。

石川構想といえば飛山案の出来る前、ドウセ古い人達には面白味のあるものが出来まいというので、黒谷氏から自由な案を造れという知事からの内命らしいものが来た。

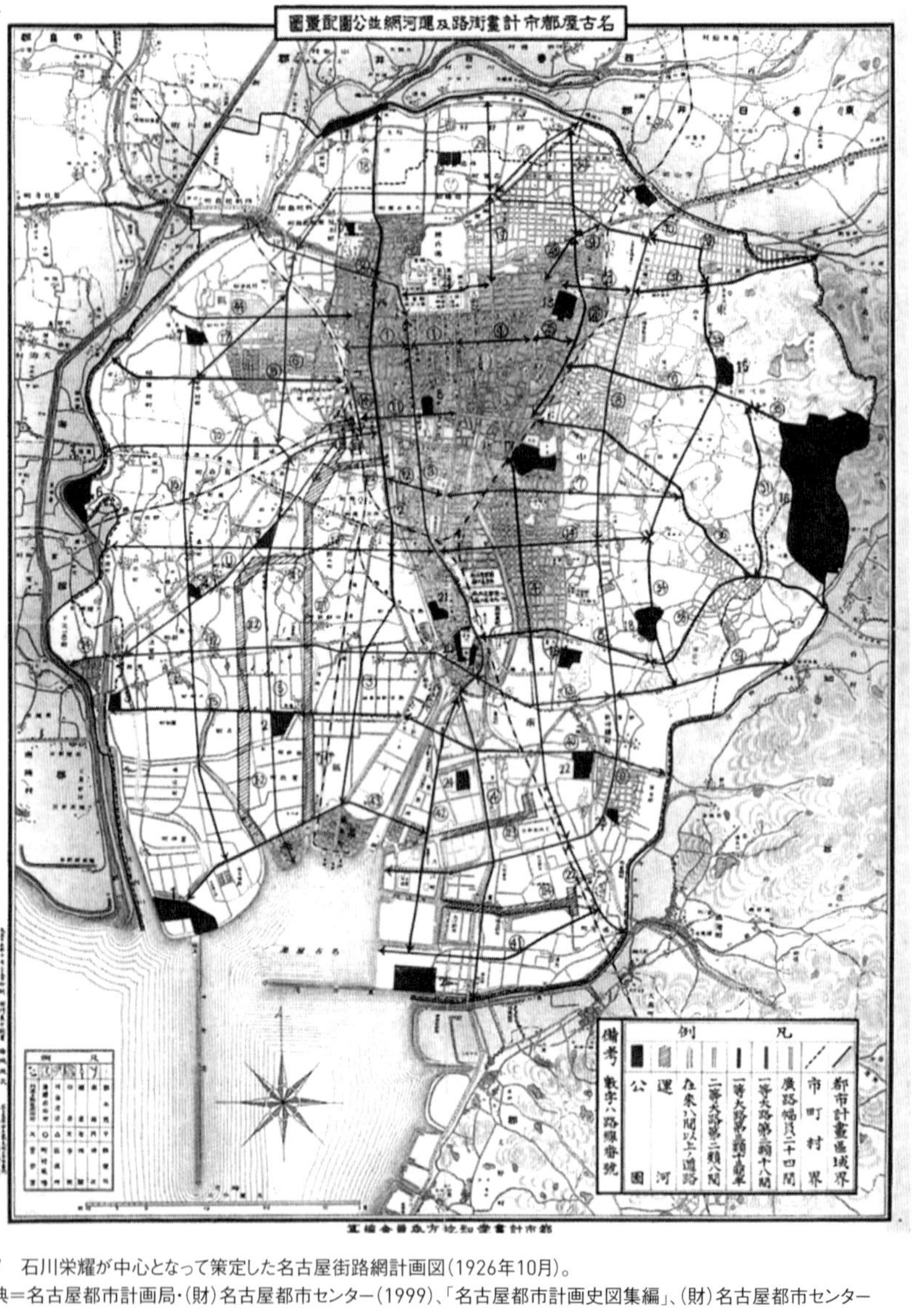

図7　石川栄耀が中心となって策定した名古屋街路網計画図（1926年10月）。
出典＝名古屋都市計画局・（財）名古屋都市センター（1999）、「名古屋都市計画史図集編」、（財）名古屋都市センター

よくない事であるが、若気の至りで何も勉強だと思って一案を造った。

（中略）

内務省の山田博愛氏に呼ばれ、道路一本一本吟味され、きまった線には墨で太い線を入れられ出来上がった」*23


このように名古屋初の街路網計画は、石川の上司である飛山技師の草案をもとに石川が作成し、内務省主任技師であった山田博愛の指導によって定められた。しかし、その街路延長は五十里、費用は五、六千万円という当時としては天文学的な数字であり、実現の見当がつかなかった。これに対して、石川は区画整理という手法に着目した。

*23 石川栄耀（一九五一）、「若き日の名古屋」、『新都市』5巻10号、七三頁、都市計画協会

「未だそういうもの（街路網計画）をきめるのは日本で初めてなので山田さんも不安がり『これをどうやって実現するか』ダメを押した。

（中略）

自分は山田さんに『この道路は区画整理で実現します』と立派に答えたのである。爾来《じらい》自分には街路網を区画整理で実現する責任が出来てしまったのである。かくして区画整理は自分の名古屋時代を通じての仕事になった」*24

*24 石川栄耀（一九五一）、「若き日の名古屋」、『新都市』5巻10号、七三頁、都市計画協会

戦前名古屋の区画整理事業

名古屋での石川の仕事で中心となったのは区画整理事業であった。当時、県や市に財政的な余裕がなく、用地を買収して基盤整備を進めていくことは困難であった。しかし、人

口の増加と市域拡大の中で郊外地の基盤整備は求められており、このような状況を打破するため、石川を含めた都市計画技術者は、いまだ体系的な技術として確立していなかった区画整理をもとに、試行錯誤を繰り返しながら道を切り開いていった。

「初めはなんがなんだか夢中でワケがわからずやっておりましたが、十年にしてようやく都市計画上のある悟りを開きました。それはすくなくも日本の都市計画は、区画整理を離れては一歩も歩きえない。すなわち都市計画においては区画整理至上だということであります」*25

図8は一九二八年（昭和三）時点における名古屋市内で施行されていた区画整理範囲を示した図である。当時、区画整理組合は耕地整理組合を含め全部で一〇九組合存在し、そのうち五八組合は工事完了もしくは工事中であり、それ以外の五一組合は設計中もしくは設立準備中であった。既成市街地である中心地以外は、ほとんど区画整理施行範囲であることがわかる。石川は、当時の状況について次のように述べている。

「名古屋の区画整理は何故起こったか。曰《いわ》く、人口条件が正にそれに適合したからであるとまず答えなければならない。その人口的好条件を与えたのは、名古屋市自体の伝統的強みもさる事ながら、震災（関東大震災）の影響も大きかったと言わざるを得ない。その時から人口増加率は従来の三％、四％から急に六％級になった。

（中略）

次に初期の組合は皆好成績をおさめた。それが後から起こるものを的確に刺戟《しげき》した。

*25 石川栄耀（一九三二）、「区画整理至上主義」、『都市公論』14巻5号、二六頁、都市研究会

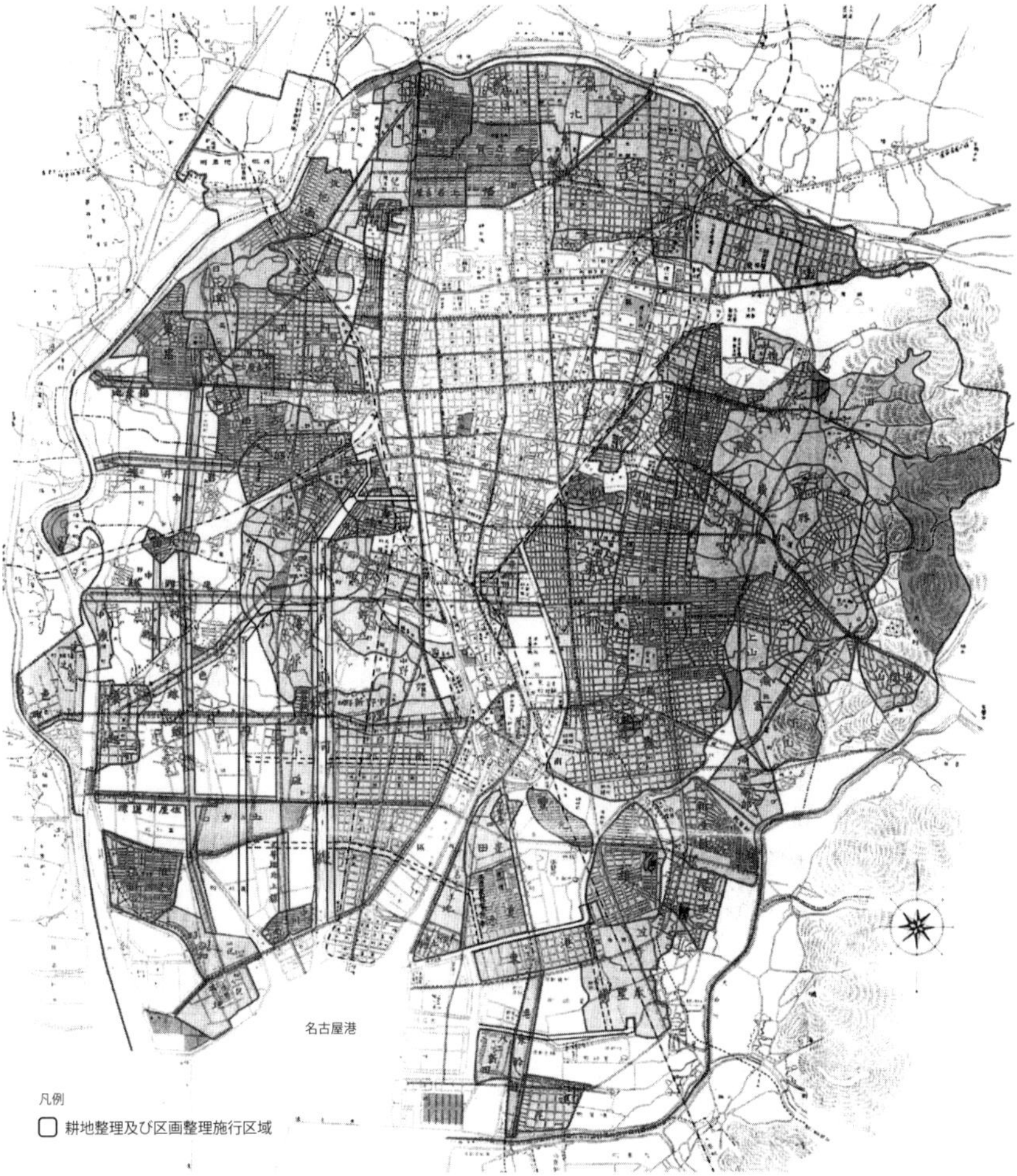

図8　名古屋区画整理施行図（1928年時点）。
新たに市域となった土地の大部分が耕地整理及び区画整理区域である。　出典＝名古屋都市計画局・（財）名古屋都市センター（1999）、「名古屋都市計画史図集編」、（財）名古屋都市センター

（中略）

これら必然の原因に追われて、区画整理は発生した。殆《ほとん》ど決河の勢いである」*26

戦前の名古屋は、全国的に見ても区画整理の実績が最も高い水準にあった。当時の六大都市において、市域面積に対する区画整理施行面積の割合を比較してみれば、東京および大阪でようやく三割強であるのに対し、名古屋は市域面積の実に半分以上が区画整理事業によって整備されていたことがわかる（表2参照）。

また、一九三五年（昭和一〇）には、県、市、組合連合会が協力して土地区画整理研究会が発足し、戦前の区画整理に関する唯一の専門雑誌『区画整理』*27を刊行するなど、名古屋は全国の土地区画整理事業において指導的な位置にあった。

このように、戦前の名古屋は区画整理事業が先導的に進められてきたのであるが、その要因として、他の諸都市に比べて、区画整理組合の設立を技術的・経済的に支援する制度が整っていたこと、あるいは、行政側に強力なリーダーシップを持つ人物が存在したことなど、区画整理を強力に推進してきた都市計画行政の影響が挙げられる。その中心的人物として、石川栄耀を欠かすことはできない。石川のほかにも、都市計画愛知地方委員会には谷口成之や兼岩伝一、また、名古屋にはわが国の区画整理前史に強力なリーダーシップを発揮した笹原辰太郎が存在した。こうした人物のつながりの中で、戦前名古屋における区画整理事業は実践されたのである*28。

石川栄耀の区画整理論

次に、より具体的に石川の区画整理に対する考えを見ていく。石川は、区画整理の設計

表2　六大都市の区画整理施行面積と市域面積に占める割合（1945年時）

		名古屋市	東京（23区）	横浜市	京都市	大阪市	神戸市
区画整理施行率		56.10%	31.30%	4.50%	5.50%	31.00%	14.20%
区画整理施行面積		9072.9ha	18137.5ha	1805.2ha	1581.5ha	5803.1ha	1636.1ha
	耕地整理	3850.0ha	9593.2ha	1112.8ha	162.0ha	1271.5ha	809.5ha
	土地区画整理	5222.9ha	8544.3ha	692.4ha	1419.5ha	4531.6ha	826.6ha
市域面積（1945年時）		16176ha	57865ha	40097ha	28865ha	18744ha	11505ha

や理論、実施や経営手法などさまざまな観点から多くの論考を残しており、名古屋の区画整理行政に多大なる貢献をした。また、石川はこうした名古屋での実績が評価され、名古屋市以外の中小都市から区画整理に関する講演を依頼されるほどでもあった。石川の著作（雑誌や新聞の投稿を中心に）から「区画整理」を主題とした論考を抽出し、表3に整理した。

区画整理を主題とした石川の著作は戦前期（名古屋時代）に集中している。これは、石川が一九三三年（昭和八）に赴任した東京で区画整理の担当から外れたこと、および戦災復興期は立場上（建設局長）区画整理の知見を論考として発表している状況ではなかったこと、そして、石川が名古屋にいた頃はいまだ区画整理技術が全国的に発展途上にあったことなどが考えられる。これらの論考をその内容で大きく分ければ、区画整理全般を論述した「総論」、事業の財政や進め方などを論じた「事業運営」、道路の形状や空間構成について記した「設計論」、および名古屋の区画整理状況等を紹介した「報告」の四つに分けられる。中でも、「事業運営」に関する論考が多く、組合による区画整理事業を公企業と同様に見ていた石川の考えが反映しているといえよう。

経営主義

石川の区画整理論の特色として、第一に挙げられるのがこの経営主義である。

「名古屋の区画整理で勉強になったのは、ただ土地を整理するだけでなく、その後の仕上げを考え経営主義を取った事である。区画整理をした上にそこに家を建て人が住みつく様に工夫をこらすのである」*29

*26　石川栄耀（一九二九）、「名古屋の区画整理の特質（上）」、『都市問題』9巻4号、東京市政調査会

*27　雑誌『区画整理』。「土地区画整理は都市計画の母」という言葉をスローガンとして、一九三五年一〇月から一九四四年六月まで発刊された区画整理事業専門誌。本誌の前身ともいえる『都市創作』（一九二五年創刊）が一九三〇年に廃刊され、その後、土地区画整理研究会がその精神を継承し創刊に至った。名古屋を中心として組織されたことから、中京での実践が多く紹介されているものの、その内容は日本全国から海外植民地まで及んでいる。

*28　戦前名古屋の区画整理事業については以下の論文に詳しい。浦山益郎・佐藤圭二・鶴田桂子（一九九二）、「戦前名古屋の組合施行土地区画整理事業の展開過程に関する研究」、『都市計画論文集』二七号、四九–五四頁、日本都市計画学会。鶴田佳子・佐藤圭二（一九九五）、「近代都市計画初期における一九一九年都市計画法第一二条認可土地区画整理による市街地開発に関する研究」、『日本建築学会計画系論文集』四七〇号、一四九–一五九頁、日本建築学会

*29　石川栄耀（一九五一）、「若き日の名古屋」、『新都市』5巻10号、七四頁、都市計画協会

表3　区画整理を主題とした石川栄耀の著作

発行年月	雑誌、著作名	題名	分類	内容
1927年5月～1928年1月	『中央銀行会通信録』289、291、294、298号	「名古屋に於ける土地区画整理の紹介(一)～(四)」	事業運営	地主であり、お金を融資する側の銀行業者に対し、区画整理事業の狙いや仕組み、名古屋における区画整理事業の現状や都市計画事業との関わりを説明。
1928年10月	『都市創作』4巻10号	「区画整理設計室より」	総論	1928年時点における区画整理を取り巻く問題点を指摘。名古屋西部低地の埋立問題、組合の土地経営、法律手続きの簡略化など。
1928年11月	『都市創作』4巻11号	「大名古屋土地博覧会報告」	事業運営	名古屋で博覧会が開催され、その人出を狙い、名古屋郊外で区画整理が進む地区の土地を宣伝した。その詳細な内容や報告について。
1929年2月	『都市創作』5巻2号	「都市会社考課状の研究」	事業運営	土地の経営方式やその評価の枠組みについて。
1929年3月	『都市創作』5巻3号	「区画整理換地法案自由換地に就て」	事業運営	区画整理で最大の争点となる換地計画について、自由換地実現にむけた提案。
1929年4月	『都市創作』5巻4号	「区画整理組合事業健康診断の標準其他」	事業運営	区画整理組合の事業費が妥当であるか、採算がとれるか等の観点で評価する方法について。
1929年4月	『都市問題』9巻4号	「名古屋の区画整理の特質(上)」	総論	名古屋の区画整理の現況やその詳細な内容、および組合設立の沿革や設計方針、今後の問題等をまとめた区画整理総論。
1929年5月	『都市問題』9巻5号	「名古屋の区画整理の特質(下)」		
1930年8月	『都市公論』13巻8号	「区画整理を始める迄」	事業運営	名古屋以外の都市計画関係者を対象として、区画整理をやって採算のとれる都市の見極め方や組合の勧誘方法などについてまとめた。
1930年9月	『都市公論』13巻9号	「中川運河を中心として」	設計論	運河の線形や規模、財政計画など、実際に事業化された中川運河を中心として論述した。
1930年10月	『都市公論』13巻10号	「郊外聚落結成の技巧」	設計論	場末帯展延の防止策やその現状、および小公園、広場、道路網など郊外住宅地建設のための設計論。
1930年12月	『都市公論』13巻12号	「名古屋の区画整理は何をしたか」	報告	名古屋の区画整理の現状やその進め方などをまとめた報告。
1931年1月	『都市公論』14巻1号	「区画整理換地清算の一法」	事業運営	公平な換地清算に対する一提案。
1931年5月	『都市公論』14巻5号	「区画整理至上主義」	事業運営	岡山市における講演記録。
1931年7月	『都市公論』14巻7号	「区画整理誘導講話の順序－県市の区画整理係に贈る」	事業運営	地主に対する区画整理の勧め方やその計画の要点、設計論、換地方針についてまとめた。
1931年11月	『都市公論』14巻11号	「区画整理換地規程に於いて唱ひ置く可き要項　-昭和6年度都市計画講習会出席に贈る-」	事業運営	都市研究会の都市計画講習会にて発表した内容。区画整理事業で成否を分ける換地規程やその手続き方法について。
1931年12月	『都市公論』14巻12号	「区画整理事業安全率推定(区画整理誘導講話の順序「その二」への追補)」	事業運営	区画整理事業を進めていくうえで必要な財政上の安全性について。
1933年6月	『都市公論』16巻6号	「名古屋に於ける区画整理の本態」	事業運営	ある都市における人口増加率と区画整理事業との相関関係およびその地理的な特質、区画整理事業発生の必然性についてまとめた。
1937年10月	『都市公論』20巻10号	「区画整理の基礎問題」	総論	区画整理事業と都市経営、都市計画事業との関係や全国の区画整理組合の状況、区画整理組合の経営論および小公園、広場、道路網、盛り場の設計手法などについてまとめた石川の区画整理総論。
1937年12月	『区画整理』3巻12号	「区画整理－事始め　東京都市計画地方委員会」	報告	名古屋における区画整理事業初期の経験談。

このように、石川はいかに区画整理事業の採算がとれるか、いかにして地価を上昇させるか、現在で言うデベロッパー的視点で区画整理を捉えていたのである。当時、名古屋以外の多くの区画整理事業が換地や減歩といった技術に終始する中で、こうした考え方自体が画期的であったといえる。

このような考え方で事業を進めた背景には、名古屋の区画整理事業が、基本的に県や市による直轄事業ではなく、民間による組合事業であった点が挙げられる。戦前の名古屋市には、道路網を実現するほどの財源はなく、民間資本による自発的な区画整理事業に頼らざるを得なかった。ゆえに、事業の採算性を第一に考えることは、組合施行による区画整理を実現させる上で重要かつ必要なことであった。

また、名古屋の区画整理は、事業費を組合員から現金で徴収する方法を採らず、剰余地の処分(宅地分譲)の収入によっていた。そのため、各組合はいかにして剰余地を高く素早く安全に処分するかに工夫を凝らすこととなる。具体的には、電車やバス等の交通機関の整備、集団住宅や小公園の整備、プールや遊園など遊興施設や街路樹の整備、発展素(工場、学校、病院等)の誘致が考案、実施された。これらは、基本的に組合による自主的な運営によっていた。

地主に対する説得技術

また、石川は地主とのかかわり方においても特色があった。先述したように、名古屋では民間資本による区画整理事業であったため、多くの地主を説得勧誘し、いかにその気にさせるかが、区画整理事業の成否を分けた。

「区画整理の相手は地主です。だから皆様はまずこの地主の心持ちになる事が大切です。よく区画整理を説くのに何か社会事業のような奉仕行為として奨めて掛かる人があります。区画整理が無かったら都市計画事業はどうなる——等と大上段に振りかざします。しかしこれは殆ど絶対にやってはいけない手法だといっていいでしょう。

（中略）

ては地主の気持ちになれということはどういう事か。すなわち、土地は一坪でも惜しいものだ。土地を減らすならはっきりとした採算がとれていなくては困る。それも確実でなくては困る。もしもの時にはこういう方法で助かる。公平の保証。こうした気持ちがわかっておいてそして取り掛かることです」＊30

石川はこのように、徹底して地主の立場になることで組合を誘導し、名古屋の区画整理事業を軌道に乗せていった。地主や資本家をその気にさせる石川の話術には、当時から定評があった。

しかし、アメリカのウォール街から端を発した世界的恐慌は、間もなく名古屋を席巻し、区画整理事業にも大きな影響を与えることとなる。銀行がつぶれるかもしれないといった噂が飛び交う中、石川は東京へと転任が決まる。不景気のどん底であった。

「その時の説明に区画整理をやれば名古屋全体も好くなるが、地元だって設計をしただけで地価は倍になり、工事完了で三倍になるといったものである。

（中略）

＊30　石川栄耀（一九三二）、「区画整理誘導講話の順序—県市の区画整理係に贈る」、『都市公論』14巻7号、都市研究会

自分のすすめた区画整理が漸く工事完了という所で、不景気が来、地価はガタ下りした。三倍どころか原価を割るのさえ出た。丁度その時自分は東京へ転任したのであるが、名古屋から時々、言付けで『文句をいうわけではないが地価の約束が違った、という事だけは伝えてくれ』というのがあり、頭をかかえた」＊31

＊31　石川栄耀（一九五一）、「若き日の名古屋」、『新都市』第5巻10号、七四頁、都市計画協会

しかし、このような状況も長くは続かなかった。満州事変以後の戦時景気の波は、再び名古屋の区画整理事業に息吹をあたえ、なかなか買い手のつかなかった中川運河にも買い手が殺到する状況となった。当然、地主たちの石川に対する評価は一変し、地元のラジオや講演、さらには事業の相談を受けるなど、神様のごとく扱われるようになったという。

このように、民間主体による名古屋の都市基盤整備は、景気に大きく左右されながらも、戦前までに一定の成果を残すこととなった。

市長という良き理解者

石川が名古屋でこれだけ実績を残せた背景には、当時の名古屋市長である大岩勇夫＊32との良好な関係が存在した。

「『名古屋の区画整理』が盛況となった理由はいろいろあり、市民の闊達な協力性等実に大きな原因であったが、大岩市長の大らかな同調がなかったらああはなり得なかった様に思える。

（中略）

大岩市長は本当に名市長であった。私は一介の県庁の技師に過ぎないが原張一つで

＊32　大岩勇夫（一八六七―一九五五）

愛知県花本村（現在の豊田市内）に生まれる。一八八八年に上京、東京法学院（現中央大学）で法律を学び、一九二七年から一九三八年まで戦前三期にわたり名古屋市長を務めた。大岩は在任中、名古屋市庁舎、市民病院、市営バス、公会堂、中川運河、東山動物園など数多くの業績を残し、一九三七年に名古屋で汎太平洋平和博覧会を成功させている。また、「名古屋（中京）デトロイト構想」を提唱し、新興の航空機工業に続く次世代の有望産業として自動車産業の創出が試みられ、その後の中京における自動車産業発展の基盤づくりにも貢献した。

仕事の打ち合わせをした。私のいう事は殆《ほとん》ど「何でも」「オイソレ」と聞いて下さった。
（中略）
自分の若き日の仕事が多少残ってるとすれば、その大部分は大岩市長と親子の様な結合があったからであると信じてうたがわない」*33

*33　石川栄耀（一九五二）、「若き日の名古屋」、『新都市』5巻10号、七五頁、都市計画協会

石川は公園実現のため、大岩市長の肝煎りで、公園候補地で公園祭をやり、花火大会を開くなどした。また、東山動物公園を実現するため、二人で山中の地主の家を訪問して歩いたとも振り返る。
一方、こうした大岩市長との良好な関係だけではなく、石川は名古屋の新聞記者との信頼関係も築いていた。

「そして特に自分は名古屋の新聞人がこぞって我々に好意をよせてくれた事が大きかったと思う。（私は名古屋新聞にカコミの欄を有って居り時々栄輝左衛門の名で呑気な記事を書いて居た）
それが市民の我々への信頼感となり仕事を為し易くした。
それを特に忘れたくない」*34

*34　石川栄耀（一九五二）、「若き日の名古屋」、『新都市』5巻10号、七七頁、都市計画協会

このように、石川は机上の理論構築だけでなく、それを実現する上で極めて重要な人脈および名古屋市民との信頼関係を築いていた。

3 ―― 区画整理で試みた特殊な設計

田代地区の区画整理事業

「区画整理はまあまあ何とか成功したといって貰ってるが、その中《うち》自分が初めから企画し実施したのは田代である。（中略）多少快心の成果である」＊35

田代地区の区画整理は、公園を中心とした放射環状形の街路で構成されており、これは、後述するように石川の区画整理設計論を体現したものといえる。ちなみに、中心に計画された公園の面積は約一・六ヘクタール（約一三〇メートル×一二〇メートル）で、現在でいう近隣公園とほぼ同等の規模である（戦後、この公園は中学校の敷地に変更された）。

石川は、のちに、区画整理経営の成功事例として、この田代地区を紹介している。

「この経営（区画整理組合の経営）に成功した一例として名古屋市田代土地区画整理組合について述べよう。この組合は地積三九三八反、西北東と丘陵にかこまれ地区中央の平地は緩慢に南傾斜する理想的住宅地にして、しかもその東西幹線は、そのままに名古屋の主街広小路の延長である。当初は理想的田園都市設計のつもりで着手し、小公園を随所に布置し配するに放射環状線の路系を以てした。然るに工事着手せんとするや

＊35　石川栄耀（一九五一）、「若き日の名古屋」、『新都市』5巻10号、七四頁、都市計画協会

図9　田代地区の区画割りの一部

田代組合区画整理事業は、企画から実施まで石川が担当した。中心に公園をもつ放射循環形の街路網は、戦前名古屋では唯一の事例となった。中心部の公園は、戦後、中学校の敷地に変更されている。なお、この図面は区画整理後間もない頃に測量したもので、いまだ建物がほとんど建っていない様子がわかる。

出典＝旧版地形図（一九三七年）国土地理院

一つは組合面積の膨大なると、二つには、あたかも財界の不景気に直面し一時頗《すこぶ》る行歩艱難《かんなん》を呈した。後理事者の懸命の努力と財界の好転は名古屋区画整理伝統の経営主義と相俟《あいま》ち、今日は、注目に値する成功を示している」＊36

このように、事業は途中で暗礁に乗り上げつつも、公園を中心に布置した放射環状線の街路網が実現した。このような設計事例は、数多く存在する戦前名古屋の区画整理事業のなかでも唯一といっていい事例である。

名古屋区画整理設計の歩み

田代地区の組合設立時期は一九二九年（昭和四）一一月である。この時期は、都市計画法が制定されてから一〇年が経過し、区画整理のノウハウや技術的な水準が高まってきた時期であった。また、一九三三年の土地区画整理設計標準が出される以前であり、全国一律の明文化した設計基準がなかったため、ある程度技術者の裁量で設計できた時代でもあった。一九二九年、石川は名古屋の区画整理の歩みを「名古屋の区画整理の特質」として雑誌『都市問題』に発表している。その内容をまとめて、表4に整理した。

これによれば、当初はグリッド状の碁盤割が基本的に採用されていたが、耕地整理から区画整理へと技術体系が変わり、都市計画道路や公園の設置にとどまらず、交通機関の誘致や遊興施設の整備など、住宅開発の土地経営的観点からさまざまな試みがなされていった。そして、区画整理に対する地主の理解が深まるにつれ、組合経営という観点から単純なグリッドではない「有機計画」が試みられるようになったとしている。

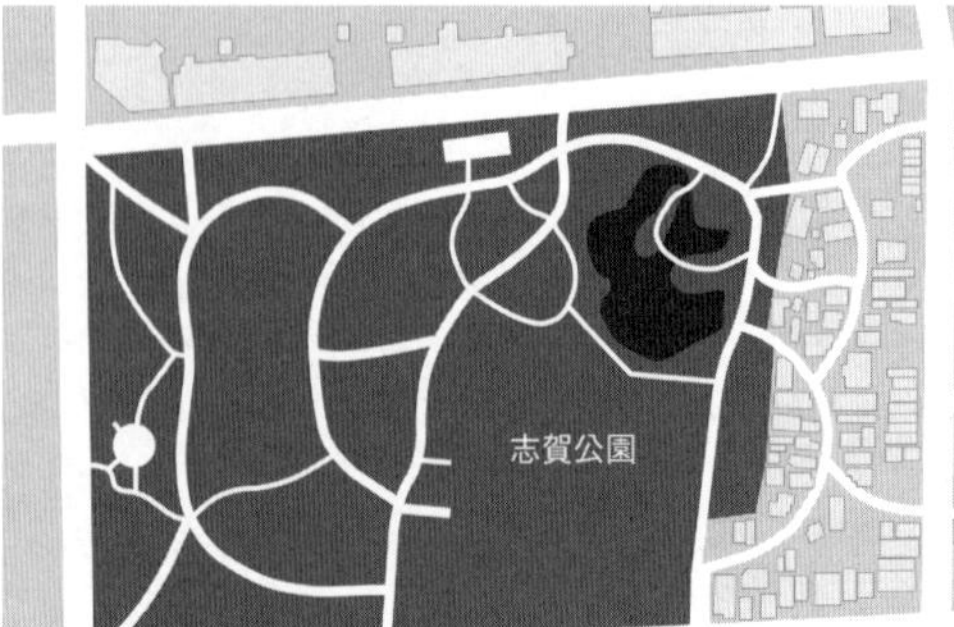

図10 西志賀地区（二〇〇七年時）

戦前名古屋の区画整理事業において、意図的に非グリッドパターンで設計された五つの地区のうちの一つ。ここは、都市計画公園が途中で頓挫し、東側四分の一程度が公園の園路そのままで住宅地として分譲された。

＊36 石川栄耀（一九三七）、「区画整理の基礎問題」、『都市公論』20巻10号、都市研究会

表4　戦前名古屋区画整理設計の歩み（1929年時）

都市計画以前 （初期）	道路網以前 （第二期）	区画整理期 （第三期前期）	区画整理期 （第三期後期）	有機計画期 （第四期）
～1919年	1919～1924年	1924～1925年	1925～1928年	1928年～
組合数 耕地整理8	組合数 耕地整理14	組合数 耕地整理5 区画整理12	組合数 耕地整理3 区画整理15	組合数 耕地整理1 区画整理51
名古屋市が都市計画施行都市として指定される以前の時期。郊外展延が進み、家屋の過密化が進展する。この期の道路は、一般に狭隘で街区ブロックは過大であった。	耕地整理の最盛期。組合設立後、設計変更により都市計画で定めた路線を耕地整理事業に入れ始める。この期までに、旧名古屋市は殆どその重要なる外周を包囲される。	この時期から耕地整理ではなく区画整理が始まる。区画整理で都市計画路線を整備することは既に常識となり、その後につながる経営主義へと移り始めた時期。	完全に区画整理時代に入る。ますます経営主義となり、居住者用のバスの経営や住宅展覧会を行う。小公園を利用した愛知型初期の有機計画が試みられる。	この時期は設計上の転機があり、設計による発展策として小公園を中心とした有機計画が試みられ始めた。後期になるにつれ整理対象地が中心街から離れてきている。
（具体事例） 城東、東部	八事、南山	椎信町、白鳥線	石川、西志賀	田代、豊田

八事周辺
八事山を風致に富んだ住宅地として開発した。この試みは古く、明治44,45年頃、笹原辰太郎が中心となって八事保勝会を創設したことに始まる。丘陵地の開発であったが、必ずしも等高線に沿った道路だけではない設計だった。

中川運河（白鳥線）
名古屋西部は土地が低いため未利用地が広がっていた。そこで、運河をつくり、その浚渫土を用いて両岸の工業地を造成した。

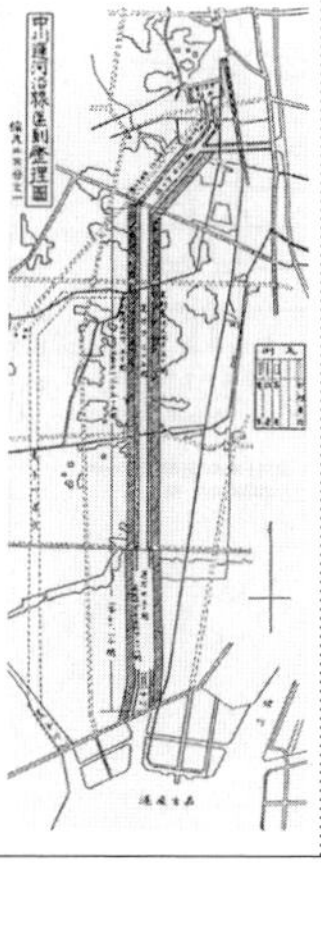

豊田地区（一部）
豊田組合区画整理は、徳川家所有の土地を一手に譲り受けた名古屋桟橋倉庫会社が、周辺の工業労働者に供する工業住宅地として開発した事業である。一部に放射状の街路がある非グリッドパターンの街路網が採用され、不整形の敷地には遊興施設として高さ20m程度の観音山公園が設けられた。また、道徳銀座と呼ばれる盛り場が計画的につくられるなど、住宅地開発の発展素が積極的に採り入れられた。

戦前名古屋における区画整理の街路設計タイプを大きく分けると「丘陵地型」と「平地型」に分かれる＊37。「丘陵地型」は、地形の影響を受け、曲線道路を多く用いた事例が多く、「平地型」は基本的にグリッドプランで構成されている事例が多い。

一方、これらの例外として、地形の影響による丘陵地型の非グリッドプランの街路設計とは異なり、意図的に非グリッドプランを採用している地区が五つ（南山、石川、西志賀、豊田、田代）見出せる。これらは、南山を除いて、すべて第三期以降に施行された地区である。

中心を有する非グリッドパターンの設計

それでは、石川の言う「有機計画」とはどのような内容であったのか。石川は有機的な設計について次のように述べている。

「今迄の我々の設計には有機的なとこがない。どこにも中心がなく、土地用途の予見がない。一際の道路網はただ都市計画幹線に順応した碁盤割であった。

（中略）

中心を造る事の好い事は私も知ってる。知ってるどころか、都市計画技術者の唯一のヴァニティは地上に自分の永久の夢を印する事だ。永久の夢が碁盤割ではたまらない」＊38

このように、石川はこれまでの区画整理設計が碁盤割であったことを振り返り、そして、中心を有する設計について次のように述べる。

＊37　戦前名古屋の区画整理設計については鶴田らの論文を参照。鶴田佳子・南谷孝広・佐藤圭二（一九九四）、「名古屋市における戦前の区画整理設計水準の発展過程に関する研究」、都市計画学会論文集No.29、二一一-二一六頁、日本都市計画学会

＊38　石川栄耀（一九二九）、「名古屋の区画整理の特質（上）」、『都市問題』9巻4号、東京市政調査会

＊39　石川栄耀（一九二九）、「名古屋の区画整理の特質（上）」、『都市問題』9巻4号、東京市政調査会

「美しき中心を有った設計は、当事者には人一倍の誘惑である。ただ、当事者には責任がある。その設計は成功する事はなくとも失敗は絶対許されない。中心を造る事は何故に危険を含むか。中心は当然、中心的建築物を必要条件とする。しかるに日本の区画整理は、後にも先にも純粋の区画整理で建物には手をつく可くもない。法も禁じて居れば資力もない。

（中略）

問題は中心に何を選ぶ可きかにあるのである。それは社会公共的な意味をもち、親和的な意味をもち、そして最後に、決して『他となる』おそれのないものであればそれでよい。そこで自分は小公園を探しあてた。これこそよい。これこそ公共的な、親和的な、そして動かぬものである。即これを図（参照：図11）の様に案配しこれを愛知型と称して設計室の方針としてる。かくする事により、土地は都市計画幹線に副うて商業地的価値をもち、小公園の周囲より住居的価値がひろがる」*39

区画整理では基盤整備後の建築物を指定することができない、石川はこうした制度上の限界を鑑みた上で、区画整理の中心に小公園を選んだ。当時、東京では震災復興事業が進んでおり、近代小学校と小公園との併設によって地区の中心を形成する方法を採っていた。そのため、小公園を地区の中心として計画することは、それほど目新しいことではなかったといえる。しかし、石川の考案した計画は、その形状に特色がある。

「図中B（参照：図13）に対しいかにA（参照：図12）の方が効果があるであろうか。少量にして効果あることは可能を最も物語るものである。

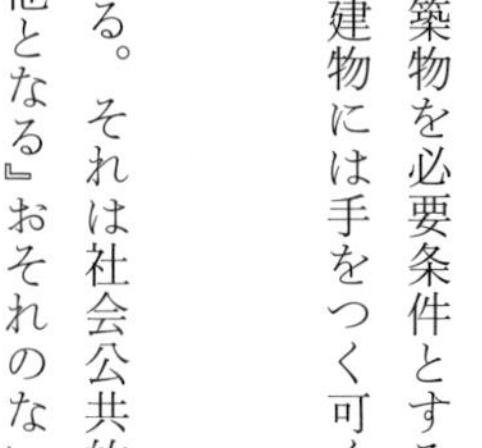

図11　小公園を中心に配した模式図（愛知型）。出典＝石川栄耀（一九二九）、「名古屋の区画整理の特質（上）」、『都市問題』9巻4号、東京市政調査会

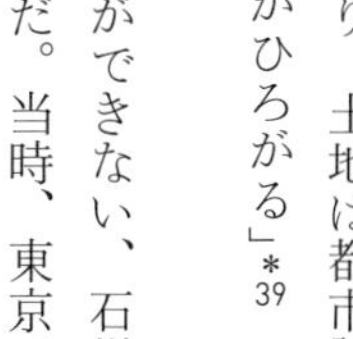

図12　放射形（A）。出典＝石川栄耀（一九三〇）、「郊外集落結成の技巧」、『都市公論』13巻10号、都市研究会

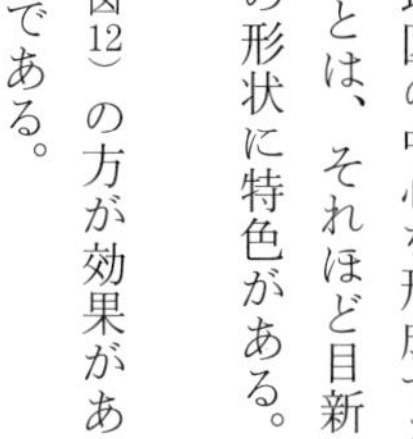

図13　碁盤形（B）。出典＝前掲

（中略）
心理的に結合する事。これは殆ど他の街路網形式の如何ともしがたきものである。例えば、いわゆる碁盤割の如きはいづこにも何等の変化なく従って自ら他を意識し得ない。又、自己の環境をも愛しない。従って、そこに統合の手がかりがない。放射循環形式に広場を適当に配する組立ての場合、各街路はそれに面する各家屋の共通前提となり従ってそこに小さきCommunityの萌芽が発生する」*40

ここで、図12の図式は石川の示す愛知型の発想と同等であり、図13は東京震災復興事業で計画された復興小公園と同様の図式（図14参照）と見ることができる。石川は、図13のような碁盤形公園配置を否定した上で図12のような放射形を推しており、これは同時代に進んでいた東京震災復興事業のやり方を暗に批判していたと考えることができる*41。石川の目指した理想的プランは、公園（もしくは広場）を中心に放射循環形式の街路網を配すことで、その地区に住む人々に共通の意識を育ませることを狙いとするプランであった。石川はそのような技術を「親和技巧」と呼んでいる。こうした発想は、決して石川の個人的な思いつきではなく、その源泉には、同時代における海外の都市計画思想が存在した。

石川は、一九二三年（大正一二）に一年間欧米を視察し、翌年にはアムステルダム国際都市計画会議*42に出席するなど、欧米の都市もしくは都市計画から大きな影響を受けていた。そのため、石川は、同時代的に試みられていた欧米の都市設計に精通しており、パウル・ウルフ（独逸）やレイモンド・アンウィン（英国）、ジョン・ノーレン（米国）など、数多くの都市計画家のプランを研究していた。こうした、海外の都市設計やその考え方に刺激を受け、中心を有する放射循環形のプランを実践するに至ったと考えられるが、中でも大きな影響を

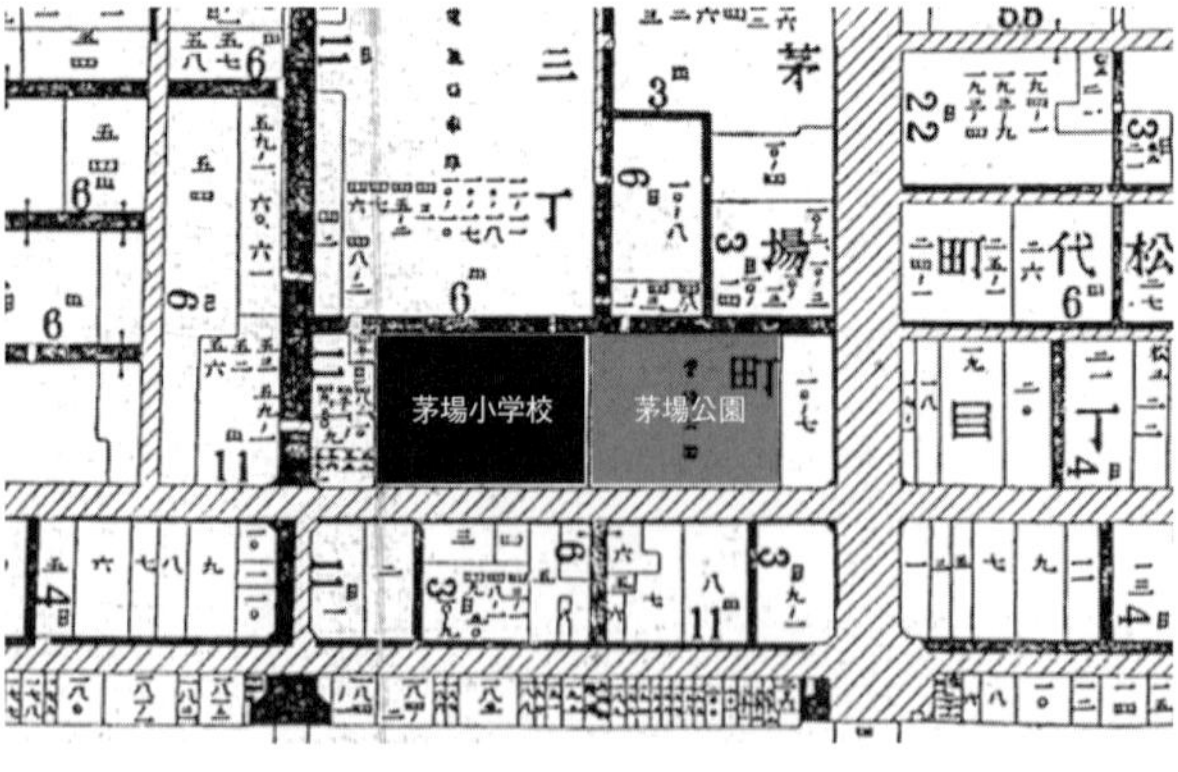

図14　東京震災復興区画整理事業の一例（一九二五年）＝グリッド状の街路網の中に小公園（茅場公園）および小学校（茅場小学校）が配置されている。出典＝復興事務局編（一九三一）『帝都復興事業誌　土地区画整理篇』、復興事務局

受けたのが、ここにおいてもイギリスの都市計画家アンウィンであった。

「よき住宅地を出きるだけたくさん得ること。この為にとまれ一切の道路配置の原則が『碁盤割』に決められている事は当り前らしい。例え、それが放射循環であろうと、扇形であろうと、結局は碁盤割の応用でしかない。ただここに全然別種のものとして、アンウィン氏によって唱導され、ハムステッドに応用された、Y字構成のものがある。ドイツ中世の都市の都市美の抽出であって、主として『環境美』を高調したものである。このためには当然たくさんの多角形の土地が出来、その利用のため、袋路が用いられる。

（中略）

何にしても、我々はここに『碁盤割式』に対し氏によって『Y字袋路式』の発明された事を認めないわけにゆかない」＊43

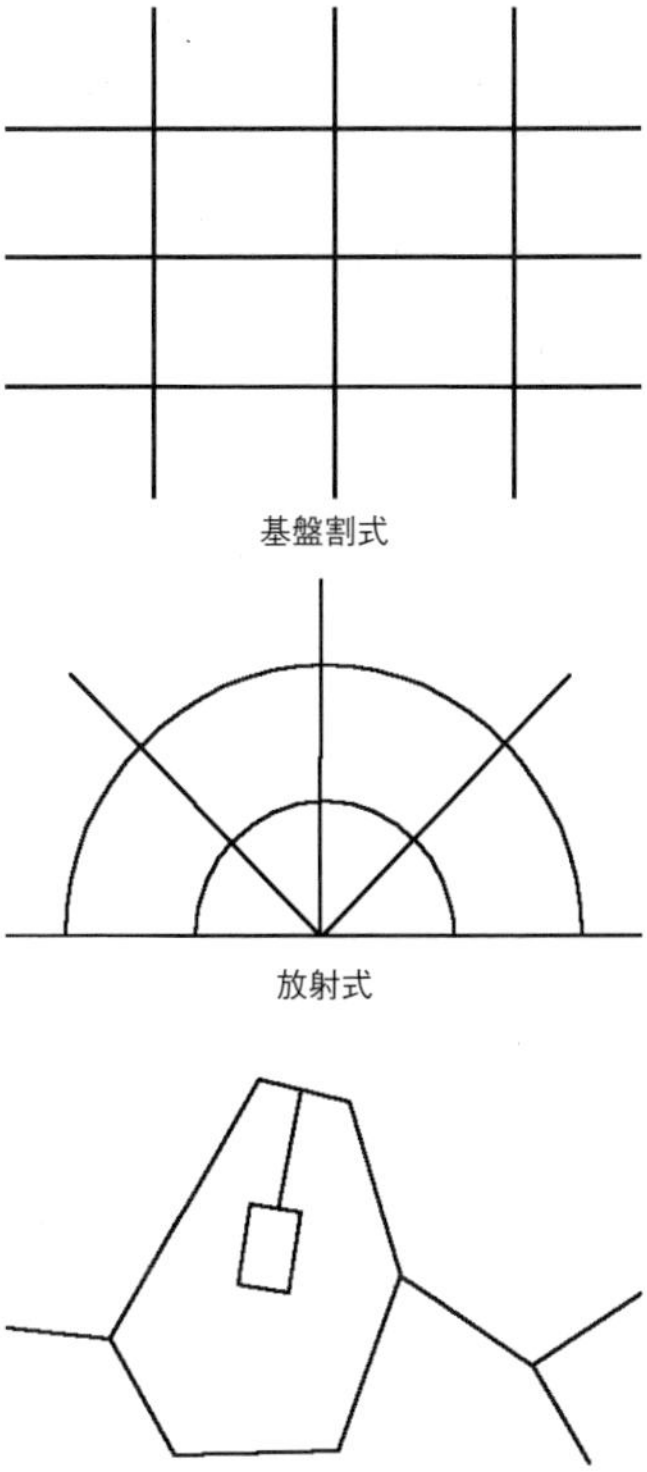

図15　住宅地における道路網形式の検討。出典＝石川栄耀（1930）、「集団住宅地設計技巧と経済効果（上）」、『都市創作』6巻2号より筆者作図

＊40　石川栄耀（一九三〇）、「郊外集落結成の技巧」、『都市公論』13巻10号、五二頁、都市研究会

＊41　日本の近代都市計画事業において、一大エポックとなった帝都復興事業に石川は参加しなかった。

＊42　一九二四年にアムステルダムで開催された国際住宅及都市計画会議。大都市の膨張抑制、衛星都市建設による人口分散、グリーンベルトの設置など、大都市圏計画の七原則が提唱され、その後の日本の都市計画に多大な影響を与えた。この国際会議には、日本から框木寛之（東京地方委員会）、石川栄耀（愛知地方委員会）らが出席している。

＊43　石川栄耀（一九三〇）、「集団住宅地設計技巧と経済効果（上）」、『都市創作』6巻2号、八頁、都市創作会

図16　ハムステッド田園郊外1908年案（アンウィン設計）。
Y字に構成された街路交差部が多く見られる。　出典＝Raymond Unwin（1909）、「Town Planning in Practice」

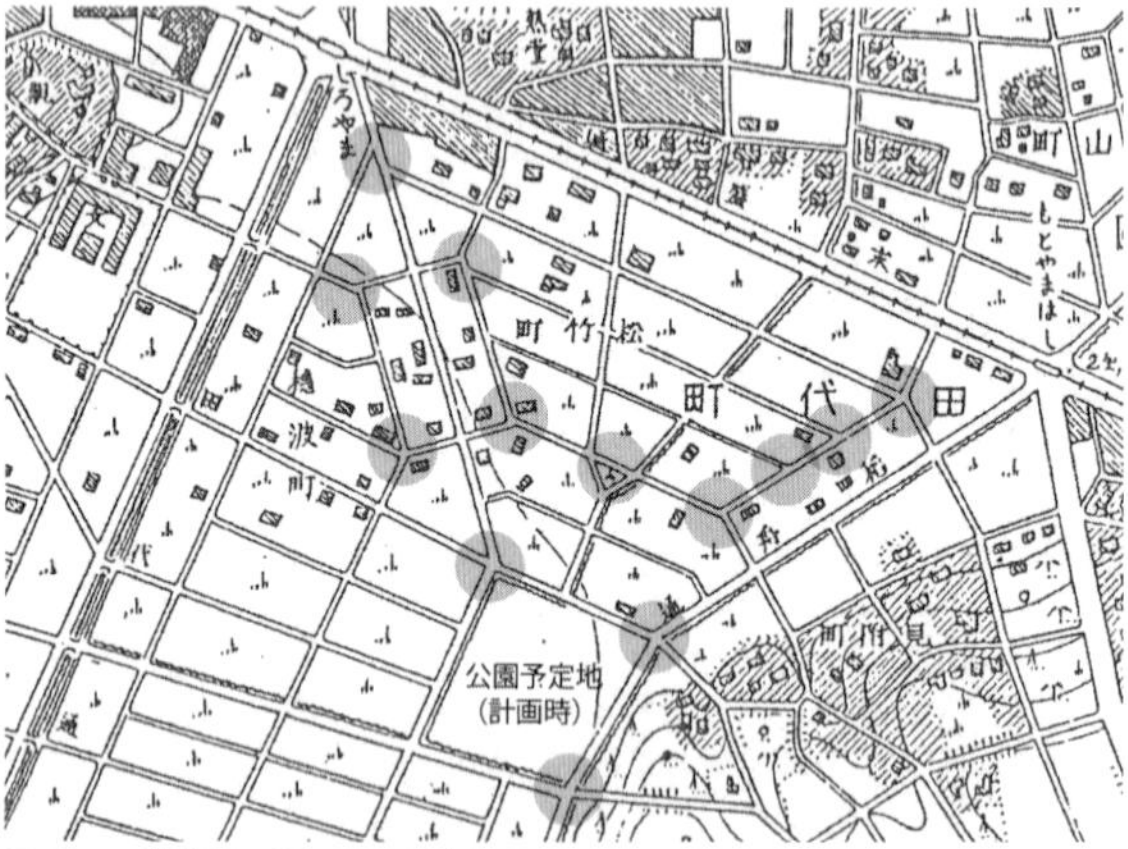

図17　田代地区に見られるY字構成。
田代地区における設計上の特徴は公園北側地区に見られる。公園南側はグリッド状の区画割りであるが、北側は公園を中心として放射状の道路が伸び、その交差部はY字の多い構成となっている（●個所）。通常、交通安全の観点から三叉は敬遠される。

このように、石川は道路網の形状についてアンウィンを範としており、その視線の先にはヨーロッパ中世の都市に対する石川の憧憬が存在した。

区画整理で試みたアーバンデザイン

ここで、いま一度田代地区の実践をみてみよう。

田代地区の街路パターンは、公園を中心として放射状に伸びており、周囲は幹線道路で囲まれている。この形状は、石川の示した愛知型（図11）とほぼ同等の形状である。また、街路の交差部に着目すれば、アンウィンを範とする「Y字構成」が多く見出せる（図17）。このように、田代地区は、石川による区画整理設計のエッセンスを凝縮した地区であった。

ではその後、田代地区はどうなったのであろうか。ちなみに、アンウィンは「Y字構成」の街路設計を提案すると同時に、Y字から生み出される多角形の敷地形状に対する利用の仕方（建築物と非建蔽地の設計）についても事細かに提案していた。例えば、Y字（三叉）の街路交差部では、それぞれの街路からアイストップとなる建築物や緑地を重視し、周辺敷地と建築物を活用した場所づくりを目指していた（図18参照）。しかし、石川自身も述べているように、日本の区画整理事業では区画整理後の建築物に触れることができないため、「Y字構成」にて街路を敷いたとしても、それを受けた住環境設計が地区全体でなされなければ、アンウィンが提案した「Y字構成」の真意まで辿り着けないといえる。こうした問題に対して、石川も同様に問題視しており、次のように述べている。

「ただ、この為（Y字構成）にアンウィン氏は実に豊富な緑地を添える。その事が未だ広場の味を感得し得ない日本人等の心へは果して価値として、うつり得るや否や問題である。（中略）何となれば、日本では、道路は戸外である。時に往々それは『都市外』であるのだから。」*42

石川は、田代地区の事業を「会心の出来である」と専門雑誌上で述べているが、深い部分ではこうした問題意識を抱きつつ計画を進めていたことが読み取れる。区画整理事業から七五年が経過した現在の田代地区において、例えば三叉の交差部に面する敷地では、それ

*42　石川栄耀（一九三〇）、「郊外集落結成の技巧」、『都市公論』13巻10号、五七頁、都市計画協会

図18　アンウィンによるY字交差の設計例。出典=Raymond Unwin（一九〇九）、「Town Planning in Practice」、三三七頁

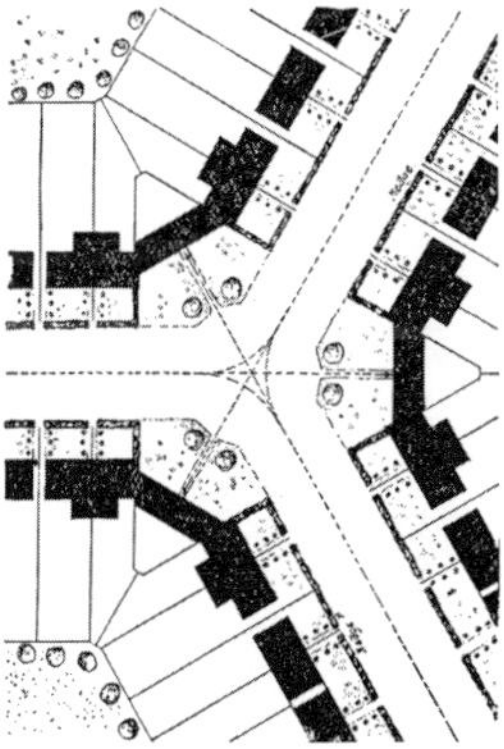

ぞれ道路境界に塀を巡らせているため、現状では少なくともアンウィンが「Y字構成」にて構想していた住環境とは成り得ていないといえよう。とはいえ、この現況をもって石川の街路設計は失敗であったと言うことはできない。こうした戦前の特徴ある街路設計を生かして、今後の田代地区のまちづくりが進んでいけば、より魅力的な住環境が形成されていくことは十分考えられる。

石川が「有機計画」によって目指したものは、近代化によって失われつつあった人と人とのつながりを結びつけることであった。

「去りながら単に都市の黙々たる下僕であった都市計画技術家が、かくの如くして、散逸せんとする人類の結び目をより新鮮なる形式に於いて、回復する役目に僥倖するものであるとしたら、何と働き甲斐のある日々であろうか」＊45

石川は、区画整理技術を探求し実践する事にこそ、都市計画技師としての職能を見出していった。それは同時に、都市計画技師としての仕事が「人類の結び目を回復する」という社会的役割を担っていることを自分自身に言い聞かせることでもあった。

そして、一九三三年（昭和八）、石川は都市計画東京地方委員会へと転勤が決まった。道路網の計画、区画整理事業の実践、アンウィンとの出会い、洋行での経験、お祭りの企画開催など、名古屋での石川の活動は多岐にわたった。

「こうした楽しさの中の一四年は夢の間であった。二九歳の男は四二になった。そし

＊45　石川栄耀（一九三〇）、「郊外集落結成の技巧」、『都市公論』13巻10号、五七頁、都市計画協会

て一人もので来たのが四人の子を有つ様になった。今更に地方生活が少し長過ぎたと思うようになった」*46

このように、焦燥感を感じつつあった名古屋の生活であったが、冒頭で述べたように、「これ程好い研究室は無かった」という言葉に表れているとおり、名古屋での仕事はじつに実り多きものとなった。都市計画技師として追求した区画整理技術は、その後、東京戦災復興事業へとつながることとなる。

*46　石川栄耀(一九五二)、「私の都市計画史」、『新都市』6巻11号、九頁、都市計画協会

第2章　商店街盛り場の都市美運動

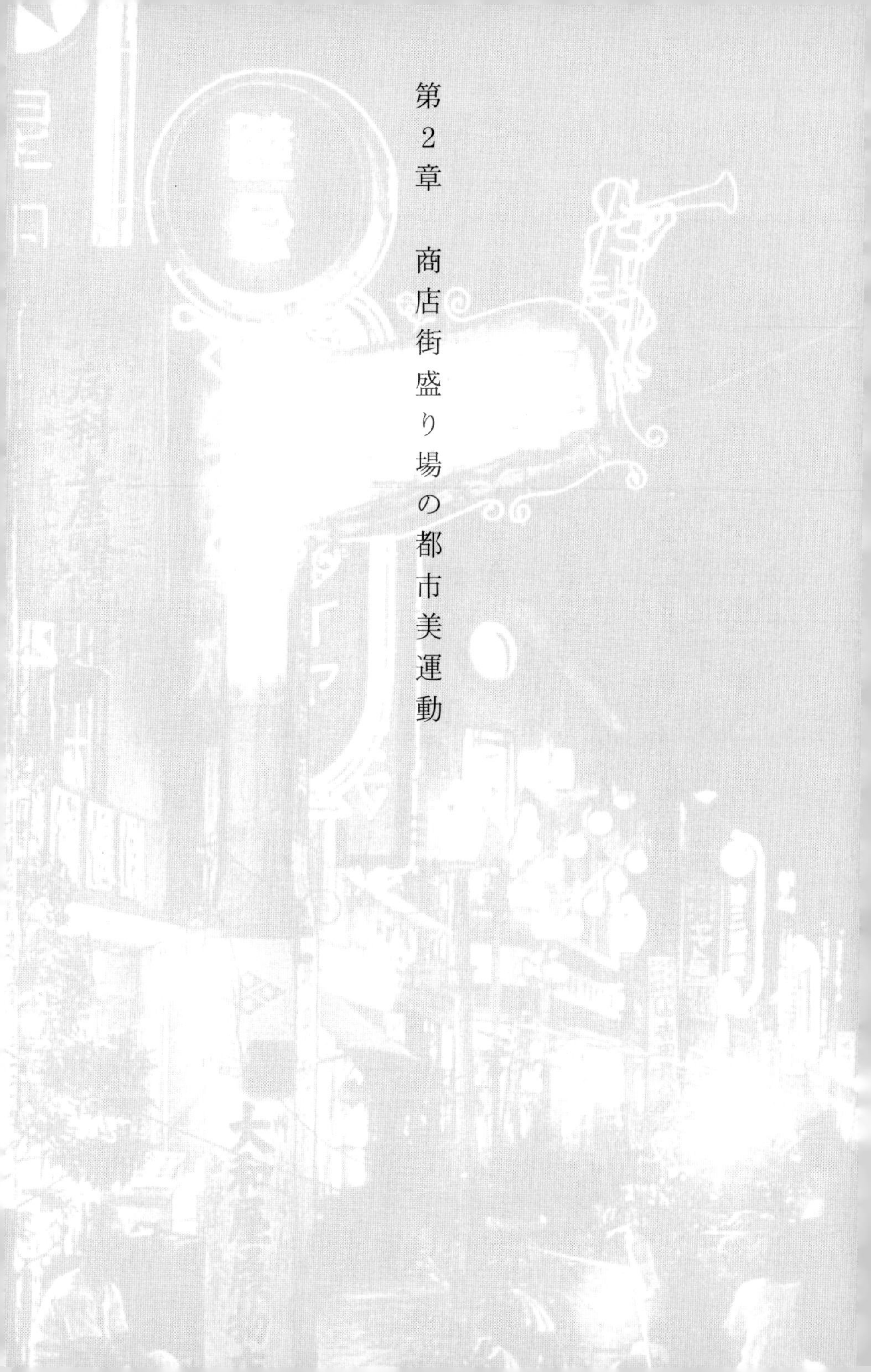

1――名古屋の盛り場へ

実利主義の都市から愛の都市計画へ

一九二八年（昭和三）五月、『名古屋新聞』紙上に石川栄耀の次のようなコメントが載った。

「都市計画といっても何も区画整理のようなことばかりするのじゃない。都市の美観ということも吾々は考えねばならぬ」＊1

石川栄耀はこの年、名古屋の商工業者や照明家、広告図案家らと名古屋都市美研究会を立ち上げて、都市を美しくする運動＝都市美運動を開始したところであった。石川は、前章で詳しく述べた名古屋を中心に、愛知県内各都市での都市計画の策定の実績を積み重ねていたが、その一方で、「非常に熱心な都市美、殊に夜の都市美研究者である、一方その実行家」＊2と評価されるようにもなっていった。本章では、この石川の都市美運動家としての側面に着目する。

石川が区画整理などの都市計画技師としての本務にとどまらずに、都市美運動に邁進するようになる理由を説明するには、まず最初に、石川独特の都市計画史観に言及しなければならない。その史観とは、石川の言に従えば、「実利主義の都市がくずれんとし、愛の都市計画こそ正に産みの悩みにある」＊3というものであった。

＊1　『名古屋新聞』、一九二八年五月二日、名古屋新聞社

＊2　石川栄耀（一九二九）、「夜の都市美 漫歩街の研究」、『商店界』9巻1号、四九頁、誠文堂・商店界社

＊3　石川栄耀（一九二六）、「愛知の都市計画（九）」、『中央銀行会通信録』284号、六頁、中央銀行会

石川は、一九二六年（昭和元）に中京地区の銀行業界誌である『中央銀行会通信録』に連載した「愛知の都市計画」にて、まさに実利主義を象徴する経済界の主役である銀行業者たちに対して、こうした史観を真っ向から説いている。曰く、ローマ、ギリシャ時代以来、中世の宗教都市の小康を除いて、少数の強者、王侯によって計画されてきた都市は、現代においてもやはり少数のブルジョワが実権を握っている産業至上の修羅場であり、市民たちをたとえようなく憂鬱にしている。しかも市民はそのような憂鬱に気づかずに過ごしているというのであった。

ただし、石川は欧米においては、こうした産業至上主義の都市は過去のものとなりつつあるとした。石川が一年間の洋行経験において最も感銘を受けたのは、「欧米人が如何に美しく都市を造りかえ、そこでいかに楽しく一日をくらして居るか」*4という点であった。翻って、日本の都市は相変わらず実利主義に支配されて、美しくも楽しくもない。そのことを憂い、次のように問いかけた。

*4 前掲、一〇頁

「現代都市の解決は金さえかければなおるのか。成程ここ迄なら程度迄は何とか出来ます（しかしあく迄或程度迄です）現に東京、大阪が刻一刻その真似で急がしく、しかも確かに或程度迄成功している位です。しかし、重大な問題は実はこの次にあるのです。もっと深刻なところにあるのです」*5

*5 前掲

石川が現代都市の深刻な問題と考えていたのは、都市の市民同士が隣人に対して完全に他人となってしまっている事態、「冷たい安心立命」、「相互扶助の暖かい血は一滴も流れない」*6状況であった。石川はこうした事態を都市における愛の欠如と表現した上で、都市

*6 前掲

計画家は「愛の都市計画」を目指すのだと主張したのである。

「我々も結局は総てである前に一市民である。人一倍愛に飢えてる寂しがりやの市民である。であればこそこうした愛の都市を夢中になって『我々の』と叫ばないではいられぬワケです」*7

*7　石川栄耀（一九二八）、「愛知の都市計画（九）」、『中央銀行会通信録』284号、一二頁、中央銀行会

「大都市病を悲しみ、愛の都市への無限の郷愁をいだく心がひく鉛筆はたとえ同じ二点間の最短距離でもどこかに味の違いが出やしませんか。その味が幾分なりとも大都市を救い得やしないか、そして、こうした事実に対し市民が一人でも二人でも眼をあいて下すったらどんなに仕事がし易かろう」*8

*8　前掲

石川の都市美運動の原点には、大都市における市民の精神的環境に対するこうした問題意識が存在していた。

賑かさへの着目と盛り場計画

石川は、最初の赴任地である都市計画愛知地方委員会において、前章で述べたように自主的研究会である都市創作会を組織し、日々の都市計画業務と並行して研究を行い、積極的に論考を発表した。「実利主義の都市から愛の都市計画へ」という史観を有していた石川の初期の論考に通底するのは、『都市計画』という華々しい名前を有ちながら自分達の仕事がどうもこの現実の『都市』とドコかで縁が切れてる様な気がしてならない」*9、「都市計画が法律通り、今日一日の衛生、保安、経済につつがならしめる丈の事なら楽なものだ」

*9　石川栄耀（一九三二）、『盛り場計画』のテキスト 夜の都市計画」、『都市公論』15巻8号、九三頁、都市研究会

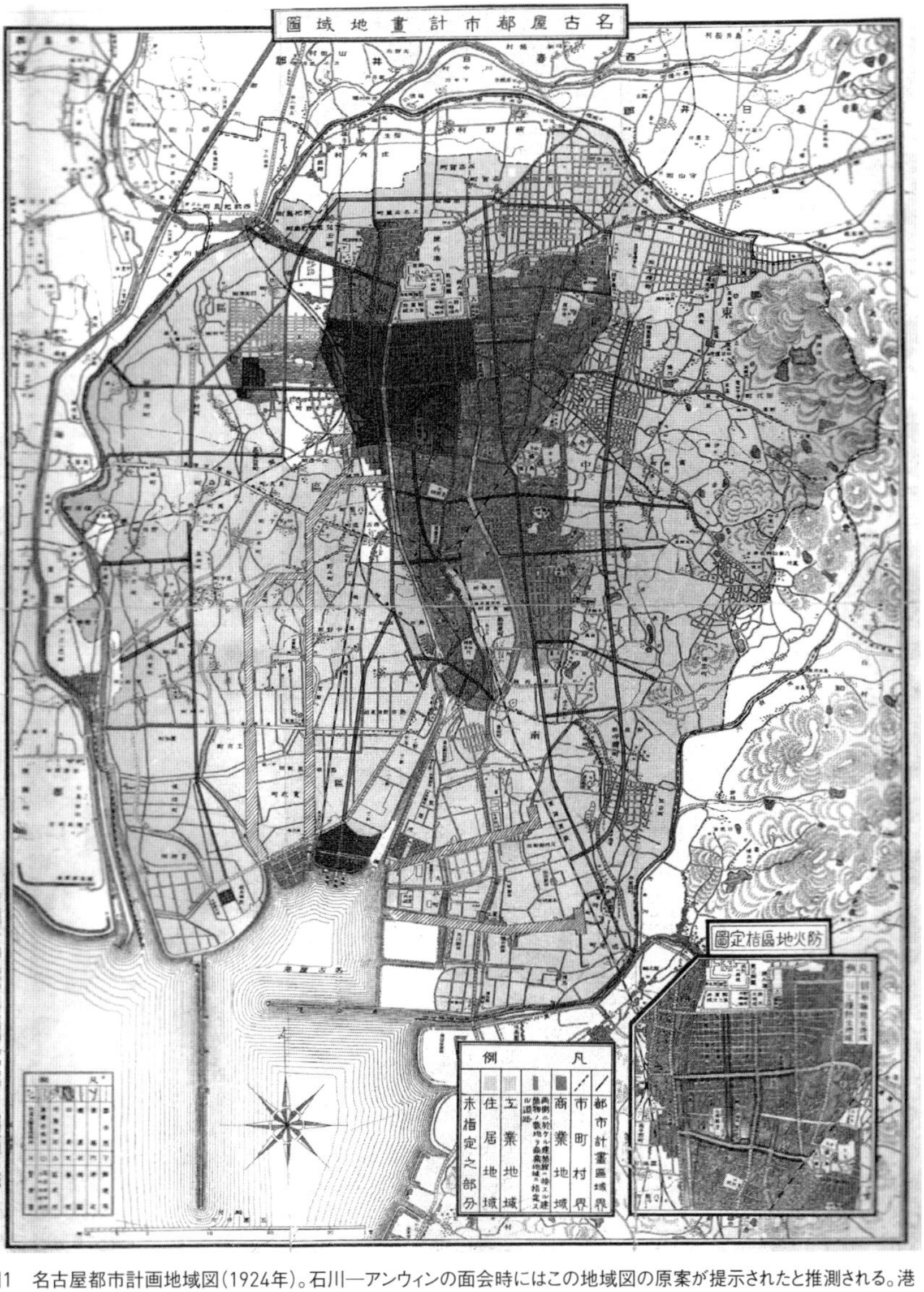

図1　名古屋都市計画地域図（1924年）。石川―アンウィンの面会時にはこの地域図の原案が提示されたと推測される。港湾、河川沿いは工業地域に指定されている。区域の境界については口絵参照。　出典＝名古屋市都市計画局・（財）名古屋都市センター（1999）、『名古屋都市計画史 図集編』、32頁、（財）名古屋都市センター

*10という、都市計画技師としての本務、つまりは法定都市計画への自己批判であった。

石川の法定都市計画に関する自己批判は、技術面については『都市創作』に発表した「『郷土都市になる迄』の断章14　都市は永久の存在であろうか」（一九二八年一月）に端的に記述されている。それは、産業や衛生など都市における実用価値にのみ着目する法定都市計画の視座に対しての懐疑に由来するものであった。石川の懐疑は、前章でも言及した一九二三年から一年間にわたって欧米の諸都市を見て回った経験で培われた。とくに、イギリス都市計画の父、田園都市レッチワースや田園郊外ハムステッドの設計者として知られるレイモンド・アンウィンとの面会が石川の都市計画観に大きな影響を与えた。石川はアンウィンの自宅で、アンウィンの前に自らが線を引いた名古屋の地域制のプランを説明する機会を得た。そのプランでは、名古屋の港付近はすべて工業地帯に指定されていた。石川は、この面会の場でアンウィンから一生を左右するような印象深いアドバイスを貰ったのである。のちに石川自身、何度も回想し、言及することになるアンウィンのアドバイスを、前章に引き続いて、再度、詳しく見てみよう。

「君達の計画は尊敬はします。しかし私にいわせればキタンなくいわせれば、あなた方の計画は人生を欠いている。私の察した丈ではこの計画は産業を主体においている。いや、主体どころではない産業そのものだ。成程カマドの下の火が一家の生命の出発点である様に産業は立都の根本問題ではあろう。それに対しては何もいわない。しかし、例えて見ても一家の生活においてもカマドの火は高々一時間で消される。そしてそれから後は愉快な茶の間の時間が始まるはずだ。

産業は人間生活のカマドでしかない、むずかしくいえばそれは文化生活の基礎であ

＊10　石川栄耀（一九二六）、「都市の味『郷土都市の話になる迄』の断章の三」、『都市創作』2巻2号、二四頁、都市創作会

る。

軽い語でいえば文化の召使である。

あなた方はサーバントに客間と茶の間を与えようとしてる」＊11

アンウィンの、人生を産業よりも重視すべきだというアドバイスは、石川の活動全般を基礎付けることになるが、とくに都市美運動に邁進する契機を与えた点が重要である。石川はアンウィンのアドバイスを受けて、都市の本質が産業ではないとすると一体それは何だろうか、日本の都市計画に足りない都市の「人生」とは何だろうかと考えた。そして、その仮説的な結論として、「人間が遊楽施設につつまれ、その気分の中にあって集団的気分に酔う事」「遊楽気分とは実用価値をはなれ、生を楽しむ気分」＊12と定義した「賑かさ」こそが都市の本質的価値であり、都市の「人生」の要諦であるという考えを導き出した。この考えに従って石川は都市計画の内容を再検討した。

その結果、「賑かさ」を生み出す施設として都市美的に修飾された広場こそが主要素であり、産業施設等の実利的要素は副要素である、しかし、その副要素を機縁として、のちに主要素である遊楽施設が成立してくると考えるに至った。ただし、主要素である広場の伝統を持たないわが国においては、都市の主要素である広場は「盛り場」に代替されるとしたのがポイントであった。

石川は副要素ののちに主要素が生じるという、先に見た「実利主義の都市から愛の都市計画へ」とも共通する遷移論を前提として、商業という実用価値によって成立した商店街を、実用価値を離れた「賑かさ」を生み出す「商店街盛り場」にまで育成するという目標を打ち立てた。石川は本務の法定都市計画を機縁の技術として肯定しつつ、主目的に「賑かさ」

＊11　石川栄耀（一九二五）、「郷土都市の話になる迄 断章の二、夜の都市計画」、『都市創作』1巻3号、一七頁、都市創作会

＊12　石川栄耀（一九二八）、「都市は永久の存在であろうか『郷土都市の話になる迄』の断章の十四」、『都市創作』4巻1号、二〇頁、都市創作会

の創出を据えて都市計画を再定義することで、都市計画家と現実の都市とを確かに結び付ける仕事としての盛り場計画を見出したのである。

また、アンウィンらとの面会などで充実した欧州出張からの帰国直後に都市計画愛知地方委員会の同僚の木島粂太郎に誘われて長野県上田市の都市計画立案に携わった際、新たに計画する幹線街路が、それと並走する既存の商店街を衰退させるのではないかと地元有力者たちから厳しく問いつめられて、満足に回答できなかった経験（石川はのちに演壇立ち往生事件*13と呼んでいる）が、石川の商店街への関心をさらに強めることになった。

名古屋をも少し気のきいたものにするの会

石川の都市計画への自己批判は、法定都市計画の内容への懐疑に加えて、そもそも都市づくりの担い手はいったい誰なのかという問いにも深く根ざしていた。一九二八年（昭和三）四月に発表した「『郷土都市の話になる迄』の断章16 市民倶楽部三相」には、都市づくりの担い手に関する石川の考えが鮮明に綴られている。

石川は「都市については、一家の人が一家の事について考える様な、やり方では誰も考えていない」*14という現状を憂い、その原因として、市民が考えようにも相談相手や頼む先がわからないといった事態や、市役所がいつかやってくれるといった考え、そもそも日本人に共通する戸外生活への関心の薄さなどを指摘した。とくに、市役所へ頼る思考に対しては、「市役所とは市民が依託した、市の土木、教育、衛生等を司る事務所にしかすぎない」*15として警鐘を鳴らし、頼りがいのない市会議員らも含めて、市役所は都市づくりの主体ではないとはっきりと論じたのである。では、いったい誰が都市づくりの主体となるというのか、石川は次のように論じた。

*13　石川栄耀は都市計画愛知地方委員会の同僚である木島粂太郎（上田市出身）の誘いを受けて、一九二四年から一九二五年にかけて上田市の都市計画案を木島、黒谷らと立案した。石川らの計画案では既存の商店街のある通りに平行して幹線道路を新設することになっていた。この道路計画に対して、既存商店街の衰退を危惧する地元の商業者たちから反対の声が上がった。石川は計画案の説明会会場で、この道路計画に反対する人たちを説得するにたる計画の根拠を示せなかった。石川は商店街に対する配慮や知識を欠いていたことを痛感し、以降、商店街に大きな関心を寄せるようになった。

*14　石川栄耀（一九二八）、「市民倶楽部三相『郷土都市の話になる迄』の断章の十六」、『都市創作』4巻4号、五頁、都市創作会

*15　前掲、七頁

「『都市』というものは、市民からは放任され、市役所からはお役目丈の心配をして貰う丈で、心から考えて貰った事は一度といえどもあるまい。
これで都市が、本当の市民の為の、しっくりした心地よき都市に、なる事が出来たら手品だ。市長が、市会議員が、理事者が、市民が、特に直に自己の生活たる可き市民が、親身になってあけ暮れ楽しみ考える事なしに、いつ市民の都市が出来様ものぞ」*16

石川は都市づくりの主体として期待をかけた市民に、さらに呼びかけた。

「市民よ。都市とは家屋の集合ではない。道路ではない。
都市とは市民の化合体である。市民の心の化合体である。
『相むつみ合う心』なき市民によって何で都市が成立しよう」*17

石川は、都市は市民の化合体であるという前提に立ち、地域制や道路網といった法定都市計画、つまり政府による都市づくりに限定されない、市民各自の自覚的、積極的な参画を伴う都市づくりを構想した。そして参画の具体的な方法として石川が提案したのが、アウトドアのレジャーを楽しむ遊楽連盟、社交サークルとしての隣人倶楽部、そして、自分の町を歩き巡り、気のついた箇所々々につき自由無礙に設計し、政府等に提案する民間組織である都市批判会という三種の「市民倶楽部」であった。

実は、石川はこの論考を発表した時点で、こうした提案を既に実践に移していた。一九二七年(昭和二)七月に、石川が世話役となり、「名古屋をも少し気のきいたものにする の会」を立ち上げていたのである。「名古屋を自分の家の様に愛する人達がこれをも少し気

*16 前掲、七–八頁

*17 前掲、一四頁

のきいたものにする様に、気のついたことを考えたり、はなしあったりするのにあります。そして出来たら、その結果を各方面に助言したり、実現の出来る方法も採りたいと思います」*18という趣旨で設立された。

会が本拠を置いた名古屋商業会議所（一九二八年に名古屋商工会議所に改称）に集った同人には、商業関係者、照明や陳列図案の専門技術者、研究者らが名を連ねた。この会が実際にどのような活動を展開したのかは不明であるが、その趣旨からして石川が提案する都市批判会の先行実験であり、かつその同人の顔ぶれからしてのちの都市美運動の担い手となる名古屋都市美研究会の前身団体であったと考えて間違いないだろう。

名古屋都市美研究会の活動

一九二八年（昭和三）一月一五日、一六日に、石川は『名古屋新聞』に「細工都市」という論説を寄せている。この論説は栄小路、鉄砲町、広小路、鶴舞公園、名古屋中央駅といった市内各所の具体的な地区、場所を挙げ、その改善計画の提案をしたものであった。石川はこれらの地区、場所を「何とかなりそうなもんだ」と考え、「近頃は気にしないでこっちで勝手にやらかしてしまう」*19と自由な発想で提案を行った。例えば、広小路をパリのシャンゼリゼのようにする、鶴舞公園から動物園を追い出し、中央線も地下化しシビックセンターをつくる、名古屋中央駅を移転するといった、極めて大胆な計画提案であった。

石川は、このような計画を立てることを「悪意ではありません、いたづら心理からですって、快味も忘れられませんな」*20とした。石川はこの「いたずら」を実行に移すべく、「名古屋をも少し気のきいたものにするの会」とは別に、実行力を備えた団体を新たに立ち上げる必要性を感じていた。

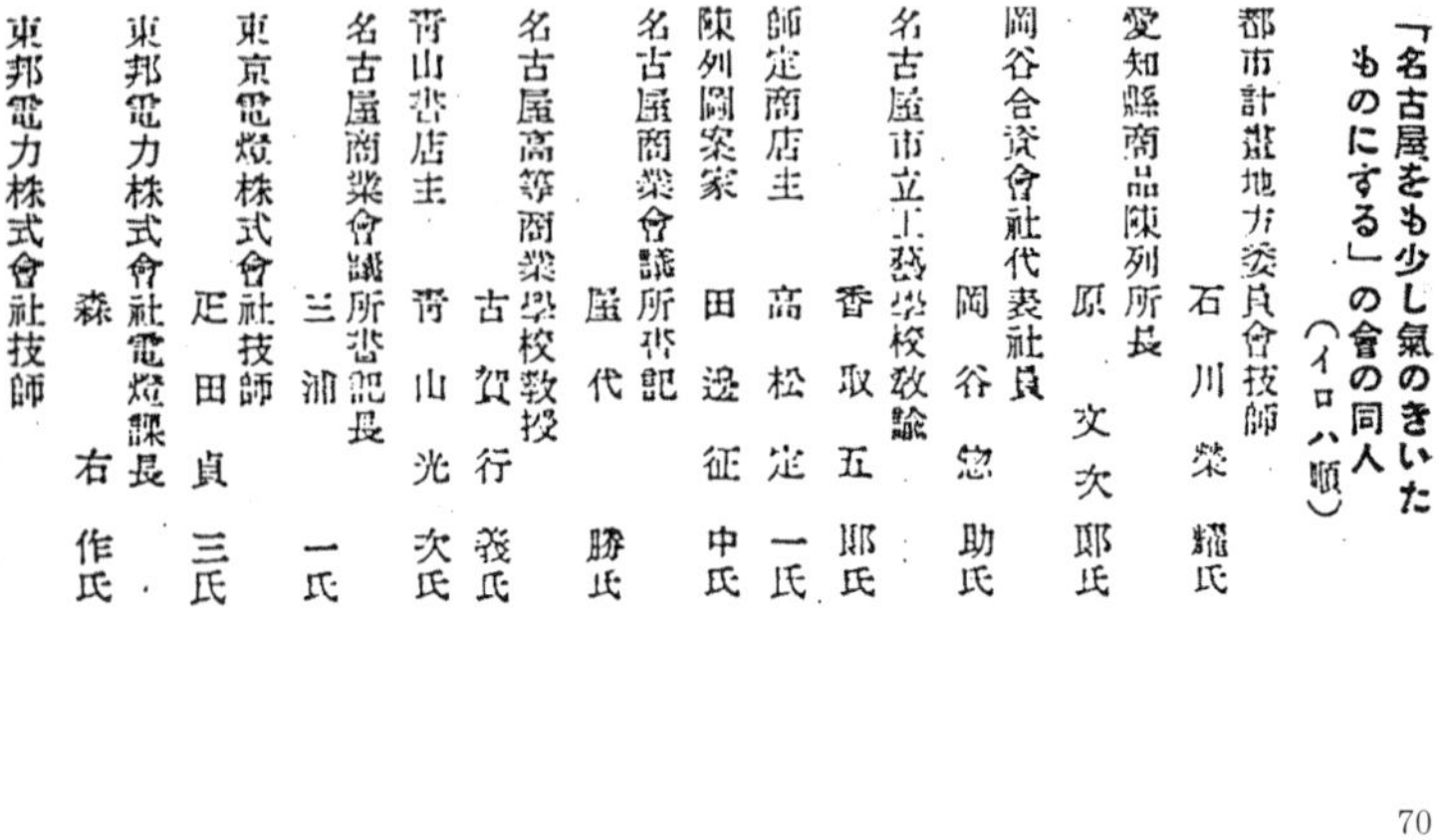
「名古屋をも少し氣のきいたものにする」の會の同人
（イロハ順）
都市計畫地方委員會技師　石川榮耀氏
愛知縣商品陳列所長　原文次郎氏
岡谷合資會社代表社員　岡谷惣助氏
名古屋市立工藝學校教諭　香取五郎氏
師定商店主　高松定一氏
陳列圖案家　田邊征中氏
名古屋商業會議所書記　屋代勝氏
名古屋高等商業學校教授　古賀行義氏
青山書店主　青山光次氏
名古屋商業會議所書記長　三浦一氏
東京電燈株式會社技師　疋田貞三氏
東邦電力株式會社電燈課長　森右作氏
東邦電力株式會社技師　宮井武亮氏

図2　名古屋をも少し気のきいたものにするの会同人。出典＝(一九二七)、「実際化運動」、『都市創作』3巻8号、八七頁、都市創作会

そして石川はこの年、民間の看板、ショウウィンドウの研究者を集め、商工会議所を拠点として、新たに名古屋都市美研究会を設立したのである。石川は『都市創作』誌上で、「自分の走りによって、都市計画技師という得態《ママ》の解らぬ現代の産物の本態に対する解釈にし様としてる。（中略）官吏の本務以外に、何をやろうとしているか」*21と前置きして、この名古屋都市美研究会を紹介した。

「名古屋都市美研究会を主体として市内各盛り場の建設を試みたいと思ってる。これは既に大須研究会、広小路研究会を作った。この都市美研究会は商工会議所を中心とした看板及ショウキンドウ研究者の群である。この仕事の為には『都会人心理』、『娯楽学』、『小売商業学』、等々の勉強が必要となる」*22

石川は『名古屋新聞』の取材に対しては、本章の冒頭でも引用したように「都市計画といっても何も区画整理のようなことばかりするのじゃない。都市の美観ということも吾々は考えねばならぬ」*23と答えた。そして、石川は盛り場の建設を目的とした組織を「都市美研究会」と名付けた。つまり自身の盛り場育成の活動を「都市の美観」に関する都市美運動として展開しようとしたのである。

わが国で初めての都市景観の改善に関する本格的な運動であった都市美運動は、一九二五年（大正一四）一〇月に東京にて設立された都市美研究会、翌一九二六年一〇月にその改組によって誕生した都市美協会が主唱した運動であった*24。その運動理念は、都市の細部の美醜にとどまらずに、都市計画における美的価値の導入を目指したこと、そして都市の美しさを市民精神の育成やシビックプライドの醸成という課題として捉えた点であっ

*18 （一九二七）、「実際化運動」、『都市創作』3巻8号、八六頁、都市創作会

*19 石川栄耀（一九二八）、「細工都市（上）ガラス天井の食傷新道」、『名古屋新聞』一月一五日、名古屋新聞社

*20 石川栄耀（一九二八）、「細工都市（下）広ブラに代る鉄砲ブラ」、『名古屋新聞』一月一六日、名古屋新聞社

*21 石川栄耀（一九二八）、「地価の考察その他『郷土都市の話になる迄』の断章の追補」、『都市創作』4巻8号、四六頁、都市創作会

*22 前掲、四六–四七頁

*23 『名古屋新聞』、一九二八年五月二日、名古屋新聞社

*24 わが国の都市美運動については、中島直人（二〇〇九）、『都市美運動 シヴィックアートの都市計画史』、東京大学出版会を参照のこと。

た。当時の法定都市計画に対する技術面や担い手面での石川の自己批判に基づいて開始された盛り場育成運動は、東京で開始されていた都市美運動の理念に共鳴したのである。石川は、商店街を「美観」という観点から磨いていくことで、単に商業の場ではない、「賑わい」を楽しむ盛り場、広場へと育て上げていくことに力を傾けていった。

名古屋都市美研究会の実際の活動は、名古屋市内全域の裸電球撤廃運動や瀬戸市での祭創設、名古屋広小路の納屋橋付近での広告塔設置運動、一宮市での盛り場建設等、広範囲に及んだが、中でも石川も先に引用した都市美研究会の紹介文で言及している名古屋の大須、広小路の二地区では、住民を構成員とした盛り場計画の担い手としての大須研究会、広小路研究会の設立を支援し、盛り場育成を指導した。

広小路では、広小路研究会を中心として、商工会議所関係者や電気照明技師、そして都市美研究会会員らで板囲いのショーウィンドー化・露店用地化、のき看板の道路占用料課税撤廃の陳情、自動車交通禁止、イルミネーション広告といった美化案を検討した。さらにこうしたハード面での整備に加えて、名古屋都市美研究会の発案、後援によって、一九三〇年（昭和五）七月一五・一六日に広小路祭が開催された。早朝から広小路行進曲をバックに二〇〇台の花車、浴衣姿の四〇〇名が大行進するというカーニバルを中心として、夜店商人の表彰や御開帳といった行事が展開された。市長も参加した無礼講の市民祭であった。名古屋都市美研究会はこの広小路祭に合わせて広小路展覧会を開催し、広小路ゆかりの偉人の遺物や珍しい昔の写真などを展示し、広小路の歴史を伝えた。また、二日目の夕方には、祭の雰囲気のまま肩のこらない広小路漫談会を開催し、広小路の将来計画についての協議を行った。

名古屋都市美研究会は広小路祭以外にも、毎年一〇〜二〇万人もの人手があったと

図3　昭和戦前期の広小路

いう盆踊り競技の大須祭り、一宮の商工祭、瀬戸の瀬戸物祭などを提案し、実践した。一九三〇年一一月に行ったラジオ講演「街路を演舞場とするお祭の製造」において、石川はこうした祭の狙いを「真の市民意識は(何とそれが日本に於て皆無であることか)、特に日本の現代都市においてはお祭によってのみ醸成さるるべきものである」*25と説いた。「年に一回なり二回なり市民が一緒になって馬鹿をつくすその機会」、「市民を中心とした騒ぎ狂うナンセンス祭り」*26は、石川が都市づくりにおいて必須だと考えた市民各自の自覚的、積極的な参画へのひとつの階梯であった。

以上のように、石川の法定都市計画に対する技術論、担い手論の両面での自己批判は、名古屋都市美研究会と地元研究会との協働による、石川が『都市計画技術室より街頭へ』の運動」*27と自称した、商店街盛り場の建設を目的とする活動に結実した。

都市美運動を支えた商業者や照明技術者たち

石川が主導した名古屋都市美研究会の商店街での活動を支えていたのは、名古屋商工会議所に集まった商工業者や広告図案家、照明学会東海支部に集まった照明技術者との繋がりであった。

石川がとくに親しくしていたのは、のちに商工会議所会頭に就任する高松定一*28であった。高松は、一九一五年(大正四)に東京帝国大学経済学部を卒業後、家業である肥料商師走屋を継ぎ、長く商工会議所の商業部の幹部として活躍した人物で、趣味人としても知られていた。戦前期、名古屋の商店街振興を一手に引き受けた名古屋連合発展会をはじめ、名古屋広告協会(一九二九年設立)、名古屋観光協会(一九三〇年設立)、名古屋通信販売協会、名古屋経済読書協会等の会長を歴任した。

*25 石川栄耀(一九三〇)、「街路を演舞場とするお祭りの製造」、『岩手日報』、一一月七日夕刊、岩手日報社
*26 前掲
*27 石川栄耀(一九三三)、「盛り場テキスト追補——ショウキンド指導手引き」、『都市公論』16巻10号、一四八頁、都市研究会
*28 高松定一(一八八九—一九四八)

名古屋の肥料商、師定商店の二代高松定一五四郎の次男・齢吉として生まれ、第三高等学校から東京帝国大学法科大学に進学し、経済学科を卒業後、一九一九年に二代目定一の急逝を受けて家督を継ぎ、三代目定一を襲名した。一九二八年に名古屋商工会議所商業部長に就任し、一九四〇年から一九四三年までは第二代会頭を務めた。石川の都市美運動への支援のほか、八事の風致保全を基調とした住宅地開発など、戦前の名古屋の都市づくりに尽力した。(写真は、師定肥物問屋類聚百二十五年史刊行会編(一九九一)、『師定肥物問屋類聚：百二十五年史、前編』、二二五頁より)

中でも各商店街ごとに設立された商店会組織である発展会の連合団体である名古屋連合発展会は、一九三二年（昭和七）の段階で加盟団体約五〇、会員数約三〇〇〇名の大規模組織であり、大売出しや店頭装飾競技会といった催しを実施していた。商工会議所に拠点を置き、高松が陣頭指揮をとっていたこの連合発展会を中心として、名古屋の主要商店街は早くから統制が取れていたのである。

また、名古屋広告協会は、都市美運動と最も関係が深い団体であった。広告・宣伝の研究改善機関として講演会や広告祭を開催するなど、商工会議所関係団体の中でもとくに精力的に活動した団体であった。

高松が牽引したこれらの団体は、共通の目的である名古屋の商工業の発展に向けて、互いに協働し合いながら活動を展開した。例えば一九二八年（昭和三）九月から一一月にかけて、名古屋連合発展会と名古屋広告協会は共同で、電燈五十周年記念事業として「商店照明改善促進会」を名古屋商工会議所内に設置し、商工会議所会員に対して商店照明の改善の無料工事を実施した。

石川はこうした団体の活動に、時に会員として、また時に講師として参加していた。都市計画技師であり、長野県上田市での立ち往生事件以来、商店街に強い関心を寄せていた石川は、商工会議所を通して名古屋の商店街、商業者らとの密接な関係を築いていったのである。

また、照明学会東海支部での研究活動を通した照明技術者との繋がりも名古屋都市美研究会の活動の大きな基盤であった。照明学会東海支部は、一九二八年三月に名古屋高等工業学校教授の土屋純一を支部長として発足した。既に『郷土都市の話になる迄』の断章の一つとして、一九二五年に「夜の都市計画」を発表し、街路照明や建築物照明の研究を進

表1　石川栄耀と名古屋商工会議所関係団体との関わり

年	団体	石川の関与の内容
1928年	名古屋広告協会	3月　都市広告漫談講演会で講演 6月　店頭装飾競技会兼看板競技会審査員 （名古屋連合発展会との共催） 7月　賞状授与式で講演（「漫歩者の立場より」）
1930年	名古屋通信販売協会	9月　講演（「販売及び広告に関する講演」）
1931年	名古屋商工会議所	1月　『名古屋商工会議所月報』に寄稿（「都市計画の企業化、その他」）
	名古屋商工経済読書会	7月　第一回発表会で発表
1933年	名古屋商工会議所	1月　『名古屋商工会議所月報』に寄稿（「商店街更正試策一つ」）
	名古屋広告協会	6月　ショーウィンドウ講習会で講演（「ショーウィンドウの着想に就て」）

めていた石川は、照明学会東海支部の初代の庶務幹事に就任した。
石川が照明学会東海支部で実施した研究は、一九三一年（昭和六）一月に『照明学会雑誌』に発表した「照明効果と明日の都市照明」にまとめられている。この論考では、前半で「照明技巧の種々相とその効果」と題して、照出照明や効果照明について主題や配光で分類し、その価値を説明した。後半は、都市計画技師という本職と関連させ、「明日の都市照明」と題して照明による都市計画、照明による都市美、都市的光鑑賞の三項目についての提案を行った。

照明による都市計画では、アンウィンに倣う形で、広場の照明やアイストップにある建築の照出等を提案した。照明による都市美では、やはり広場での大光空間美の醸成と公共建築物の照出の連なりによる総合美の提案をした。都市的光鑑賞では、照面と光源それぞれの鑑賞の理論的考察を行った。そして、最後に市街地建築物法一五条における美観地区の「設備」、物法施行規則一三八条の「壁面の主色」の条項を活用することでこれらの提案を実現していかなければならないと都市計画家ならではの提案で論を結んだ。

照明研究の大家で、のちに石川の都市美運動に協力することになる関重広（東京電気、照明学校校長）は、一九三〇年四月に照明学会東海支部での招待講演会の席で石川と初めて出会った際の思い出を書き残している。関の講演の次に登壇したのが石川であった。関は「私が一席話し終えると、次の講師が立って、都市美に関する非常に面白い話をされた。自分はそれまで照明の講演について相当の自信を持っていたのであるが、この講師の話をきいて、その内容と話し振りの余りのすばらしいのにすっかり参ってしまった」*29と書いている。

石川の講演内容、とくに都市計画と結びつけた照明論は、関を始めとする照明の専門家にとっても新鮮な内容であった。都市計画の中で照明に着目するのは非常にユニークで

表2　照明学会東海支部における石川の役職と活動

年度	役職・委員	活動
1928年	庶務幹事	11月　通俗講演会で講演（「夜と都市」）
1929年	―	10月　学術講演会で講演（「ギンブラになるまで」）
1930年	照明応用調査委員会委員	4月　学術講演会で講演（「光と色について」） 通年　照明応用調査委員会委員として商店照明について研究
1931年	照明応用調査委員会委員	1月　『照明学会雑誌』に「照明効果と明日の都市照明」を発表 12月　講演放送（「電気に関する主婦の心得」） 通年　照明応用調査委員会委員として広告用照明、事務所照明、溢光照明について研究
1932年	評議員	11月　講習会で講演（「商店照明最近の傾向」）
1933年	評議員	―

あったが、逆もまた然りで、照明研究において都市計画・都市美を論じるのも非常にユニークであった。

当時、照明学会東海支部に集った面々は、「名古屋をも少し気のきいたものにするの会」の同人にも名を連ねていた菅井武亮（東邦電力技師）や疋田貞三（東京電燈技師）らであった。彼等との交流は、一方的に石川が照明学会に出かけていくという形だけではなかった。菅井や疋田が、石川らが主催する都市創作会の例会に呼ばれ、講演を行ったり、『都市創作』に寄稿することもあった。石川は既存の都市計画の枠組みにとらわれずに、盛り場育成に不可欠な照明技術者と積極的に交流を図ったのである。

東京の都市美協会が開始した都市美運動は、主に建築、土木、造園の技術者らが中心となって進めていた。それに対して、名古屋都市美研究会による都市美運動、つまり石川が主唱した都市美運動は、商工業者や照明技術者らを中心とした運動として、独自の発展を遂げていくことになる。

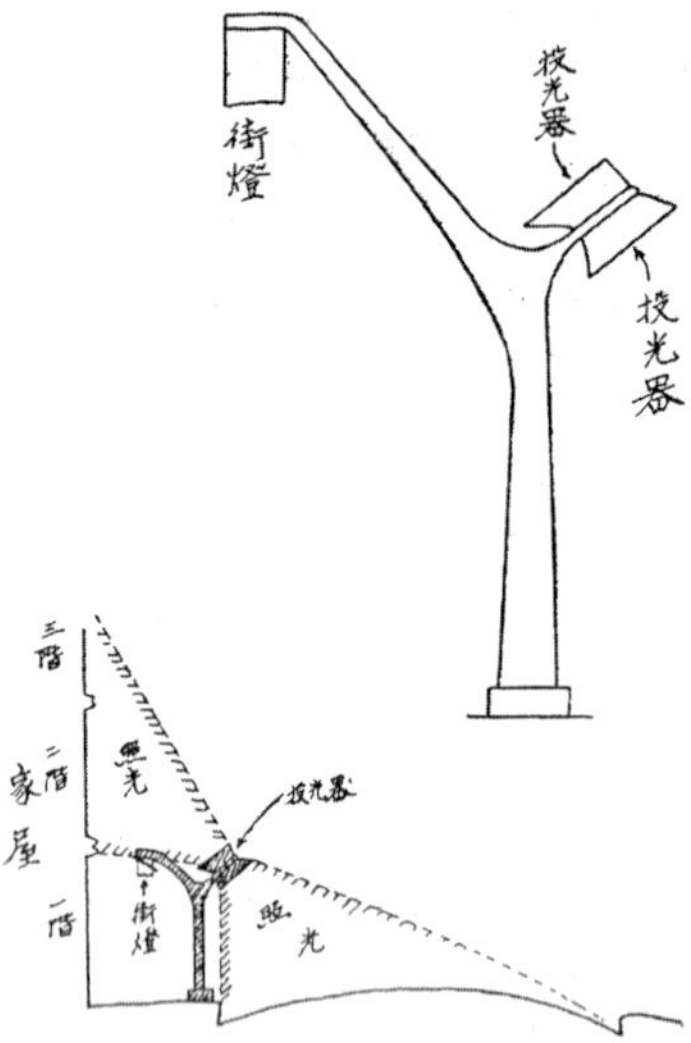

図4　石川が提案した街路照明。　出典＝石川栄耀（1931）、「照明効果と明日の都市照明」、『照明学会雑誌』、15巻1号、22頁、照明学会

＊29　関重広（一九五六）、「石川先生と私」、石川栄耀、『余談亭らくがき』、三九六―三九七頁、都市美技術家協会

2――商業都市美運動の展開

商業都市美運動の提唱へ

一九三三年（昭和八）九月に都市計画東京地方委員会に転任となった石川は、照明学会でも東海支部から東京支部に籍を移した。そして、街路照明委員会による東京市内主要街路の照明の現況調査の実施、全国都市問題会議での商店街の美化統制の提案（一九三四年）、照明知識普及委員会委員としての『盛り場の照明』（一九三七年）の執筆など、照明学会での照明研究を進展させた。

また、照明も含む総合的な盛り場計画論についても、商工省からの聴聞への対応と指導書『「商店街盛場」の研究及其の指導要項』（一九三五年）の執筆、東京商工会議所での盛り場計画の講演と講演録の『商店街の構成』（『商業経営指導講座1』所収、一九三八年）出版など、活動は広がった。

しかし、石川が都市美運動を展開させる上でより重要な契機となったと考えられるのは、一九三五年（昭和一〇）に都市研究会発行の『都市公論』に四回に分けて連載した長文の試論「都市美構に於けるルネサンス技法の展開」の執筆であった。この論考の執筆を通して、石川は名古屋発で独自に展開していた盛り場育成を目的とした活動の、わが国の都市美運動の系譜の中における位置づけを自覚することになった。

この試論の当初の目的は都市美の技法が都市の生産機構から離れて、言い換えれば実用

図5 『盛り場の照明』（一九三七年）の表紙（東京大学工学部都市工学科所蔵）

価値から遊離した形で初めて成立したと一般に考えられているルネサンス以降、都市美の技法の現代までの展開を解明することであった。しかし、得られた結論は、ルネサンスの技法でさえも実用価値に誘引されているというものであった。

石川はこの試論で都市美は常に実用価値を機縁として成立するということを歴史的に確認することになった。つまり、先にアンウィンのアドバイスに基づいて組み立てていた都市の主要素と副要素との成立順に関する見解の妥当性を、都市美の技法の展開を通して確かめたのである。

石川は、翌一九三六年二月には、『都市問題』に「都市計画に於ける保健問題　併せて本邦都市計画に於ける非生産部門の発展を観る」を寄稿した。この論説では、都市計画はもともとは都市の生産力増強、つまり産業育成を主目的としていたが、最近は夜の都市計画をはじめ、都市美、防災、防護（防空）、精神的中枢（神都計画）、そして論考の主題である保健といった非生産部門がしだいに台頭してきていることを指摘した。そして、石川は次に見るように、その中でも帝都復興を機に生まれた都市美運動を日本の都市計画における非生産部門の端緒として位置づけたのである。

「復興前の日本に於ける都市計画技術者は極力都市美の名を口にする事を戒心した。それは都市美の名が都市計画技術の位置を社会的に脆弱ならしむるおそれありとしたからである。（中略）しかるに復興の潤沢なる予算は復興の佶屈を揚棄し都市美創造に果敢ならしめた。
（中略）この都市美のデビューは更に都市美協会の発生を促し、都市風景協会等の如きさえニュースバリューを有つ様になった」*30

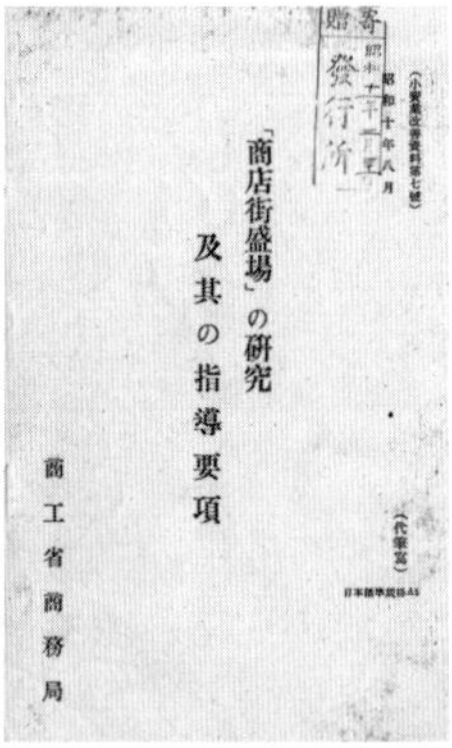

図6　『「商店街盛場」の研究及其の指導要領』（一九三五年）の表紙（大阪商工会議所商工図書館所蔵）

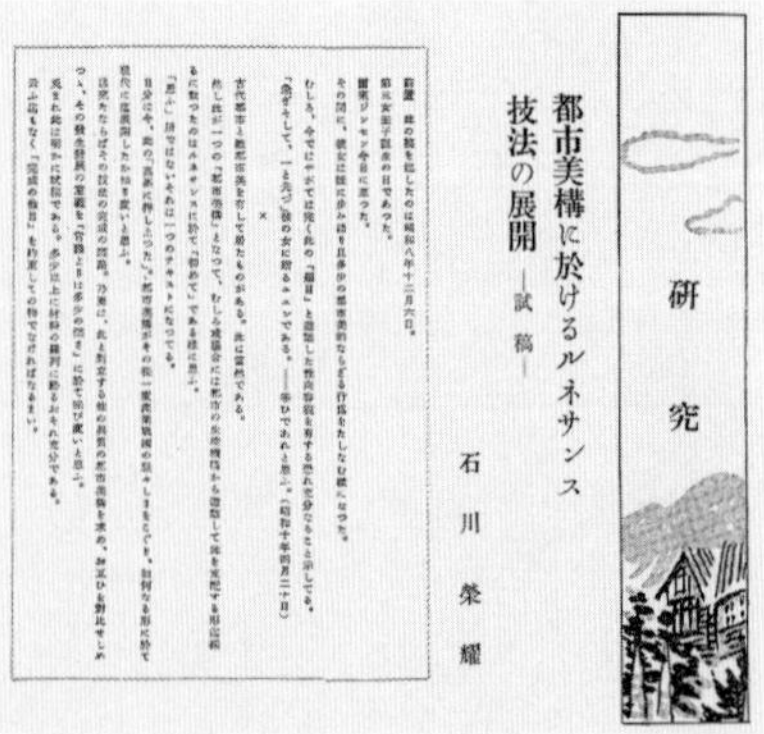

図7　「都市美構に於けるルネサンス技法の展開」（一九三五年）（『都市公論』18巻5号、都市研究会）

しかし石川は、都市美協会を中心とする都市美運動を「純粋都市美運動」と呼び、余りに都市の基盤としての生産機構の存在を無視していて、上滑りしていると批判した。そしてこの「純粋都市美運動」に対して、生産的な都市美運動、つまり「産業部門が手兵としての都市美運動、商業都市美」*31が登場したことを新しい動きとして伝えている。ここで石川が例示したのが名古屋都市美協会、広島都市美協会、そして商業都市美協会の三団体の活動であった。後述するように、実はいずれも石川自身が設立に関与した団体であった。つまり、新しい動きとは石川自身が作り出そうとしていた動きであった。

石川は商店街盛り場の育成を目的とした自身の活動を生産的な都市美運動＝「商業都市美運動」と称するようになり、「純粋都市美運動」とは一線を画した運動を標榜するようになったのである。

*30 石川栄耀（一九三六）、「都市計画に於ける保健問題 併せて本邦都市計画に於ける非生産部門の発展を観る」、『都市問題』23巻2号、一六六―一六七頁、東京市政調査会

*31 前掲、一六七頁

名古屋都市美協会の活動

石川の東京転任後も陳列図案家の田辺征仲を中心に、名古屋連合発展会や照明学会東海支部とともに広小路や大須での盛り場育成活動を続けていた名古屋都市美研究会は、一九三五年（昭和一〇）に「都市の贅観、秩序維持の調査研究を目的に従来の都市美研究会を一層拡大して内容を整え、名古屋市をあらゆる角度から観察してより堅実なる発展に備うべく」*32名古屋都市美協会に改組された。ちょうど二年後の一九三七年の名古屋汎太平洋平和博覧会の開催に向けて、名古屋商工会議所内には名古屋市都市美化促進会も設立され、大々的な美化運動が展開されようとしていた時期であった。

石川は東京転任後もこの名古屋での都市美運動に関与し続けていた。例えば、一九三五年四月六日に開催された名古屋都市美協会の発会式に、石川は前身である名古屋都市美研

*32 『名古屋新聞』、一九三五年四月五日、名古屋新聞社

究会創設者として招待された。そして、発会式に引き続いて、名古屋都市美協会と名古屋広告協会との共催で石川の「名古屋見物」という講演会が開催された。翌一九三六年五月には名古屋の大須土地区画整理組合副会長や前市会議員四名が大須の代表として東京の石川のもとを訪ねている。そして後述する石川が設立した商業都市美協会の案内で東京の盛り場の視察を行った。

大須土地区画整理組合は中京独特の盛り場を目指して、区画整理の構想を練っているところであった。また、一九三六年七月には今度は石川が名古屋連合発展会及び名古屋広告協会の主催する茶話会に招かれて、名古屋で「最近に於ける盛場の情勢」についての講演を行っている。つまり、東京転任後も、石川が名古屋に招かれることもあれば、名古屋からの東京視察を石川が受け入れることもあり、交流が続いていたのである。

名古屋都市美協会は、発会式にて、諸般の建議陳情に加えて、植樹祭や道路祭などを通じた都市緑化・愛樹思想の普及、交通道徳の徹底、舗装の促進、照明運動等の事業計画を掲げた。さらに、一九三五年七月に開催された総会では、「この際都市美を一層完全にするた

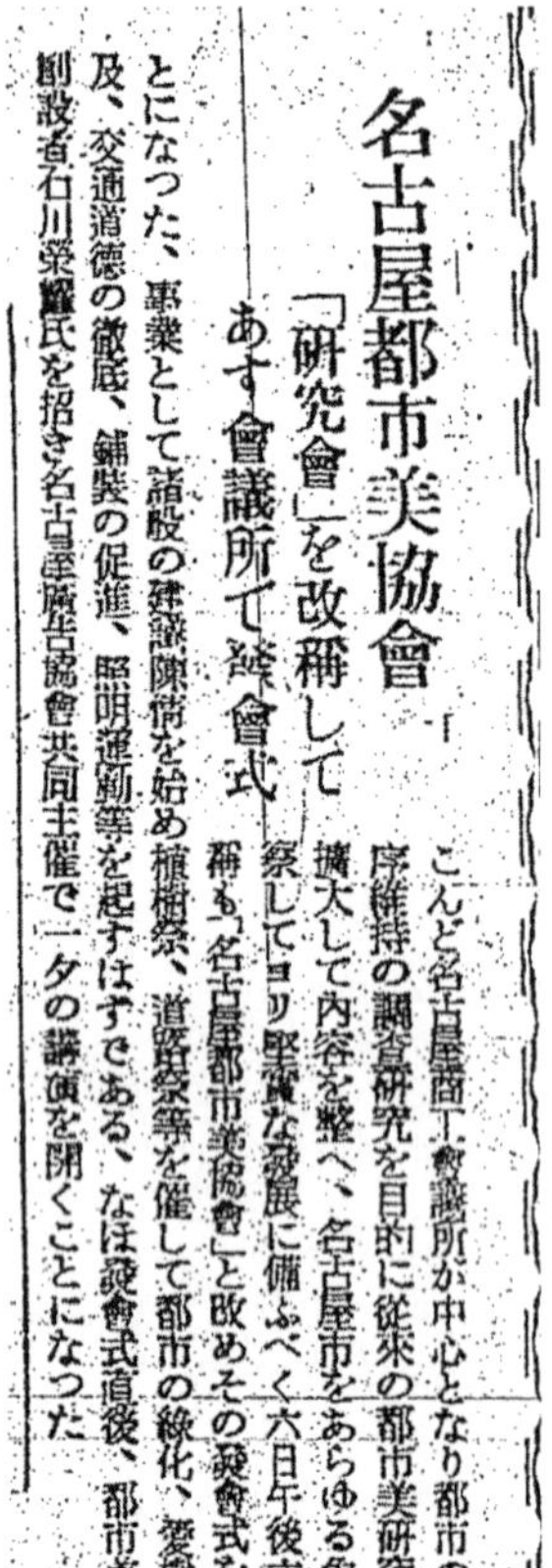

名古屋都市美協會

「研究會」を改稱して

あす會議所で發會式

こんど名古屋商工會議所が中心となり都市の美觀、秩序維持の調査研究を目的に從來の都市美研究會を一層擴大して内容を整へ、名古屋市をあらゆる角度から觀察してヨリ堅實な發展に備ふべく六日午後六時から名稱も「名古屋都市美協會」と改めその發會式をあげることになつた、事業として諸般の建議陳情を始め植樹祭、道路祭等を催して都市の綠化、愛樹思想の普及、交通道徳の徹底、鋪裝の促進、照明運動等を起すはずである、なほ發會式直後、都市美研究會の創設者石川榮耀氏を招き名古屋廣告協會共同主催で一夕の講演を開くことになつた

図8　名古屋都市美協会の発会式を伝える記事（『名古屋新聞』、1935年4月5日）

めに広小路を中心にした〝美観地区〟を新設しこの地区間に今後新築される建物に対しては街路全体の調和をはかる立場から都市美協会が建築様式や色調にまで立入って建築主と事前の諒解をはかる方法をとりたい」*33という方針を決定した。

名古屋都市美協会の実際の運動は、名古屋汎太平洋平和博覧会を念頭に置いた都市美粧を推進する名古屋市都市美化促進会の一員としての活動が主であった。誤字指摘懸賞募集などを行った看板改良週間、街路照明統一を目指した照明普及週間、さらには大々的な清掃運動を展開した都市美化週間などに協力した。しかし、一九三八年五月に開催された第二回全国都市美協議会では、名古屋都市美協会については、「さして活発な活動も致しませんでした」*34という評価が下されてしまった。

とはいえ、名古屋汎太平洋平和博覧会開催後、所与の目的を達成した名古屋市都市美化

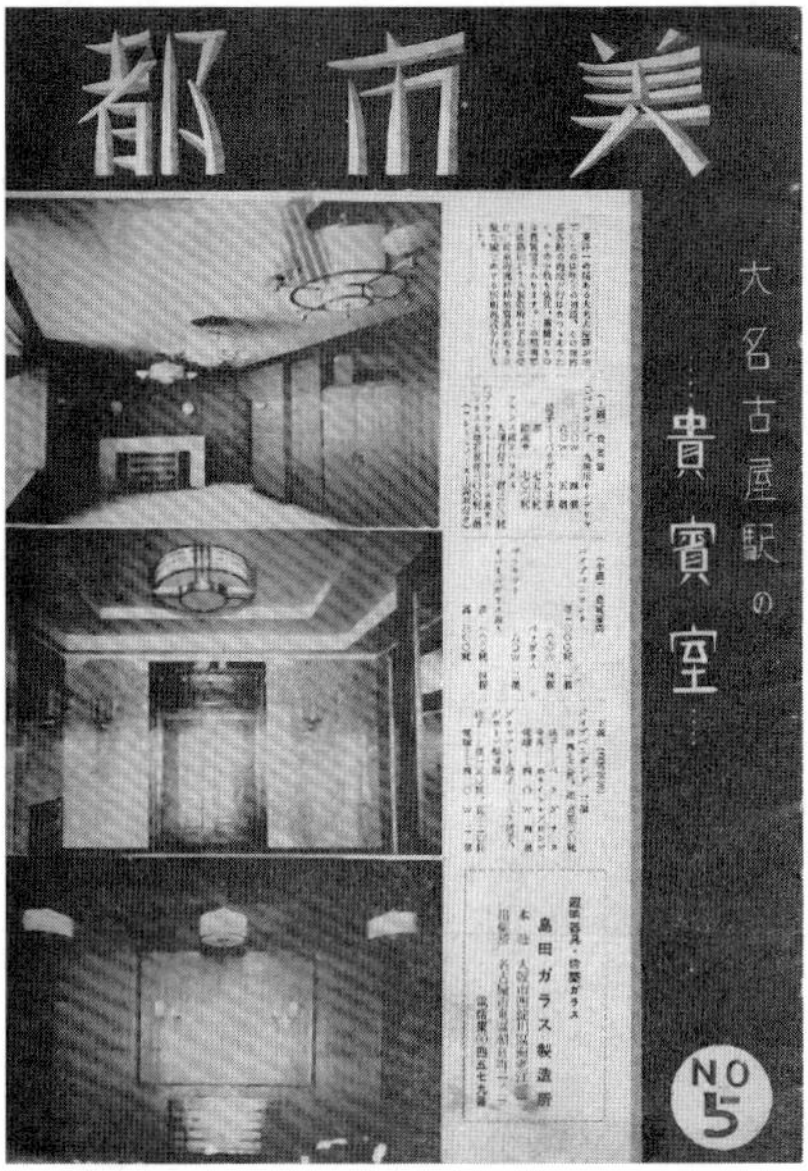

昭和十三年度の
都市美協會運動計畫
名古屋商工會議所商業部長
名古屋都市美協會々長
淺野恭七

極部照明を研究せよ
都市美協會
田邊征中

図9　名古屋で発行されていた『都市美』の表紙と内容（5号、1938年）

*33　『大阪朝日新聞、名古屋市内版』一九三五年七月九日、大阪朝日新聞名古屋支社。なお、都市計画愛知地方委員会でも、以前より広小路通りの美観地区指定を検討していた。（福永英三（一九三二）、「名古屋に於ける今後の都市計画に就て」、『都市公論』15巻6号、一八−二八頁、都市研究会）

*34　三堀三郎（一九三八）、「名古屋市に於ける都市美運動の状況」、『大大阪』4巻7号、一二頁、大阪都市協会

促進会が解散したのちも、名古屋都市美協会は活動を続けた。当時、名古屋の研進社から発行されていた『都市美』の五号（一九三八年二月発行）には、名古屋都市美協会会長の浅野甚七（名古屋商工会議所商業部長）による「昭和十三年度の都市美粧運動計画」が掲載されている。浅野は汎太平洋平和博覧会に向けた都市美粧運動の成果を認めつつも、「美しくなった名古屋に益々磨きをかけ、充実させ、洗練させて行かなければならない」*35と、当面実現しなければならない問題として、一、小公園の設置、二、都市の緑樹化、三、名所、旧蹟の清掃と表示、四、観光バスの実現を上げ、名古屋都市美協会の運動への支援を求めた。

石川が設立した都市美研究会を母体として、名古屋では商工業者や照明技術者を中心とした都市美運動が確かに展開されていたのである。

*35　浅野甚七（一九三八）、「昭和十三年度の都市美協会運動計画」、『都市美』5号、三頁、研進社

広島都市美協会の活動

広島の都市美運動への石川のかかわりは、広島商工会議所の招聘を受け、一九三五年（昭和一〇）二月三日に広島商工会議所の経済研究会の例会で講演を行ったのが発端であった。石川は都市計画愛知地方委員会時代に広島の区画整理組合の指導をした経験があった。また、「名古屋をも少し気のきいたものするの会」の同人の一人であった古賀行義が名古屋高等商業学校から広島文理科大学に転任していたことも、広島との接点となった。

講演のために広島を訪れた石川は古賀らの出迎えを受け、まず半日間かけてざっと盛り場を視察し、翌日、「広島の盛場及商店設備に就て」と題した講演を行ったのである。石川は「店よりは街、街よりは都市という天狗のオミクヂみたいな所から初めます」*36と話を始め、得意のユーモアを交えた笑いの絶えない話術によって、四時間もしゃべり続けた。都市の繁栄策、工場誘致、盛り場建設、振興策、商業組合、観光協会等までの石川の持論が、

*36　石川栄耀（一九三五）、「広島の盛場及商店設備に就て」、『広島商工会議所月報』15巻4号、五頁、広島商工会議所

広島の視察結果と各都市の事例に基づいて展開された。広島商工会議所関係者から多数の聴講者があった。

この講演を契機として、この年の三月三一日から四月一日にかけて、広島商工会議所会員から抽選で選出された四一名が大旅行団を組織して東京の盛り場の視察を実施した。東京で一団を出迎えたのは、石川をはじめ、照明学会や日本商工会議所の面々であった。照明学会座談会や石川の熱心な指導付きのネオン街放浪視察などのプログラムが用意された。

参加者は石川の説明に熱心に耳を傾けた。そして、視察の最後には「石川先生バンザーイ」という声が自然とあがるほど、石川の盛り場論に陶酔したのである。団長を務めた高須賀茂（広島商工会議所常議員）は、この視察を記念して出版された『盛り場視察記念誌』の中で、視察後に参加者の間で次のような意見が聞かれるようになったと報告している。

「今回の旅行者参加者の大部分はその目的を一にする同志であり、共に盛場商店街の企画経営に関する団体を組織し今後の研究実行に提携協力して行ける様に斡旋して貰いたい」＊37

石川は一九三五（昭和一〇）年六月一三日に再度、広島商工会議所に招聘され、商工会議所主催の商店街盛り場座談会に出席した。そしてこの座談会の一週間後、六月二〇日には桜井安右衛門（広島県経済部長）と都市計画広島地方委員会技師の引野通夫の主唱で広島都市美協会創立協議会が開催された。引野による協会の趣旨説明、そして古賀からつい二か月前に発会式を開いて設立されたばかりの名古屋都市美協会の設立の経過についての説明を受

＊37　高須賀茂（一九三五）、「挨拶」、『盛り場視察記念誌』、二頁、広島商工会議所

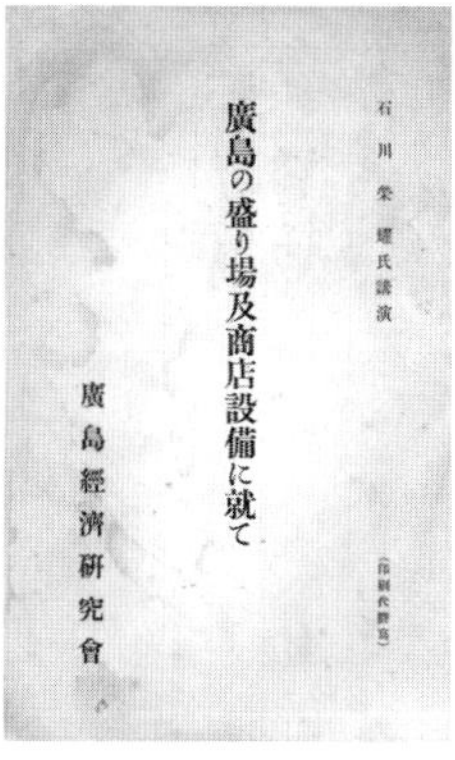

図10　講演録『広島の盛場及商店街設備に就て』（一九三五年）の表紙

けて協議を行い、広島都市美協会設立が決せられたのである。

一九三五年七月の『広島商工会議所月報』は、巻頭言で、「都市美協会生る」と題して、広島都市美協会を紹介した。協会の目的・事業は次のように説明された。

「道路、橋梁の改善、手入、交通整理、盛り場の建設、風致地区の設定、撒水、日覆、広告の取締、照明、窓飾、軒飾等の市街美をして秩序あり統制あらしむるべく研究調査を遂げ意見の交換を為し、これに基きて或は意見を発表し建議陳情を為し或は広く一般にこれを提唱し、利害関係者に忠言を試むる等都市の美観に関し指導の任に当り無統制、無秩序に堕せんとする都市外貌の整理と美観の増進に尽そうというのである。切に其健全なる発達に依り広島都市美の増進に貢献するは素より延て他都市をもリードするに至らんことを祈って已まざるものである」＊38

商工会議所を主体に盛り場建設を契機としながらも、広島都市美協会の射程範囲は広かった。

一九三五年七月二五日に創立総会が開催され、会則が定められた。会長には商工会議所会頭、副会長には副会頭と広島市助役が就任した。幹事は県、市、大学、民間からバランスよく選ばれた。文字通り官民協同の団体であった。石川はただ一人の非広島在住の役員として、広島都市美協会顧問に就任した。

広島都市美協会の具体的な活動については現存する資料に乏しく、一九三六年度に照明展覧会を開催し、翌一九三七年度には『広島商工会議所月報』に「都市美研究室だより」を一年間連載したことが判明している程度である。

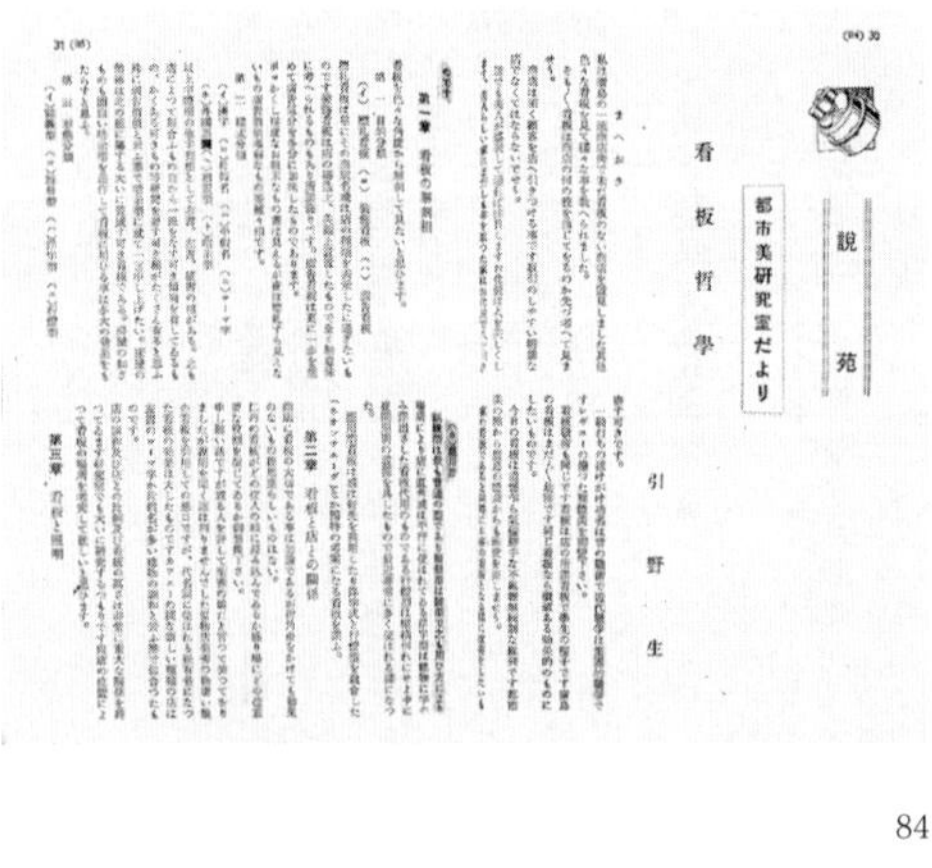

図11　『広島商工会議所月報』16巻2号（一九三七年二月）に掲載された「都市美研究室だより」

＊38　（一九三五）、「広島都市美協会生る」、『広島商工会議所月報』15巻7号、一頁、広島商工会議所

＊39　引野生（一九三六）、「都市美研究室より　都市保健と都市美」、『広島商工会議所月報』16巻11号、一一頁、広島商工会議所

広島都市美協会幹事の引野が担当した「都市美研究室だより」の各回のテーマは、一月連載趣旨説明、二月「看板哲学」、三月休載、四月「看板哲学行脚記」、五月「都市美漫歩談」、六月「盛り場の新設、改善について」、七月「公園と都市美に就て」、八月「都市美と防空」、九月「交通道路と商店街との関係に就いて」、一〇月「都市建築美の構成に就て」、一一月「都市保健と都市美」であった。商工業者を対象に、盛り場計画にとどまらず、広く都市美の理念の普及、啓発を図ったのである。引野は「都市美協会が広島に設立されて一年有余……最近各方面に漸くその反響の多いのに意を強うしておる」*39と、協会の活動が比較的順調に進んでいるとしていた。

また、一九三六年一〇月二四日から二九日にかけて、広島商工会議所の有志二五名は再び東京市内模範小売店視察旅行を行っている。この旅行を斡旋したのは次に述べる商業都市美協会で、東京で出迎えたのは商業都市美協会の常任幹事石川栄耀とその実兄の根岸栄隆*40の兄弟であった。広島都市美協会設立後も、広島商工会議所と石川との関係は続いていたのである。

以上のように、石川の講演を機縁として、都市美運動は地方都市・広島にも広がったのである。

商業都市美協会の設立と活動

石川は、名古屋、広島の二つの都市美協会の設立に関与したのち、一九三六年（昭和一一）二月に自ら主唱して、「屋外広告、看板、店頭装飾、街頭装飾其他商業美術全般に亘る都市美的効果の研究及び指導」を目的とした商業都市美協会を東京で設立した。石川は商業都市美協会の設立経緯を次のように説明した。

*40 根岸栄隆（一八八八―一九七七）

石川栄耀の実父・根岸文夫の長男で、石川栄耀の一歳違いの実兄。一四世川柳名人を嗣号し、東京川柳会を主宰した。従兄弟の根岸情治によれば、石川と根岸栄隆は「その顔形や性格などかなり似た点が多く、時々間違われて笑い話の種を作っていた」「何事かあるとお互いに心配し合うのであるが、時々愚にもつかないようなことでいがみ合ってる」という関係であった（根岸情治、『都市に生きる 石川栄耀縦横記』、作品社、一九五六年）。根岸栄隆は、私立青山学院中等科を経て、日本大学の予科、そして法科に進学し、一九一五年に卒業後、しばらくの間は小説家村上浪六の指導を受けつつ、定職は持たずに著述業に専念した。その後、採掘場管理人、下野新報記者、日刊ラジオ新聞記者等を経て、一九三七年には石川栄耀が立ち上げた商業都市美協会の幹事に就任。同時に、人形町通商店街商業組合指導委員にも就任し、東京府商店街商業組合連盟会の活動にも協力した。戦後も、都市美新聞社を設立するなど、石川栄耀の都市美運動を支えた。鳥居研究の第一人者としても知られ、一九四三年に厚生閣から出版した『鳥居の研究』は、現在でも鳥居研究の最重要文献

「昭和八年東京へ移る事になりましたが、その時もどこからどうつながったのか、広告協会の何とか大会に引っ張り出され飛行会館で柳家金梧楼師と前後して一席弁ずる光栄を荷いました。それ以来広告協会の院外団に強制加入を命ぜられ、その後又思う所あって商業都市美協会というものを造りました」*41

実際には、一九三五年一二月に日本広告協会の主催で広告についての座談会が開催されたのを契機として組織設立の気運が高まり、石川栄耀や警視庁保安課の円谷源治郎らがさっそく規約等の準備をし、一九三六年二月六日に大々的な発会式にこぎ着けたのである。発会式の様子を伝える新聞記事によれば、「日本広告協会相談役内務技師石川栄耀氏の肝入りで」*42設立に至ったのである。盛り場計画において広告は重要な位置を占めていた。名古屋時代から名古屋広告協会（高松定一会長）に関与していた石川は、東京転任後、日本広告協会の会員となり、そうした活動の延長線上で商業都市美協会を設立したのである。

商業都市美協会の構成員は広告審議委員と会員に大別され、会員は学識者からなる指導員、各大学のOBからなる特別研究員、現役の学士からなる研究員、そして庶務会計などの会務を担当する会務委員の区分があり、さらに幹事が置かれた。

広告審議会の委員には、石川栄耀をはじめ、商工省商務課長の大島永記や東京府商工課長の霜島潜、警視庁建築課長の北沢五郎、保安課長の国監耕一郎、東京市商工課長の三村一に、照明学会、日本広告協会の幹部、各大学の広告研究会の会長ら屋外広告行政の実際の担当課長や研究団体の代表らが名を連ねた。指導委員には、商工省、警視庁、東京府、東京市の商工課、東京商工会議所関係者、広告・照明の民間技術者や研究者らが名を連ねた。また、会務を担う会務委員には、石川栄耀のほか、照明学会の小西彦磨、広栄社の石井六朗、

として知られている。ほかにも、『裸体美の研究』（一九三一年、時代世相研究会）、『毛』（一九三一年、燎原社）、『考える葦』（一九五九年、根岸川柳作品集刊行会）、『古川柳辞典 全五巻』（一九五六年、日本新聞社）などの著書がある。（写真は『考える葦』より）

*41 石川栄耀（一九三九）、「都市美と広告の関係 広告効果とモラル」、『広告研究』昭和一四年版、三五頁、日本電報通信社

*42 『広告資料』、一九三六年二月五日

三真工務所の三木真三郎ら、広告業者、関連技術者が就任した。さらに常任の幹事として石川栄耀の実兄の根岸栄隆が参画した。特別研究員としては立教大学や慶應義塾大学、明治大学などの広告研究会の出身者、研究員には各大学の広告研究会がリストアップされた。

官民協働組織で、さらに学も加えた大規模な組織形態を採っていたのである。

商業都市美協会の主要な事業の一つは機関誌『商業都市美』の発行であった。この機関誌『商業都市美』の編集を主幹したのは、新聞記者、編集経験のある常任幹事の根岸栄隆であった。根岸は一九三六年四月に発行した創刊号において『商業都市美』創刊の趣旨を次

一・新聞情報（二月十日）　二・東京朝日新聞（二月七日）　三・新聞改造（二月七日）
四・廣告資料（二月五日）　五・新聞改造（二月十三日）　六・東京日々新聞（二月六日夕刊）
七・新聞研究所報（二月八日）　八・讀賣新聞（二月七日）

図12　商業都市美協会の設立を伝える記事（『商業都市美』、創刊号、1936年4月）

のように述べている。

「吾らの都市を、商業という現代的意識の下に、明るく朗らかに、そして美しく仕立て上げ、快適な表現の中に、勝れた感覚と、豊かな情操とを盛り上げ、そこに都市生活者大衆の親しみを、深めようとする新しい運動、それが商業都市美協会の目的であり仕事であります。（中略）

この新しい運動の真意義を理解して頂く為に、弘く社会公衆に呼び掛けることも、一つの仕事であるに相違有りません。そこで機関雑誌として月刊の『商業都市美』を発行することになりました。

ご覧の雑誌、これがそれであります。現代的都市美生活のパイロット、ランプを以て任じるもので有ります」*43

『商業都市美』には商業都市美協会の指導委員たちによる商業都市美に関する技術的な論考や、看板の歴史やエッセイなどの柔らかい記事のほか、広告ニュースと称して全国の商店街での先進的な取組みの紹介などが掲載された。一九三六年五月の『広島商工会議所月報』では、新刊紹介欄でこの『商業都市美』を次のように紹介している。

「都市をして生産及配給の中枢として単に経済人が血眼となって算盤玉をはじきあうだけの欲望充足手段の活戦上たらしむるに止むることなく各般の経済施設を利用して出来るだけ住民の怡楽と和親を増加すべき施設を兼任せしめ明朗なる都市を建設せしむる様指導研究に任じつつある同協会の機関誌として発行するものであって広く地方

図13　商業都市美協会の機関誌『商業都市美』の表紙（右から創刊号、1巻2号、1巻3号。創刊号は橋爪紳也氏提供。1巻2号は、CONSTRUCTION、二〇号、二二頁、港や書店、二〇〇三。1巻3号は東京都立中央図書館所蔵）

*43　（一九三六）、『商業都市美』1巻1号、三頁、商業都市美協会

都市に於ける商店街、盛り場関係商工業者の提撕《ていせい》に役立つのみならず土木建築、交通、照明、看板制作其他都市美に関係ある人士の好参考として推賞せんとするものである」[＊44]

『商業都市美』は、商業都市美協会の商業都市美運動、すなわち石川の盛り場計画論を全国に波及させるためのメディアとして機能していたと推測される。

『商業都市美』創刊号の巻末の「協会報」には、商業都市美協会が予定している活動として、研究員に対しての懸賞付き研究論文募集、指導員による東京市内の盛り場視察、さらには各地の商店街を中心に、街頭装飾、飾窓、看板、広告、照明などによって美化改善を図ることを目的とした商店街指導座談会が挙げられていた。

このうち、商店街指導座談会については、一九三六年五月一八日に銀座一丁目の商店会である銀座一栄会の主催で一栄会関係者三〇余名、商業都市美協会からは石川、岩崎松義（東京府地方事務官）ら六名の指導委員と根岸ら協会会務委員、幹事五名が参加した座談会の記録が『商業都市美』の一巻三号に大きく掲載されている。

また、同号の協会報欄からは、ほかにも銀座通連合会との座談会の開催や名古屋大須の土地区画整理事業組合の東京視察斡旋、広島商工会議所の東京視察斡旋などを商業都市美協会として実施していたことがわかる。

一九三六年九月五日の『報知新聞』は、一九四〇年の開催が予定されていた東京オリンピックを期して、広告、照明の権威を集めた商業都市美協会が設立され、警視庁、商工省、東京府、東京市と協働し、各商店街通り連合会を動かす予定であると報じた。商業都市美協会は、美化運動の主体に各商店街を想定し、東京府をはじめ関係機関との協働で事業を

図14　商業都市美協会の発会式の様子（一九三七年二月六日）。後ろ姿は石川栄耀だと思われる。出典＝（一九三七）、『商業都市美』創刊号、五頁、商業都市美協会

実施する構想を練っていた。

また、商業都市美協会の活動範囲は東京に限定されていなかった。一九三七年の五月には、静岡県浜松商工会議所や沼津商工会議所で、商業都市美協会の常務理事が商店街繁栄方策についての講演を行うなど、東京以外の都市での活動記録も残っている＊45。

しかし、商業都市美協会の商店街指導の実績については資料に乏しく、いつごろまで活動を続けていたのかも明らかではない。ただし、次に見るように、商業都市美協会の設立の時期は東京府における商店街繁栄施策の展開期と一致しており、商業都市美協会の活動も東京においてはこの商店街繁栄施策という枠組みの中に位置付けられ、そうした施策と盛衰を共にしたと考えられるのである。

東京府の商店街施策と商業都市美運動

商業都市美協会が銀座一栄会との共催で開催した銀座の繁栄策に関する座談会で座長を務めた石川は、日覆いの改善等の具体的な提案を行ったが、座談会の最後に「銀座よ商業組合をお作りなさい。そして協同工作で繁栄策を講ずるのでなければ本当じゃない」＊46と進言していた。

ここで石川が言及した「商業組合」とは、一九三二年（昭和七）に制定された商業組合法に基づいた組合組織であった。商業組合法制定の背景には関東大震災以後の百貨店の大衆化や相互競争、一九二七年以降の金融恐慌による中小商工業の不振、そして産業組合法を根拠とした産業組合の発展に対抗する商権擁護運動があった。

商業組合法が当初想定していたのは同業者組合であったが、一九三二年一二月の横浜市弁天通商業組合の設立を皮切りに、従来の任意団体である商店会を拡大させた商店街単位

＊44　（一九三六）、「新刊紹介」、『広島商工会議所月報』16巻5号、四八-四九頁、広島商工会議所

＊45　一九三七年五月一六日の『静岡民友新聞』には、商業都市美協会に関する以下のような二つの記事が掲載されている。

・「沼津商店照明の改善」（沼津）

商業都市美術協会常務理事の「菱川鼓亭」を講師に招いて講演会を実施するとの内容

・「松菱開業近く、商店街の対抗策」（浜松）

東京府商店街振興委員で、商業都市美協会常務理事の「以史川恭介」を講師に招いて講演会を実施したとの内容。

沼津と浜松で講演を担当したのは、商業都市美協会の「ひしかわ こてい」ないしは「いしかわきょうすけ」であった。商業都市美協会のメンバーには、この人物の名前は掲載されておらず、経歴は不明である。また、東京府商店街振興委員会は、後述するように、石川栄耀ら一三名が委員に任命されたが、やはり上記の人物は委員にはいない。一九三八年に宇都宮商工会議所が「宇都宮商工パンフレット 第一輯」として発行した『宇都宮の商店街繁昌策』は、一九三七年に宇都宮商工会議所が主催して開催した講演会の筆記録であるが、講演者は「石河鼓亭」であった。講演内容は、商店照明や陳列から共同施設、そして都市計画までを含む、石川栄耀の盛り場計画論と極めて近いものがあった。また、石川は一九三七年に『都市公論』に「鼓亭」と同発音の「琥亭」名義で「鮮満都市風景（三）」などの論考を発表している。以上より、商業都市美協会の「菱川鼓亭」、「以史川恭介」の人物像は明らかではないが、「石河鼓亭」と同一人物の可能性があり、また、同一人物の場合、「石川栄耀」である可能性が極めて高い。

＊46　（一九三六）、「銀座の座談会」、『商業都市美』1巻3号、五〇頁、商業都市美協会

の共同事業の担い手として商店街商業組合が大都市を中心に先駆的に設立されるようになった。東京では、一九三三年四月に設立された新橋仲通商店街が最初の商店街商業組合を組織した。しかし法制定時に想定していなかった運用であり、商店街商業組合に対する行政の適切な指導は少なく、組合の中には共同事業を成功させられず、中途で頓挫するものもあった。

石川は、商店街商業組合の可能性、必要性に早くから着目していた一人で、盛り場計画論の中で盛り場経営についても言及していた。例えば、一九三二年に発表した『盛り場計画』のテキスト　夜の都市計画」では、町内マネージャーを置いた共同経営を提案していた。また、一九三五年に商工省商務局から出版した『「商店街盛場」の研究及其の指導要項』では、明確に「盛り場商業組合」の必要性を主張している。会費制で任意団体である従来の商店会(発展会)を、法的根拠を有し、場合によっては組合員以外に対する統制の可能性を有し、商工省からの補助金という財源もあった商業組合に発展させようという提案であった。同業商業組合に加えて盛り場商業組合を設立することで、ソフト面からハード面までのさまざまな共同事業を実施し、盛り場商店街を実現していくことを目論んでいたのである。銀座の座談会での商業組合の提案は、決してその場の思い付きや時流に乗った発言ではなく、石川の持論であった。

また、『商業都市美』の創刊号でも、東京府商工課の岩崎松義や商工省商工課の川上為治らが、商店街の整美の主体としての商店街商業組合の重要性を論じていた。商業都市美協会の目指す「商業都市美」を実現するためには、商店街商業組合の設立を促進する必要がある、というのが商業都市美協会の見解であったと見てよいだろう。

東京府商工課が東京市内の商店会の連合組織であった東京府商店会連盟と協働して、各地の商店街で商店街商業組合設立促進講演会を開催し始めたのは一九三六年（昭和一一）一〇月であった。『報知新聞』では、一〇月一六日に「デパートに目つぶし出現する買物街―地域的に商業組合結成」という見出しで府商工課の小売商繁栄の新作戦を報じた。翌一七日には「街路燈には春日燈籠　下町情緒に盛る魅力　商店街商業組合結成に張り切る人形町買物街一番名乗り」という見出しで、さっそく、東京府商工課の指導で人形町に商店街商業組合が近く結成されることが報道されている。

（上）図15　賑わう武蔵小山商店街。　出典＝（1936）、『東京市内商店街ニ関スル調査』、東京商工会議所
（下）図16　照明きらびやかな浅草区役所前通り。　出典＝（1937）、『照明日本』、124頁、照明学会

また、一九三六年一一月二六日には、商店街の指導機関として新たに東京府経済部長を会長、東京府商工課長を副会長に、商工省や内務省、東京府・市、警視庁他各関係当局、及び装飾や図案、照明といった各方面の専門家を委員とした東京府商店街振興委員会の設置が告示された。

こうした東京府による商店街商業組合の設立支援の開始と石川栄耀が立ち上げていた商業都市美協会の活動の展開は並行していた。

東京では、まず一九三六年一一月三〇日に人形町通商店街商業組合の設立が認可され、その後一九三七年二月までの半年間に巣鴨地蔵通、北沢通、緑町通、麻布十番通、武蔵小山、佐竹通に商店街商業組合が設立された。そして既存の新橋仲通商業組合を合わせた八組合で、連合組織である東京府商店街商業組合連盟会も設立された。

一九三七年一月には、石川の実兄で商業都市美協会常任幹事の根岸栄隆が人形町通商店街商業組合の指導職員として人形町通商店街商業組合書記長に就任した。根岸は、人形町通商店街商業組合の仕事にとどまらず、東京府商店街商業組合連盟会が商店街商業組合の活動促進を目標に一九三七年一一月に発行した小冊子『商店街商組読本』の編集も担当した。

一方、一九三七年三月中旬までに東京府商店街振興委員会の委員の顔触れが決定し、活動を開始した。一三名の委員のうち、石川栄耀をはじめ、岩崎松義、国監耕一郎、三村一、東京商工会議所調査課長の天野建雄の五名が商業都市美協会の広告審議委員、指導委員と重複していた。

また、照明学会は東京府商工課に協力し、一九三七年三月に各商店街商業組合地区を視察し、その結果、照明施設改善案の作成に乗り出すことになった。東京電燈株式会社も協力し、各商業組合に廉価で製品を供給した。照明学会側でこの問題に取り組んだのは、ほかでもない照明学会照明知識普及委員会委員の石川栄耀であった。先に言及したように、一九三七年一二月には盛り場の照明についてのテキストである『盛り場の照明』を出版し、この依嘱の任を果たしている。

つまり、戦前期の東京府は、各地に商店街活性化の主体としての商店街商業組合、商店街の指導機関としての東京府商店街振興委員会を設立し、さらに照明に関しては照明学会や東京電燈株式会社と協働する形で商店街施策の枠組みを構築した。これらのいずれの組織にも、商業都市美協会の主要メンバーが関与していた。商業都市美協会が主張した商業都市美運動は、こうした東京府の商店街施策の全体像の中で、広告看板や照明を中心としたハード部門を担う活動として確かに位置付けられていたのである。

根岸が編集した『商店街商組読本』では、「商店会の仕事、というものは、唯、単なる利己主義な営みばかりではないのです。早い話が、街の装飾ということは、明るい街、美しい街が出来上がってゆくということは、都会人の一番多きな慰安であります」*47と、公共性の広がりを説いた。そして「反射的な公共性から意識的な公共性への飛躍」*48こそ商店街商業組合の特徴であるとした。最後は「街が駄目なら店も駄目」*49と結んだ。つまり、街の空間整備、美化が重視されたのである。

各地で設立された商店街商業組合の定款は、東京府商工課の指導、東京府商店街商業組合連盟会を通じた情報交換もあり、いずれもほぼ同様の体裁を採用していた。例えば人形町通商店街商業組合の定款では次のような事業が提示されていた。

一、組合員の為商店街の装飾、照明、看板の統制其の他整美施設を為すこと

図17 『商店街商組読本』の挿絵(一九三六年)

*47 根岸栄隆編(一九三七)、『商店街商組読本』、五頁、東京府商店街商業組合連盟会

*48 前掲。なお、盛り場や商店街の公共性について、当時の石川は、次のような言質を残している。「これ(盛り場)の美しきと美しからざるとは、ただ単に商店主の関心に終る可きでない筈である。これを市民の常識となす可き啓蒙運動が問題の中の問題かも知れない」(石川栄耀(一九三七)、「商店街盛り場について」、『照明日本』、九九頁、照明学会)。

*49 根岸栄隆編(一九三七)、『商店街商組読本』、五頁、東京府商店街商業組合連盟会

二、組合員の為買入品の配達、休憩所、案内所、陳列所、共同販売所の設置、売出、宣伝、広告其の他の顧客収容施設を為すこと
三、組合員の為商店街店舗の統整を為すこと
四、組合員の為営業用品の仕入れを為すこと
五、組合員の為運搬に関する設備を設け之を利用せしめること
六、正札販売の励行、営業時間の統一、個々売出の統制其の他商店街繁栄に必要なる営業統制を為すこと
七、組合員の営業に関し商店街として必要なる指導を為すこと
八、商店街繁栄に必要なる調査及研究を為すこと
九、以上に付随する一切の事業其他組合の目的を達成するに必要なる施設を為すこと

つまり、第一の事業として、照明や看板といったハード面での商業事業・統制による「整美」が掲げられていたのである。そして、人形町通商店街商業組合が本格的に始動する一九三七年度の実施計画では、これらの項目のうち、空間整備と深くかかわる上位二項目がとくに実施すべき事項とされたのである。

また、人形町通商店街商業組合では、商店街の装飾、照明、看板の統制のための整美委員会を設置した。整美委員会での議決を経て、実施される共同事業には東京府から費用の半額の補助が出たのである。

では、東京府の商店街では、実際にどのような空間整備、美化が実施されたのであろうか。その全貌は現時点では明らかではない。例えば、人形町通商店街では、江戸情緒演出を商店街の空間整備の目標像に据え、一九三七年度には街路樹を鈴懸から柳に取り替える事業

図18　昭和戦前期の人形町商店街。出典＝(一九三六)、『東京市内商店街ニ関スル調査』、東京商工会議所

が実施されている。各商店街でも、商店街商業組合を中心として、こうした美化が進められたと推測される。

以上のように、商業都市美協会の設立を発端として、東京では石川の主唱による商業都市美運動が商店街商業組合を通して実施されていた。しかし、石川の商業都市美運動は東京に限定されたものではなかった。先に見たように、名古屋や広島の都市美協会、また、その他商業都市美協会の幹部による地方での講演等を通じて、全国的に展開されていたのである。

都市美協会の都市美運動批判

都市美協会の純粋都市美運動を批判し、新たに「商業都市美」を提唱して商業都市美協会を立ち上げて独自の商業都市美運動を展開していた石川は、一九三七年五月に都市美協会が主催した第一回全国都市美協議会に招待された。石川は都市美協会の会員をはじめ、全国各地から集まった参加者を前にした招待講演にて、都市美協会の改組問題について意見を申し上げると切り出した。そして都市美協会の役員たちの前で「終わりますと早速逃げて帰らねばならない」*50ほどの痛烈な都市美協会批判を展開したのである。

石川は「何となく皆さんの間に気迫がない。都市美に対して何処と無く本気でないという風な気分が（中略）するのであります。（中略）都市美の価値というものに付いて、本当に心底からなければならぬものだと思いきっているかどうか、（中略）皆さんの胸に伺いたい」*51と冒頭から挑戦的に発言し、オリンピック開催*52に伴う外国人に見せるための都市美は何の価値もない儀礼に過ぎないと言い放った。

「或いは感覚的にそんな気分がする、あんな気分がするということに依って、都市百般が

*50　石川栄耀（一九三七）、「都市美運動の精神部門への展開」、『都市美』21号、四四頁、都市美協会
*51　前掲
*52　東京は一九三六年七月の第一一回オリンピック（ベルリン）での国際オリンピック委員会総会にて、一九四〇年開催予定の第一二回夏季オリンピックの会場都市に選出された。一九四〇年は皇紀二六〇〇年に当たり、やはり開催が予定されていた日本万国博覧会とともに奉祝行事として位置づけられていた。しかし、日中戦争の影響で一九三八年には開催権を返上し、東京オリンピックは幻に終わった。

色々な巨費を投じなければならぬということになれば、都市に住むことは一つの禍である。（中略）唯其の日に気が付いたというような都市美では、私は大会まで催すべき性質ではないと思う」*53と、都市美に対する真摯な考究があってこその協議会であると、協議会自体の意味を問うた。

さらに整った街並みを標榜していた都市美協会のある種の上品さが否定されるようなもの、石川が当時の大衆雑誌『キング』に因んで「キング級の都市美」*54と呼んだものも、商業上、生産上の欲求から出てきたもので、大部分の市民はそれを享楽している限り、都市を一つの隣保団体（コミュニティ）として纏めて行くという都市美運動の重要な目的に照らして必要であると主張したのである。石川は市井の現実から遊離しがちな「上品な」都市美運動に警鐘を鳴らした。

石川は、「都市美運動はどうか市役所の中に御蔵いにならないで、市民の中に投出して戴くというように御取計いを願いたい」*55と懇願した。先に見たように、都市計画の担い手の面で強い問題意識を持っていた石川は、都市美運動を市民が積極的に参画する都市づくりの実践へと導こうとしていた。

石川の都市美協会批判の意図するところは、第一回全国都市美協議会の報告集である『現代之都市美』に寄せた論文でより明確にされている。この論文では、都市生活を「物」の繁栄を企図する一面と、人同士の繋がりを求める「精神」という一面の二つからなるものと考えた。しかし現代の都市では人口規模が大き過ぎて、後者の「精神」は簡単には求め得ないので、都市をブロックに分け、そのブロック内に都市美的な中心施設を設置することを提案している。

石川が理想的中心施設として想定したのは、人口一〇万人に一つ配置される、公館と広

*53 石川栄耀（一九三七）、「都市美運動の精神部門への展開」、『都市美』21号、四五頁、都市美協会

*54 前掲

*55 前掲、四六頁

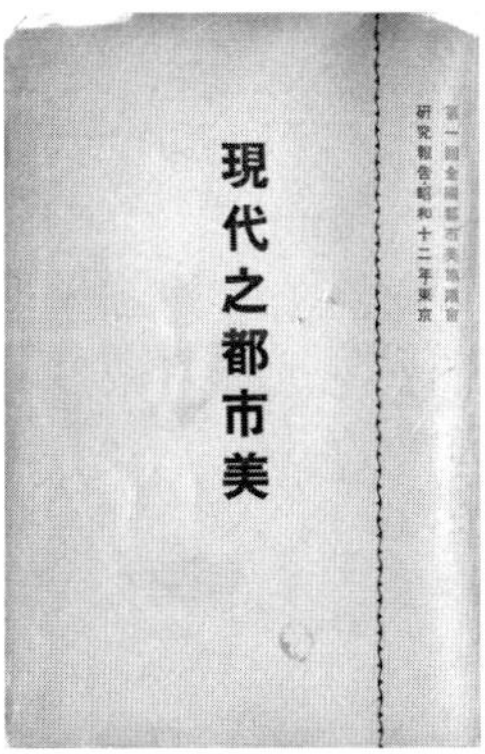

図19 『現代之都市美』（一九三七年）の表紙

場を持つ区心であった。しかし現実の日本の都市でそのような区心が存在しているわけではなく、現実として市民の心を結合させているのは商店街盛り場であるから、まず重要なのは商店街盛り場を都市美的に扱うことである、と商業都市美運動に結び付けた。

そして石川は最後に「あらゆる時代に於いて大衆の趣味は、少数のものの眼より見れば、低調なるかに誤認される。（中略）現代都市の、広告、看板等々により構成される一種の都市美も、大衆には事実享受されながら、指導的立場の市民達からは、道徳上の悪の如く扱われている」*56という傾向に対し疑問を呈し、「統制ある商業都市美の可能を許容する丈の雅量し否。賢さ」*57を求めた。つまり都市美の必要性と対象を、現実を見据えて論じるべきことを主張していた。そして、都市の現実とは、都市にうごめく大衆の世界にあると示唆した。

同様に、『広告研究　昭和一四年版』に掲載された石川の講演記録「都市美と広告の関係」でも、都市美協会批判と同様の主旨の主張が繰り返されている。石川はこの講演でも世間に横行する思いつきの都市美を批判し、都市美を定義することが必要だと述べた。そして、石川は「都市美とは、都市の内容たる建築物及緑地帯にて構成する地帯的なる風景美である」*58と都市美の定義を示した。

石川がこだわったのは「地帯的なる」という表現であった。それは一つには橋梁や建築といった個別物件の美ではなく一体の風景でなければならないという意味であったが、もう一点は、都市には丸の内のような中心地区もあれば、住宅地帯や工場地帯といったさまざまな地帯が存在し、それぞれにふさわしい美があるという主張を含意していた。

そして石川は「世間のお偉ら方の都市美の物尺」*59が、ワシントンやベルリンなど外国の都市を模範としたシビックセンターの地帯美に偏っていると批判したのである。石川流

*56　石川栄耀（一九三七）、「都市美運動の精神部門への展開」、都市美協会編、『現代之都市美』、六二頁、都市美協会
*57　前掲
*58　石川栄耀（一九三九）、「都市美と広告の関係　広告効果とモラル」、『広告研究』昭和一四年版、三八頁、日本電報通信社
*59　前掲、三九頁

に言えば、世間の都市美の主流は「大礼服」に偏っており、「ユカタや、開襟シャツの軽快さが邪道視され易い。それは実に世の中の『味い』を無くすのみならず、泣かんで好い人を泣かす。実に下らない。それに抗議したいのです」*60ということであった。そして、その「ユカタや、開襟シャツ」とは、まさに石川が力を注ぐ商業地帯の都市美であった。

以上からわかるように、この時点まで、石川は都市美協会の都市美運動には違和感を持ち、都市美協会とは距離を置こうとしていたのである。

*60 石川栄耀(一九三九)、「都市美と広告の関係広告効果とモラル」、『広告研究』昭和一四年版、三九頁、日本電報通信社

都市美協会理事としての活動

後述するように、石川は一九三八年(昭和一三)五月から陸軍省の嘱託という形で上海に出張し、一一月まで滞在し都市計画の提案を練った。そして上海から帰国するとすぐに都市美協会から声がかかった。一二月一五日に、やはり欧米視察から帰国したばかりの山本亨(東京市土木局道路管理課長)とともに都市美協会主催の報告会に招かれ、上海都市計画に関しての報告を行った。この報告会が石川を都市美協会に接近させる契機となった。

翌一九三九年五月五日の都市美協会理事会では、都市美協会の役員改選が承認され、新たに理事として石川栄耀が推薦された。石川は都市美協会からの要請を承諾し、理事に就任した。そしてさっそく、機関誌『都市美』の編集担当となった。

石川、そして同時に編集担当となった新任理事の板垣鷹穂が初めて出席した一九三九年六月九日の編集会議では、従来のグラフ主体ではなく読物本位とし、時々の重要問題を捉えて、各方面の研究や資料を読者に提供するという新しい編集方針を決定した。

石川が初めて編集に参加した『都市美』二八号(一九三九年一〇月)は「駅前広場特集」であった。石川が都市計画東京地方委員会に着任して、前任者の近藤謙三郎(満州国都邑科長)から

引継いで最初に担当した新宿駅西口駅前広場整備が特集された。続く『都市美』二九号はやはり石川が審議委員会の委員を務めている宮城外苑整備事業の特集号、さらに『都市美』三〇号では石川の盛り場計画論を含む「娯楽施設」の特集号であった。

つまり、都市美協会の機関誌『都市美』の特集テーマは新任理事の石川の意向を強く反映していたのである。石川は一九四〇年度から常務理事となり、都市美協会の運営の中心を担うようになった。商業都市美運動を主唱し、都市美協会の運動を官の専横運動だと批判した石川は、いつしかその都市美協会の中枢で活動するようになっていたのである。

しかし、戦時色を強めていく時代状況が都市美運動自体に変革を迫った。機関誌『都市美』の刊行はこのあとも一九四二年（昭和一七）五月の三九号まで継続したが、この『都市美』の最終期の巻頭言の多くは石川が担当した。これらの巻頭言には民族主義、全体主義的な思考が色濃く感じられるが、内容としては都市美の必要性を切実に訴えるものであった。

石川は一九四一年（昭和一六）四月の『観光』に寄せた「国民厚生と観光事業」において、都市美について「こうした時局になると直ちに、恰好な閑事業として後退を強いられやすい。しかし自分等は、それにもかかわらず都市美事業の厚生的価値を強調し、『今日この場合なればこそ』とむしろ逆に主張して居るのである」[*61]と書いている。

石川が都市美協会に接近し、内部に入り込み、そして『都市美』最終期に時局に抗して、力強く都市美の必要性を主張する論説を毎号のように寄稿した真意は、逆境だからこその問題意識に基づいていたのである。

石川は『現代之都市美』に寄せた「都市美運動の精神部門への展開」の中で、「考える迄もなく好い事に違いない位の軽い常識」[*62]として都市美を捉えていては、「いつの日にかは死語として、消滅してしまうのではないかと危惧せしめる」[*63]と書いていた。石川の戦時体

図20 『都市美』28・30号の表紙（一九三九、一九四〇年）

＊61 石川栄耀（一九四一）、「国民厚生と観光事業」、『観光』1巻1号、三一頁、日本観光連盟

＊62 石川栄耀（一九三七）、「都市美運動の精神部門への展開」、都市美協会編、『現代之都市美』、四七頁、都市美協会

＊63 前掲、四八頁

制下での都市美運動は、ドイツ国土計画への傾倒を背景に、時にナチス綱領を参照し、大和民族を指導者とする大東亜共栄圏の発想等を拝借しながらも、その本質は、都市美を死語にしてしまわないためのがむしゃらの活動であったと言えよう。

一九四二年五月で『都市美』が休刊になったのちも石川の主張は変わらなかった。例えば石川は、一九四三年一〇月の『ダイヤモンド』に「防空と皇国都市」という時局に応じたタイトルの論説を寄稿したが、この時期に及んでも、郷土としての都市という愛着を持たせるためには都市美的な都市計画を重んじなければならないという主張を展開していた。

しかし都市美協会は石川が関与してからしばらくして活動を休止した。商店街も統制経済の下、商業都市美を推進する動機を喪失した。石川の都市美運動は休止したのである。

表3 『都市美』最終期の石川栄耀の論説

巻号(発行年月)	題名・内容
32号(1940・11)	「防空都市を正導する事は都市美運動の新しき態度である」……防空都市計画は大都市市民が「相寄る精神」のヨスガであると捉え都市美運動の目的と一致させた。
33号(1941・1)	「大陸都市計画に就て」……新しき大陸都市の建設にあたっては、日本の生産機械構成により過ぎた都市計画を反省し、都市美を重要視していくべきとした。
36号(1941・9)	「(生活文化と環境整美)巻頭言」……都市美運動者の関心は、生活環境の機械化による日本民族の「独自性なき木製国氏」化への危機感にあるとした。
37号(1941・11)	「大都市の生活環境と科学」……戦時体制の下部構造として優秀な人材を生み出し続ける人口層が重要であるが、その大部分が環境の悪い過大都市に存在している事を問題視し、過大都市の科学を樹立し、彼らを救済することが都市美の研究の使命だとした。
38号(1942・1)	「潜水艦五隻未だ帰らず」……愛国心に訴えながら、大和民族の生命発展のための都市づくりを主張した。

3──商店街・盛り場研究者としての石川栄耀

石川栄耀の盛り場論の構図

ここまで見てきたように、石川の都市美運動は、「都市計画技術室より街頭へ」を標榜し、実践した。しかし、石川の活動は単に街頭で商店主たちを鼓舞し、商店の照明を取り替え、祭を企画し、多くの市民と歓興の場を共有することにとどまるわけではなかった。石川は商店街盛り場の本質やその計画設計技法を理論的に探究する「研究活動」にも、力を注ぎ続けた。石川の商店街盛り場の都市美運動を支えていたのは、石川自身による商店街・盛り場の学術的な探求であった。その成果は長野県上田市の講演で立ち往生した年から翌年にかけて、早くも『都市創作』誌上で発表された「郷土都市の話になる迄　断章の2　夜の都市計画」に見ることができる*64。以降、石川は盛り場論を継続して発表していくのである。当初は自らが所属していた都市計画愛知地方委員会が中心となって発行していた『都市創作』が専ら発表の舞台だったが、徐々に名古屋の地方紙や『広告界』や『商店界』といった商業者向けの雑誌に寄稿し始め、一九三〇年以降は『都市公論』や『都市問題』といった全国規模の都市計画関係者向けの雑誌に盛り場論を発表するようになっていく。こうした論考は単行本にも収録され、前述したように一九三五年（昭和一〇）には商工省からの依頼で、『商店街盛場』の研究及其の指導要項』を出版している。本節では一連の著作を一九四四年三月に出版された『皇国都市の建設』の中の「都市生活圏論考──特に盛り場現象について」を

*64　石川栄耀（一九二五－六）、「郷土都市の話になる迄──断章の二、夜の都市計画」、『都市創作』1巻3、4号、2巻1号、都市創作会

もって、いったんの完成ととらえ、この間の戦前の石川の盛り場に関する論考を読み解くことで、その特徴を論じることとしたい。

「郷土都市の話になる迄　断章の２　夜の都市計画」では、まだ積極的に盛り場という言葉は使われていないが、石川はこの論文で都市計画において産業よりも人生を重視すべきだというアンウィンのアドバイスを引き合いに出して、余暇と称する時間こそが人生の正

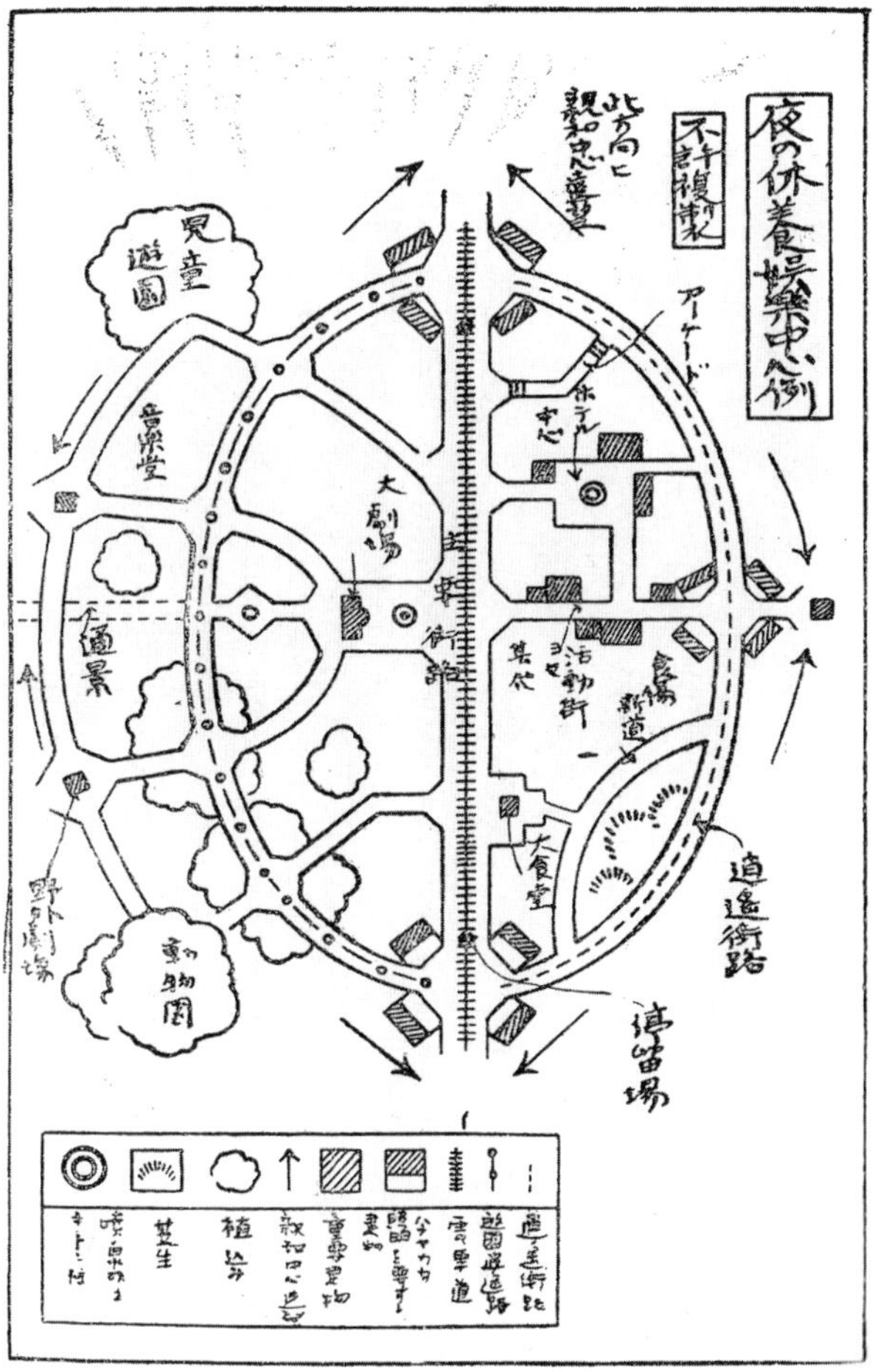

図21　夜の休養娯楽中心の設計例。　出典＝石川栄耀（1926）、「郷土都市の話になる迄―断章の二、夜の都市計画」、『都市創作』2巻1号、25頁、都市創作会

味であると説明する。とくに近代以後、人々は月曜から土曜までの平日を「イライラしながら」「産業時間」に従事する一方、電灯の発明によって夜の価値が発見された。ここに夜の都市計画によって夜を回復する必要があると石川は述べる。

以下、街路照明、建築物照明、休養娯楽計画、通俗教化計画、親和計画に焦点を当てて、説明がなされていく。休養娯楽計画では音楽堂、劇場、活動写真館などが設けられ、人々は屋内やそれらの間を「歩を移しつつ漫然と」楽しむ。親和計画では隣交館や小公園が設けられ、「人と人の間に失われつつある、愛の回復」が図られる。こうした場で想定されている人々の生活は、石川が戦後になってまとめた『都市計画的に見た商店街さかり場の計画と研究』（中小企業庁、一九五三年）においても、「【イ】常時は概ね商品をひやかし、機会を得てこれを買う。【ロ】散歩し、人にふれ、美しいもの、新規《ママ》なものを見、想像力にうったえて（商品に対し）楽しむ。【ハ】市民相互による友愛を楽しむ」として説明されている。ここでは石川は「商店街盛り場」を「一定の建築群によって構成される都市美的な区域で、商業者は配給作業を果たし、市民は商店及び娯楽機関を媒体とし（という事はそれ等を利用しつつ）慰楽し、且つ、友愛を味わう場所である」と定義している。このように石川の説いた盛り場の定義や、そこでのライフスタイル、そのための都市計画の必要性は、戦前・戦後を通じて基本的に一貫するものである。また、わざわざ「都市美」（「都市的景観」）と明示していることからもわかるように、石川はとくにその物的環境に対して強い関心を払っていた。

石川はこうした問題意識を出発点に、わが国における盛り場の歴史的な成り立ちを踏まえることで、市民の交歓の場を現代の常設された商店街と盛り場に見出す。具体的な研究として、石川はまず盛り場、商店街の構造と都市内での分布に着目し、それらの機能的分化の傾向を明らかにしていく。石川は両者の関係を「現代盛り場は先ず商店街として確立し、然る後、その上に盛り場と言う光沢を出す」*65と考えていたのである。ここにそれぞれの都市に応じて盛り場と商店街のあるべき機能と配置とが明らかとなり、計画目標が設定されることになる。以下、計画目標に応じて、地方計画から都市計画、街区、単体の店舗のレベルまで、さらに照明や看板、陳列、祭事などのソフト面にまで配慮して、種々の技法が体系化されていくのである。

*65　石川栄耀(一九三五)、『「商店街盛場」の研究及其の指導要項』、一五頁、商工省商務局

体系化の四段階

石川の盛り場論も最初から体系化されていたわけではない。当初の問題意識こそ変わらないものの、空白を埋めるように徐々に独自の論考が重ねられていくことで、体系化されていったのである。ここでは石川の盛り場論は大きく「理論・分析／計画・設計」と「対象の規模」という二つの軸で分類、整理することができる。「理論・分析／計画・設計」とは現状や歴史に基づく分析という理論的研究と、現状改変を意図した計画・設計技法という分類である。

「対象の規模」とは建築(単体)から、街区(道路構成や町並み)、都市、地方といった規模別の分類であり、さらに「理論・分析」では盛り場の歴史や地誌に関する研究、「計画・設計」では経営などのソフト面に関する研究といったものも含まれている。表4は主要な論考を取り上げて、研究内容をキーワードで抽出し、それらを二軸で分類、時系列でその発展過程を整理したものである。この結果石川の盛り場論は「盛り場動態研究期」、「都市計画志向期」、「都市・地方経営志向期」、「検証・体系化期」の四時期に分けることができる。

「盛り場動態研究期」は一九二五年(大正一四)から一九三〇年(昭和五)までで最も初期に当たる。アンウィンとの出会いや長野県上田市での立ち往生を経験したばかりであり、名古屋

表4　石川の盛り場論の整理

	活動	年月	雑誌・単行本	タイトル［章題］	盛り場の理論				盛り場の計画				
					地方	都市	街区	歴史	地方	都市	街区	建築	経営（ソフト）
盛り場動態研究期	名古屋をも少し気のきいたものにするの会	1925～26年	都市創作 1巻3、4号 2巻1号	郷土都市の話になる迄 断章の2 夜の都市計画		夜の休養娯楽中心の都市的配分	夜の休養娯楽中心の構造				街路照明 娯楽中心例 通俗教化計画 親和計画	建築物照明	
	↓名古屋都市美研究会	1929年1月	商店界 9巻1号	夜の都市美 漫歩街の研究		盛り場の分類 漫歩街の分布 漫歩街第一次発生原因	漫歩街発生原因［第二三次］ 漫歩街の構造						
		1930年2、3月	都市問題 11巻2、3号	夜の盛り場の種々相		盛り場の分布とその種類 盛り場の移動	盛り場の条件とその構造	盛り場の史的発展					
都市計画志向期		1930年3月4～9日	名古屋新聞	製法秘伝 盛り場読本		盛場内容鑑定 盛場環境測定	盛場環境測定			後背地の培養 盛り場の性質の決定	発展素の培養 照明計画	照明計画 対デパート策	宣伝 盛り場財政
		1932年8月	都市公論 15巻8号	「盛り場計画」のテキスト 夜の都市計画		盛り場の組成 盛り場の移動	盛り場構造 発生箇所		都市の営養状態		街装 照明 人寄せ	街装 店舗（店構等）	経営（信用等）
		1934年11月	都市問題 19巻6号	盛り場並主要商店街に対する二、三の提案						盛り場・商店街区域の設定	街路計画ほか 照明統制 衛生地区設定	照明統制	
		1935年3～5月	エンジニア 14巻3～5号	盛場の研究		盛り場の分布	盛り場の性質	歴史			昼の都市計画 夜の計画		
地方・都市経営志向期	↓名古屋都市美協会 ↓広島都市美協会	1935年8月	小売業改善 資料7号	「商店街盛場」の研究及其の指導要項	都力測定法	商店街盛り場の構成分布 発展と転移		盛り場の形態上の変遷	都力培養計画	商域の培養	特殊商域培養 街区計画 商構誘導	店舗 照明 飾窓	催事 盛場財政と経営
		1936年1～4月	販売科学 15巻 1～4号	商店街・盛場の理論と計画と経営	商力測定	商店街発生・発展 盛り場への転換 衰退移動	盛り場の静態	中世から現在へ	都力の培養 商域の培養	結集構 抵抗の除却	町装（誘引構ほか）	店舗、飾窓	催事 盛り場財政 店員
検証・体系化期	↓商業都市美協会 ↓都市美協会	1938年	商業経営指導講座第1巻	商店街の構成	盛り場の測定	盛り場の発生 盛り場化の条件 盛り場の種類 盛り場の分布・位置・動態	盛り場の構造 街幅と長さ方向			商域 結集構	改良計画 都市計画 共同事業	改良計画 共同事業	店員情操計画 催事 経営 商業組合
		1944年3月	皇国都市の建設	都市生活圏論考—特に盛り場現象について	現代盛り場の内容	盛り場発生、育成及転移条件 盛り場への転換 盛り場の諸相 盛り場の移転 盛り場の分布	盛り場構成要素 商店街の発展 盛り場の街型他	盛り場の沿革			明日の盛り場		

で区画整理に励んでいた時期である。理論・分析面、計画・設計面ともに街区レベルと建築レベルについてのみ言及がなされている。石川は前出の「郷土都市の話になる迄　断章の2　夜の都市計画」(一九二五〜六年)において京都、大阪、神戸、名古屋の盛り場の街路などの構成と、名古屋市内の盛り場の分布に関して独自の分析を行っている。

一方、街路と建築物の照明技法については基本的に既存の研究を引用している。また休養娯楽計画において、建物や街区レベルの設計について一五項目の条件を掲げている。これらは道路幅員、街路の曲行、端景の創出、中心性を持った公共建築と広場といった条件などに、アンウィンが主著『実践としての都市計画(Town Planning in Practice)』(一九〇九年)でまとめ、田園都市レッチワースや田園郊外ハムステッドなどで実際に適用していた都市設計手法からの影響が色濃く見られる。「夜の都市美　漫歩街の研究」(一九二九年)では初めて盛り場が「民衆娯楽街、花柳街、漫歩商店街」に分類され、「夜の盛り場の種々相」(一九三〇年)ではこうした盛り場の分布や種類、移動の傾向などがまとめられた。

このようにこの時期は、理論・分析面では都市・街区レベルの都市地理学的な分析に石川の独自性が見られる一方で、計画・設計面では、当時のイギリスを中心に隆盛を誇った中世主義的な計画設計技法の移植にとどまっていたと言える。

「都市計画志向期」は一九三〇年から一九三五年までで、名古屋で広小路祭りを開いたころから、都市計画東京地方委員会へ赴任していく時期までを含んでいる。理論・分析面ではそれまでの議論ととくに変わらないのに対し、計画・設計面において都市レベルでの盛り場の土地利用計画という発想が新たに現れた時期である。これは「製法秘伝 盛り場読本」(一九三〇年)や「盛り場計画のテキスト」(一九三二年)で、盛り場が発達する条件として後背地としての都市の営養の必要性が述べられたことに始まり、さらに「盛り場並主要商店街に

図22　石川の論考の表紙。出典=石川栄耀(一九二九)、「夜の都市美　漫歩街の研究」、『商店界』9巻1号、四九頁、誠文堂新光社

対する二三の提案」（一九三四年）において、盛り場、商店街区域の設定が、都市計画上の制度として具体的に提案されたものである。

このようにこの時期は都市計画、とくに土地利用計画への応用を指向した時期としてまとめられる。また経営方法や宣伝といったソフト面への言及も見られるなど、名古屋での盛り場育成の経験の影響がうかがわれる。このほか「都市路上を中心とせる市民交歓生活の変遷（盛り場発達史の試行）」（一九三二年）＊66では盛り場の歴史がまとめられ、都市生活において盛り場が重大な役目を有してきたことが証明されている。

「地方・都市経営志向期」は一九三五年から一九三八年までで、石川が東京に赴任し各地の都市美運動にかかわるほか、商業都市美協会を結成する時期である。この時期には理論・分析、計画・設計の両面において、第四章で扱うように地方（都市間）レベルの議論が新たに見られるようになるのが特色である。「『商店街盛場』の研究及び其の指導要項」（一九三五年）では「都力」、「商店街・盛場の理論と計画と経営」（一九三六年）では「商力」、「盛り場に於ける『場力』の簡易なる測定法」＊67（一九三六年）では「場力」と呼称は異なるものの、いずれも都市や盛り場の成長可能性を示す、石川独自の概念が新たに提示されている。これらの数値は都市同士を比較し、計画を立案する際の基準として用いられるもので、盛り場を育成するには後背地としての都市を培養し、これらの数値を上げる必要があるとする。

計画・設計面でも商店街・盛り場の「基礎計画」として工場誘致や観光計画、農業計画など都市計画の枠組みを超えて都市経営と言えるような事柄が扱われている。これらは一九三一年の満州事変以後、資源を都市間、地方間で最適に配分しようとする国土計画の議論が盛んになり、石川の盛り場論もその影響をうけたためと考えられる。このほかそれまで「理論・分析」で対象の規模ごとに別々に提示されていた概念が「結集構」という概念

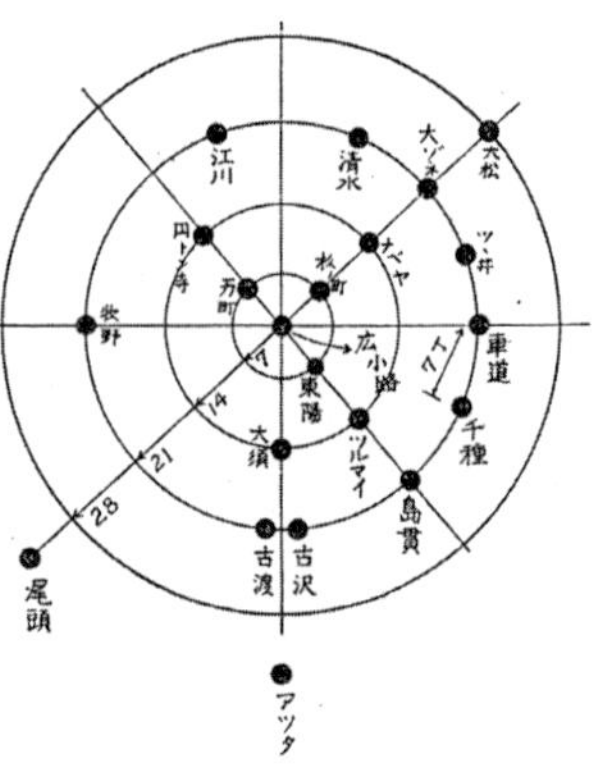

図23　名古屋の盛り場の分布。出典＝石川栄耀（一九三〇）、「夜の盛り場の種々相」、『都市問題』11巻2号、六二頁、東京市政調査会

＊66　石川栄耀（一九三二）、「都市路上を中心とせる市民交歓生活の変遷（盛り場発達史の試行）」、『都市公論』15巻12号、16巻1号、東京市政調査会

＊67　石川栄耀（一九三六）、「盛り場に於ける『場力』の簡易なる測定法」、『都市公論』19巻11、12号、都市研究会

＊68　石川栄耀（一九三八–九）、「盛り場風土記――『盛り場の研究』」、『都市公論』21巻11号–22巻1号、都市研究会

で再編成された点、計画・設計技法として提案されていた街路構成などの項目が、盛り場発生の所与の条件とされ、「理論・分析」に分類されるようになった点などが目につく。

「検証・体系化期」は一九三八年から一九四四年までで、石川が都市美協会で活動し始めると同時に東京商工会議所の商業立地委員会などで活動していく時期である。この時期はそれまでの議論を集大成するとともに、その検証がなされて体系化されていく時期である。「商店街の構成」(一九三八年)ではそれまで広い意味で使用していた盛り場や商店街といった用語を、盛り場としての機能の強い順に、「綜合盛り場」、「商店街盛り場」、「都市美商店街」、「市場商店街」と細かく分類し、以後の著作では基本的にこの分類が定着する。また一九三八年から翌年にかけて発表された「盛り場風土記—『盛り場の研究』」*68では北海道から九州はもちろん、朝鮮や満州まで全国の盛り場が取り上げられ、それらの都力を測定するなど、それまでの議論を実地に検証する地誌的な分析が行われている。こうした議論は『皇国都市の建設』(一九四四年)で四六八ページ中一〇三ページものページを割いてまとめられ、これをもって石川の盛り場論は一旦完成したということができる。

体系化の意義と戦後に残された宿題

以上のように石川の盛り場論を通時的に把握したことで何がわかるだろうか。ここではまず石川が一貫して都市の実態の「理論・分析」の研究と、その育成のための「計画・設計」の技法を並行して扱っている点が挙げられる。そして両者のフィードバックを通じて、最終的には地方計画レベルから単体の建築や経営、照明といったソフトなレベルまでを総合的に扱いえた点に石川の特徴がある。またこの間の変遷は、当初は都市・街区レベルの独自な都市地理学的な分析・理論と、イギリスの田園都市に適用されたアンウィンらの設計

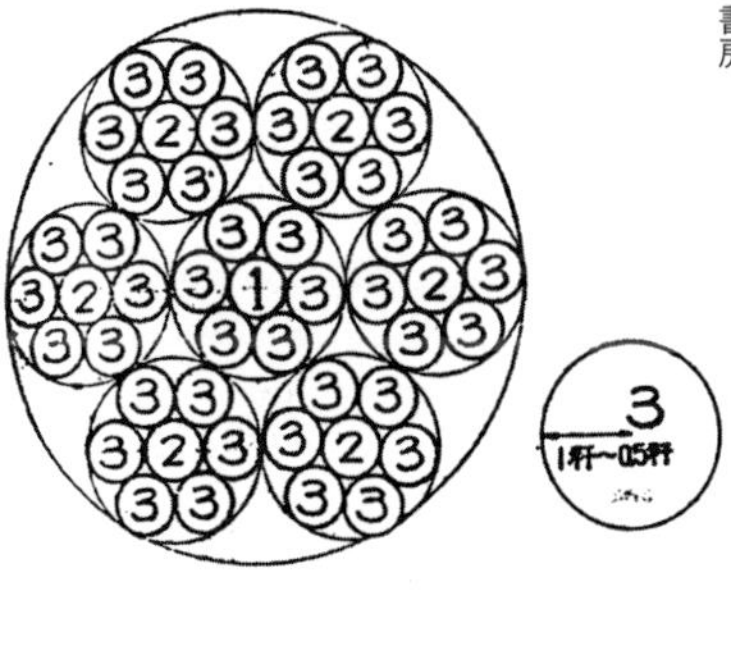

図24　大都市盛り場の分布と機能。出典＝石川栄耀(一九四四)、『皇国都市の建設』、三三二頁、常磐書房

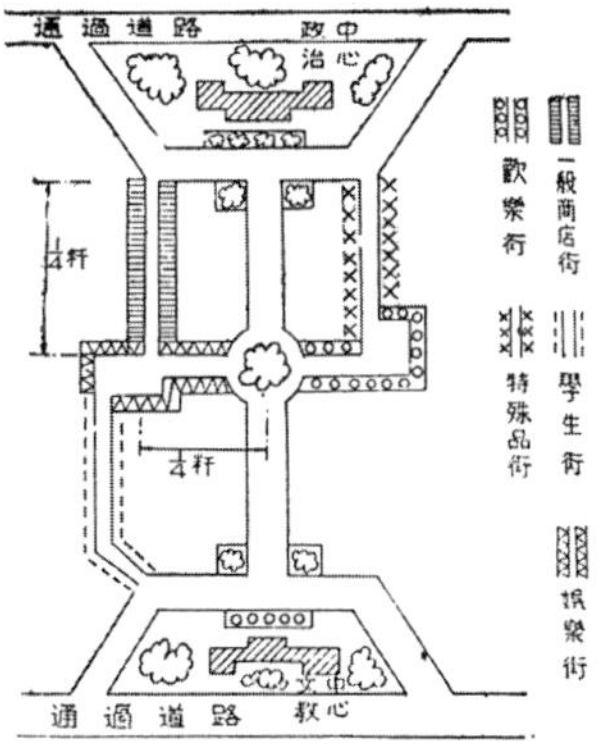

図25　盛り場の設計例。出典＝石川栄耀(一九四四)、『皇国都市の建設』、三六八頁、常磐書房

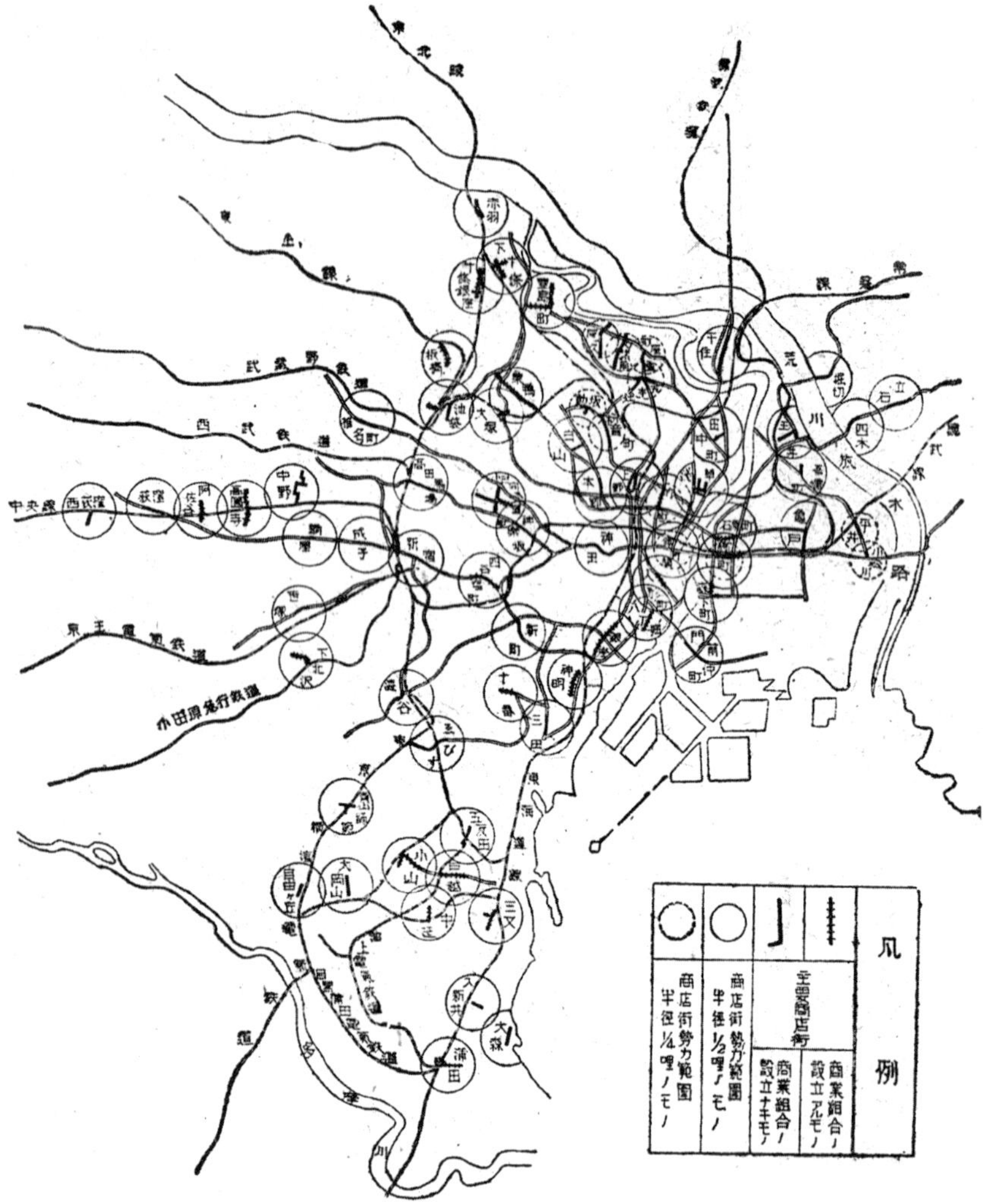

図26　東京都における盛り場分布とその支配領域。　出典＝石川栄耀（1944）、『皇国都市の建設』、323頁、常磐書房

概念を盛り場に直輸入した計画・設計技法からなっていた論考が、独自に理論・体系化され、時宜に応じ都市、地方レベルへと拡張されていく過程として捉えられた。とくに計画・設計技法の面においては、日本に適した商店街の物的環境を模索していった点で、石川は敬愛したアンウィンらによる欧州色の濃い中世主義的な計画設計論を乗り越えたと言えよう。

石川が都市計画家として歩み始めた大正〜昭和初期、日本の都市は産業化に伴い急速に拡大し、この結果、東京では既存の浅草や銀座といった盛り場に加え、新宿を筆頭に山の手にかけて無数の盛り場が勃興し多様化していた。したがって都市計画以外の世界、例えば地理学や社会学などでは盛り場が注目を集めていた*69。とくに都市社会学の嚆矢ともいわれる『現代大都市論』（有斐閣、一九四〇年）で盛り場について考察した奥井復太郎*70や、一九五〇年代に銀座、渋谷、新宿、池袋などの調査を行った磯村英一*71らの活動は、同じ時代背景を持った動きとして捉えられるだろう*72。また昭和初期は強大な資本を持つ百貨店が中小小売店の脅威と見なされ、いわゆる小売商問題が喧伝された時代でもあった。こうした中、商店街の繁栄策が盛んに議論されており、石川の盛り場論も「対百貨店」、「対デパート」といった議論をしていることから、こうした動きの一つとして捉えることもできる。

だがこうした類似の議論と石川が決定的に異なるのは、都市計画家として一連の分析を都市計画に位置づけている点である。石川は盛り場を単に都市的な現象として分析したのではなく、計画論の前提として分析を行っていたのであり、また単に百貨店に対抗して商店街の繁栄策を練ったのではなく、盛り場論を体系化することで商店街に公共性を見出し、都市計画の対象として位置づけたのである。

＊69　大正中期の権田保之助といった民衆娯楽研究や、大正末から昭和初めにかけての今和次郎などの都市風俗研究（考現学）、戦前から戦後にかけての奥井復太郎、磯村英一といった都市社会学における盛り場研究が挙げられよう。

＊70　奥井復太郎（一八九七−一九六五）一九二〇年慶応義塾大学卒業後ドイツ留学を経て、一九二七年慶応義塾大学教授、一九五六年には同大学学長。この間、日本都市学会初代会長、国民生活研究所所長などを歴任。日本の都市社会学の開拓者とされる。

＊71　磯村英一（一九〇三−一九九七）東京帝国大学卒業後、東京都に勤め、一九四八年東京都民生局長、一九五三年東京都立大学教授に転じる。その後、東洋大学教授、同大学学長、日本都市学会会長などを歴任。都市社会学を展開するとともに生涯を通じて社会事業や同和問題に関わった。

＊72　三人はともに戦前から交流があり、戦後は都市学会の結成に参加し、共同研究を行っている。なお磯村は戦後、同じ社会学者の鈴木栄太郎から「盛り場は都市の社会学的分析にとって付随的な問題にすぎない」と批判されており、これは後述する中村綱から石川への批判とシンクロして見える。どの分野でも盛り場研究者への風当たりは強いものなのかもしれない。

しかし当時、徐々に展開されつつあった日本の近代都市計画は盛り場を通俗的なものと見なし、石川以外に盛り場が重視されることは少なかった。例えば当時都市計画愛知地方委員会技師であった中村綱は「『盛り場』研究の吟味」*73という論文において、都市計画の使命として前資本主義的都市施設の改造、工業と住宅の利害衝突の緩和の二つを挙げ、小売商業の扱いは二義的であるとして、石川の盛り場論を批判している。ここまで直接的な批判は少ないとはいえ、こうした見方は当時の都市計画界である程度共有されていたと思われる。

これに対し、石川は確信犯的に都市の本質的価値を「賑やかさ」に見出していた。これは先進工業国に向けて日本を離陸させるという目的のもと、アメニティなど本来の概念を欠落させたまま欧米から移植された日本の近代都市計画を、石川が批判的に捉えていたからであり、石川は独自にあるべき都市計画の姿を見据えていたといえよう。

石川は一貫して盛り場・商店街の育成を重視し、その実践を行うとともに研究の体系化に努めた。石川は都市計画の立場から都市地理学的な興味も持ち合わせ、とくに日本の盛り場に独自のコミュニティ機能を見出していた。そしてこの盛り場が田園都市の設計技法と接続され、日本の実情に即して新たな計画・設計技法が生み出されたところに大きな特色があった。石川は盛り場論を体系化することによって、日本の都市計画を批判的に乗り越える視座を得るとともに、本家の近代欧米都市計画をも積極的に咀嚼し、新たな日本型都市計画を目指したのである。

一旦、研究を体系化し終えた石川であったが、盛り場育成の実際の試みは商店街関係者への指導や、イベント開催などのソフト面及び局所的な区画整理などにとどまっていた。石川の盛り場・商店街研究はいつしか自身の運動・実践を超える地平を切り拓いていたが、

*73 中村綱(一九三五)、「『盛り場』研究の吟味」、『都市公論』18巻5号、五二–五七頁、都市研究会

石川が盛り場の育成を本務である都市計画と融合し、ここまで述べてきたような計画・設計技法を実践できるようになるには、石川が都市計画の責任者となる戦災復興期の東京まで待たねばならない。

第3章　東京、外地での都市計画の実践と学問

1——都市計画東京地方委員会技師としての仕事

都市計画東京地方委員会における石川栄耀

二七歳から四〇歳まで、まさに都市計画技師としての充実期を名古屋で過ごした石川が東京に転勤となったのは、一九三三年（昭和八）九月であった。実は、石川がもともと打診されていたポストは満州国の都邑科長であったが、石川はなぜか気が進まず、また養父に相談したところ反対され、結局これを断った。そのため、石川の代わりに都市計画東京地方委員会技師の近藤謙三郎*1が満州国に赴任し、石川は近藤の後がまとして、東京に戻ることになったのである。

石川は、一九四三年（昭和一八）に東京都の成立とともに都に移籍するまでの都市計画東京地方委員会技師時代を、のちに「満州国へ行かなかった事をクイる日が多かった」「後進に対しても一身上に於いても行きづまりを感じた」「都市計画東京地方委員会の仕事として、特に時代のトピックになるようなものは無い」*2と回想している。名古屋において、全国的に見ても驚異的といえるほど広範囲の区画整理を成し遂げ、また、その一方で盛り場を舞台とした都市美運動を推し進め、充実した日々を送っていた石川にとって東京での仕事はやや勝手が違った。

東京では近藤をはじめとした都市計画地方委員会の先任者たちが計画した事業が進行中で石川はそれを引き継ぐ立場にあった。内務省本省や東京府、東京市にも愛知県とは比べ

＊1　近藤謙三郎（一八九七―一九七五）

東京帝国大学土木学科卒業後、東京市、帝都復興院を経て、都市計画東京地方委員会技師となる。石川は一九三三年に満州国民政部の都邑科長への就任の打診を断り、都市計画東京地方委員会に転任となったが、石川の代わりに満州国初代都邑科長に就任したのが近藤であった。近藤は戦後、日本道路協会常務理事として道路建設の推進に尽力したが、中でも首都高速道路の構想は、石川にも大きな影響を与えた。　写真の出典＝藤井肇男（二〇〇四）、『土木人物事典』、一三九頁、アテネ書房

ものにならないほど数多くの人材がいて彼らとの協働の中で仕事を進めていく必要があり、石川自身のオリジナリティをダイレクトに発揮するような機会が少なかった。また、名古屋と比べて帝都東京の状況は複雑で政治的であったこと、そしてしだいに社会全体が戦時体制に突入していく中で都市計画の理念が変更を迫られたことなども石川の活躍を制約したのである。

とはいえ、前章で述べたように、石川は都市美運動に尽力しながらも、都市計画東京地方委員会技師陣のトップ（第一技術部長）として、さまざまな都市計画の立案や実現に熱心に取り組んでいた。

石川がかかわった先進的な都市計画事業としては、例えば、東京の中心となる二つの広場の整備がある。まず、赴任直後に近藤から引き継いだのが新宿駅西口の駅前広場計画であった。その事業の規模や内容の総合性、超過収用という手法の革新性といった諸点でわが国の都市計画史に残る画期的な事業であった。また、もう一つ、皇紀二千六百年を記念した宮城外苑整備計画も石川の担当した仕事であった。明治時代の日比谷官庁集中計画以来、さまざまな構想が立てられてきた東京の中枢の広場の計画で、石川は大胆に地下の自動車道を構想した。この二つの広場計画は、石川が編集を担当するようになった都市美協会の機関誌『都市美』の二八号、二九号のそれぞれに、大きく採り上げられている。つまり、石川自身が重要視していた仕事であった。

また、もう一つ、この時期の都市計画技師としての石川の仕事を特徴づけるものに、朝鮮や満州などの外地の都市の調査、さらには占領下の上海の都市計画立案がある。一九二三年の欧州出張以来、アンウィンを師と仰ぎ、欧州の都市計画や都市への憧憬を一種の原動力としていた石川は、アジアの都市にはどのように向き合っていたのだろうか。

＊2　石川栄耀（一九五二）、「私の都市計画史（四）」、『新都市』6巻11号、一三―一四頁、都市計画協会

都市計画家としての石川栄耀の全容を捉えるためには、この時期のアジア体験をしっかりとレビューしておく必要があるだろう。

一九四〇年代に入り、戦時体制が強化されていくに従い、通常の都市計画事業はストップし、全体主義的観点からの国土計画の立案、そして防空的観点からの帝都東京の改造が都市計画技師たちの主要な仕事となっていった。国土計画、地方計画については次の第四章で、東京の戦災復興計画の直接の原型となった帝都改造計画については第五章にて論じることにして、ここでは、二つの広場の整備計画と外地での活動について詳しく見ていくことにしよう*3。

*3　なお、石川はこれらの仕事のほかにも、東京全域にわたる細街路の都市計画決定や東京緑地計画における保健道路の設定などの、当時の東京のさまざまな都市計画に関与している。

新宿西口広場整備事業と照明設計

都市計画愛知地方委員会時代に、石川は名古屋駅前広場の整備事業を担当した経験があった。既に石川が名古屋に赴任する前の一九一八年（大正七）に計画が立案され、翌年から工事が始まっていた事業であるが、竣工は石川が東京に転任になって、またしばらく経った一九三七年（昭和一二）という、長期にわたる大事業であった。広場面積は三万八九二八㎡に及び、交通機能の充実とともに、敷き詰められた芝生や公孫樹、桜などを効果的に植樹して名古屋の玄関にふさわしい駅前の美観の創出を図ったものであった。しかし、石川は東京において、この名古屋の駅前広場よりもさらに広大な広場の整備事業にかかわることになった。新宿西口駅前広場整備事業は、広場だけでなくその周囲の街区の造成も含んだ大規模な事業であった。

関東大震災後に東京西方のターミナル駅として急速な発展を見せていた新宿駅周辺では、昭和戦前期から、のちに新宿西口超高層ビル街となる淀橋浄水場を移転させて新たな市街地を造成することが地元から要望されていた。とくに、一九三二年（昭和七）には東京市第二次水道拡張計画案が東京市会に提出され、この計画案に基づいた財政計画の策定によって、淀橋浄水場の移転は決定的となった。ほぼ同時に、新宿駅と浄水場との間に立地していて、敷地の狭小さに課題を抱えていた専売局淀橋工場も、震災の被害を受けたこともあって、東品川への移転が決定した。

こうした状況の中で、都市計画東京地方委員会は、小田急線や京王線、さらには渋谷か

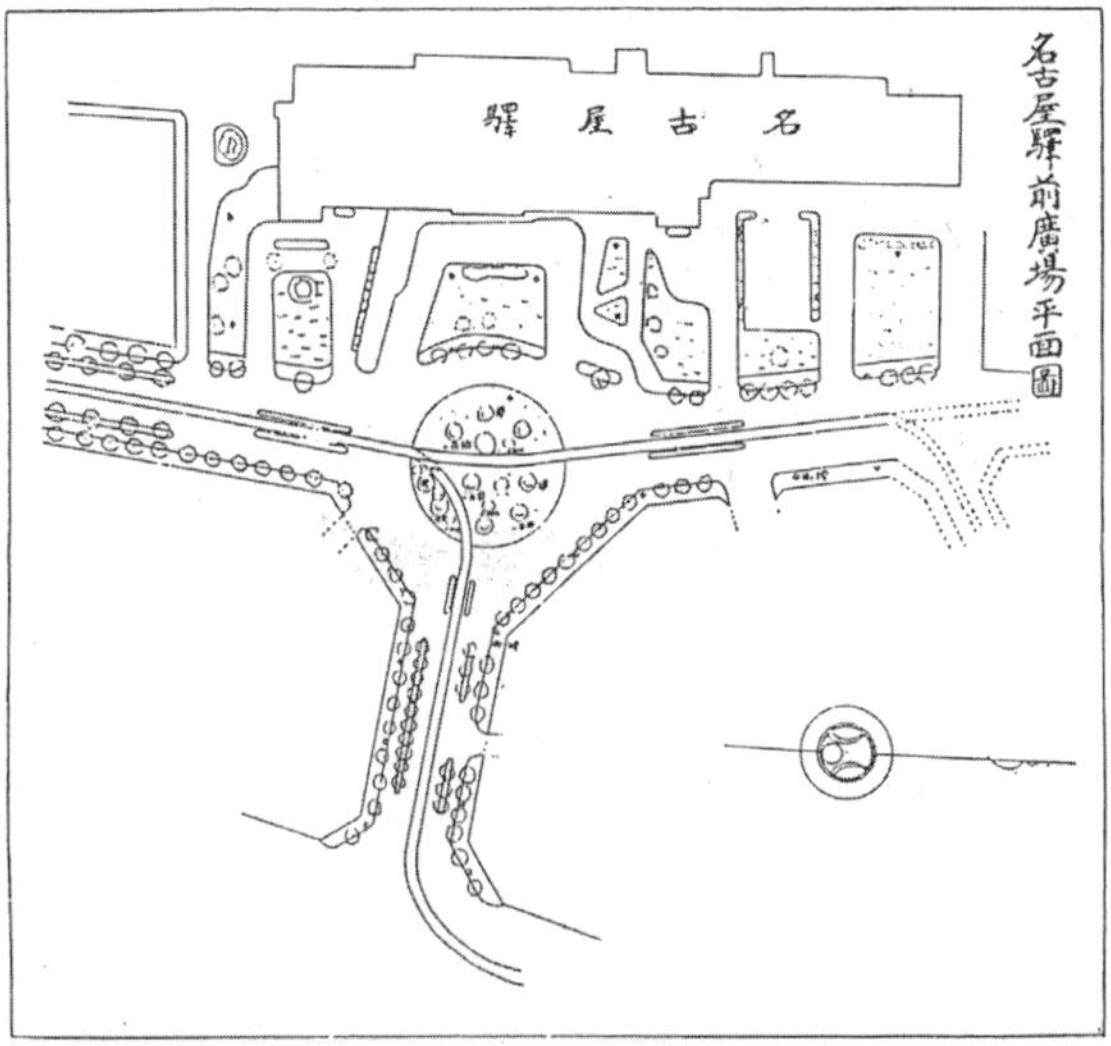

(上)図1　名古屋駅前広場計画。 出典＝野間守人(1939)、「名古屋駅前広場に就いて」、『都市美』28号、24頁、都市美協会
(中)図2　戦後まもなくの名古屋駅周辺。 出典＝名古屋市復興局計画課(1953)、『名古屋都市計画概要』
(下)図3　完成した名古屋駅前広場。 出典＝名古屋市建設局計画課(1955)、『名古屋都市計画概要』

らの東横線の延伸を念頭に置いた新宿駅自体の改良と併せて、専売局淀橋工場の移転跡地を中心とした西口駅前広場を構想し、関係機関との丹念な協議を経て、一九三四年四月に淀橋浄水場の移転を前提とした浄水場内の新設道路も含む（浄水場内街路についてはこれ以前の一九三二年九月に都市計画決定していた）「新宿駅付近広場及街路」都市計画及びその事業化を決定した。

この「新宿駅付近広場及街路」都市計画事業では、超過収用という手法が採用された。それは、広場に必要な敷地だけではなく、その周囲も含めて事業区域とし、広場の完成後に周囲の敷地を売却することで事業費を捻出するという手法であった。ただし、造成された敷地に対しては分譲や転売の禁止などを定めた建築条件を設定し、将来的に広場の周囲の敷地に建つことになる建築物の最低高さを一七メートル、それ以外を一一メートルとする高度地区も指定するなど、超過収用で単に開発利益の公共還元を目指したというだけではなく、広場を中心にそこに建ち並ぶ建築物の姿まで含めた新しいシビックセンター、東京の顔をつくろうというビジョンの元での総合的な都市改造事業であった。さらに鉄道駅の改良や、隣接する地区の土地区画整理事業も同時に決定、実施したわが国におけるエポックメイキングな都市改造プロジェクトであった。工事は順調に進み、広場と街路の大部分、区画整理の一部地区が完成した（ただし、建築物については戦時体制下の資材統制の影響で戦前期には建設されなかった）。

この大事業の基本構想は石川栄耀の前任者であった近藤謙三郎の手によるもので、超過収用などの制度面については同じく都市計画東京地方委員会の事務官の西村輝一、さらに実際の図面を描いたのは早世した肥田木技手であった。近藤からこの事業を引き継いだ石川は「この仕事が非常に好い仕事ですから特に両氏（注—近藤及び肥田木）に敬意を表していた

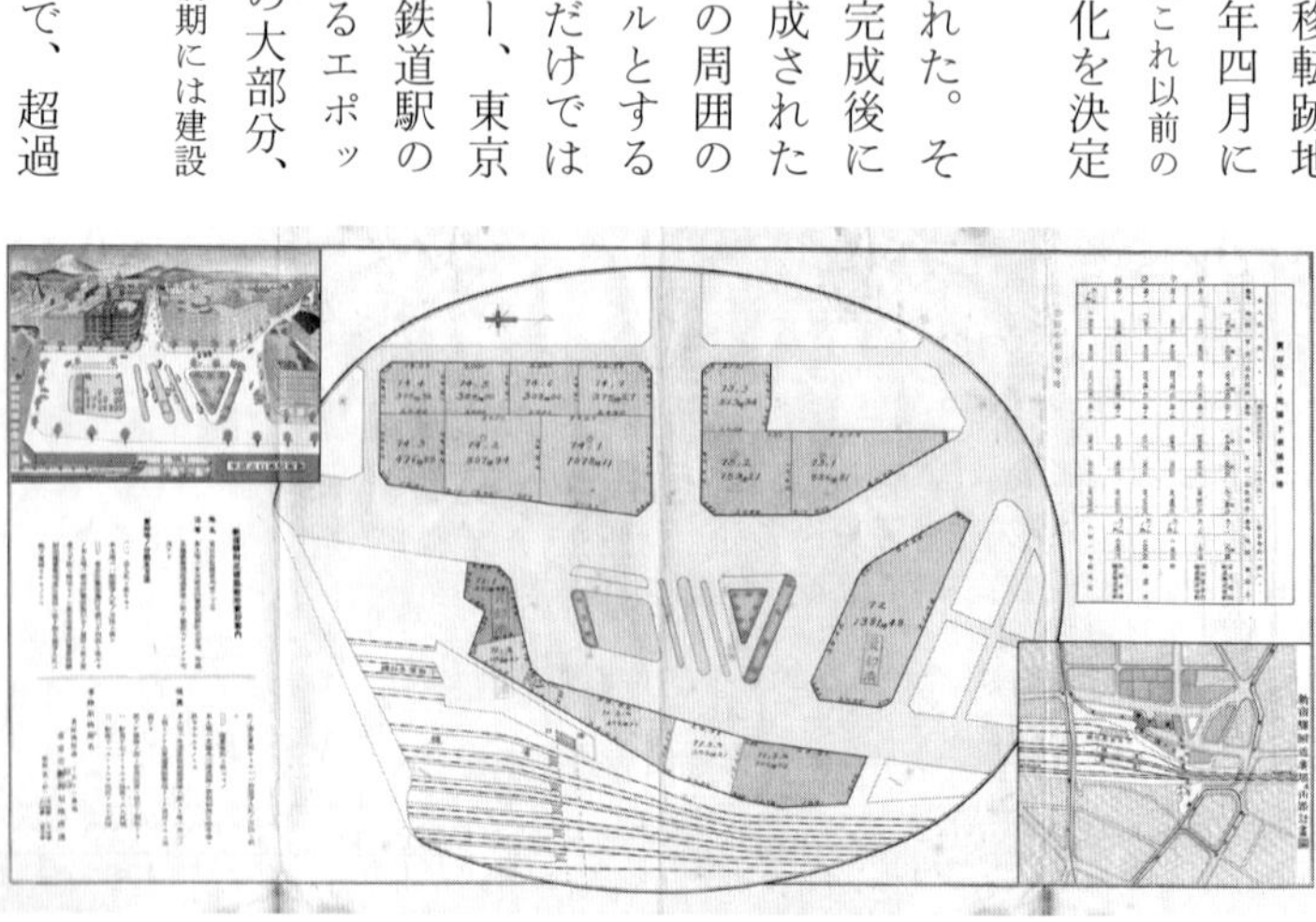

図4　パンフレット『新宿駅附近建築敷地売却案内』（東京市役所）

だきたい。後世の者がその功を私する事を遠慮したいと思うのであります」*3と考えており、あくまで前任者から引き継いだ仕事を完成まで面倒を見るという立場を崩さなかった。

*3　(一九三九)、「新宿駅前広場を語る（座談会）」、『都市美』28号、一三頁、都市美協会

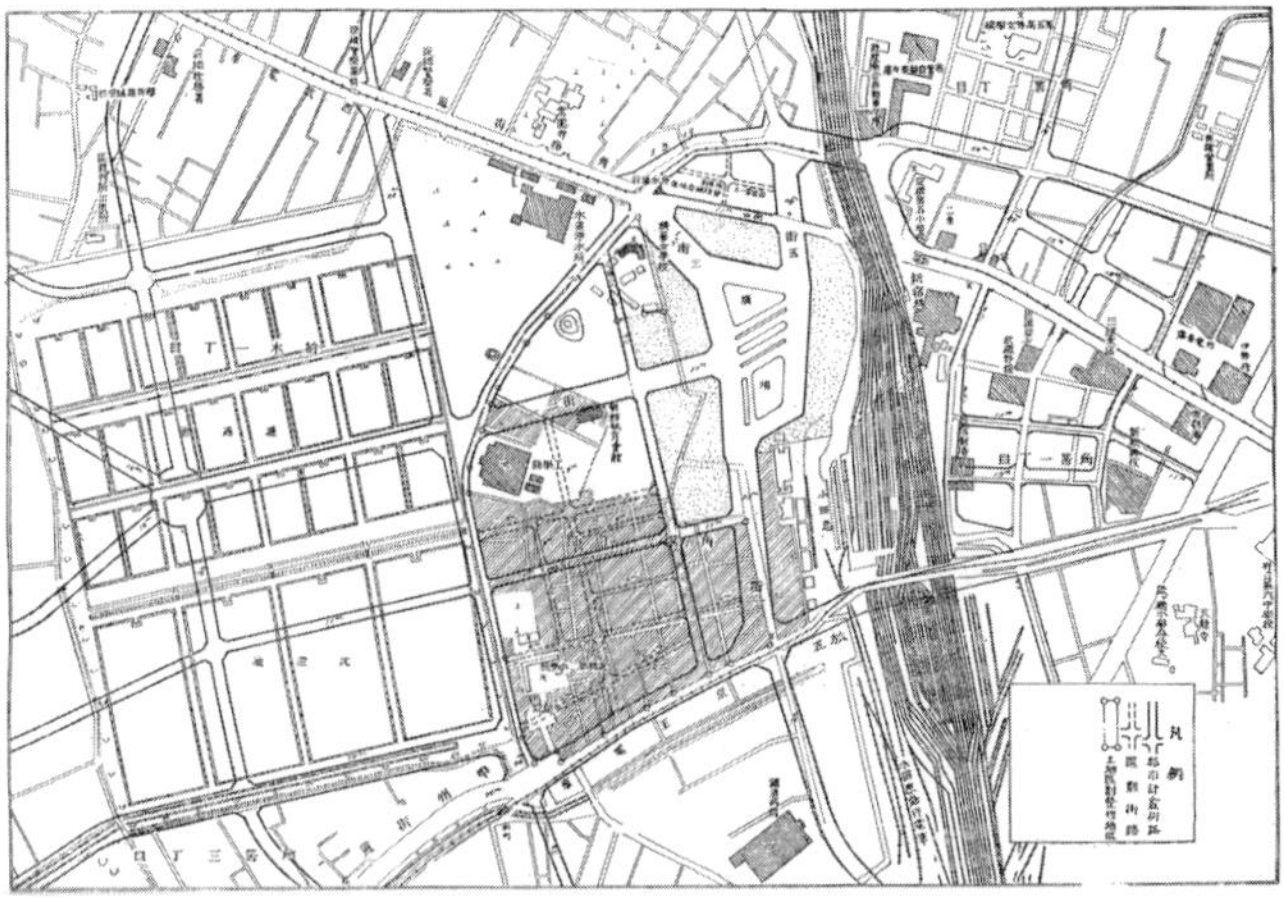

(上)図5　新宿駅前広場計画。　出典＝(1939)、『都市美』28号、6頁、都市美協会
(下)図6　新宿駅前広場構想図。　出典＝小田川利喜(1939)、「新宿駅前広場の出現」、『都市美』28号、7頁、都市美協会

しかし一つだけ、石川自身の発想で、独自の施策を追加した。それは、駅前広場の照明計画であった。

石川は前章で詳しく述べたように、東京に転任後、照明学会を舞台として都市照明の研究を進めており、一九三七年（昭和一二）には照明知識普及委員会委員として『盛り場の照明』（一九三七年）を出版し、一九三八年には都市照明委員会委員として、東京市、大阪市、名古屋市、京都市、福岡市の道路照明の現況調査に基づいて、重要幹線道路における照明設備の完備や公園、運動場での夜間照明の完備を内容とする都市照明法の制定を提言するなどの活動を行っていた。石川はこの新宿西口広場の実施設計に当たって、「平素の研究を実地に施設してみたい」*4という希望を出し、一九三九年には照明学会都市照明委員会内に特別に小委員会を設置し、自ら委員長に就任した。谷鹿光治（東京電燈）を幹事、伊賀秀雄（東京市電気局）、小西彦磨（照明学会）らを委員として、広く他の工事の模範となるような広場の照明設計を検討した。

具体的には、植樹との調和を図るために光源を相当高くとり、夜の広場を浮かび上がらせるとともに、非常時を考慮して遮蔽灯も併置した照明を提案した。さらに照明を中心として、街路樹の配列や刈り込み、車道舗装の色にも注文をつけるというものであった。石川にとって、これが精一杯の独自色の発揮であった。

なお、都市計画東京地方委員会では、新宿西口広場の次に、一九三六年から一九三九年にかけて省線の主要駅（大塚、池袋、渋谷、駒込、巣鴨、目白、目黒、五反田、大井町、蒲田）の駅前広場計画を立案し、都市計画を決定していったが、渋谷を除いて事業は着手されなかった。石川は前任者の近藤の計画の実現に尽力したが、その後、自分の主導で立てた駅前広場計画は、ちょうど戦時体制への突入と時期が重なってしまったこともあり、実現を見ることはな

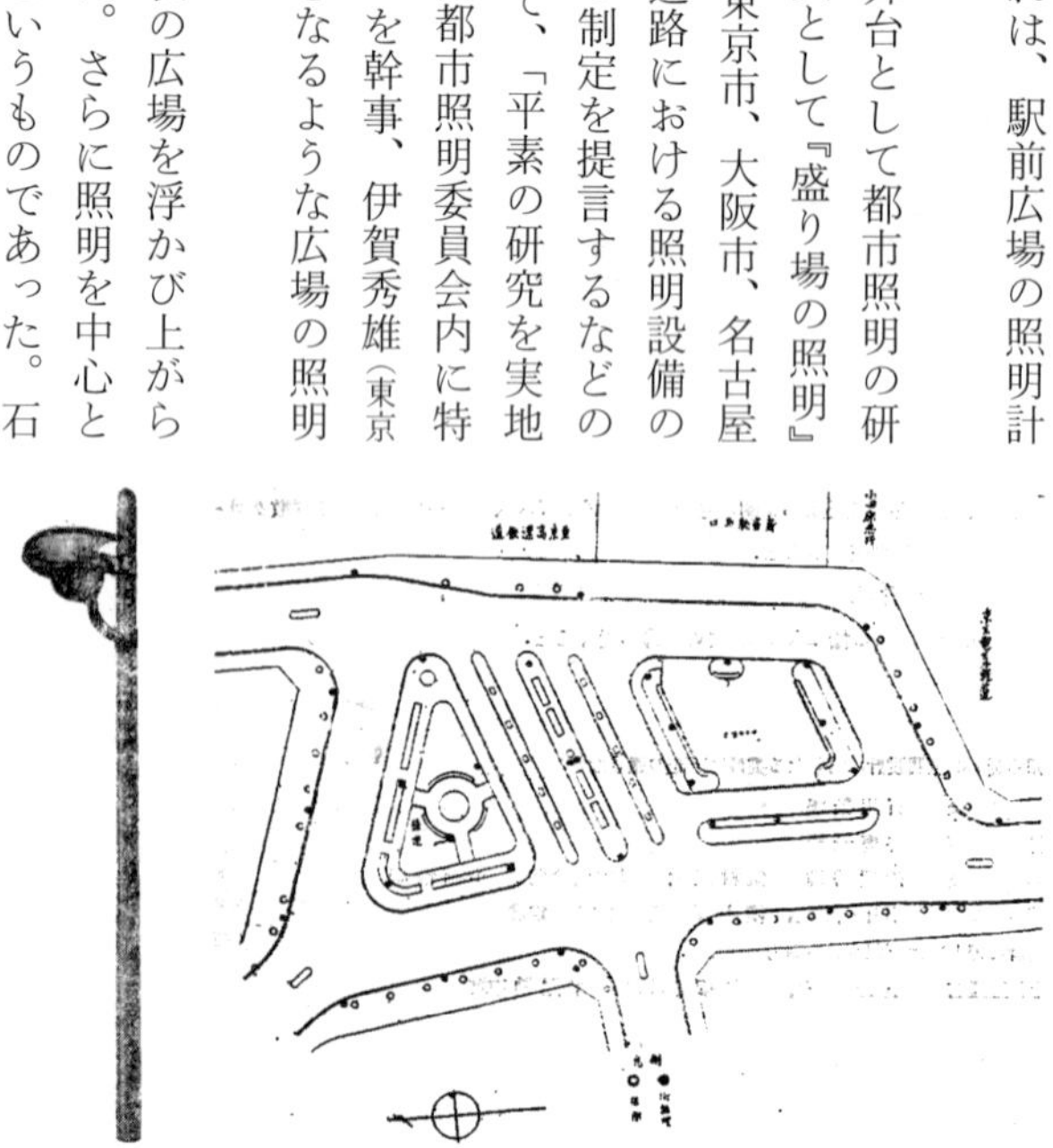

図7　新宿駅前広場照明燈柱配置図・照明器具外形図。出典＝都市照明委員会（一九四〇）、「新宿駅前広場照明設計書」『照明学会雑誌』24巻8号、六頁、照明学会

*4　（一九三九）、「新宿駅前広場を語る（座談会）」、『都市美』28号、一一頁、都市美協会

かった。ただし、その一部は戦後の戦災復興事業に引き継がれて、石川はもう一度、実現のチャンスを得ることになる。

宮城外苑整備事業における地下道計画

宮城外苑整備事業は、一九四〇年(昭和一五)の皇紀二千六百年を記念して東京市が立案した事業であった。東京市は一九三九年六月に市長を会長として、学識経験者や各機関関係者を委員とした紀元二千六百年記念宮城外苑整備事業審議委員会を設置し、半年間で集中して議論を行い、一九三九年九月には整備事業計画を決定し、一〇月二六日に宮内大臣から許可を受けた。石川は都市計画東京地方委員会技師としてこの審議委員会の委員に名を連ねたが、実質的な立案者でもあった。

宮城外苑は、もともと老中や若年寄などの江戸幕府の重臣や親藩大名の屋敷地であった。明治維新後、近衛騎兵営、警視庁練兵場、元老院、さらには皇居御造営工作場などとして利用されてきていたが、明治半ば、一八八九年(明治二二)ころまでにほとんどの建物は撤去され、松が植樹された広場となった。一九〇五年(明治三八)には市区改正追加事業として道路の新設、芝地の整備が実施された。しかしその後も、大蔵省の中央官衙計画や内務省の都心地計画において中心広場と位置づけられ、さまざまな整備構想が立てられてきた重要な場所であった。

紀元二千六百年記念宮城外苑整備事業の内容は、従来、この宮城外苑を横断していた自動車道(当時、南北連絡路として昭和通りや日比谷通りを上回る東京一の自動車交通量であった)を地下に移設し、地上部を苑路を中心とした美観に配慮した一体的な広場として、一九三九年度から四年間で整備するというものであった。実際に地上部の苑地整備の方は事業が実施されたが、

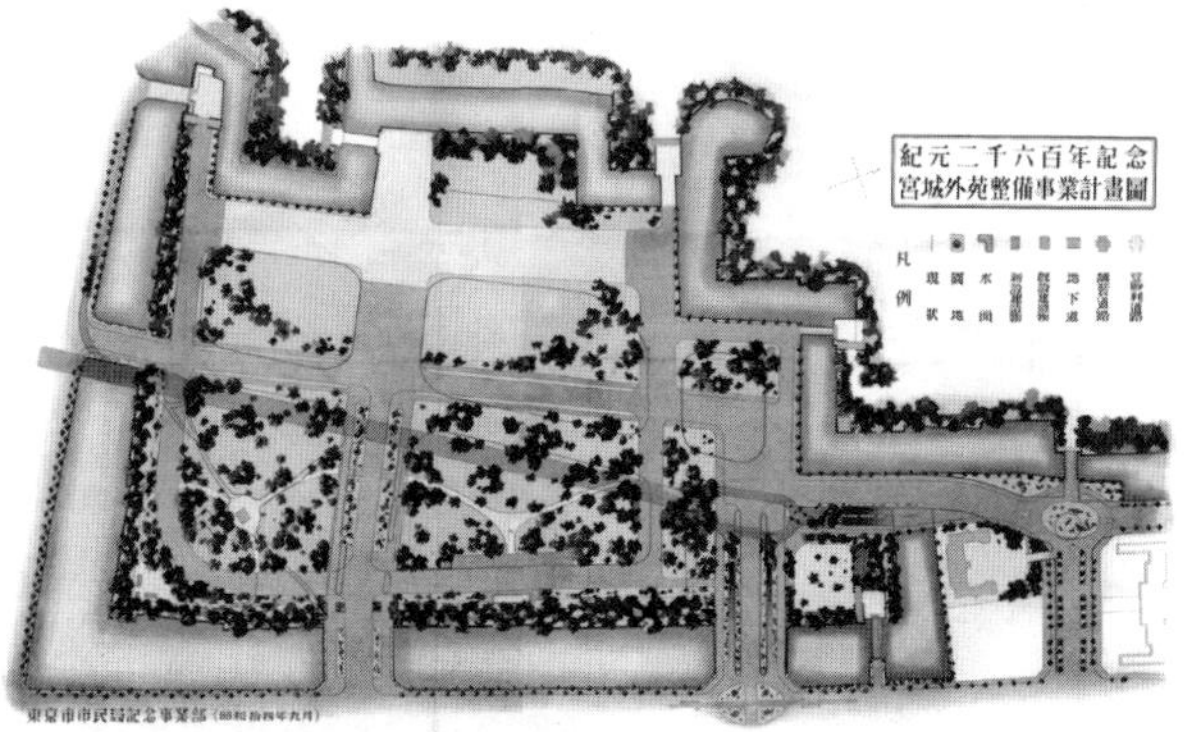

図8　紀元二千六百年記念宮城外苑整備事業計画図。出典＝東京市役所(一九三九)、『紀元二千六百年記念宮城外苑整備事業並附帯事業ニ就テ』

地下道の方は戦況激化に伴って中止されてしまった。

この地下道の設計を主に担当したのは、石川の部下であり、のちに石川のあとを継いで東京都建設局長に就任する山田正男*5であった。山田は、この地下道計画については、内務省都市計画局長であった松村光麿からの指示で開始したもので、戦時下には防空大本部としての利用も想定したものであったとしている。当時の都市計画東京地方委員会の技師のトップは石川栄耀であり、山田は「君を東京の都市計画委員会の石川君のところにあずけることにするから、三年間大学院へいって居るつもりで、みっちり都市計画の研究をしてくれ」*6という話で一九三七年から石川の下で修行している身分であった。この地下道計画は石川の監督の下で、山田が線を引いたと考えてよいだろう。

石川はこの計画について、のちに「極めて小さい問題」*7としながらも、建築界の佐野利器、大熊喜邦、佐藤功一らから「石川君のこの案には絶対反対です」*8との反応があったと回想している。確かに、例えば、東京帝国大学建築学科教授の岸田日出刀が一九三九年七月に『建築雑誌』に発表した論考では、そもそも一〇万人規模の大広場を宮城前に整備すること自体に疑問が提起され、この事業がスケールを無視しており、現在の宮城の風致を破壊する、とくに純日本風の隅櫓が宮城とお堀端の近代建築群との自然な調和を乱すことになると痛烈に批判されている。しかし、岸田は自動車道路については、ぜひ実現させたいと全面的に賛同している。石川も、のちに「今にして思えばこれもやって置けば今日の交通問題にドレ程役立ったろうか」*9と後悔の念を述べている。

先の省線各駅の駅前広場計画と同様に、ここでも地下道計画という画期的な提案は、時代の状況に実現を阻まれてしまった。石川はこうした状況に、行き詰まりを感じていたのであろう。

*5 山田正男(一九一三―一九九五)

一九三七年に東京帝国大学土木学科卒業後、内務省に採用され、石川栄耀のもとで都市計画の実務を学んだ。一九五五年一二月、石川の強い推薦を受けて、東京都建設局計画部長に就任(ただし、その年の九月に石川は急逝)、石川が手をつけようとしなかった戦災復興都市計画の縮小、整理を担当した。その後、首都整備局長、建設局長を歴任し、東京オリンピック開催前後の首都高速道路や新宿副都心、多摩ニュータウンなどの重要なプロジェクトを実現させた。山田は石川を評して、「石川さんは、夢を追うすぐれたplannerであったが、惜しむらくはその波を征服して計画を実現しようというproducerではなかった」(山田正男(一九九四)、「拝啓、故石川栄耀殿追補」、『都市計画』182号、一五六頁、日本都市計画学会)とした。　写真の出典＝今野博(一九九九)、「巨星逝く」、『都市計画』199号、四頁、日本都市計画学会

朝鮮・満州への出張

都市計画東京地方委員会時代、石川は当時日本の版図の内にあった朝鮮、満州に長期の出張に出かけている。石川は、都市計画地方委員会技師に成り立ての一九二一年（大正一〇）に、大連、北京、漢口に出張した経験があったが、それ以降は一九二三年から二四年にかけての欧米外遊以外で外地の都市に出かけることはなかった。一九三〇年代半ばからの外地出張は、ある意味で内地の、東京における都市計画事業の行き詰まりの中で「はけ口」としての役割があったと推測される。

まず、石川は一九三四年（昭和九）の一月に慶州経由で京城を訪ね、三日間市内を視察し、ラジオ講演を行った。さらに、一九三六年（昭和一一）の四月から五月にかけて、朝鮮、満州の諸都市の視察出張を行った。この出張は、一九三六年四月二七日・二八日の両日に京城都市計画研究会の主催で開催された朝鮮都市問題会議に招待され、同時に新京の関東局からも地方計画調査を依頼されたことで実現したものであった。石川は朝鮮都市問題会議にて「都市計画に於ける最近の傾向二、三」と題して、特別講演を行った。講義録では、各所に「（笑声）」の字が見られ、いつものように石川の話術が冴えていたことがわかる。しかし、その内容は、とくに前半では次章で詳述するように、都市計画の時代は終わり、今は国土計画の時代であるという主張が繰り返されている。石川はこうした国土計画への急進について、「どうやら都市計画の行き詰りでなく、私の行き詰りでありました」*10と述べ、会場の笑いをとったが、のちのこの時期に対する石川自身の評価を知れば、こうした何気ない発言のふしぶしに、石川の本心の吐露があったことがわかる。

石川は、朝鮮都市問題会議に出席したのち、平壌、大連（金州普蘭店、旅順を含む）、新京、吉林、哈爾浜、奉天の各都市を訪ねた。各都市では、それぞれの都市で都市計画を担当している

*6 山田正男（一九六八）、「拝啓、故石川栄耀殿――都市計画学会と石川さんと私」、『都市計画』56号、七頁、日本都市計画学会

*7 石川栄耀（一九五二）、「私の都市計画史（四）」、『新都市』6巻11号、一六頁、都市計画協会

*8 石川栄耀（一九五二）、「私の都市計画史（四）」、『新都市』6巻11号、一六頁、都市計画協会

*9 前掲、一六頁

*10 石川栄耀（一九三六）、「都市計画に於ける最近の傾向二、三」、京城都市計画研究会編、『朝鮮都市問題会議録』、二五四頁

図9 『朝鮮都市問題会議録』の表紙（一九三六年、神戸市立中央図書館蔵）

日本人技師や事務官らに歓迎され、案内された。この出張の旅程や視察先、そして石川自身の印象は、石川が「鮮満都市風景」と題して『都市公論』に寄稿した報告から窺い知ることができる。

石川が朝鮮、満州に向ける眼差しは、いかなるものであったのだろうか。例えば、石川は最初の訪問地の京城で朝鮮料理をご馳走になったときのことを、次のように書きとめている。

「相馬氏の紋所の様な黒い丁度ゴボウの細いのを束ねて薄く切った様なものがある。口に入れたらすさまじい匂いがプーンと来た。例のニラである。一寸たじろぐ。しかし、又思わず手が出る。一つの国民が常用する食物には流石に捨てられぬ味があるものと見える」*11

石川が朝鮮や満州の慣習や伝統に対して好奇心と敬意の両者を持って接したことがわかる。

その一方で、例えば、哈爾浜では、市公署の用意した自動車の運転手が背の高いやせた白系ロシア人で、彼が長い身体を折り曲げて運転する様子を見て、「わびしい限りである。――夢、国は亡ぶべからず」*12と感想を綴った。新京の繁華街では、満州人に対してあえて粋な日本語を話し、日本人として振舞う朝鮮人に対して、「内地人に化けたい気持ちは解る気がする」「小さな国際哀話」*13と哀れんだ。そして、奉天の盛り場にて、群衆の中で二、三人の浴衣姿の日本人がどなりたてている様子を見て、「一寸顔をそむけたくなる」*14のであった。

*11 石川栄耀（一九三六）、「鮮満都市風景」、『都市公論』19巻9号、九三頁、都市研究会

*12 琥亭（一九三七）、「鮮満都市風景（三）」、『都市公論』20巻1号、九八頁、都市研究会

*13 前掲、八八頁

*14 前掲、一〇六頁

*15 琥亭（一九三七）、「鮮満都市風景（三）」、『都市公論』20巻1号、一〇六頁、都市研究会

*16 石川栄耀（一九三六）、「鮮満都市風景（二）」、『都市公論』19巻10号、一〇三頁、都市研究会

*17 石川栄耀（一九三八）、「盛り場風土記—『盛り場の研究』第一部」、『都市公論』21巻11号、二六頁、都市研究会

*18 石川栄耀（一九三九）、「盛り場風土記（下）」、『都市公論』22巻1号、一六四頁、都市研究会

石川は朝鮮や満州において、各民族どうしの微妙な関係を節々で敏感に感じていた。石川の感想からは、母国を失った白系ロシア人や朝鮮人に対して本能的に同情を抱いていたようにも思える。石川は当時の朝鮮や満州で覇権を握っていた日本人のひとりであったが、決して驕ったような態度を見せることはなかった。

また、石川が大いに関心を寄せていた盛り場については、哈爾浜、新京、奉天などの何れの都市でも、単に「商店街夜店」でしかない日本人の商店街に対して、劇場や茶荘、遊郭、市場などの複合体としての満州盛り場とその建設への熱意を高く評価して、「盛り場メーカーとして明に日本人は、新京でもここでも満人に一チウーをュしている（一籌を輸している）」*15と、日本の負けを認めていた。一方で、ロシア時代に建設されたルネサンス的な美観を持つ大連では、「嫁入り衣裳をハトバ人足がドテラにする様に使ってしまった」「ツイに日本人は都市生活に対する落第の烙印を自分で自分の額に押してしまった」*16と、日本人の都市計画に手厳しい評価をしていた。

石川はとくに満州の諸都市の盛り場を見て、「結局、黄沙の中の生活は―殊には万里の波頭をこえて来た人達の生活にはこれなくしては『生活』なきものである事を泌み泌み悟った」*17として、盛り場の価値をさらに強く確信することになった。そして、石川は帰国後、「盛り場の研究」第一部と称して、日本全国、そして朝鮮、満州の盛り場の構造を整理する論考「盛り場風土記」を書き上げ、『都市公論』で発表したのである。

その「盛り場風土記」の最後で、再度、満州の盛り場に触れて、「内地に於ては観光計画工場誘致等が都市経営の主題目となっている時に満州では大衆消費の為の盛り場が重要視される所正直なる『土の希望』を見せて親しさを禁じ得ない」*18と、外地の都市計画にこそ、自身の都市計画論との親和性を見て取っていた。「消費地としての『都市』を求めて居ると

*19 琥亭（一九三七）、「鮮満都市風景（三）」、『都市公論』20巻1号、一〇七－一〇八頁、都市研究会

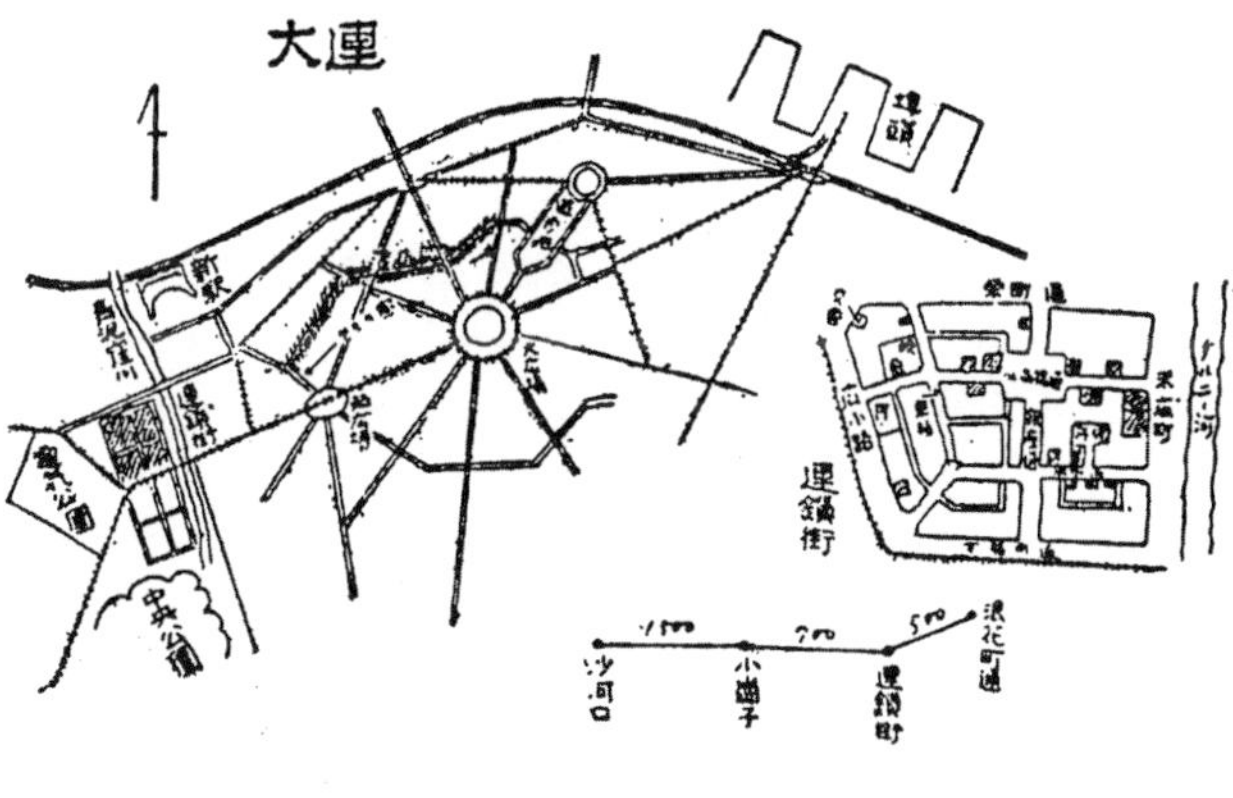

図10　石川による大連の市街地構造のスケッチ。出典＝石川栄耀（一九三九）、「盛り場風土記（下）」、『都市公論』二三巻一号、一五七頁、都市研究会

でもいうのだろうか」*19、石川にとって満州の諸都市は驚きであり、ひとときの喜び、あるいは慰めであった。

上海都市計画案の立案

石川の外地での活動は単に視察、調査にとどまらなかった。石川は当時、日本軍が占領していた上海に二度、長期で出張し、実際の都市計画の立案に携わっている。

石川が最初の出張で上海に渡ったのは一九三八年五月である。上海の復興を目指す現地の日本軍の要請で、内務省都市計画課長の中島清二をリーダーとして、石川のほか、内務省都市計画課技師の桜井英記、都市計画兵庫地方委員会技師の井本正延、都市計画東京地方委員会技師の吉村辰夫らの高等官を含む一二名の都市計画チームが派遣され、先に滞在していた内務省土木技師の田淵寿郎らと合流して、大上海都市建設計画を立案したのである。土地所有の確認などで手間取り、作業は遅れ気味であったが、八月末には終了し、石川は帰国した。計画案は、国民政府時代に立案されていた大上海計画を継承しつつ、工業地帯の設定、建築条例の制定などの新たな事項を追加したものであった。さらに一九三九年九月にはこの都市計画案を実現すべく、都市及び港湾の建設事業や土地の売買、管理、不動産信託などを主な業務とする国策会社として上海恒産株式会社も設立された。

石川は、桜井に継ぐ、技術陣のナンバーツーとして、内務省都市計画課技手の木村英夫(造園)、都市計画東京地方委員会嘱託の金井静二(建築)ら若手の技術者たちを指揮して、この計画立案作業に携わった。ただし、ほぼ全員慣れない食事からくる腹痛に苦しめられ非常につらい滞在となった。また、「ふだん仲々元気のよい石川技師がホームシックにかかったらしく意気あがらず、帰りたがって困ったとの笑い話もあった」*20という話も伝わって

図11　奉天の盛り場のスケッチ

石川が「満州盛り場の最典型的なもの」とした奉天の中国人向け盛り場である「北市場盛り場」(石川命名、なお地図は佐藤都邑計画科長から石川に送られてきたもの)。中央に市場と私娼窟、その周囲に商店街、露店があり、その中に劇場が混ざっている。「支那の盛り場は労働者に対し性と食と、娯楽を与える必需品であるのだ。これであってこそ盛り場なのである」。　出典＝石川栄耀(一九三九)、「盛り場風土記(下)」、『都市公論』22巻1号、一六三頁、都市研究会

*20　松村光麿(一九四一)、「吉村君を惜しむ」、『建築行政』5巻17号、二頁、建築行政協会

おり、石川自身はあまり本調子ではなかったようである。

しかし、その一方で、「夜になって灯がつくと宿にいられない」*21「毎晩三つ位の映画館をまわっていたが仕舞に支那劇に興味を有ち、毎夜危険をおかして、単身支那劇を見に行った」*22「帰りには丸で日本の田舎町の様に日本の商品が品物を店頭に並べている（中略）情景が好きで、それを一まわりひやかして帰るのを習慣としていた」*23のである。のちに石川は「自分は本来支那が好きである」*24として、上海滞在を好意的に回想している。

石川の心に残ったのは、一つには奥地の桃源郷の鼓腹の生活が肌に感じられる美しい支那音楽であり、もう一つは「ここに何となく『都市』があるような気がして、よく出かけた」*25という茶館であった。日本人は一人もいない茶館にて、小さな舞台で入れ替わり立ち替わりうたわれる「唄」に毎晩のように聞き入っていた。つまり、石川は上海でも盛り場をしっかりと観察し、味わっていたのである。

石川は上海の盛り場の観察報告を、一九三九年に『照明学会雑誌』に三度にわたり寄稿している。ここで、次のように述べている。

「自分はこの度官命により四ヶ月余上海に滞在する機会を得た。その間自分は本務の余暇に盛り場と照明に関する資料を集めて見た。そしてしまいには、結局『盛り場と照明』こそは大上海計画の要点ではないかと思った」*26

石川は、上海の魅力を国際勢力の均衡の徳義的な虚無性より生じた中国人の自由無礙な「生活」の展開に見ていた。そして、中国の思想家・林語堂の『生活要諦』の文章を長々と引用して、「軽く程よく、賢く大衆と共に享受する美の世界」*27に生きる中国人をある種賞賛

*21　栄耀生（一九四一）、「上海　都市計画人吉村辰夫君をしのぶ」、『都市公論』24巻8号、四八頁、都市研究会

*22　石川栄耀（一九五一）、「私の都市計画史（四）」、『新都市』6巻11号、一三頁、都市計画協会

*23　栄耀生（一九四一）、「上海　都市計画人吉村辰夫君をしのぶ」、『都市公論』24巻8号、四六–四七頁、都市研究会

*24　前掲、四七頁

*25　前掲、四八頁

*26　石川栄耀（一九三九）、「上海報告—盛り場と照明」、『照明学会雑誌』23巻3号、一三二頁、照明学会

*27　前掲、一三八頁

の眼差しで捉えたのである。石川は茶館や劇場などのあらゆる娯楽施設を自分の目で観察し、各盛り場の特色を把握した。そうした徹底した現地調査の上で、「自分は盛り場の形式につき、在来の日本式を踏襲する事に対し疑問を抱く（中略）日支交歓の楔としても、支那人の合流を呼ぶ意味よりしても、また盛り場自体の本質よりしても戸外的な大衆の自由交歓的な、支那盛り場の形式を、採るべきではないかと思う」＊28と地域独自の文化を尊重した盛り場計画を提案した。とくに、この支那式の盛り場に、日本式の商店街を併せて、総合盛り場とすることを提案したのである。

石川の具体的な盛り場計画「大上海都市計画歓興地区計画」は、美食街や家庭向歓興地区、ホテル街、風紀地区、特殊娯楽地区などが商店街で連結されて、面としての盛り場を形成するという計画であった。大上海都市建設計画策定に携わっていた建築技師である吉村は、当初の軍の要請にはなかった用途地域や容積地区、手数料徴収などの条項を含む建築条例を提案し、その作成作業に一心不乱に取り組んでいた。その傍らで石川は盛り場に没入し、そして、やはり当初の軍からの要請にはなかったであろう石川ならではの歓興地区計画を練り上げていたのである。石川が都市計画において、何を目指していたのか、何を重視していたのかが、吉村の建築条例と対照的な形で、この計画によく現れている。

その後、石川は一九四二年（昭和一七）の夏に再度、興亜院に招聘され、今度はリーダーとして二名の部下を連れて上海にわたり、新たに租界と一体化した計画にすべく、修正作業を行っている。最初の訪問も含めて、日本軍が侵略した占領下の都市の計画であり、のちの大東亜共栄圏構想の一旦を担う仕事であった。石川も含めて、当時の技術者たちは計画立案のこうした背景にまで思いをいたし、時にその計画の持つ歴史的な意味を前にして逡巡していたのだろうか。石川や吉村らはひたすら眼前の仕事に没頭していたように思える。

＊28　石川栄耀（一九三九）、「上海報告―盛り場と照明」、『照明学会雑誌』23巻5号、五七頁、照明学会

良くも悪くも、石川が拘っていたのは、日本でも支那でもなく、ただ一つ、「都市」であった。

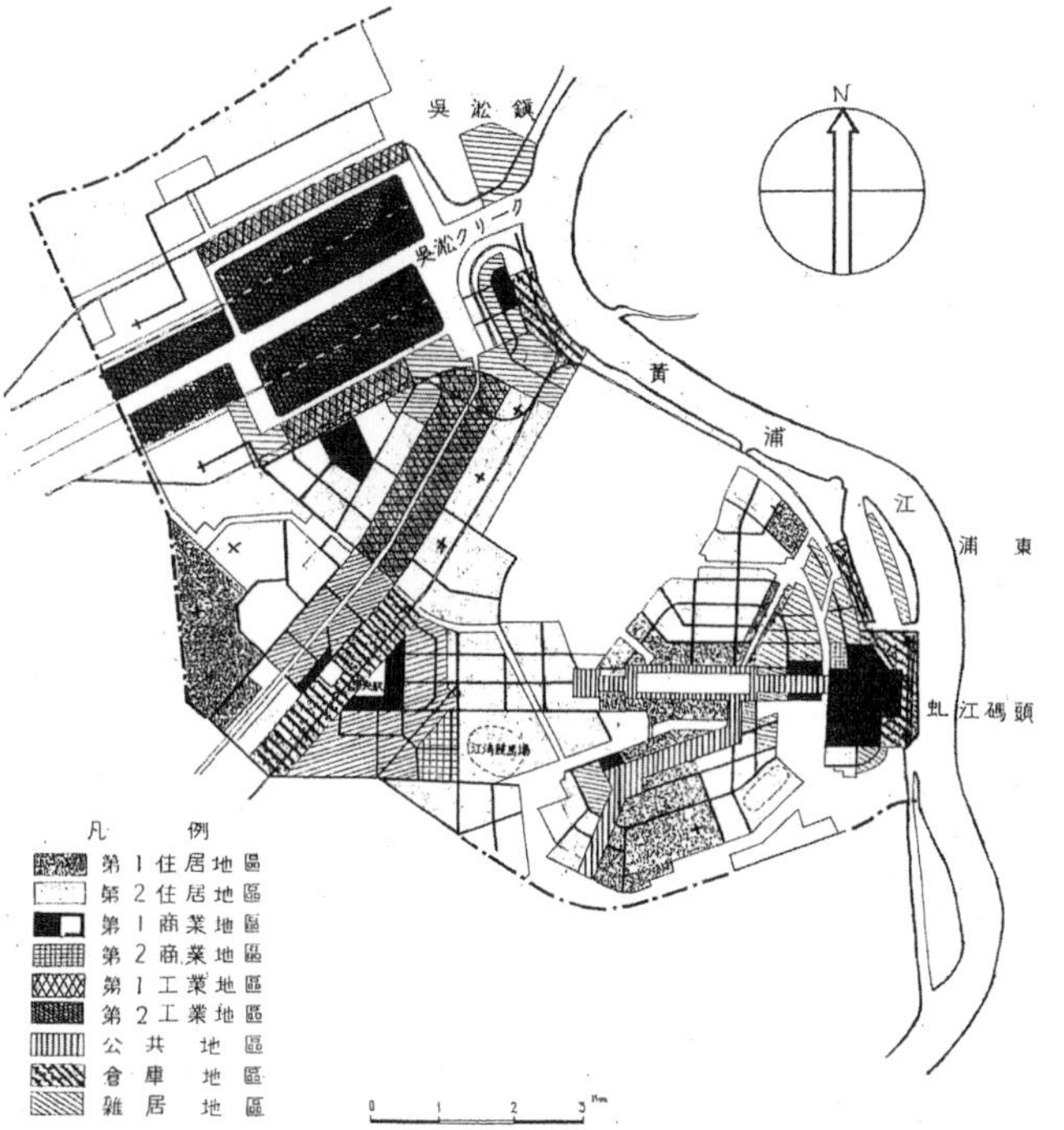

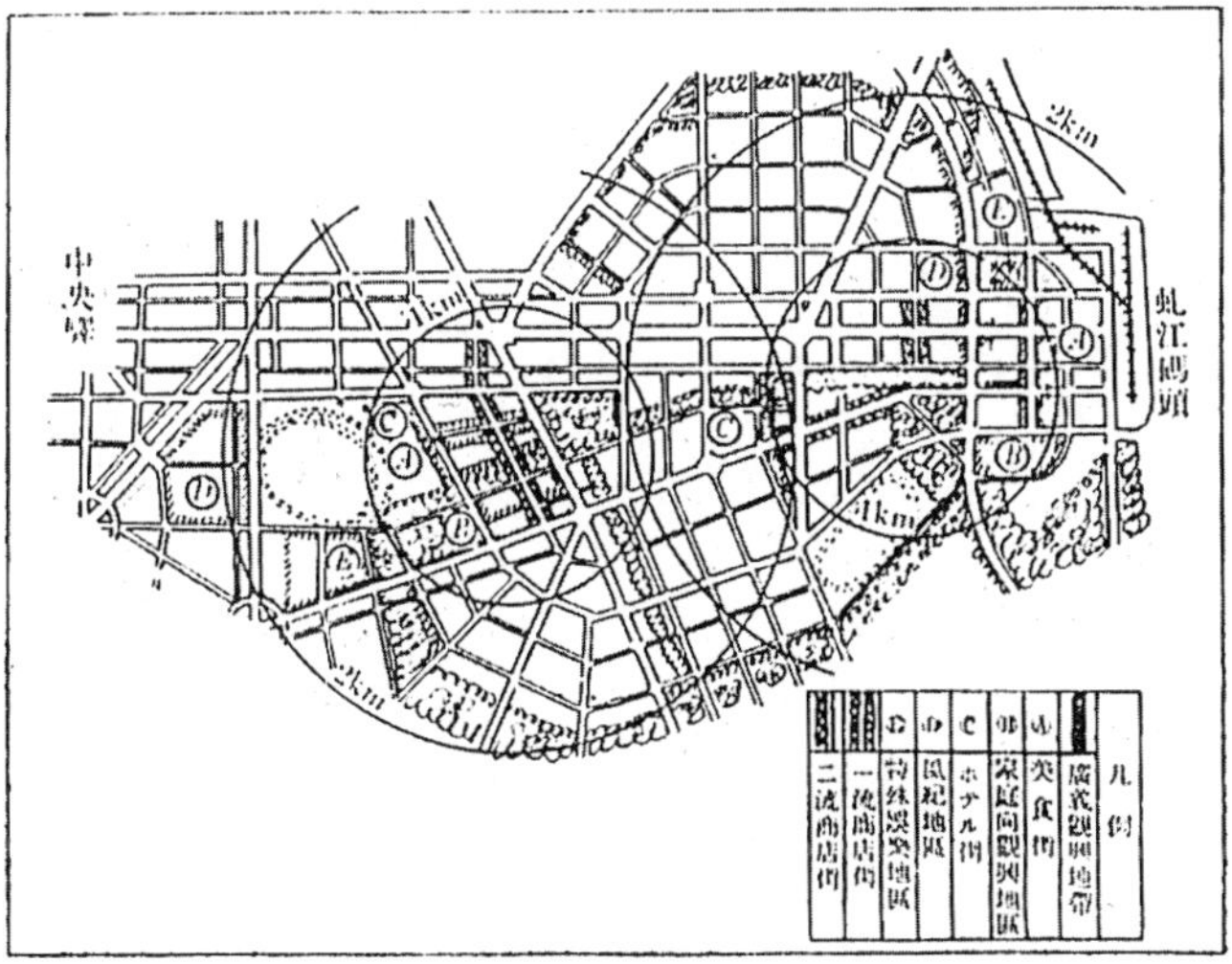

（上）図12　吉村辰夫が主に担当した上海中心区用途地域計画（1939年）。　出典＝吉村辰夫（1939）、「上海の都市建設」、『現代建築』4号、31頁、日本工作文化聯盟
（下）図13　大上海都市計画歓興地区計画（1939年）。吉村の用途地域図を前提としながら、より詳細な計画を検討した。図12の南半分が対象地。　出典＝石川栄耀（1941）、『都市計画及国土計画 その構想と技術』、313頁、工業図書

2——都市計画学への目覚め

『都市計画及国土計画』の位置づけ

石川は都市計画東京地方委員会技師として、さまざまな都市計画の立案や事業化に取り組んでいた。しかし先にも述べたように、大岩勇夫市長の庇護の下、思い通りに活躍できた名古屋時代とは異なり、前任者からの引継ぎや他の技師の手伝い、事業化を困難とした社会状況といった制約の中で、自分の仕事に行き詰まりを感じるようになっていた。しかし、石川はそうした行き詰まった状況にただ呆然としていたわけではなかった。その状況を打破すべく、都市計画技師としての具体の都市計画の立案の仕事とは別にある大きな仕事に取り組んでいた。それは都市計画に関する学問の確立という大目標の下での教科書の執筆であった。石川は一九四一年(昭和一六)一〇月に工業図書株式会社から『都市計画及国土計画 その構想と技術』というほぼ五〇〇ページもの紙幅を持つ大著を出したのである。

石川は『都市創作』をはじめ、かなり若いころから毎月のように都市計画に関する論考を雑誌に発表していた。しかし、著書となると、一九三二年(昭和七)六月に郷土教育連盟から出版された『都市動態の研究』を待たねばならない。石川はこの『都市動態の研究』以降、死後に出版された『世界首都ものがたり』まで、二〇冊近い著書をものすることになるが、中でもこの『都市計画及国土計画　その構想と技術』は、都市計画の包括的、体系的な解説を試みた唯一の著書であり、広く読まれる「教科書」たらんことを意図したものであった。

石川はこの大著の自序で「自分が一〇年に余る歳月教壇に講じたものを整理したもの」[*29]で一つの労作であると書いている。また、戦後に出版されることになる改訂版の自序では、初版について「これを読むと今でも自分の心中に名状し難き感慨が起る。それ丈この書は自分の処女作であり労作でもあった」[*30]と感想を述べている。つまり、『都市計画及国土計画　その構想と技術』は一〇年以上の時間をかけて徐々につくりあげていった独自の都市計画論を苦労してまとめた著作であった。

また、この著書以前に『都市動態の研究』(一九三二年)、『日本国土計画論』(一九四一年、八元社)などを出版していたにもかかわらず、「処女作」と位置づけていること、かつ戦後も二度の改訂を行ってまで世に問い続けたことからもわかるように、『都市計画及国土計画　その構想と技術』は石川本人にとって非常に思い入れの強い、重要な著書であったと考えてよいだろう。

以下、石川がこの『都市計画及国土計画　その構想と技術』で提示しようとした都市計画論を正確に把握するためにも、時間を遡って、一〇年以上におよぶ形成過程を捉えていくことにしたい。

「上田都市計画『石川案』」に見る最初期の都市計画論

石川栄耀は、都市計画愛知地方委員会での最初の五年間に、名古屋の都市計画区域、都市計画街路、都市計画運河の決定などを担当した。しかし、一九二三年には一年間の長期海外出張に出かけていることからもわかるように、石川にとって最初の五年間は、都市計画愛知地方委員会幹事の黒谷了太郎、黒谷を通じて面識を得たイギリスの都市計画家レイモンド・アンウィンらの影響を強く受けながら自身の都市計画論を徐々に構築していった

*29　石川栄耀(一九四一)、『都市計画及国土計画　その構想と技術』、自序二頁、工業図書

*30　石川栄耀(一九五一)、『都市計画及国土計画　改訂版』、自序二頁、産業図書

都市計画の学習期間であった。
石川の都市計画についての体系的説明の端緒は、都市計画愛知地方委員会の同僚である木島粂太郎からの誘いを受けて、一九二四年から一九二五年にかけて立案した長野県上田市都市計画案の解説に見られる。先に第二章で言及したように、上田市都市計画の立案は演壇立ち往生事件として後年回想されるようになる仕事であるが、当時の計画図面等は現在では失われてしまっており、プランの詳細は不明である。しかし、幸いにも計画内容を解説した小冊子『上田市都市計画「石川案」に対する簡単な説明書』（一九二五年一月）が残されている。その解説によれば、石川の上田市都市計画案は「実際論を理想論に近づけるより理想案を実際案に訂正して行く方が比較にならない程確かな結果を産む」*31という考えで作成された、上田市という一つの地方都市を対象とした総合的、理想的な都市計画案であった。

説明書は全一三章からなるが、その構成は、①勢力圏の観点からの上田市の広域的位置づけ→②上田市の物的現況の把握→③上田市の将来目標の設定→④将来人口の推計と都市計画区域の設定→⑤土地利用計画とそれを前提とした交通計画の策定→⑥土地利用計画の実効手段としての地域制の設定→⑦地方計画による他集落との連結→⑧以上の計画の実現手段としての区画整理と整理される。

第一に、①において都市地理学的な視点からの都市の勢力圏に関心を置いている点、第二に、⑤、⑥において土地利用計画を手段である地域制と明確に弁別し、交通計画もこの土地利用計画を前提として策定している点がのちの『都市計画及国土計画　その構想と技術』における都市計画論につながる特徴として注目される。

第一の点は石川の都市地理学への関心に基づいていた。わが国では、当時、ようやく都

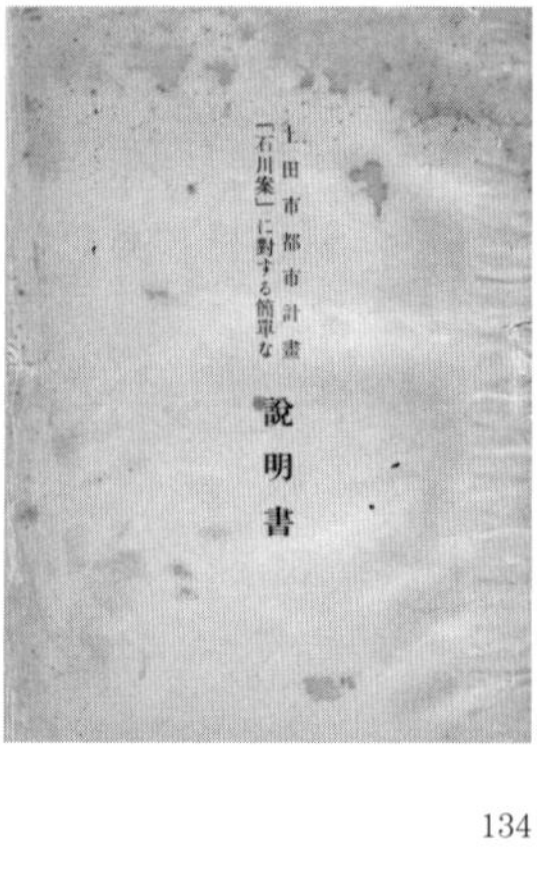

図14　『上田市都市計画「石川案」に対する簡単な説明書』（一九二五年一月）の表紙

*31　石川栄耀（一九二五）、『上田市都市計画「石川案」に対する簡単な説明書』、八五–八六頁

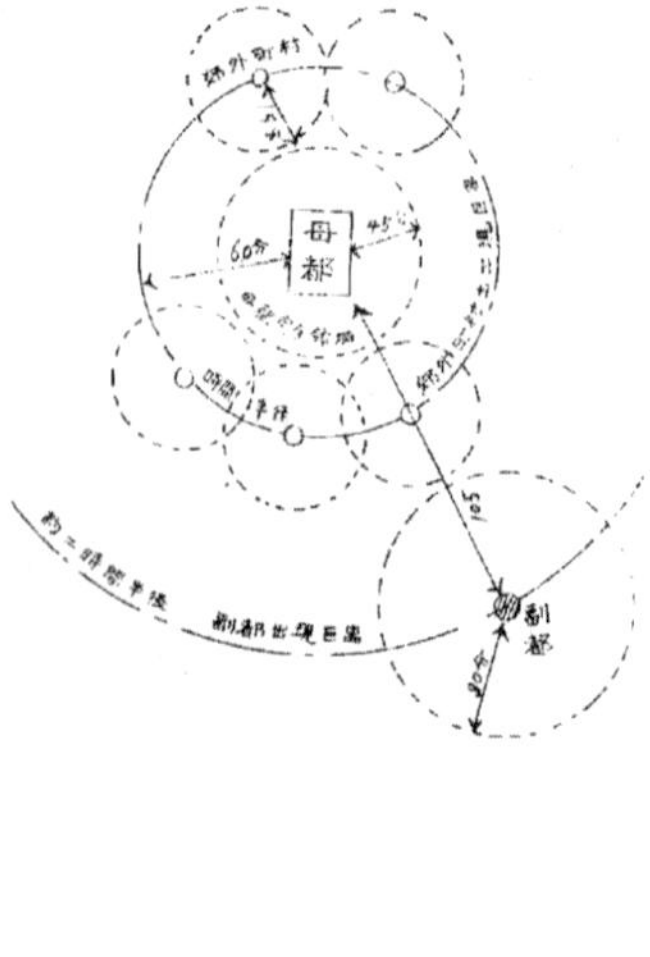

図15　都市の勢力圏の図。出典＝石川栄耀（一九二五）、『上田市都市計画「石川案」に対する簡単な説明書』、七頁

市地理学や都市社会学が黎明を迎え、勢力圏研究も開始されたばかりであった。石川の関心は地理学の先端動向と連動していた。この都市地理学的な関心が、後述する都市計画の基盤理論の探求における都市動態の研究に展開することになる。

　第二の点については、土地利用計画の概念が明確ではなかった旧都市計画法体制下で、石川がアンウィンの内容分配論＊32に影響を受けて、早い段階から都市計画技術の根底に土地利用計画を置いていたことの現れである。石川は、土木官僚が中心となって進めていた道路至上主義の都市計画への違和感から、都市内容配分に基づく都市計画を標榜していくのである。

　しかし、石川はのちに、この上田都市計画「石川案」自体は「やり方が酷く教科書的であって臨床的でない事に益々気が付きました。これは根本から考え直さなければならないと思ったのであります」＊33と反省している。具体的には「都市の中には都市計画をいきなりやってよい町とやれない町とある」＊34ことを悟った。石川はこの経験から、のちにさまざまな統計を駆使した独自の「都市診断」法を生み出していく。

　また、戦後の別の回想では、産業計画に対する考察の乏しい計画案だったことに触れ、「都市を経営するという事が、研究として全然処女部門である事を知った」＊35のも上田市での経験だったとしている。この点についても、石川は「都市計画とは『都市経営の計画』だったのだ」＊36と強調し、都市が何によって維持、成長していくのかを見極めて、その性格に相応しい将来構想を描くことの必要性を論じていく。

　以上を敷衍すれば、石川は上田市での経験を通じて、療法（都市計画技術）についての知識に比して、それを処置する患者（都市）についての知識が乏しいということを自覚したといえよう。そこに石川の都市計画論の原点、『都市計画及国土計画　その構想と技術』の原点

＊32　レイモンド・アンウィンは、大都市に顕著であった諸機能の中心への過度な集中に抗して、適切な形で都市の各部に機能を分配することの重要性を「distribution」という用語で主張していた。一九二三年に都市計画愛知地方委員会は、アンウィンの講演内容の翻訳を『都市内容分配論』と題して出版していた。

＊33　石川栄耀（一九三二）、「区画整理至上主義」、『都市公論』14巻5号、二七頁、都市研究会

＊34　前掲、二八頁

＊35　石川栄耀（一九五二）、「私の都市計画史（三）」、『新都市』6巻9号、一二頁、都市計画協会

＊36　石川栄耀（一九二八）、「地価の考察その他『郷土都市の話になる迄』の断章の追補」、『都市創作』4巻8号、四四頁、都市創作会

があった。

都市計画学への出発

第1章でも触れたように、石川が黒谷、木島らと都市創作会を創設し、機関誌『都市創作』を刊行し始めたのは一九二五年（大正一四）九月であった。創刊号の巻頭言では、「我等は先づ常識の対象としての都市計画を超え、正統学派としての『都市学』の樹立を期したい」＊37と宣言されている。石川自身も一九二七年八月に『都市創作』にて発表した「都市計画学の方法『郷土都市の話になる迄』の断章の10」で、この宣言に則って都市計画を基礎づける学問の確立を主張した。石川は、「都市計画の歴史（常識の歴史）、その法制、貧弱な住宅配置の心得、街路の美装法心得、等々」＊38の内容の従来の「教科書」は、「自信のある一本の道路の引き方をも教えない」＊39とし、もっと壮大な叡智の体系としての都市計画学を構想した。それは「都市構成学」に統合されるもので、都市田園の文化、哲学上の位置及びその結果から要求される施設の研究、都市構成の人文地理学を基盤として、能率的構成学、美的構成学の二つの手法の研究から成る学問であった。石川はこうした「都市構成学」を「権利の制限と財政の研究」の上位に置き、重要性を強調した。

そして、この論考以降、石川は「都市を知らないものが、都市の将来を道路なり地域なりで左右しようという事は何という文化のボウトクであろう」＊40という都市計画技師としての謙虚な姿勢で、「都市の発生と構成の研究」こそが一生の事業であるという認識を持つようになった。つまり、都市計画の基盤理論の探求へ踏み出したのである。

石川の探求が最初にまとまった形で世に問われたのは、一九三二年（昭和七）六月に郷土教育連盟から発行になった処女作『都市動態の研究』であった。石川は都市計画愛知地方委

＊37　都市創作会（一九二五）、「巻頭言」、『都市創作』1巻1号、都市創作会

＊38　石川栄耀（一九二七）、「都市計画学の方向その他」、『都市創作』3巻8号、五―六頁、都市創作会

＊39　前掲、六頁

＊40　石川栄耀（一九三二）、「都市計画的『物の考え方』」、『都市公論』14巻3号、六九頁、都市研究会

員会の技師として、名古屋以外にも豊橋、岡崎、一宮、瀬戸の都市計画を実際に担当したが、この著書はそれら五都市の発展過程を分析した研究書であった。都市の物理的性質をその動態から捉えようと、町別人口の動向を基本にさまざまな統計データを駆使して、都市の態容（同心円的モデル）、偏倚（実際の都市形態）、速度、そして内現象、さらに周辺に及ぼす影響を考察し、「都市が一つの理論的展延を為しつつある有機的構造体である」*41ことを従来の都市地理学の研究以上の精度で把握したと自負する成果を上げたのである。

しかし、石川はこの著書の序で、「目下の職務上最必要な『次の知りたき事』を有っている。それも急ぎたい」*42として、この動態の研究を都市地理学的に詰めていく進め方を否定した。「次の知りたき事」は、「展延に伴う内現象」を述べる中で、「次で着手する予定にある『都市構成の研究』に於て考えたい」*43としていることから推察される、土地利用計画の根拠となる都市の内部構造の研究であった。

*41　石川栄耀（一九三二）、『都市動態の研究』、一二四頁、刀江書院

*42　前掲、一頁

*43　前掲、一〇五頁

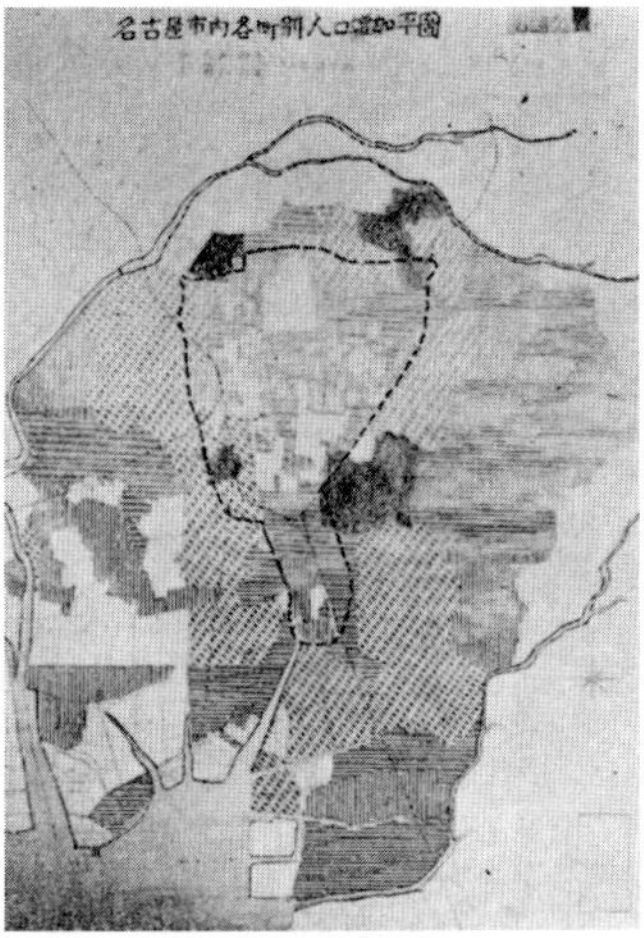

（イ）

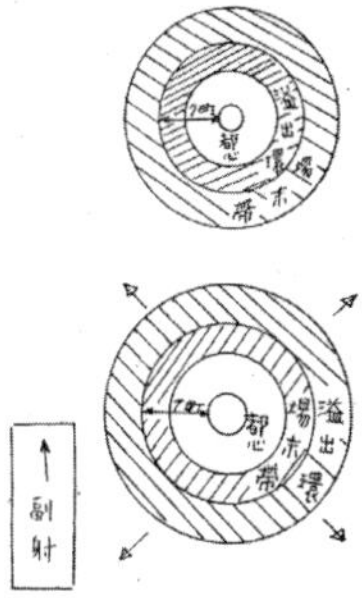

（ロ）

（上）図16　名古屋市の人口動態図。　出典＝石川栄耀（1932）、『都市動態の研究』、43頁、刀江書院
（下）図17　都市の態容における副射性の説明図。　出典＝前掲、45頁

石川はさっそく、一九三五年(昭和一〇)に三重高等農林学校から発行された簡単な「教科書」であった『都市計画要項』の総説において、経済行為は最小の使途で最大の効果、市民生活はよき環境と交歓の便宜、そしていずれも最小施設ないし最小費用を要求するといった「都市構成の原理」に言及している。

一九三八年一〇月に開催された第六回全国都市問題会議での報告「都市計画再建の要項」では、都市計画は「都市への添加」ではなく「都市組織の技術」であるとし、ゆえに都市自体の本質を究明する都市学の確立が第一で、その上で都市学の工学的整理としての都市計画学があると論じた。そして、こうした学問を前提として、地域制や街路網、緑地計画などの精細な技術の上に、「『都市構成』の技術」を置くことを主張したのである。

一九四一年(昭和一六)に出版された『都市計画及国土計画　その構想と技術』初版のあとがきには追補に三年の時間を費やしたとある。石川は一九三五年に簡単な教科書として『都市計画要項』を著し、翌一九三六年には内容を追加した『都市計画要項　前編』を講述記録として残している。『都市計画及国土計画　その構想と技術』の原型はかなり早い時期に完成していたと推測される。しかし、これらの著作においては「都市計画再建の要項」で提起した「『都市構成』の技術」を導くための都市自体の本質の究明の部分は未熟であった。つまり、『都市計画及国土計画　その構想と技術』の追補のための三年間とは、まさに都市計画の基盤理論となりうる「都市構成の理論」を補うために必要な時間であったと考えられよう。

図18『都市計画要項 前編』(一九三六年)の表紙

『都市計画及国土計画』における「都市構成の理論」

一九四一年に出版された『都市計画及国土計画　その構想と技術』は、六部構成四九九ページからなる大著であった。目次からわかるように、都市計画に関するあらゆる事項が網羅的に解説されていた。石川はその自序で「都市を研究しこれを思索し、しかる後加うべきものあらば初めて加える」*44という順序を伝えることを心がけたと書いている。その方針は、この大著の中でもとくに第一部の「都市及都市計画論」に実体化していた。

とくに第一部中の「その4　都市構成の理論」は、ハワードの田園都市論以降、地方計画論の発展の一方で都市自体の構造論は進歩しておらず、都市計画は相変わらず常識の対象にとどまっている状況に対して、一日も早く理論化し、その理論による構成をなすべきだという考えから、本講の展開の必要上、自説を「試論」として提示したものであった。

石川は「都市に於ける土地を根基とせる物的構成要素を布置し整備し、これを都市に適応せる交通機関にて組系する技術なり」*45と、「要素」と「布置」・「整備」・「組系」という概念で都市計画を定義した。「要素」は経済、文化、総関の三種であり、それぞれに立地条件を有している。石川は個々の「要素」を衛生、保安、経済の見地より適正化し、環境施設や造形を付加する「整備」よりも、立地条件の下で「要素」の位置を決める「布置」、「要素」同士を連携させる「組系」を重視した。さらに、「組系技術は布置技術の求める条件を忠実に実現してゆけば良い」*46として、「布置」を「組系」の上位に置いた。最初期の都市計画論から一貫して、交通計画よりも内容分配を重視する考えであった。

立地条件は、一九三五年の『都市計画要項』で示した「都市構成の原理」を発展させた、最小の仕事により最大の効果をあげるなどの「能率」条件、良い環境を保持するなどの「心理」条件が経済、文化、総関の各要素に付された。

「布置」については、立地条件下で同種要素が集り、ある程度の大きさを持つ居住、商業、工業などの「成団」を成すか、より集約的な官公、教化、保健などの「中心」*47を成すとし、

*44　石川栄耀（一九四一）、『都市計画及国土計画　その構想と技術』、自序二頁、工業図書

*45　前掲、五五頁

*46　前掲、六四頁

*47　『都市計画及国土計画』では、表題で「成心」という用語が使用されているが、本文中ではすべて「中心」が使用されている。

D都市美構）参考 各国に於ける都市美育生制度
その2———隣保構成 1緑地帯による分割 2中心の造型
丙 公共施設
その1———市場 1中央卸売市場の意義 2市場の位置 3市場敷地 4市場館
その2———下水処分場
その3———塵芥処理場 1塵芥量 2処理方法 3焼却場の選定 4残されたる問題
その4———火葬場 1分布 2敷地

丁 地帯整備
その1———土地区画整理 I総論 1区画整理の歴史及効果 2区画整理の法制 3区画整理の財政4区画整理の経営 II設計 1区域 2土地用途の想定 3街路網（A系統 B配線距離）4画地及街廓 5区画整理技術者以外の者がこれを代行する場合に陥り易き技術上の誤 III換地清算 1換地計画順序 2規定要項（清算加味）（A位置 B用地負担 C事業費負担 D清算 E評価 F手続）3換地設計4清算一応の理論 5評価 IV区画整理と都市計画

第5部 都市内容の組成

甲 組系
その1———交通構成論
その2———街路網 I街路網の構成 1自然態 2計画態 II街路網の構成工も問題なり 1組織順序 2街路網路線選定の留意事項 3街路の吟味 4軽計画 III街路の配線 IV街路幅員決定法 1簡易法 2計算法
その3———都市交通機関網 I路面電車及バスの網 II高速度交通機関 1高速度鉄道網 2高速度道路 III交通統制 1統制の必要 2統制体系例
その4———都市計画と街路網 1中央駅（及副中央駅）2軌道敷位置 3網
その5———交通整理 I交通広場 1交通整理の基礎考察 2合流式 3分離式 4Block systemとSteady system 5街角剪除 II駐車場 III駅広場 1駅広場の面積の内容 2タクシーの台数推定 3バスの台数推定 4団体集合地 5駅広場設計指針（A甲種駅前広場設計要綱 B乙種駅前広場設計要綱）6駅広場の位置及形状の決定 7駅裏広場の設計 8駅附近街路の統制 9交通機関の統制
その6———利水施設 I都市運河 1都市運河の種類、目的 2運河網の形式 3運河配置距離 4閘門とすべき限界 5運河の経済長 6運河幅員 7岸壁高、水深等の決定 8閘門 9船溜 10陸上設備 II河川、港湾
その7———飛行場計画 1飛行場の種類 2飛行場の配置 3面積 4滑走路 5地形及土壌 6設備 7高度地域 8飛行場諸例

第6部 国土計画及地方計画

その1———国土計画及地方計画概説 1沿革 2現代に於ける国土及地方計画の諸形態
その2———国土計画及地方計画の定義及構成論 I定義 II国土計画及地方計画を支配する現代的特異性 III国土計画構成要旨 IV「地方」構成要旨 1構成順序 2地方構造により生ずる構成手法 3成圏 4都市維持の定立 5組系
その3———地方計画法制
その4———単位地方計画 I調整性地方計画 1大都市処理地方計画 2工業地方処理地方計画 II振興地方計画 1地方強化地方計画 2農業地方計画
その5———総合地方計画 1総合地方計画の意味 2総合地方計画に関する外国の理論及び実例 3我国に於ける総合地方計画
その6———国土計画 I調整主義国土計画 II統制主義国土計画 1再編成性のもの＝独逸の国土計画 2振興性のもの＝蘇連邦の国土計画 3日本に於ける国土計画

表1 『都市計画及国土計画 その構想と技術』の目次

第1部 都市及都市計画論

その1———都市史及都市の定義 Ⅰ世界都市史 1古代(A前期 B後期)2中世 3近世 4現代 Ⅱ日本都市史 Ⅲ支那都市史 Ⅳ都市の定義
その2———都市計画史及び都市計画の定義 Ⅰ世界都市計画史 1古代都市計画(A前期 B後期)2中世都市計画 3近世都市計画(A近世都市計画の特徴 BRenaissanceの都市計画年表) 4現代都市計画(A現代都市計画の概観 B田園都市論 CCambera D現代都市計画年表)5明日の都市計画(A明日の都市計画概観 BLe Corbuier説 CGottfried Federの都市 D明日の都市計画年表)6街路幅員発達史 Ⅱ都市史と都市計画史 Ⅲ日本及支那の都市計画史 1日本都市計画史(A古代 B近世)2支那都市計画史 Ⅳ都市計画の定義
その3———都市地理及都市計画に顕われたる地理的諸相
その4———都市構成の理論 1理論の必要 2都市構成の方法 3布置 4組系 5整備 6都市計画の規模と主題

第2部 都市計画の法財政及計画準備

その1———都市計画の法制 1都市計画法制史 2日本内地都市計画関係法規 3同上主要法律の構造及法例 1)都市計画法 2)市街地建築物法 3)都市計画委員会官制 4)台湾都市計画令 5)朝鮮市街地計画令 6)関東州州計画令)
その2———都市計画の財政
その3———都市調査 1自然調査 2土地利用状態及建築調査 3交通関係調査 4施設及環境調査 5災害調査 6都市財政調査 7人口及産業調査 8都力測定及都市経営
その4———都力測定及都市経営 1都力測定 2都市経営

第3部 都市内容の配分

その1———都市計画区域 1都市計画区域の効果 2区域決定の標準
その2———都市計画地域及び地区 Ⅰ地域制 1地域制の意義 2地域制の類別 3本邦に於ける地域制の内容 4地域決定の標準 5地域制の実施 6各地域面積比率例 Ⅱ地区 1地区の種類 2防火地区 3防火地区計画方針 4美観地区及高度地区 5専用地区及空地地区

第4部 都市整備

甲 環境整備
その1———緑地計画 Ⅰ緑地計画 1分類及標準(A緑地の分類 B緑地の面積及分布標準) 2緑地の配分形式 3緑地統計 4風致地区 Ⅱ造園手法 1伊太利式造園 2仏蘭西式造園 3和蘭式造園 4英吉利式造園 5独逸式造園 6支那式造園 7北米式造園 8日本式造園
その2———環境保善 1路上構作物の整理 2都市騒音防止 3空気汚染防止 4公水面汚染防止 5要安静地区
その3———都市照明 1分類 2交通照明 3都市美照明 4保安及非常照明 5保健照明 参考 投光照明の設計に就て
その4———都市の防災防護 Ⅰ都市防災 1風害 2震災 3火災 4水害 Ⅱ都市防護 1都市の防空形態 2大都市処理 3都市内部の防護構成

乙 都市造型
その1———都市美構成 1都市美の本質 2都市美の種類 3都市美構(A美観広場 B美観道路 C水辺緑地

その「成団」や「中心」の規模、位置の理論化を試みている。石川の理論では、「成団」も「中心」もある規模に達すれば効力を失い、「分封」「分心」するという前提があった。その限界の規模を決めるのは、例えば居住成団であれば、隣保意識を保つ限界としての日常的徒歩圏（半径一キロ）や、田園都市論者やドイツの地方計画学者の学説などから求めた数値であった。

そしてこれら「成団」や「中心」は「分封」「分心」を繰り返しながら累積していき、都市を膨張させていくが、その累積にも時間距離と都市悪の限度に規定された限界があるとした。時間距離は一時間、都市悪の発生は人口一〇〇万人を限界値として示したが、これらはきわめて経験的な数値にすぎず、実証性に乏しかった。「組系」については、「成団」内では「中心」を構成し、放射循環形を構成し、さらに「成団」どうしも「都心」に対して放射循環形になると簡単に整理している。

石川の『都市計画及国土計画　その構想と技術』の以下の章は基本的にはこの「布置」と「整備」、「組系」の展開であり、各第三、四、五部に相当している。しかし、石川は、こうした理論に基づく技法の説明を展開する前に、「都市構成の理論」、それに基づく各技法は、すべての都市で同一に適用できるというわけではなく、国土計画や地方計画といった上位計画が付与する各都市の機能上の主題や、各都市が有する力（都力）の強弱を見極めて、都市経営上の主題を定めた上で用いねばならないとした。そうした考えから、第二部に都市計画の法財政と都市調査に合わせて、先に述べたように長野県上田市での経験から独自に研究を重ねてきていた「都力測定」と「都市経営」の項目を追加し、さらに第六部に「国土計画及地方計画」を追加し、『都市計画及国土計画　その構想と技術』における都市計画論の体系を完成させたのである。

しかしこうして石川の都市計画論は試論「都市構成の理論」に基づいて一定の体系に整

布　置	成團──→分封
	中心──→分心
	都市圈
組系圈	放射循環形式による
	成團組系
	都市組系
整　備	整　備
	造　型
	施　設

図19　石川による「都市構成の理論」の枠組み。
出典＝石川栄耀（一九四一）、『都市計画及国土計画　その構想と技術』、六六頁、工業図書

＊48　石川栄耀（一九四一）、『都市計画及国土計画　その構想と技術』、五三頁、工業図書
＊49　前掲、一二四–一二五頁

えられたものの、未だ課題が多く残っていた。

第一部の「都市及都市計画論」のその3「都市地理及都市計画に顕れたる地理的諸相」は、本来は都市の発生、形態、組系を観察し、分析すべき箇所であったが、石川は「未だ科学的な研究は発表されて居ない（自分は嘗てこの一部として「都市動態の研究」なる小著を為した事がある）」*48として、街路網のみの言及にとどめ、『都市動態の研究』の成果も提示しなかった。つまり、「都市構成の理論」は、都市の実態の実証的研究と結び付いていたわけではなかった。

また、第三部の「都市内容の配分」は、都市計画の根幹たる「布置」の技法の解説であるが、かつて上田市都市計画案が備えていた土地利用計画と地域制の弁別が薄れてしまっていた。そして、地域制については、「その構成、理論は殆ど示されていない。恐らく本講第一部で提示した都市構成理論の中の成団論が発展して、地域制の理論になるであろう」*49として、「都市構成の理論」が未だ「地域制」の根拠とはなりえていないことを暴露している。

以上のように、「布置」と「組系」を基本とした「都市構成の理論」は、都市計画の基盤理論としては実証的研究や実際の都市計画技法との関係づけという点では不十分な箇所が数多く残る未完成の「試論」であったが、石川はこの点を十分自覚していたからこそ自ら「試論」と名付けていたのだろう。その後、次章で述べる戦時中の国土計画・地方計画についての理論の展開、そして、第五章で言及する帝都改造計画から東京戦災復興計画に至るまでの計画立案作業を通しての理論の展開を経て、『都市計画及国土計画　その構想と技術』で提示された「都市構成の理論」は、一九五一年（昭和二六）の改訂版、一九五四年の新訂版において進化していくことになる。その最終的な到達点、すなわち石川の都市計画論の境地については、最後の第6章で論じることにしたい。

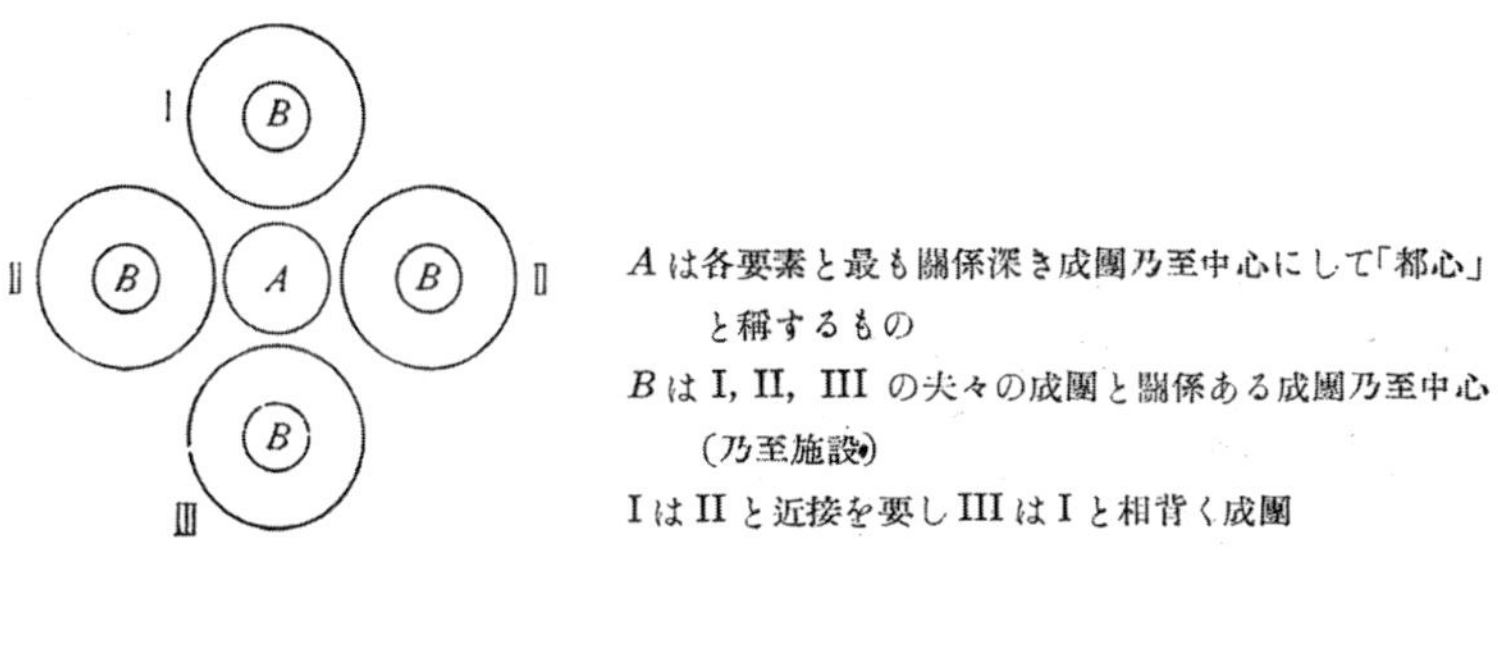

図20　成団の布置モデル。出典＝石川栄耀（一九四二）、『都市計画及国土計画　その構想と技術』、五八頁、工業図書

第4章　生活圏構想と地方計画・国土計画論

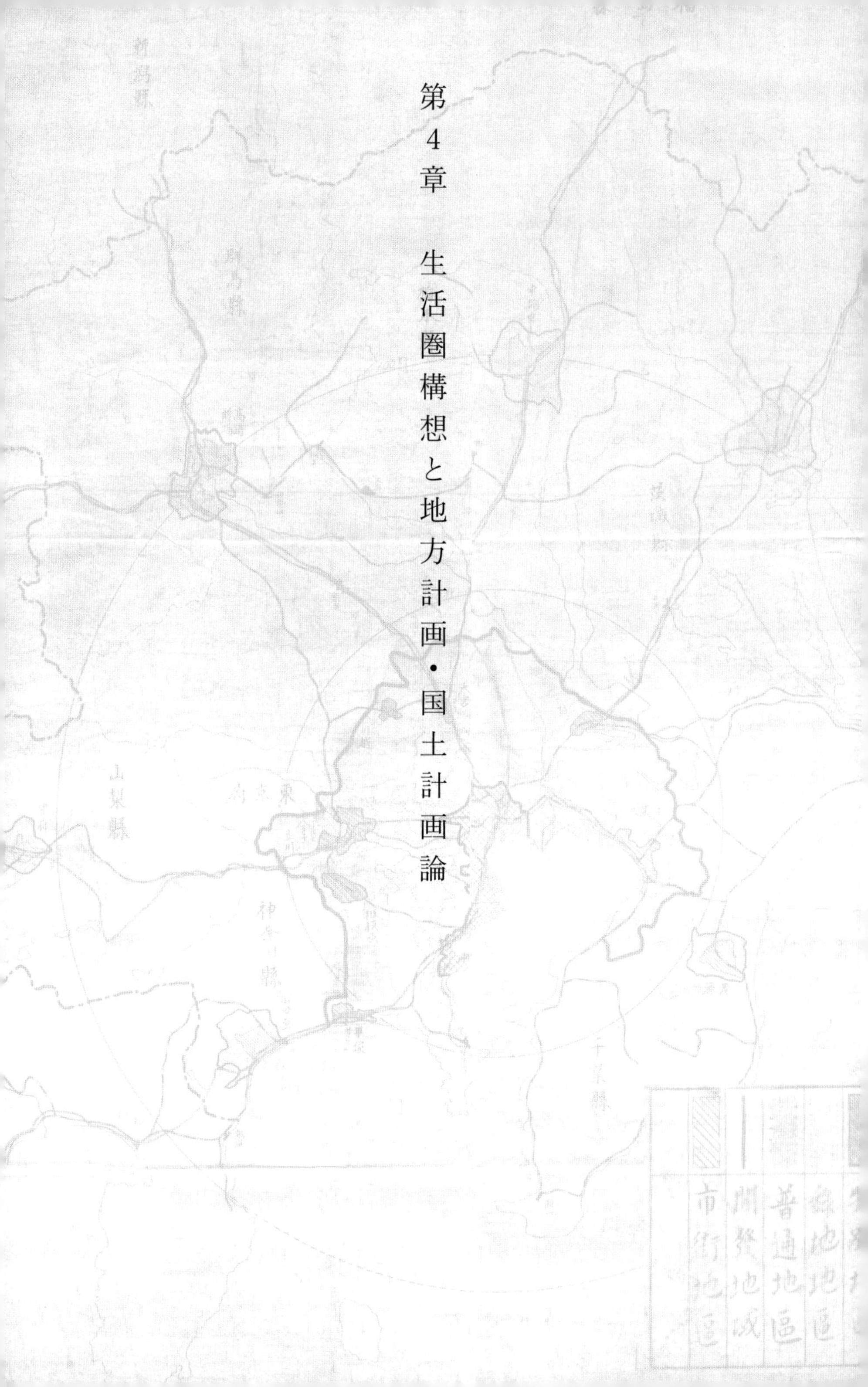

1——アムステルダム会議と地方計画への目覚め

石川の地方計画・国土計画論とは

「地方計画が論議され出して既に久しい。

これに関する邦語の名著もあり、都市問題会議、都市計画協議会等々に幾度か報告せられ論ぜられて来たが、ついぞ、実体化する形を見せない。

「これは何故で、あるか」

（中略）

恐らくは、その然る一つの理由はそれ等の人々が、都市計画的神経をそのままに地方計画に働かさんとした、結果でもあり他の一つは方法論自体に誤謬ありし結果でもあり。

更には又それ等の人々が地方計画そのものゝ意義をトコトン迄究明せざりし結果であり、最後には社会が地方計画の価値を認めず、支援せざりし結果にもよらふ。

その中この最後のものに先づ『最初の衷心より』の抗議を向け可きである」＊1

一九三八年（昭和一三）六月、雑誌『都市公論』上に呈された論考「主題主義地方計画の提唱」の冒頭である。石川栄耀による地方計画論の登場である。

＊1 石川栄耀（一九三八）、「主題主義地方計画の提唱」、『都市公論』21巻6号、二八－二九頁、都市研究会

この冒頭文は、当時の地方計画をめぐる情勢をよく現している。すなわち、欧米等の都市計画先進国で地方計画が久しく議論されており、日本でもその必要性がさまざまな有識者によって訴えられているけれど、都市計画および都市の成熟度が欧米と異なる日本の状況下において、地方計画の必要性が実感として浮かび上がってこず、地方計画という言葉が宙に浮いていた……そのような時代状況が推察されるのである。

　その状況下において、石川はわが国で最も早く欧米の地方計画に触れることのできた一人であるのだが、一九三八年に上述の地方計画論を出すまでは、地方計画というものに対して慎重であった。それは、石川自身、あらゆる計画というものが即地的であるべきであり、ただ単に欧米の計画論を模倣するだけでは意味がないと考え、日本的な計画論を真摯に追求していたからにほかならない。

　石川は、都市計画の権威であったと同時に、地方計画及び国土計画の権威でもあった。石川の都市計画論とその実践については既に多くの蓄積があるが、石川の国土及び地方計画論とその業績については、あまり触れられることがない。石川はアウタルキー*2的国土計画の熱心な主張者であったとされ*3、反自由主義的色彩を帯びていたためか、意識的に忌避されてきたのかもしれない。しかし、事実、石川はその生涯、研究や実践を通じて国土及び地方計画論を追求していた。石川ほど熱心に国土及び地方計画の科学を追求した人物はみられないのである。

　石川は国土計画及び地方計画を、次のように定義した。

「先ず以上一連の現行地方計画及び国土計画と既存の都市計画及び農村計画等を通じ見出される技術的通相は『土地を根基とする物的現象を調整、整備総合し、それぞ

*2　アウタルキー…（ドイツ）Autarkie 自給自足経済。一国または一定の経済圏が、その国内または域内で必需物資を自給自足している経済状態。

*3　石田頼房（一九八七）、『日本近代都市計画の百年』、二二六頁、自治体研究社

れの構成要素単独にては遂げ難かりし全体的効果をあげんとする技術』であるという事である」*4

ここで注意しなければならないのは、国土及び地方計画は、土地に根ざしたフィジカルプランという点である。この点から、国土及び地方計画は、理念的には、都市計画の空間的延長として位置づけられる。

さらに注意すべきは、国土計画と地方計画がほぼ同じ意味で用いられている点である。結局、国土計画と地方計画の違いは、空間的拡がりの違いだけで、理念的な違いについては言及されていない。

石川は欧米の地方計画論をいかに摂取し、日本ならではの計画論へと転換させたのであろうか。その軌跡を追っていこう。

訪欧、地方計画との出会い

「自分がNational planningの名称を初めて眼にしたのは一九二四年のアムステルダムの国際住宅及都市計画会議においてである。

それは恐らく世界最初のRegional Planningの討議であったらう。

その会場で貰った資料の中に美しいアーサア・コミイのRegional planningの報告があり、その中にNational planningといふ珍らしい文字が出て来た。

しかし自分達は未だ『如何にして日本に田園都市を創設し得るや』の時代であったのでそれはそれなりに大して興味をもひく事なく終った。

*4 石川栄耀(一九四一)、『都市計画及国土計画』、四〇三頁、工業図書

恐らく、それは他の専門家をも魅するに至って居なかったであらう。
世界をあげて未だ地方計画さへもちあぐんで居たのである」＊5

このように、石川が国土計画（National Planning）を初めて眼にし、地方計画（Regional Planning）について討議したのは、一九二四年（大正一三）アムステルダムで開催された国際住宅及都市計画会議においてであった。

同国際会議は、ロンドンに本部を置く都市計画及田園都市国際連合会（The International Federation for Housing and Planning（IFHP））の主催で一九二四年七月に開かれた。各国の政府関係者や都市計画に関するさまざまな団体の代表者達が集まり、その参加国は二八か国に達した。会議における主題は、【一】地方計画、【二】公園・公園系統ならびに娯楽休養施設であった。地方計画に関しては、同月三日～四日の二日間にわたって各国代表者の報告及び討論が行われ、会議の主要部分はこの地方計画に費やされた。地方計画に関する会議は三部に分かれ、第一部一般論、第二部技術論、第三部法制論等の問題が採り上げられた。会議では、前述のR・アンウィンや、のちに大ロンドン計画を立案するパトリック・アーバークロンビー、ニューヨーク広域地域計画を立案するトーマス・アダムスなど、当時の都市計画界の権威、地方計画の先駆者たちがこぞって発表した。

こうして、さまざまな観点から報告が多数なされ、それらの総合的検討によって地方計画の必要性が強調されることとなり、会議の最後に提起された大都市圏計画の七原則＊6は、日本の地方計画・都市計画に大きな影響を与えたことは広く認められている＊7。ただ、「その場では、コトバが解らず何の事やらであった」と述べているように、このあと直ちに石川の国土及び地方計画論が発展していくわけではない。しかし、こうした国土及び地方

＊5　石川栄耀（一九四一）、『日本国土計画論』、自序二頁、八元社

＊6　大都市圏計画の七原則
一、大都市が無制限に膨張発展するのは望ましくない。過大都市の状態はまだそこまでゆかない自余の都市に対してよい警（いまし）めである。
二、衛星都市に依って人口の分散を図るのは多くの場合に過大都市体の成立を予防するの一手段となるであろう。
三、大都市が永く農地、菜園、秣場の用に供せられる緑地帯に依って繞らされ、之に依って市街地が限りなく続くのを防遏することが望ましい。
四、交通殊に自動車バス等の激増傾向に鑑み、将来は市町村内及び市町村間に於ける交通問題に対して従来よりも一層深甚の考慮を須（もち）いる必要がある。
五、大都市所在地方に於ける超市町村計画（地方計画）は大都市の互いに近く併存する場合若しくは大都市付近に多数小都市の存在する場合には殊に緊切である。この計画は単一なる都市拡張のためにする市街地建設計画であってはならぬ。寧ろ全彊域が互いに連関した市街地建設計画で蔽われる様のことなきに備えなければならない。
六、前項の計画には弾力性あらしめ、事情の変遷に応じて変更し得べからしむるの用意あって然るべきである。ただ計画の変更は公共福祉の理由ある場合にのみ認められることとしなければならない。
七、市街地建設計画並びに超市町村計画（地方用益地計画）は計画の儼存する限り土地を計画上の用途に供せしめ易からしむる為法律に依って之を保障するの力が与えらるべきと思う。

＊7　例えば、石田頼房（一九八七）、『日本近代都市計画の百年』、一七八頁、自治体研究社

計画の萌芽の場面に石川が居合わせたことは、石川が地方計画論ひいては国土計画論を著し、実践することになる大きなきっかけであったと考えられよう。

なお、アムステルダムで提起された七原則がわが国にもたらされることによって、わが国においても地方計画の研究に向けた機運が高まった。一九二七年の第二回全国都市問題会議では、地方計画が中心課題となっている。一九三二年には、東京緑地計画協議会が発足し、地方計画的思想を背景にした緑地計画が提案されている。

帰国後の石川もまた、地方計画に傾斜していった。その理由は、世界的な都市計画の潮流として地方計画が流行っていたからのみならず、石川自身、都市計画技官として日本の大都市問題を喫緊の課題としてとらえていたゆえの必然であった。

一九三〇年（昭和五）に出した「日本に於ける田園都市の可能」では、はじめて地方計画について言及している。当時、大都市へ都市計画を適用するが、過大化に伴う都市問題は解決されず、その一方で、田園地域は荒廃していく状況があった。

「ここに於いてか地方計画をやることは、都市計画の倫理化であり、国の科学的経営である。地方計画なき都市計画は、寧ろ無きにしかず」＊8

訪欧後の石川が理想とする都市として、イギリスで訪れたレッチワースに代表される田園都市があった。そんな田園都市を日本にも現出させたいという願いが、地方計画への傾斜をうながしたのであろう。

＊8　石川栄耀（一九三〇）、「日本に於ける田園都市の可能」、『都市創作』6巻3号、五二頁、都市創作会

欧米地方計画の消化と日本型地方計画の模索

前節で、石川が地方計画を志向することになるための、石川自身の中にあった問題意識、内発的な動機に触れたが、また別に石川が地方計画を志向することになったのは、当然外的な要因もあった。それは、世界の都市計画界において、地方計画に対する論議が盛んに行われていたことである。石川も当然、世界の潮流から無縁ではいられなかった。

とくに石川は、一九二四年（大正一三）の訪欧によって、必然的に欧米の地方計画を摂取することになる。石川はそれらの地方計画をいかに摂取し、消化したのか。

「『都市計画』が『地方計画』によって修正される『よい時』が近ずいて来た様な気がする。『来る可く』して「来様」として居る。ソノ賓客に『我等』は、ドウ歓迎の意を表したらよいであらうか」*9

「かくして散歩は終った。何と多様なる理論。多様なる実際。明に都市計画に公式はない。—特に地方計画に於て。ソレを沁み沁み『気がつく』。しかし果して何がソウさせるのか。地的環境が理論を曲げるのか。『人』の中にひそむ『生命力』がソレを強いるのか。断じ得ない」*10

石川は、地方計画をわが国に、ひいては自身の計画論にどう受け入れるべきか、悩んでいた。世界中の数多くの論者による地方計画論を渉猟し、吟味するものの、その多様さに驚愕し、自身の地方計画論について混迷を極めるのであった。

そんな混迷のさなか、石川は都市計画の対極にある農村計画に着目し、独自の案を「村

*9　石川栄耀（一九三二）、「『地方計画に於ける手法』の鑑賞（上）」、『都市公論』15巻1号、一二八頁、都市研究会

*10　石川栄耀（一九三二）、「『地方計画に於ける手法』の鑑賞（下）」、『都市公論』15巻3号、七四頁、都市研究会

落計画手記」としてあらわす。のちに発表される地方計画論のための準備段階として、あまりに〝都市計画的〟であった地方計画を再構成するための契機として位置づけられる。

「地方計画は大都市微分たる可きか、村落積分たる可きか説はあらう。しかし自分達の如く『余りに都市計画的』であり過ぎた人間は一度一八〇度の向ふ側の村落積分の心に沈潜しなければならない。そんな気持でこの稿を成して見た。従って実用からは遥かに縁の無い『モノ』にしかなれないのは当然である」*11

着目されるのは、農村計画ではなく、村落計画という名称を使っている点である。つまり村落とは、農村だけではなく、漁村、山村も含まれる鄙であり、都市との対照がより鮮明となる。

ここで示されている計画論は、村落計画の分類（大都市郊外、小都市郊外、居住聚落、中心聚落、組織計画）、組織計画（地方計画）である。

後者の組織計画の中で、村落計画と都市計画との違いが明示されている。

「計画の領域は都市計画の如く其の村落が将来『人口を以って充たす可き』面積ではない。それは現在或は将来多くの農村聚落が結ぶ可き組織体への限界である。都市の最後の段階にあるモノを中心として多くの聚落が組織する一つの面積である（従ってこれは地方計画への単位になる）（中略）結局は――自分の考えでは――先づ経済的根拠に立ったTrade Areaの巨細な系統が立てられそれぞれに依存して小さな親和単位が組織される。これを自然組織とする。ソレに対し人為組織として他の「便宜的」「その時」「そ

＊11　石川栄耀（一九三二）、「村落計画手記――地方計画の細胞として」、『都市公論』15巻4号、三八頁、都市研究会

＊12　前掲「村落計画手記」、五二―五三頁

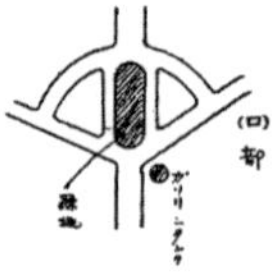

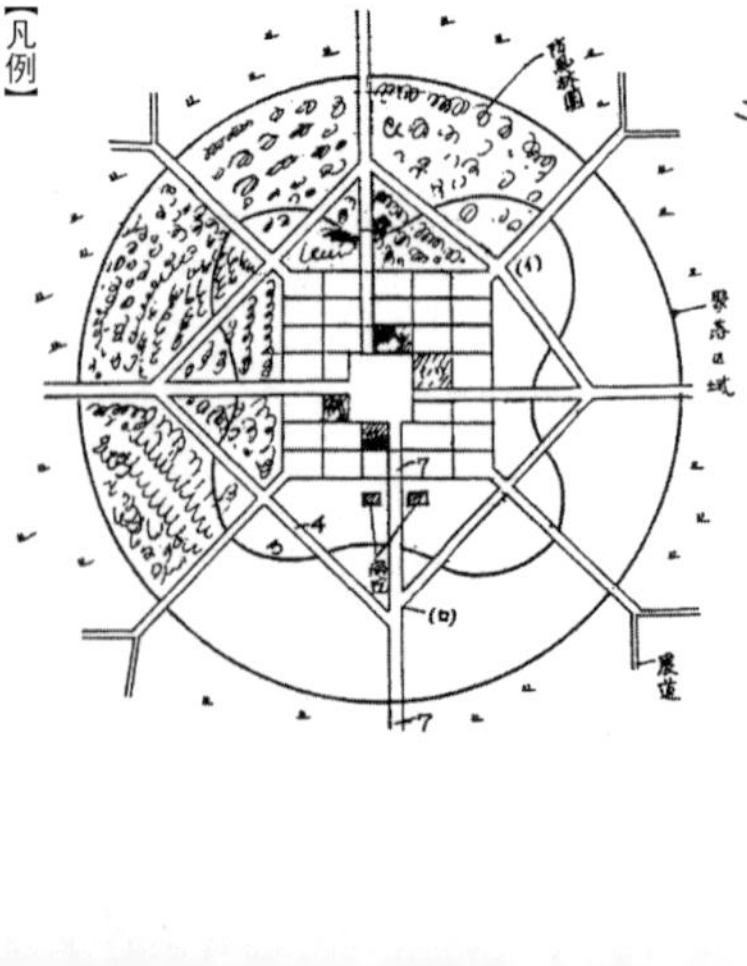

【凡例】
(イ)通貨車輌の為の副道
(ロ)集落人口における美的障害
(ハ)公館群
3、4、7は各道路幅員

の地方的」な機構が幾つか織り込まれる。そうした風なのが村落構成の根基なのではないかと思う」*12

すなわち、都市計画がその条件として〝人口増加〟〝発展〟を前提としているのに対し、村落ひいては地方においては、その前提は通用しないのである。そのため、村落計画においては、その地域で展開されている経済諸活動を丹念に調べることによってTrade Areaを設定し、それを構成するコミュニティ（石川は自然組織と呼称）の動態を、計画の前提に据えるものである。このコミュニティの構成に対し、あくまで補完的に人為的組織や機構を組み込むことで、村落計画ひいては地方計画が成立していく。

このTrade Areaの考え方は、一九〇〇年（明治三三）ころから隆盛したアメリカ農村社会学の一成果であるが、恐らく石川の処女作『都市動態の研究』を著すヒントになったであろうし、のちの生活圏理論へとつながっていくと推察されるのである*13。なお、石川の処女作は、わが国の都市・農村社会学の泰斗である鈴木栄太郎の「日本農村社会学原理」*14でも参照されるなど、都市計画のみならず、各方面に影響を与えたと推察される。

独自の地方計画論の構築——主題主義地方計画

恐らく、わが国において、地方計画及び国土計画について、はじめて技術者たちが大々的に議論したのは、一九三六年（昭和一一）五月に富山で開催された第三回全国都市計画協議会においてであろう。

その重要な場に石川は居合わせなかった。同時期に京城（ソウル）にて開催されていた都市問題会議への出席のためであった。前章で述べたように、石川は特別講演を行い、早くも、

*13 石川は「村落計画手記」の中で、Trade Areaについて触れ、Augustus. W. Hayesの「Rural Community Organization」（一九二一）を参考にしたと述べている。Hayesは、農村政策にとって、農村の動態を客観的な指標によって明らかにすることが重要とし、さまざまな指標を用いて農村の経済的中心や圏域（Trade Area）を同定している。この人文地理的な分析は、石川に少なからず影響を与えたと思われる。

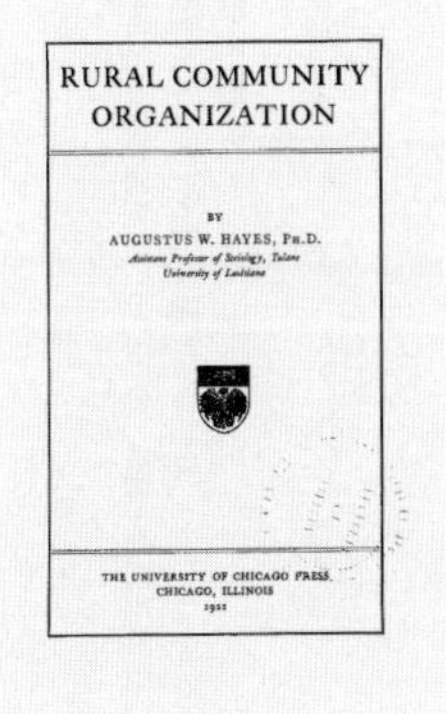

*14 日本農村の基本的地域社会を実証的に体系化し、村の精神によって自律的な統一体として生きている自然村を提唱した。日本農村社会学を樹立した古典。

都市計画の時代は終わり、これからは国土計画の時代であることを繰り返し述べている。

富山の会議で都市計画東京地方委員会が提出した議題は「国土計画に関する制度要綱」であり、石川は深くかかわっていたと考えられる。石川自身、著書で、「その会議に提出す可き論文の主題目を決定する為に東京都市計画地方委員会で内協議をした席上、我々は是非『都市計画の旧形態を打開しこれを地方ないし国土の全体計画に発展せしむる方策』を主題とする論文を出すよう主張した」*15と記しているように、石川のアイデアが少なからず盛り込まれた提案となっていることは疑いのないところである。

しかし、ここで定義された「国土計画」とは、「国土計画は現行制度に於ける都市計画区域の外広く町村をも包含し、国土の全般に亘りて総合的計画を樹立するものとす」と、抽象的であるばかりか、国土計画と地方計画の区別は全くなされていない。

その議題を受けて、各地方の技師の反応も、その必要性については皆一致しているが、論点はバラバラで、一様にその実効性について疑問を呈している*16。

全国都市計画協議会において、都市計画東京地方委員会が国土計画及び地方計画に関する議題を提出したことは、都市計画史上、一つの転機であったと言えるが、各技師の国土計画及び地方計画に対する理解の低さ、あるいはわが国における国土計画及び地方計画の熟度の低さが露呈した形となった。

こうした国土計画及び地方計画をめぐる画餅論に、強烈な危機意識を有し、独自の地方計画論を構築・提唱したのが石川だった。

一九三八年(昭和一三)、ついに石川の地方計画論が呈される。

本章の冒頭で引用したように、ちまたの地方計画画餅論にいらだっていた石川は、自身の問題意識に向き合い、ようやく肉厚の地方計画論を形にすることができた。

*15　石川栄耀(一九四一)、『日本国土計画論』、三頁、八元社

*16　都市研究会(一九三六)、「第三回都市計画協議会記録」、『都市公論』19巻8号、七一―一五八頁、都市研究会

まず、地方計画の構成について明らかにしている*17。都市計画、農村計画、地方計画の位置づけを、それぞれが負担すべき仕事内容に基づいて示した*18。

まず、地方計画を、純粋地方計画と実際地方計画に分けている。純粋地方計画の概念は、石川のオリジナルであり、都市計画と農村計画の「有機組成」の技術のみであるとしている。この「有機組成」とは、ある一定地域内において、各集落の機能を殊別化し、統合させるといった考え方である。つまり、都市と農村の適正配置とネットワーク化のみが、純粋地方計画の内容である。一方、実際地方計画を、純粋地方計画に加えて、都市計画や農村計画における各種施設の整備を含めたもの、つまり、世間一般で用いられている地方計画を指している。石川の主張は、純粋地方計画の概念に示されているように、地方計画の概念を明確化、具体化することにあった。

純粋地方計画と都市計画との違いについては、前述の村落計画手記で示されている点（都市と異なり農村は必ずしも人口は増加しないこと）から、純粋地方計画は、大都市を犠牲にしてまでも衰退しつつある地域の救済計画でなければならないとする。さらに、都市計画はあくまで自由主義的発展を前提にしているため産業内容には関与しないが、純粋地方計画は全体主義的観点から各集落の機能の種別化・統合を行い、その際には文化計画が先行しなくてはならないとする。

以上、地方計画の構成を明らかにしたところで、石川はその実現手法について考える。都市計画については、都市が抱える問題（人口・交通の集積、混乱）を、建築的土木的な計画技術によって十分解決可能であるが、地方計画については、問題が社会的経済的範疇に及んでおり、その解決手法において、建築的土木的技術は脇役にすぎないと石川は喝破する。

＊17　石川栄耀（一九三八）、「主題主義地方計画の提唱」、『都市公論』21巻6号、三二頁、都市研究会

＊18　石川による地方計画の構成

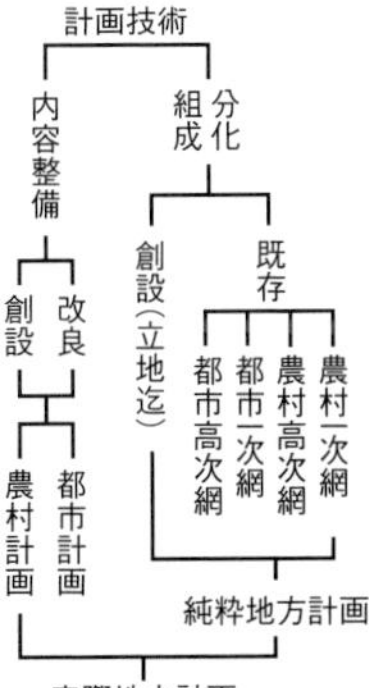

地方計画においては、問題の深淵を覗かない限り、解決は困難だと言う。

だがリアリストである石川は、問題を正確に理解した上で地方計画を実行する、という理想論を振りかざすのではなく、現段階で技術者としてできることを模索するのであった。そこで考え出されたのが「主題主義」である。

地方計画は、官僚や技師が独断的に、欧米の都市計画技術や地方計画論を模倣して同質的に実行するのであってはならない。あくまでその地域社会に存在する共通の考え方―社会通念から出発し、地方計画によって解決すべき問題を入念に吟味することで、計画の主題を決定し、事業へとブレークダウンすべきだと言う。現代から考えれば、あまりに当然の考え方であるが、当時欧米の建築土木技術を絶対的に信奉していた技術者が少なくない中にあって、あくまで地域の有する問題に主題を置く石川の考えの普遍性が浮き立つ格好となる。

主題主義地方計画とは、技術論ではなく、地域社会が共有できるビジョンの重要性を説いたものといえる。技術はあくまで手段であり、社会的意義が伴わなければ意味がないのである。

2——地方計画論から国土計画論へ

ナチス国土計画への憧憬

ナチス・ドイツの国土計画は、内務省技師の北村徳太郎＊19によってわが国に広く紹介された。北村は内務省の命を受けて、一九三五年（昭和一〇）七月から一九三六年三月までヨーロッパをまわった。名目上の目的は、ロンドンでの国際都市計画会議への出席であったが、実質的な目的は、国土及び地方計画に関する調査、とくにドイツにおける国土計画の調査であった。こうして、石川もまた、懇意にしていた北村から報告を受けたのであろう。

ドイツの国土計画は、第一次世界大戦後、資本主義の行き詰まり、地域計画の限界を踏まえて、徹底的な中央集権によって策定・実行された。一九三三年、国家社会主義ドイツ労働者党（ナチス党）のヒトラー政権が成立すると同時に、第一次四箇年計画を策定、大都市及び工業地帯を全国の農地—とくに開墾地に分散させ、そこで新しい村や小さな町を造らせた。これを定住地計画（ジードルング）といって、半農生活をさせたりして定住化を進め、市民同士の親交を深めさせた。また早々に自動車国道の建設に着手し、国土計画の前提条件を整備した。

ナチス・ドイツの国土計画に関しては、今でこそ比較的客観的にその概略を掴むことができ＊20、ここでは詳述を避けるが、当時のわが国においては、前述したように、北村が大きな接点であった。恐らく、一九四〇年から四二年にかけて内務省が発行した『独逸国中

＊19 北村徳太郎（一八八五—一九六四）

戦前は内務技師として公園緑地行政を統括、緑地の概念を導入した。戦後は東京農大教授、東大教授として活躍。長年公園緑地に関する理論の研究と行政実務の指導に尽くし、日本公園緑地協会を設立した。

＊20 ナチス・ドイツの国土計画については、祖田修（一九八二）による一連の研究に詳しい。祖田修（一九八二）、「ドイツの田園都市運動」、『龍大経済経営論集』22巻1号、祖田修（一九八二）、「ドイツにおける地域計画の成立」、『龍大経済経営論集』22巻2号、祖田修（一九八二）、「ナチス・ドイツ下の国土計画」、『龍大経済経営論集』22巻3号、なお一連の研究は、祖田修（一九九七）、『都市と農村の結合』、大明堂にまとめられている。

央計画叢書』*21は、ナチス党定住事業局が研究発表したものを、北村が中心となって翻訳したものである。簡略化された挿絵が多く取り入れられており、わかりやすい内容になっている。戦時中のわが国において、ナチス・ドイツの国土計画に触れようとした者は、まずはこの叢書に辿り着いただろう。この叢書に掲載されている課題計画という名の表が、石川の著書にそのまま掲載されていることからも、石川もまたこの叢書からナチス・ドイツの国土計画の理論を摂取したのだろう。

石川は、このドイツの国土計画に心酔した。

「ドイツの国土計画は先づ今のところ、完成されたものの一つだといわれていいのである。兎に角、その形式からいっても、その精神からいっても、まことに中分のないものだといえそうである」*22

しかし、リアリストである石川は理論だけでは飽きたらず、ナチス・ドイツの政治状況についても絶えず注目していた。事実、ナチス・ドイツの国土計画は、科学的な理論に基づくものであるものの、それを迅速に推進する強権的な政治基盤があってはじめて、実現するものであったからである。恐らく石川は、何らかの手段を用いて、ナチス・ドイツの政治状況に関する情報を継続的に得ていたのだろう。前掲書で、ヒトラーによる独裁体制があってはじめて国土計画が実現するのだと断言しているが、ただこの叢書を読みこんだだけではこのようには結論し得ないのである。

ただし、ナチス国土計画の推進体制は必ずしも一枚岩ではなかったとされている。北村が翻訳したナチス党定住事業局による研究は、ナチス政権成立後まもなく（一九三四年）失脚

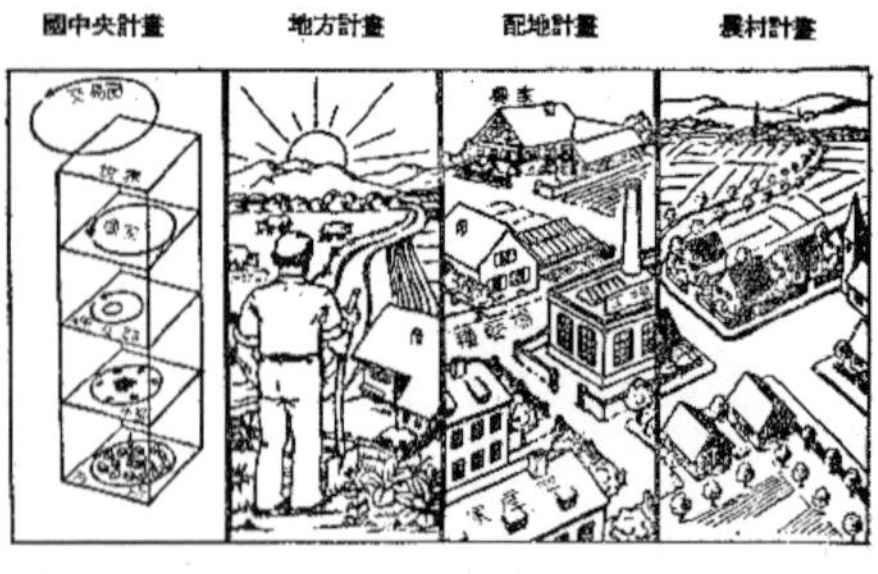

國中央計畫はドイツ國土の定住事業に對する大方針を創設せねばならぬ。

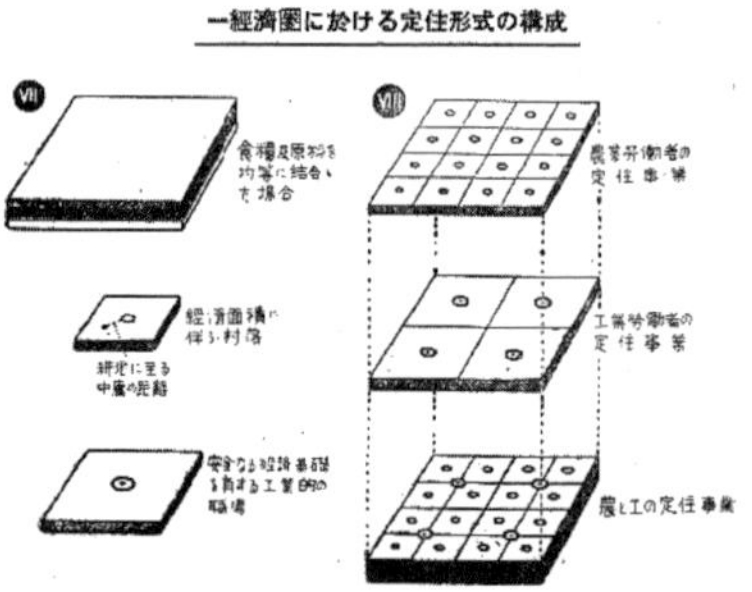

した土木技師ゴットフリード・フェーダー（G.Feder）のあとを受けた、ヨハン・ヴィルヘルム・ルードウィッチ（J.W.Ludowici）が中心となって取りまとめたものである。ルードウィッチ自身、農民と基幹労働者＊23から構成される自律的経済圏を各地域に配置することを目指し、体系的な国土計画論をまとめあげた。

一方で、「科学の総力をあげて空間研究を進め、国土計画を総括的に方向付ける」ことを目的として、一九三五年一二月に帝国国土研究所が設立された。所長に任命されたコンラート・メイヤー（K.Meyer）は、農村計画学者であり、ルードウィッチ同様、郷土に根付いた自律的経済圏の構築に向けて徹底的な地方分散を目指す、といった大きな方向性では軌を一にしていた。しかし、その間に齟齬が生じたのは、理論と実践、両者に対する強弱の付け方であった。

メイヤーは、ヴァルター・クリスタラー（W.Christaller）の中心地理論などに依拠した科学的実証的空間研究に基づく分散論を訴えていたのに対し、ルードウィッチらは、まず理想とする経済圏の構成を既定のものとし、その経済圏構築のため、実質的には防空対策のための強権的分散論を訴えた。前者の分散論は、めまぐるしく移り変わる戦局の中で徐々に遠ざけられ、後者の分散論を中心に軍事色の強い国土計画へと移行していった。当時の世界的な潮流や、ナチスという独裁的な政治体制の下では、当然の帰結であったと言える。

北村は、帰国後国土計画研究所の設立に奔走したことからも、前者の科学的実証的国土計画研究に同調したものと思われるが、石川は名古屋での区画整理実現に至る苦労など、様々な現場を経験する中で、理論だけでは物事が進まない世界を十分に知っており、実践を重視する後者の考え方にも理解を示したのかもしれない。あるいは、徹底的な中央集権に基づくナチス国土計画に小気味よさを覚え、当時のわが国においても適用させる可能性

＊21 『独逸国中央計画叢書』の挿絵（前頁）

＊22 石川栄耀（一九四二）、『国土計画の実際化』、二〇頁、誠文堂新光社

＊23 基幹労働者（Stammarbeiter）とは、祖田に依れば、一戸当たり一五〇〇～二〇〇〇㎡の耕地（菜園）と家とをもち、商工業に従事する労働者である。自律的経済圏の構成員として、農民だけではなく労働者もまた郷土に根をおろすべきとの考え方から発想された。いわば一定の資産を有する、土や郷土に結ばれた安定的中産階級の育成を目指した。

を見出したのかも知れない。いずれにせよ、ナチス国土計画は、当時のわが国および石川の国土計画・地方計画の計画論に大きな影響を与えた。

国土計画を必要とした時代

国土計画という言葉は、遅くとも一九二六年（昭和元）にはすでに登場していた。それは当時の内務省事務官、飯沼一省*24によるもので、「国土計画論」という小論が発表されている。「土地の最適用途を基礎として國土計画は立案せられねばならぬ」*25と、現存する国土計画の存在意義を見事にとらえており、飯沼の慧眼に敬服せざるを得ないのであるが、当時は、国土計画と聞いても、ピンとくる人間は極めて少なかったであろう。

わが国において、国土計画が熱を帯びてきたのは、前述のように、一九三六年、北村徳太郎の訪独からの帰国以後である。詳述は避けるが、北村が紹介したナチス・ドイツの国土計画は、戦時体制下のわが国にあって、熱狂的な支持を獲得した。これをきっかけに、ナチス・ドイツの国土計画研究が進み、わが国においても国土計画策定の機運が盛り上がっていった。一九四〇年（昭和一五）には、わが国においてはじめての国土計画である「國土計画設定要綱」が企画院によって策定、閣議決定される。「国土計画設定要綱」をはじめとした戦時中にオーソライズされた国土計画は、企画院第一部第二課および第三課に設置された国土計画セクターをはじめとした官僚主導で策定された。事務官は総勢二五名のほか、嘱託職員等若干名を要する大所帯であり、加えて国土計画研究所も設置され、国土計画の研究に当たった。企画院総裁顧問に迎えられた元東大教授の経済学者田辺忠男は、いわゆるブレーンであり、時間をかけて計画を策定することを切望したが、時局はそれを許さず、田辺は結局顧問を辞退、国土計画の策定は暗礁に乗り上げてしまった。

*24 飯沼一省（一八九二―一九八二）

東大法学部卒業後、文官として内務省に入省、都市計画局事務官として海外の都市計画制度の研究にあたり、田園都市の考え方や受益者負担制度等の手法を日本へ導入した。エベネザー・ハワードやレイモンド・アンウィンとも交流があった

*25 飯沼一省（一九二六）、「国土計画論」、『自治研究』巻1号、三〇頁、良書普及会

このような流れにあって、石川の国土計画論は、石川自身国土計画を策定する役職になかったこともあって、当時多く発表されていた国土計画に関する論考の一つとしてとらえられ、決して特別な注目を浴びることはなかった。あまたの国土計画論者の一人にすぎなかった。

石川が「国土計画」という言葉を冠する論説をはじめて発表したのは一九四〇年であり、そのときすでに国土計画という言葉は、多くの人間の手垢にまみれていたのであった。というのは、国土計画と言っても、当時の全体主義、国家主義を反映させ、「国家全体の立場から考えるべき」といった考え方を、単純に、「国土計画的見地から考える」と曲解したものがほとんどであったのである。当時の流行に乗じて「国土計画」という言葉を用いただけで、国土計画そのものについて深い思考を経たものは数少なかった。

しかしながら、石川の国土計画論は、そのような他の論者と異なり、十分な醸成期間を経ただけあって、石川自身の問題意識が存分に反映されているのであった。

それにしても、なぜ石川は、それまで国土計画という概念に触れていながら、一九四〇年に至るまで「国土計画」という言葉を冠する論説を発表しなかったのか。

石川は初めて「国土計画」を冠した論文の冒頭で、その理由を述べている。

「先日、自分は、ある人に有馬頼寧さんの無雷庵雑記を読め。お前が叩かれてるぞと言われたので買ってみた。成程国土計画と言うとこで叩かれたと言えば叩かれ教えられたと言えば教えられてる」*26

有馬頼寧は大正・昭和期の政治家で、当時はラジオ番組を持ち、博学な評論家としての

*26　石川栄耀(一九四〇)、「『国土計画』を農業との関連に於て」、『農村工業』7巻8号、一一頁、農村工業協会

顔も持っていた。（戦後中央競馬会の理事長に就任しており、有馬記念競馬は彼に由来する。）

そんな有馬が、「都市計画より国土計画へ」という評論において、結果として都市集中を解決できなかった都市計画に、そしてその擁護者である石川に苦言を呈しているのである。

「石川技師が都市集中の弊は其原因資本にありといわれた。真に其通りである。都市計画は都市集中に弊害を出来得る限り軽減すべく努力し来ったものであるといわれたことも亦首肯される。（中略）併しそれでは国は救われない。（中略）私は茲に提唱する。国家百年の大計は単なる都市計画を以て遂げらるべきでなく、否寧ろ其事自体が国を危くするの原因となっている」*27

それまでの石川は「都市計画」にこだわりながら、都市の弊害と闘ってきたのだが、有馬の一言がきっかけとなり、以降、堰を切ったように、手垢にまみれた「国土計画」を論ずるようになる。

*27　有馬頼寧（一九四〇）、『無雷庵雑記』、一七五―一七六頁、改造社

国土計画に関する活発な著作活動

石川はその生涯で一八冊もの著作を手がけるが、うち一一冊は、一九四一年から一九四四年の四年間、つまり戦時中に集中的に出版されていることは特筆に値する（下表）。その内容は、表題からもわかるように、国土計画に関するものが多い。

戦争への国民総動員という要請のために社会的・文化的資源をも利用しつくす国家総動員体制が布かれた時期に、これだけの著作を世に送り出すことができたのは、石川という一人の知識人に、戦時における積極的役割が国家によって認められたためであろうし、一

表　石川の著作一覧（1941-1944）

年	月	著作
1941（昭和16）48歳	3月	『日本国土計画論』八元社
	4月	『防空日本の構成』天元社
	10月	『都市計画及国土計画　その構想と技術』産業図書
1942（昭和17）49歳	3月	『増補改訂 日本国土計画論』八元社
	6月	『戦争と都市（国防科学新書I）』日本電報通信社
	8月	『国土計画:生活圏の設計（河出書房科学新書38）』河出書房
	11月	『国土計画の実際化』誠文堂新光社
1943（昭和18）50歳	3月	『都市の生態』春秋社
	6月	『国土計画と土木技術』常盤書房
1944（昭和19）51歳	3月	『皇国都市の建設』常盤書房
	7月	『国防と都市計画』山海堂

方で石川もまた、したたかにそれを利用したのであろう。

一言一句まで厳密にチェックされた当時の出版検閲制度の下で、「安寧秩序の紊乱」あるいは「風俗壊乱」を理由に発売頒布を禁止されたり、削除処分を受けた多くの図書があった。また、紙が不足して配給制となり、国家の方針に迎合しなければ出版社は紙を支給されない状況であった。このように、一般に著作活動が非常に厳しく制限される中で、石川の筆はとどまるところを知らなかった。なお、『国土計画―生活圏の設計』の巻頭には、石川が既に手がけた他の著作ならびに執筆中の著作が一覧されているが、執筆中のものとして、『東亜都市論』（朝倉書店）、『大都市処理論』（松山書店）といった、実際には出版されなかったものも掲載されている。何らかの理由で出版には至らなかったのであろうが、少なくとも石川は表に示されているもの以外の著作活動も行っていたのである。

石川の戦時における活発な著作活動は、国家にとって都合が良かったと同時に、石川にとっても、国土計画の専門家のみならず、市井に対しても自身の名前や考えを浸透させることになった。後述するように、これらの著作は、戦争を賛美することに重点が置かれているのではなく、石川のこれまでの都市計画論・国土計画論がしっかりと盛り込まれているのである。しかし、この時期の著作活動により、戦後以降も全体主義的イデオロギーの追随者とのイメージが一部につきまとうこととなる。

生活圏構想――国土計画論の科学的根拠

一九三〇年代後半から、さまざまな論者によって多くの国土計画に関する著作や論文が出されるが、その内容はどれも似通ったものであった。例えば、欧米の国土及び地方計画を範にとった抽象論、理論的根拠のない工場分散必要論、極右的立場からの国粋主義的論説等々である。つまり、わが国において「国土計画とは何か」「国土計画がなぜ必要なのか」「どう実現していくべきか」という根本的な議論のないまま、時代の熱気に圧されて書かれたようなものがほとんどである。

その中で、石川の国土計画論は、少なからず時代の熱気を受けてはいるものの、異彩を放っていた。理論的であり、日本的であった。

石川の国土計画論は、一九四一年に発行された『都市計画及国土計画　その構想と技術』で詳らかになる。

この著書において、国土計画論、国土計画の理論が一般化された。このような明快な理論を提示した人間は、当時において極めて希有な存在であった。各国固有の国土計画があるといわれる中で、非常に挑戦的な試みであった。

ここで石川の最も大きな業績として挙げられるのは、国土計画及び地方計画の分類を行ったことである。統制主義と調整主義、振興主義と再編成主義といった具合に、各国の国土計画を見事に類型化してみせた*28。

また、前章において石川は都市計画の技術を「都市に於ける土地を根基とせる物的構成要素を布置し整備し、これを都市に適応せる交通機関にて組系する技術なり」と述べたように、「要素」「布置」「整備」「組系」という概念で説明したが、こうした考えは、国土計画及び地方計画の技術の説明にも応用された。すなわち、下図のように、「地方圏の定立」「資源調査」「整備」「組系」という四段階で示されており、都市計画のそれとは若干異なる。ここで、都市計画と国土計画及び地方計画の技術的差異について、石川自身による説明を表にまとめた*29。

国土計画の技術について、都市計画との比較において端的な違いは、「布置」が自由でな

*28　国土計画の分類。出典＝『都市計画及国土計画』掲載表を筆者一部加筆

- 政策的に
  - 統制主義（主体国土計画）＝甲地方（広）計画
  - 調整主義（主体地方計画）＝乙地方（広）計画
- 技術的に
  - 単位地方計画
    - 主として乙によるもの
      - 再編成地方計画
        - 大都市処理地方計画
        - 工業地方処理地方計画
      - 振興地方計画
        - 鉱業振興地方計画
        - 工業振興地方計画
        - 農業振興地方計画
        - 観光慰楽地方計画
        - 公共施設地方計画
        - 地方強化地方計画
    - 主として甲によるもの
      - 再編成、振興両者が「厚生」を基調とする
  - 総合地方計画（甲、乙）
  - 国土計画（甲のみによる）
    - 再編成性国土計画
    - 振興性国土計画

*31　石川栄耀（一九四四）、『皇国都市の建設―大都市疎散問題』、一九九頁、常盤書房

*32　クリスタラーと石川の関係について言及している研究に、杉浦芳夫（一九九六）、「幾何学の帝国―わが国における中心地理論受容前夜」（『地理学評論』六九A―一二）がある。

いことである。つまり、都市計画に比べて、国土計画及び地方計画は、計画者サイドの意図をそのまま実現することが難しいのである。計画者サイドは、地方圏の大きさや特徴、資源の有無といった地域特性を十分に酌み取り、その特性にできるだけ即しながら、「整備」「組系」を進めていかねばならないのである。

この「成圏」「整備」「組系」といった技術的概念は、石川独自の生活圏構想*30に裏付けられる。一九三九年（昭和一四）一一月六日の第三回人口問題全国協議会においてはじめて披瀝されたと推察される生活圏構想は、石川による独自の構想で、生活圏計画を「一個の完成せる国民が必要な文化施設を求め得るような環境を整備し与える計画」*31と説明している。つまり、当時過大となっていた大都市を小都市に分散させるという課題の中で、大都市だからこそ享受できたメリットを極力減退させないための都市構造のあり方である。経済学者たちは、小都市への分散は経済力の低下を招くとして断固拒否する者がほとんどであったが、石川は経済力や生産性の問題のほかに、否それ以上に大都市のメリットが存在すると考えていた。それは、大都市だからこそ胎動した都市文化であった。この文化が享受できなければ、いくら強権的に大都市住民を小都市に移住させても、いずれ彼らはまた大都市に引き戻されるであろうと考えていたのである。

では、石川はどのようにして、生活圏構想の着想へ至ったのであろうか。これに関しては、クリスタラーの中心地理論がドイツ国土計画者に伝わり、ドイツ国土計画を調査していた北村徳太郎や伊東五郎を通じて石川に紹介され、生活圏構想のヒントになったと推察する研究がある*32。事実、『都市計画及国土計画 その構想と技術』の中で、G・フェーダーの著書『Die neue Stdat（新しい都市）』に触れており、フェーダーが理想とした二万人都市*33において、「月末中心」「週末中心」「日常中心」とヒエラルキーを伴った広場を設けている点に感

*29 国土計画及び地方計画の技術。出典＝『都市計画及国土計画』掲載表を筆者一部加筆

- 地方圏の定立
  - 資源調査
  - 整備
  - 組系
  - 成圏
    - 圏の大きさの決定
    - 圏内地帯の機能別
  - 都市の機能定立とその系列化

都市計画と地方計画の違い

	都市計画	地方計画・国土計画
構成内容	商業・工業・文化施設・行政中枢・居住施設等	大部分は、大面積の農業地域、一部に未開発資源
行政単位	行政が単一であり、統制をうける単位が個人であるから布置計画はかなり自由	行政庁が複合し、統制をうける単位が都市農村等の共同体で布置は自由でない
人口の増減	人口密度大且つその増加も大きい為交通施設等公私企業に計画性を持たせ得る	人口密度小且つその増加は不透明な為公私企業に計画性を持たせる事は困難

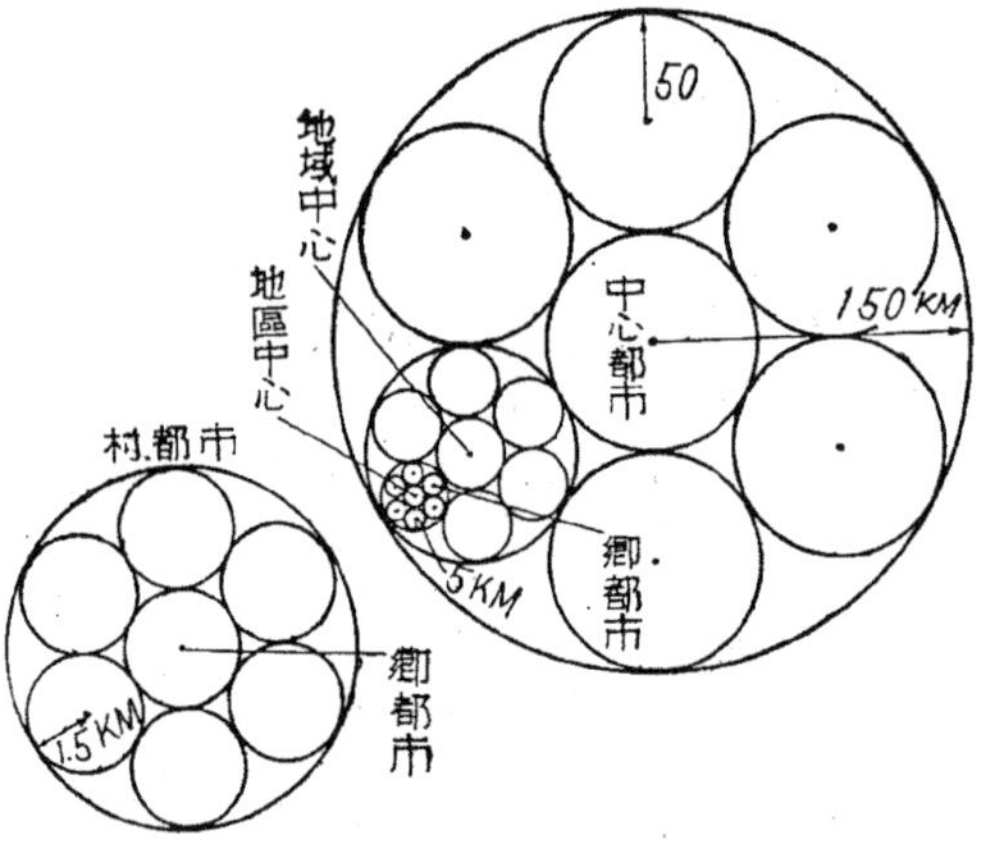

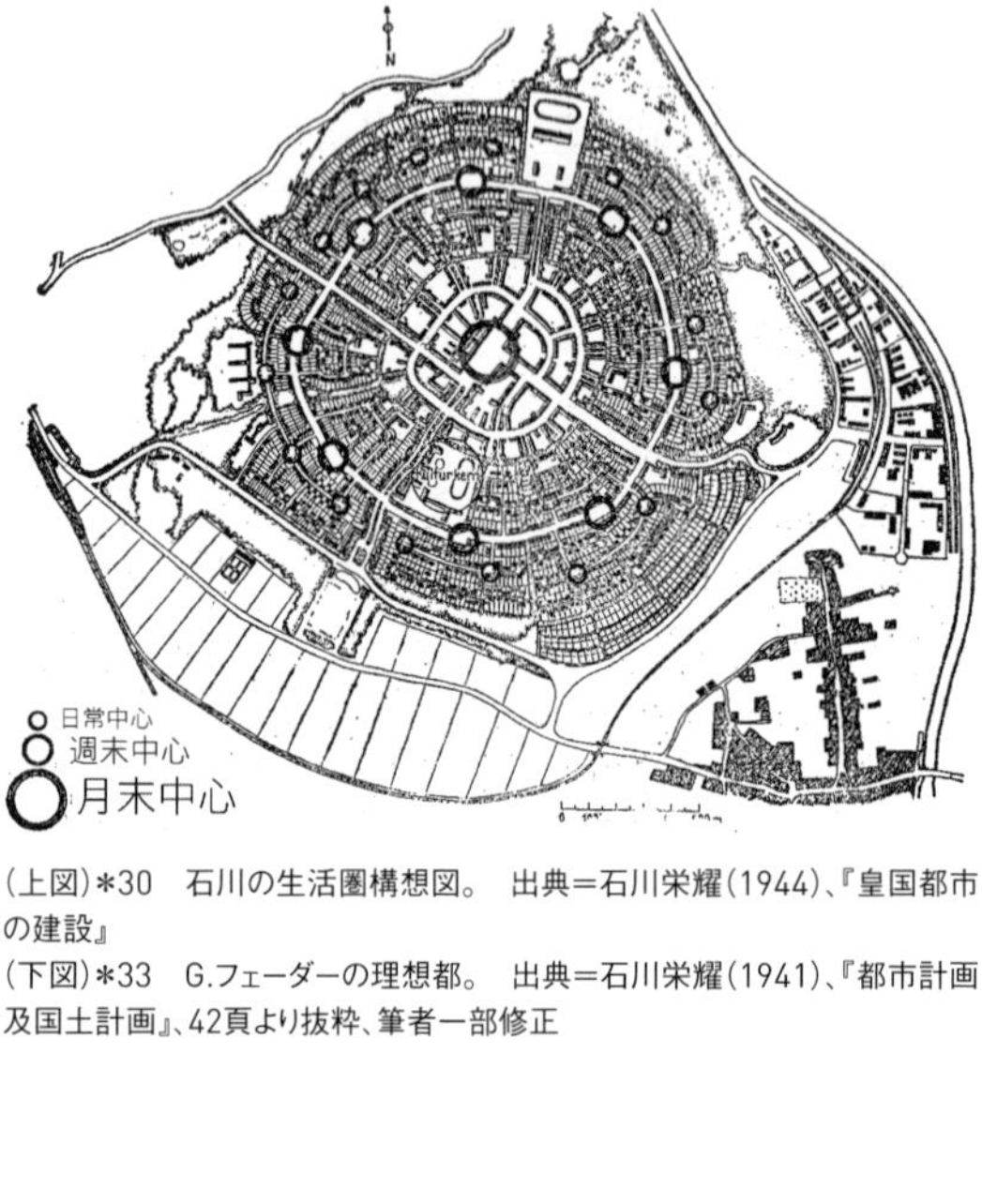

(上図)*30　石川の生活圏構想図。　出典＝石川栄耀(1944)、『皇国都市の建設』
(下図)*33　G.フェーダーの理想都。　出典＝石川栄耀(1941)、『都市計画及国土計画』、42頁より抜粋、筆者一部修正

銘を受けている。加えて、フェーダーをはじめとするナチス国土計画論者の根底にある農本主義を、石川も踏襲している。

しかしながら、生活圏構想の着想は、クリスタラーの受容のみならず、それ以前に他の海外の研究や、石川の内発的な動機も当然あったと考えられる。

処女作となる愛知県における調査『都市動態の研究』（一九三二年）、前述の村落計画手記（一九三二年）などの研究では、濃尾平野におけるすべてのさまざまな大きさの聚落について、聚落中心と聚落論を実証的に明らかにしている。この考え方は、その内容からして、生活

圏構想に到達する前の萌芽的研究として位置づけることは十分に可能である。その証左として、「村落計画手記」の最後で、地方計画規準図形試案が提示されているが、その図は、都市のヒエラルキーとそのレベルに伴う空間的位置関係という意味においては、後の生活圏構想と酷似している[*34]。その際、最も中心に位置する大都市と、もう一段階下の第二次中心都市との距離（r）については、まだ一つの結論が出ていないようで、距離が大きい場合と小さい場合の二パターンが用意されている。

なお、以上の都市動態を研究する動機づけとなったものの一つが、前節で触れたオーガスタス・ヘイズ（Augustus Washington Hayes、一九二一）のTrade Areaの考え方であった。石川は、このアメリカ人による空間モデルを、日本の都市・農村で実証しようと試みたのである。

さらに、もう一つ、生活圏構想の着想に影響を与えたと考えられるものは、一九二四年、石川がアムステルダムにて目にしたアーサア・コミィ（Arthur Coleman Comey）のRegional planning theoryである。石川はコミィによって初めて国土計画（National Planning）という言葉に触れるのだが、その内容にも理解を示している。前述したとおり、海外の地方計画論を渉猟した石川は、コミィの地方計画論を、局所的療法ではなく、初めから人口を国土全体に分散している点、すなわち国土計画的な思考が盛り込まれている点で、他の地方計画論に比べてその先進性を評価している。コミィによる図[*35]も、やはり都市のヒエラルキーを示した入れ子構造的な要素が見られるのであり、その影響を排除して考えることは難しい。

このように、さまざまな研究が石川の生活圏構想に影響を与えたと考えられ、石川自身のオリジナリティをここで厳密に評価することは難しい。いずれにしても、石川の生活圏構想は、都市農村動態を把握するための手法となり、のちの国土及び地方計画の研究の軸

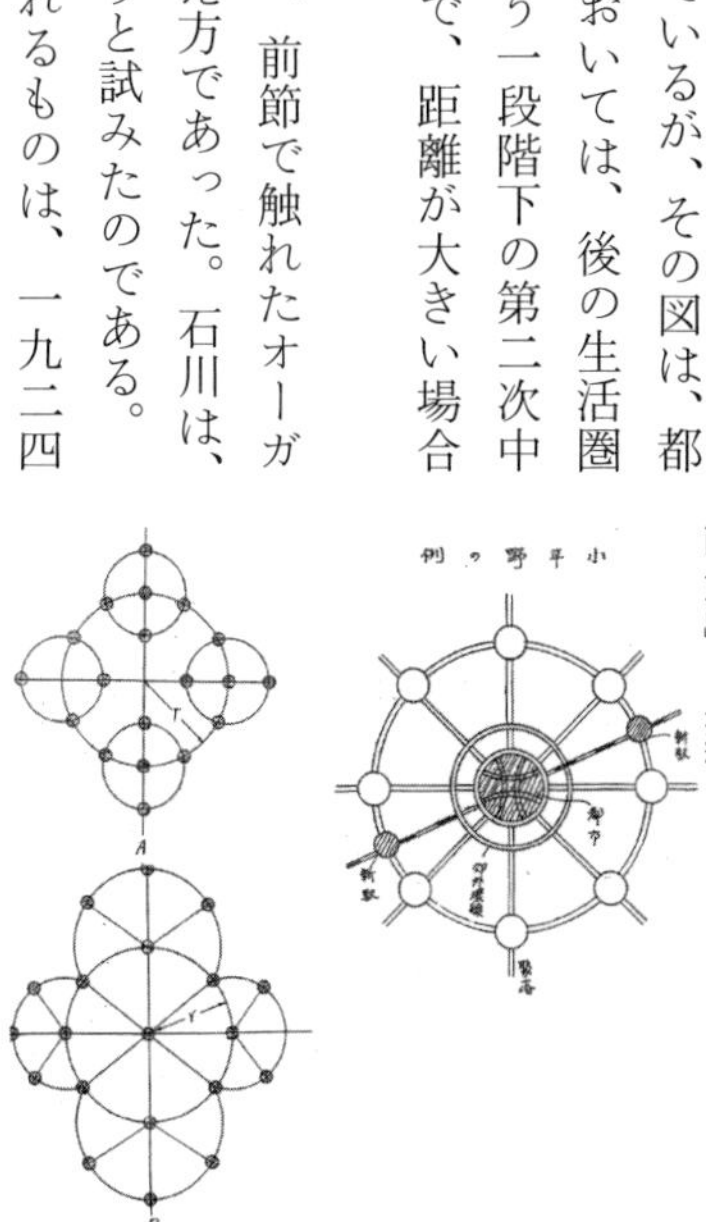

＊34　地方計画規準図形試案。出典＝「村落計画手記」より抜粋

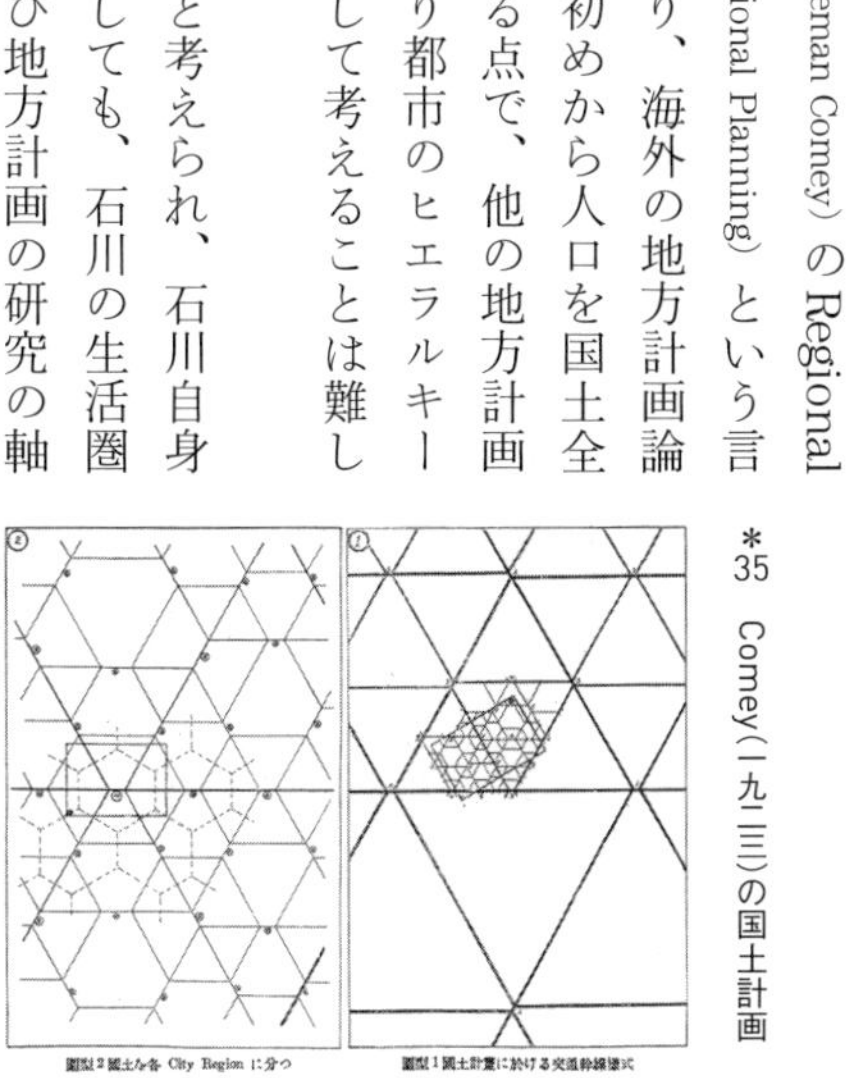

＊35　Comey（一九二三）の国土計画

となっていく。

石川の生活圏構想は、労働よりも生活、経済よりも文化、生産よりも消費を重視していた点で、当時としては非常に斬新な構想であった。なぜなら当時は、いわゆる「経済学の父」アダム・スミスが国富論第二編第三章に示しているように、「勤勉で真面目で富裕な生産者」と、「怠惰で自堕落で貧乏な消費者」という構図が常識的であったためである。それだけに、経済畑からの非難は無視できないものがあった。

その端的な例が、当時商工省国土計画係の顧問であった吉田秀夫*36との応酬であった。一九四一年(昭和一六)、吉田が『都市問題』誌上で、石川の全国人口問題協議会での「国土計画の主要議題―生活圏構成に関する試論」に対して意見する*37。国土計画の理想像としての生活圏構想に対しては条件付き賛成、それに向けての手段に対しては、やはり工業の分散しかないことを強調し、石川にそれ以外の手段の有無についての意見を求めている。吉田は、石川の考えに対して多少の誤解も散見されるが、全体的に感情的で手厳しい。東京が過大であることに対してすら疑問を覚えている。

これに対して石川は、「消費」よりも「生産」が重要だと主張する吉田に対し、「六〇歳を越えた人間が生産に関与しなくなった時、彼は人間ではないとはいえそうもない」といった皮肉も加えつつ、人間が「消費」することの重要性を訴える。さらに、とにかく工業の分散こそが国土計画の最重要課題だと強く主張する吉田に対し、工業が農村に与える影響を勘案しつつ、工業都市と農業都市の配置バランスを考慮すべきだと訴える*38。

翌々年には、両氏はある座談会*39において同席する。前年に商工省による工場の地方分散政策が実施に移され、ほとんど無計画に多くの工場が農地に進出していた。その中心的役割を担っていた吉田は、多くの現場に立ち会い、現場の声を聞いたのであろう。農村は

*36 吉田秀夫(一九〇六―一九五三)

経済学者(経済学博士)。新潟県生まれ。東北帝大経済学部卒。大倉高商教授、大阪商大研究員等を経て、商工省国土計画係顧問。著書に『経済学原理』『国防国土学』『大東亜国土計画論叢』等。戦時中の工場の地方分散に大きな役割を果たした。

*37 吉田秀夫(一九四一)、「国土計画と工業の再配置―石川栄耀氏の所説に触れて」、『都市問題』32巻1号、一三七―一四七頁、東京市政調査会

*38 石川栄耀(一九四一)、「国土計画と工業の再配置―吉田秀夫氏の所説に答えて」、『都市問題』32巻2号、三三五―四三三頁、東京市政調査会

*39 石川栄耀、吉田秀夫、佐藤弘、美濃口時次郎、平野真三、内田正(一九四三)、「『国土計画と地方都市建設』座談会」、『官界公論』9巻94号、二一―二二頁、官界公論社

他の地域にとられまいと無条件で工場を誘致するし、工場側は労働者として地域の若い農家を根こそぎ奪うなど、地域に対する配慮は全くないという。吉田は、このように急激な工場の農村への進出によって第二の東京が生まれることを危惧し、もう少し農村・農業に配慮した都市計画の必要性を延々と語っている。つまり、吉田は現場で指導する立場となって、工業だけではなく農業のことも総合した「地域」について考慮する必要が生じ、実質的に石川の国土計画論に近接していくのである。

このように、戦局の進行とともに、防空対策の必要性、つまり大都市の工場や住民の疎開の必要性が高まっていき、経済畑の人々と石川との間に横たわっていた溝は埋まりつつあった。同時に、石川の国土計画論は、徐々に各方面へと浸透していく。終戦直後の内務省による「復興国土計画要綱」では、国内を一一の地方圏に区分、中心都市地区を設定、主要都市について一級〜三級の区分を行っている点で、明らかに生活圏構想的方法論の影響が見受けられるのである。

この方法論について、大林順一郎による批判がある*40。生活圏構成調査に用いる指標の偏奇や、生活圏構想は机上の空論であって、これが現実生活に実質的貢献を果たすとは思えないという点で非難される。大林の生活圏構想に対する理解不足もあるが、確かに石川の生活圏構想はやはり試論的段階を超えるものではなかったかもしれない。

戦後しばらくの間は、わが国の国土計画はアメリカ型、すなわちTVA方式*41に代表される地域開発手法が主流となり、全体主義的色彩を有する生活圏構想の理論や手法はほとんど顧みられず、精緻化されることがなかった。再び生活圏構想が浮上するのは一九六九年(昭和四四)の新全総であり、急速な工業化による過密・過疎の進行に対する行政的アプローチとして、生活圏が地域開発の単位とされた。以降の全総でも、生活圏はその名前を変え

*40 大林順一郎(一九四八)、「国土計画の方法論について—石川栄耀氏の圏域構成への批判」、『新都市』2巻3号、八-九頁、都市計画協会

*41 テネシー川流域開発公社(TVAはTennessee Valley Authorityの略称)による地域開発方式。一九三三年、ルーズベルト米大統領が一九二九年の世界恐慌の対策として実施したニューディール政策の一環として、多目的ダムやレクリエーション施設などの建設を中心とした総合開発。戦後日本の地域開発に大きな影響を与えた。

ながらも脈々と生き続け、現在もなお国土計画の基本単位として位置づけられているのである。すなわち、石川の生活圏構想は結果的に、大林の評するような机上の空論ではなく、試論として、構想として先駆的で、魅力的であった。

人間と文化の国土計画論へ

経済畑の学者たちにも大きな影響を与えた生活圏構想、この根底には、どのような思想が潜んでいたのか。

石川は友人への手紙という形式において述懐している。

「実際日本の国土計画論で今迄何となく誰でも何か大切なものが抜けてる事を感じてた。それが人間と文化である事が近頃やっと解って来た」*42

と言う。さらに、

「いう迄もなく人間の精神は環境がこしらえてゆく。ナチスはそれを『土地を有ち、家を有ち、郷土と血縁を結ぶ事によって』という。俺はその上に『社会』の構成によってと加える。事実人間は自分が社会の重要なる一因子である事を識り、その母体たる社会が大きく美しく結成されてる事を確認した時最も豊かであり、賢く、健やかだ」*43

と言う。ここに、石川国土計画論の哲学が示されている。ここで述べている社会とは、

*42　石川栄耀(一九四一)、「『国土計画はものになるか』―東北の山村の兒友に」、『道路』3巻1号、七四頁、日本道路協会

*43　石川栄耀(一九四一)、「『国土計画はものになるか』―東北の山村の兒友に」、『道路』3巻1号、七四―七五頁、日本道路協会

「コミュニティ」であり、やはり、「人間と文化」が強調されているのである。聞こえは良いが抽象的な「人間と文化」というキーワード、そのヒューマニティにあふれた石川国土計画論をどう実現していくかについては、次の箇所に示されている。

「我国においても国土計画は大都市においては新しき商店街増設を希望しないであろう。

而してその反動として素晴らしき僥倖をうけるのは地方小都市でなければならない。

地方小都市はその能力に応じ工業を付与せられ強化せられる。

これによって地方の商業が振興せられる事はいうを俟たない。

（中略）

殊に自分は商店街が完全市場となる以前に地方商店街に一つの黄金時代が来るのではないかと想像する。

それは国土計画当然の仕事として国民の郷土定着化を図りその為に国民に土地と家屋を所有せしめ又地方にパンと消費の中心を与える。そうした事の為に地方地方に強力な消費中心たる商店街を確立せらるるのではないかと思う」*44

石川の国土計画論において重視されていた「人間と文化」が、ここで「消費」「商店街」という具体的構成に置きかえられ、石川色はより明確になる。このような、国土計画と商店街を結びつける構想力こそ、石川国土計画論の醍醐味だといえよう。

*44　石川栄耀（一九四二）、「『国土計画はものになるか』――東北の山村の兒友に」、『日本国土計画論』、三一二―三一三頁、八元社

戦争に翻弄された国土計画・都市計画

国土計画という言葉が頻出するようになると、その「国土」という言葉がクローズアップされ、いわゆる都市計画を含めた空間計画は、国家の抱える諸問題と密接に結びつくことになった。

一九三六年（昭和一一）の二・二六事件、翌年の防空法、翌々年の国家総動員法を契機に、全面的な戦時体制に入っていったわが国では、ナチス・ドイツの国土計画に大きな影響を受け、それに倣った国土計画の策定が急務とされた。防空対策を主眼としたナチス・ドイツの徹底した人口・産業の分散政策は、当時のわが国の国情にも合致し、国土計画もまた当然戦時色の強いものになっていった。

しかし、その目的は、大東亜共栄圏という植民地主義的な色彩が濃くなっていき、国土計画本来の目的であった大都市の疎開・地方の振興からは遠ざかっていく。

石川も、このような時代潮流に抗することは適わず、「戦争のための国土計画」を訴える論説を数多く出している。それが石川の本意かどうかは定かでないが、恐らく当時は戦争とは無関係な国土計画論を著すことは困難であり、時代的限界といえよう。

後年、石川は戦争のための国土計画・都市計画をはじめた経緯を述懐している。

「一つは都市計画陣営をマモる必要もあり二つには戦火に見まわる可き生命財産を防護する為、都市計画もまた動員さるべきであるというので都市計画防空の研究を始めた。

（中略）

戦争は既に始まってしまったのである。戦争は坂を下りつつある石なのである。こうなった以上、政治家に非らざる技術人としてはただひたすら戦勝を望み例え勝利に至らぬ迄も最小の犠牲において終れかしと願わぬものはあるまい」＊45

ここでも、リアリストである技師・石川が顔をのぞかせる。

戦前に出版された『都市計画及国土計画』の初版及び第二版には、「都市防護」という節が設けられている。その対策は大きく大都市処理と都市内部の防護構成に分けられる。大都市処理とは、地方計画及び国土計画に他ならないが、後者の都市内部の防護構成については、爆弾別の鉄筋コンクリート耐度から貯水槽構造標準図まで、かなり実践的で具体的な項目が並んでいる。恐らく、短期間のうちに関連文献を読み漁り、研究を進めたのではないかと推察される。

加えて、大東亜共栄圏構想が打ち出され、石川は国土計画の対象として台湾、朝鮮をはじめとする外地も取り込まねばならなかった。大東亜共栄圏構想に対する自身の考えを知ることはできないが、リアリストであり技師である以上、それを受け入れなければならない運命であった。石川の戦前における研究成果の集大成として出版された大著に『皇国都市の建設』というタイトルが付与されている点にも、時代性が映し出されている。その内容はまさに盛り場論や生活圏構想などの石川都市計画論の神髄といえるものであったが、民族主義的な記述も散見される。

『国土計画の実際化』においても、外地の計画に触れており、外地に日本人を移植し、いかにして彼らを永久に日本人であらしめるか、について記述している。

「日本人ほど植民して定着することに下手なものはなく、どうも日本人は行き先で生活を楽しむ計画が下手である」＊46とし、まずは娯楽計画を与えるべきだとしている。また、日

＊45　石川栄耀（一九五二）、「私の都市計画史」、『新都市』6巻11号、一五頁、都市計画協会

＊46　石川栄耀（一九四二）、『国土計画の実際化』、一〇三頁、誠文堂新光社

本人たらしめるために、神社を設けたり、日本人町を造ったり、時折内地旅行をさせる等の対策を考案している。

また、植民地での指導権を確立するため、「文化中心の建設」が他民族を畏服させるとしている*47。ただ、石川の言説からは、他民族よりも日本人が優れているといった趣旨のものは見られず、あくまで日本人が外地に定住するための方策を考えている。他民族を尊重するような言説さえ散見されるのである。

満州では、満州事変以来のわが国による侵略に伴い、都市計画は占領地の支配の一環を担っていた。都市計画技術者の多くが、日本国内では適用することが困難であった近代都市計画理論を実践する場を求め、満州へと流れた。

多くの同胞が満州で存分に技術を磨いていた*48一方で、石川は一九三八年に自身が計画策定に参画した上海都市計画を除いて、中国の都市や、同胞のプランに対する批評を述べるにとどまっている。その批評に、日本以外の都市に対するまなざしが垣間見える。中国の各都市を鑑賞した結果、「支那人は支那らしい都市に住んだ方が落ちつくのではないか」*49といった発言からもうかがえるように、石川のまなざしは過度な民族主義に陥っていない、普遍的なものだった。満州国の首都に選定された新京（長春）の都市計画プラン*50を見るなり、新駅のみが見事な放射線に恵まれ、都市の中心が広場ではなく駅になっている状況に対し、「案を眺めて私のまづ痛心止まなかったのはこれもまた結局、満鉄タウンに過ぎなかったという事です。（中略）日本には、遂に都市計画家が出ませんでした」*51と批判した。都市計画技師として恵まれた環境にいる同胞に対する個人的感情も手伝ったのかもしれないが、スポンサー（満鉄）に迎合した同胞のプランに、心から都市を愛する石川としては我慢ならなかったのであろう。

*47 前掲、一〇七頁

*48 満州の都市計画については、越澤明（一九七八）、『植民地満州の都市計画』、アジア経済研究所などに詳しい。

*49 石川栄耀（一九三四）、「支那都市計画考（二）」、『都市公論』17巻2号、五二頁、都市研究会

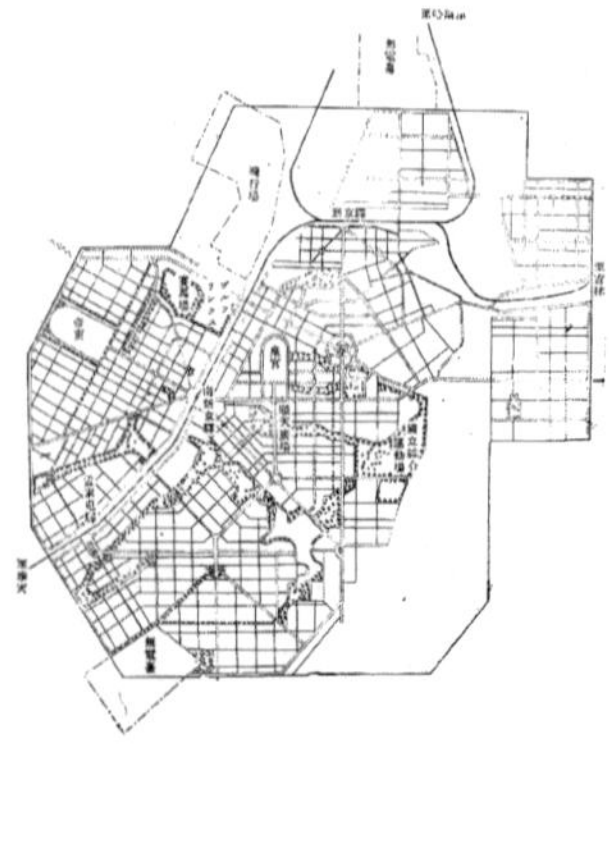

*50 新京（長春）都市計画図。出典＝『皇国都市の建設』、四四九頁より抜粋

*51 石川栄耀（一九三四）、「支那都市計画考（二）」、『都市公論』17巻2号、五四－五六頁、都市研究会

事実、満鉄による都市計画によって、満州の諸都市の近代化は大きく進展した。しかし、石川の評した「満鉄タウン」という言葉は、「満州らしさ」を無視して、南満州鉄道株式会社という日本の国策会社が自分たちの支配に都合の良いように都市計画を進めていたことを意味している。これに疑義を挟んだということは、結果的に日本の満州経営に対して批判的な立場をとったことになる。

このことから、石川自身、自身の個人的感情を国家の方向性に結びつけて考えていないことがわかる。つまり、石川は過度な国家主義に陥ることなく、都市主義ともいうべき、都市そのものに最大の価値基準をおいていたように思われるのである。

都市計画への回帰

一九四五年(昭和二〇)、第二次世界大戦が終わると、戦時中において活発に議論された国土計画は意識的に忌避され、戦災復興に向けて「開発」という冠のついた国土計画が、新たに求められるようになった。

外地から引き揚げてくる六六〇万人の雇用問題をはじめ、食糧問題、インフレ等、喫緊の課題を数多く抱えた中、経済計画とともに国土計画は全く新しいスタートを切った。この国土計画に対して、石川のこれまでの国土計画論は、「生産」よりも「消費」を重視していたものであったため、経済面での即効性を欠いており、何の関与もできなかった石川自身、戦災復興計画の策定に伴う多忙からか、国土計画及び地方計画に関する執筆活動はなりをひそめる。

だが、石川は決して国土計画や地方計画をあきらめていたわけではなかった。むしろ、都市計画を語る上で欠かせない要素として位置づけていた。

敗戦から四年後、石川は国土の動態に着目し、世界の国々を生態学的な見地から捉えることによって、国土計画を策定することの科学的根拠を求めている。石川は、世界の国々にはそれぞれ人口産業の偏倚があることに注目する。そしてそれらの「偏倚を世界的な形において支配しているものは『気象』である」[*52]ことを発見、全世界の偏倚傾向を分析したのち、国土計画によって過偏倚国土における「大都市処理」及び「地方の強力化」の必要性を改めて訴える。そしてその新たな図式を日本に当てはめ、最大の問題が東北・山陰地方、とくに東北の開発にあると結論する[*53]。

石川が国土計画を扱った最後の論文となったのは、一九五二年(昭和二七)に執筆した「国土計画の問題の所在」である。ここで石川は、国土計画の技術論、手法論には目もくれず、国土計画の現状に対して、自らの哲学的見地から問題を提起している。

まず、国土計画がいつの間にか、ナチスの戦犯的色彩の濃い「国土計画」という言葉を忌避し、「国土総合開発」という形で実現していることを憂慮している。その憂慮とは「何としても国家は、この貧鉱のごとき国土の現実を国民に明示し、その使用法につき協力を求めなければなるまい。それはあながち『開発』等というコトバにふさわしきものでは有りえない」[*54]こと、また「総合開発が人口問題、文化問題に関心をもって進められるのかどうか」[*55]であった。

加えて、国土全体の実在としての動き(国土生態)に関心を持つべき、としている。それを捉える手段としての、生活圏と生産圏、それに付随する経済圏、政治圏、運輸圏、観光交通圏等。さらに、農村を放任すべきでないとしている。

生態、生き物としての国土や都市。

晩年の石川にとって、もはや国土や都市といった括り、あるいはどちらを上位に置くか

*52 石川栄耀(一九四九)、「国土形態試論(一)」、『新都市』3巻1号、一四頁、都市計画協会

*53 石川栄耀(一九四九)、「国土形態試論(二)」、『新都市』3巻2号、八頁、都市計画協会

*54 石川栄耀(一九五二)、「国土計画の問題の所在(上)」、『国土』2巻14号、二頁、国土計画協会

*55 前掲、三頁

という問題は重要な関心事項ではなく、ただ世界という一つの生き物の生態を捉えることに関心がおかれたのである。

石川は、その生態学的な見地から、喫緊の課題に対応した「国土総合開発」という長期的ビジョンを欠いた国土計画の出現に、本来の国土計画が抹殺されようとしている現実を危惧するのである。

「特にわが国においてはこの問題（註―国土計画）が或年の都市計画の会議に提案されてから、常に提起されては消え、消えては提起される形をとっている。そして、最も悲しむべきことはこの仕事を管掌したものが何となしに斜陽をアビなければならないことになるのが『常』である。その理由はともかくとして、かかる現実は悲しまれなければならない。今日、ともかく国土総合開発がでたことは慶賀されなくてはならないと共に折角のこれを国土計画まで育生したいように思うのである」*56

*56　石川栄耀（一九五二）、「国土計画の問題の所在（下）」、『国土』2巻15号、八頁、国土計画協会

3——国土及び地方計画の実践

東京戦災復興都市計画とその原型

石川の主要な業績の一つとして、東京の戦災復興計画が挙げられるが、この下敷きとなる構想は、戦時中から用意されており、戦後の計画策定に貢献した。

前述のように、石川がいた内務省都市計画東京地方委員会では、早々に地方計画及び国土計画の研究を進めると同時に、関東地方全体を対象としたプランを構想していた。一九三六年（昭和一一）の第三回都市計画協議会において発表した試案「関東国土計画」を皮切りに、一九三九年には「東京緑地計画」、一九四二年の「関東地方計画」など、相次いで構想を発表する。

当然、いずれの構想の策定にも石川はかかわっていたものの、その関与がどの程度の濃淡であったかは量り得ない。しかしながら、東京を中心とした地方計画に関する論文を数多く発表したり、一九四〇年一二月四日には土木学会防空懇談会にて帝都防空都市計画試案と題して講演したり、東京商工会議所に国土計画調査委員会を設けてその担当責任者に従兄弟の根岸情治を任命する等、ある一定の濃度で関与していたことは間違いない。

中でも、内務省都市計画東京地方委員会の肝いりで進められていたのは、東京緑地計画の策定であった*57。一九三二年には東京緑地計画協議会が設置され、約七年の協議を経て発表された。詳述は避けるが、計画地域は東京駅を中心とする五〇キロ圏内とされ、その

*57　石田頼房はその著書（一九九二、『未完の東京計画』、筑摩書房）で、「『東京緑地計画』は当時の都市計画東京地方委員会の最大の関心事としての位置にあった」と述べている。

*58　戦時中の東京の地方計画や都市計画を扱ったものとして、越澤明『東京の都市計画』（一九九一）、酉水孜郎『国土計画の経過と課題』（一九七五）が挙げられる。

表　石川が生活圏基礎調査で採用したアンケート項目。出典＝『皇国都市の建設』より筆者作成

1 住所	住所
2 家業又は職業	家業又は職業
3 家族人員	家族人員
	内、通勤者
	内、中等学校以上の通学者
4 通勤	（1）通勤される方の通勤先は何所ですか。
	（2）通勤先は何業ですか。（工場、焦点、銀行、会社、其他）
	（3）通勤には、どんな交通機関を使われますか。又徒歩ですか。

外縁に三〇万ヘクタールもの環状緑地帯（グリーンベルト）を整備するという、夢のような計画であった。

一方、石川は上述のような地方計画策定のための基礎調査を実施している。石川の国土・地方計画論において重要な概念である生活圏の再構成のため、一九四一年、生活圏の実相を調査している。その結果、東京の最大生活圏は一〇〇〜一五〇キロに及び（月末中心）、緊密生活圏でも五〇〜七〇キロとしている。つまり、大東京圏（五〇〜七〇キロ）の範囲内では、地方中心は育たず、七〇キロ圏外に出ると、大きな地方中心圏が形成されると結論している。大東京圏を半径五〇キロに抑える、これは、まさに東京駅中心五〇キロ圏の東京緑地計画の考え方と符合するのである。

では、前掲のさまざまな計画*58を簡単に追っていこう。

内務省が即地的な国土計画および地方計画の策定へ動き出したのは、一九四〇年（昭和一五）九月二四日に閣議決定されたわが国初めての公式な国土計画である「国土計画設定要綱」以来である。翌月から地方計画第一次調査を実施、全国を九地方に分け、地方の都市計画関係者を中心に各地方の地方計画案を策定した。それまで「東京緑地計画」等の即地的計画案を発表する等、地方計画を先導していた都市計画東京地方委員会もまた、その中に取り込まれていくのである。

関東地方においては、東京、千葉、神奈川、埼玉、茨城の各都市計画地方委員会の協力のもと、関東地方計画の樹立に着手することとなった。基本的に東京大都市圏計画の所掌は都市計画東京地方委員会であり、内部で累々議論していたのであるが、一九四一年二月、東京を中心に神奈川、千葉、埼玉その他関東ブロック府県の「都市計画連絡協議会」を新設、都市の配分や東京を母体とする衛星都市の配置、交通調整など関東地方の総合的発展計画

5 商事	（1）	家業の関係から送品、配達、注文、仕入、打合等の為主として何所に出かけますか。
	（2）	その用務は大体月何回位行かれますか。
6 教養	（1）	講演会、展覧会等に行かれる時は何所で開かれた時に行かれますか、大体月何回行かれますか。
	（2）	何所の図書館を主として利用されますか。大体月何回行かれますか。
7 医療	（1）	重病人が出た時は何所の病院に入院されますか。又入院されましたか。
	（2）	市郡町村其の病院は下の何れに当たりますか。(官立、公立、赤十字社、私立)
8 買物	（1）	下記日用品は主に何所で買われますか。
		野菜類
		魚肉類
		酒、醤油類
		菓子類
		紙、荒物類
	（2）	下記の品物は主に何所で買われますか。
		衣料品(着物洋服等)
		雑貨類(シャツ、帽子等)
		家具類
		陶磁器類
		農具肥料類
	（3）	嫁入仕度は何所でされますか、又ご近所は一般に何所でされますか。
	（4）	時計、眼鏡等貴金属類は何所で買われますか。
9 慰楽・その他	（1）	映画や、芝居を見に行く時は何所の劇場に行かれますか、大体月何回位行かれますか。
	（2）	神社参拝、仏寺参詣、遊覧、買物等に出かけられる時は主として何所に行かれますか。大体月何回又は年何回行かれますか。
	（3）	彼岸、盆、正月、農閑期等には主として何所に行かれますか、其の時の主な御用は何ですか。

につき協議することとなった。

加えて、国土計画に関する調査研究を進めていた東京商工会議所が幹事となり、関係官庁または専門家を委嘱し、「国土計画調査委員会」が設けられている。委員会では、差し当たりわが国の政治、経済、文化の中枢的地位を占める関東地方を対象とした独自の原案を作成すべく、数回にわたり国土計画的役割を検討している。初回は一九四〇年一一月六日、企画院、興亜院、内務省、陸軍省、農林省、商工省、厚生省、東京府市関係機関ならびに民間の有識者の参加の下に開催され、その後数回にわたる検討の結果、一九四一年九月、関東地方計画（国土計画関東地方基本計画試案）を作成する運びとなった。

さらに東京商工会議所では、計画の実現に向けて、関東地方内（山梨県を含む）の各商工会議所と連絡を図り、一九四一年一〇月、関東地方商工会議所国土計画協議会を設置、国土計画上最も緊急を要し、かつ重要課題たる工業配分の問題について、各地において地元関係者と再三の懇談を行い、いわゆる工場分散を目標とした工業立地条件の具体的調査に着手、国土計画の基礎資料として関東地方諸都市工業立地条件基礎資料を作成しているが、計画の実現に向けた具体的な動きは見られなかった。

他方、前出の東京緑地計画はその後、戦局の悪化により、防空対策としての計画へ継承されていく。都市計画東京地方委員会は一九三九年より防空的視点に立った東京の都市改造の基本方針の検討を開始し、これをもとに内務省は一九四〇年九月一七日、東京防空都市計画案大綱を決定、東京都内に防空空地及び空地帯が指定されることとなるが、この多くの区域が東京緑地計画の指定地域と重なっていることは、よく知られている。

さらに、東京の都市計画を策定していたのは、内務省だけではなく、東京市も同様であった。当初、東京市の都市計画は強力な過大化防止策を講じていなかったのだが、一九四〇年の国土計画設定要綱以降、東京の過大化・過密化を防止すべく、一九四二年「大東京整備計画要領」、翌年の「皇都都市計画（案）」等の都市計画を策定していく。これらの計画策定の経緯は不明な点が多いが、一九三九年に新設された東京工業大学防空建築科（主任＝田辺平学博士）に東京市の技師の数名が聴講生として都市計画研究に参加していることから、田辺教授が事実上計画のブレーンであると考えられる。その一方で、元千葉県知事の加納久朗や、石川栄耀らが中心となって計画を取りまとめたのではないかという見方もある＊59。

以上、短期間に東京都および関東地方を対象としたさまざまな計画が策定されたのだが、これらの計画が、直接間接さまざまな形で、一九四四年（昭和一九）、戦後を見越した「帝都改造計画要綱案」、そして戦後の「戦災復興計画」へと継承されていくのである（下図）。

このように、東京を中心とした多くの地方計画が構想されたのだが、いずれの構想も、東京緑地計画が狙いとした、大東京のさらなる膨張の防止を意図していた。それらの構想は、グリーンベルトによって都市の膨張を防ぐ東京緑地計画から発展し、より強力な土地利用規制や交通網の整備によって、断固として膨張の防止を企図していた点で通底していた。例えば、一九四二年の関東地方計画では、現在の首都圏整備計画と同様の範囲を対象として、都心より半径五〇キロの範囲を大東京地区とし、全域を規制区域とするとともに、その周囲の地方都市（衛星都市）を開発区域に設定している。これらの先進的なプランの策定は、都市計画東京地方委員会をはじめとする優秀なプランナーたちの叡智の結晶であろう。

なお、以上のようなさまざまなプランにおける石川の役割を確認しておこう。

実際のプラン策定に関与したほか、自身の理論に基づいて調査研究を実施、プランに理論的補強を与えた。その理論とは、生活圏構想にほかならない。加えて、講演活動やラジオ・新聞等のメディアを通した市民に対する計画案の周知、さらには国土計画（地方計画）に

＊59　酉水孜郎（一九七五）、『国土計画の経過と課題』、一三五頁、大明堂

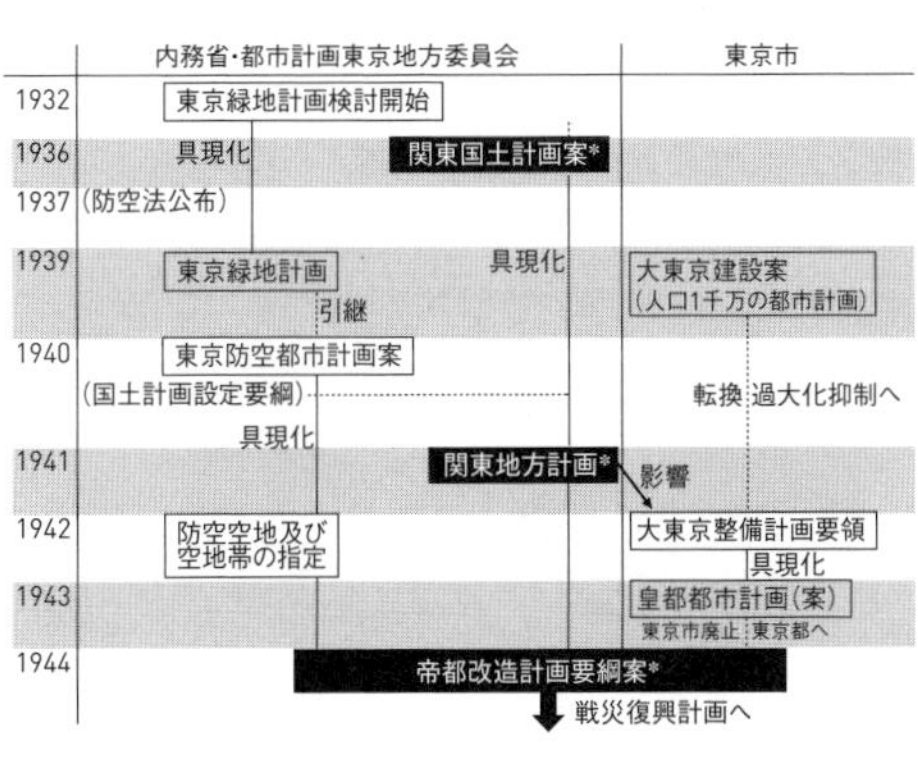

図　戦前の東京に関する地方計画をめぐる動き（白抜文字の計画は、特に石川が深く関与したと考えられるもの）

関する調査や試案の作成を東京商工会議所へ結びつけたこと等が推察される。つまり石川は、プランナー、スポークスマン、そしてフィクサーと多様な役割をこなし、プランの具体化へ大きく貢献したのである。

以上の東京を対象とした数々の地方計画案は、戦後、東京の戦災復興計画の策定を担当することになる石川に大きな影響を与える。以後、東京戦災復興計画の詳述はのちの章に譲るとして、本章では、国土・地方計画的立場から簡単に触れておく。

東京の大きな方向性として、「将来は、工業都市であるべきであるが、現在としては、あく迄、政治、経済、文化中心として発達せしめ、漸次、時到らば、政治文化は、その碁石を確立した後に、地方後退を計るべきである。ただし、その後退線は、政治は東京の中心より四〇キロ圏に考えられる衛星都市*60に、また、文化は一〇〇キロ圏に考えられる外郭都

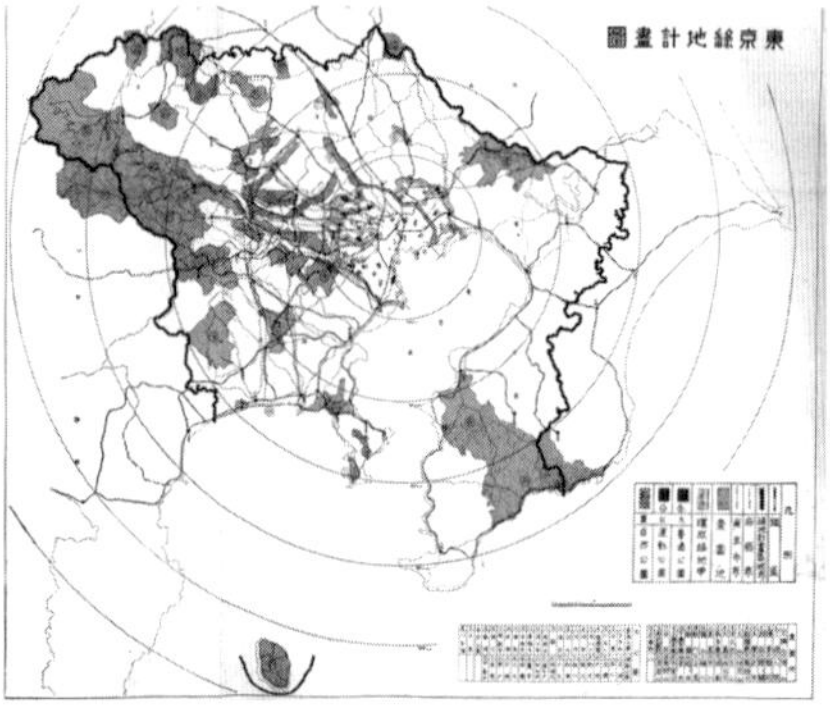

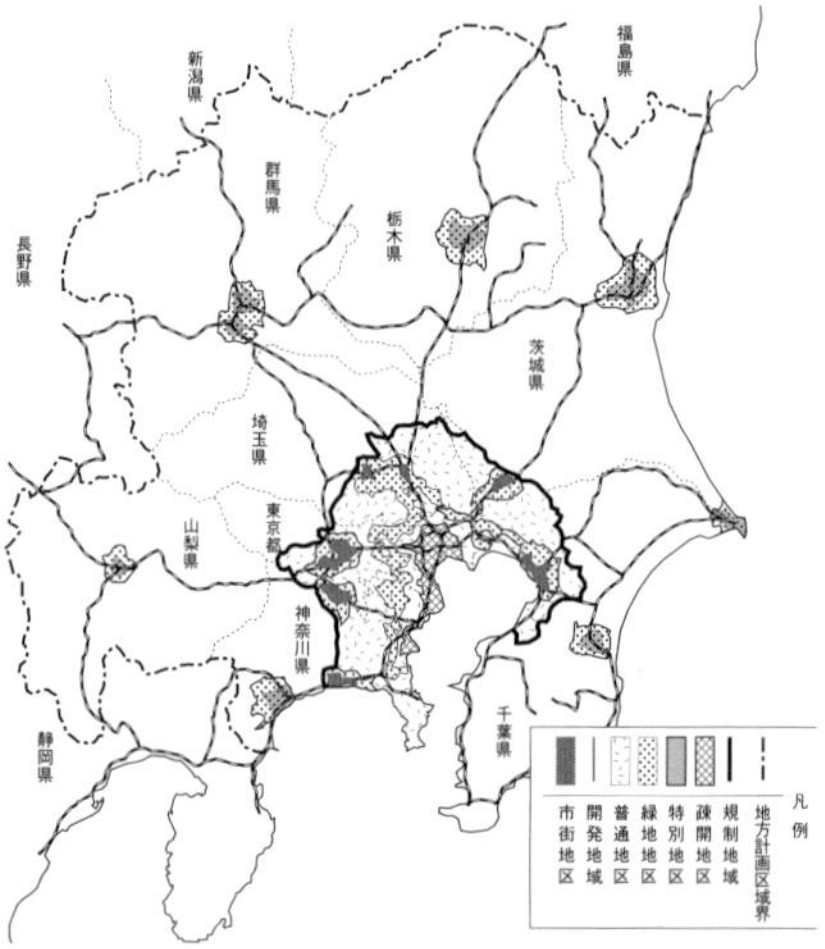

地方計画の図面比較
上図＝関東国土計画（一九三六）。出典＝吉村辰夫（一九三六）、「国土計画に基く農村工業聚落の研究」、『都市公論』19巻8号
中図＝東京緑地計画図（一九三九）。出典＝（一九三九）、『公園緑地』3巻2、3号口絵を筆者一部加工
下図＝関東地方計画図（一九四二）。出典＝東京大学工学部都市工学科所蔵をもとに筆者作成

市と考えられるべきである」*61と述べているように、戦前の構想とほとんど変わっていない。石川自身、都市にとって最も重要な要素である消費を一〇〇キロ圏の外郭都市へ移すという、この極端なまでの東京分散論は、大都市の魅力を保ちつつ、小都市を心から愛する石川の特徴であろう。

その具体的なプランが策定されたのは行政区域の問題から東京区部だけにとどまるが、恐らく石川は、上述の夢のような構想を、戦敗国の戦災復興計画において実現させようと、真剣に考えていた。

このように、東京戦災復興計画に対する石川の国土計画的な考え方とは、過大都市の徹底的な抑制であった。

一九四五年（昭和二〇）一二月三〇日に政府は「戦災地復興計画基本方針」を閣議決定し、その基本目標に「過大都市の抑制並に地方中小都市の振興」を掲げた。このように政府の方針と軌を一にした東京戦災復興計画であったが、事業の段階に至り、予算の配分においては地方都市が優先され、東京への予算は大幅に縮小されることとなる。加えて、計画で東京区部人口を三五〇万人と設定したこともまた、理想的ではあったが実現を困難にした。この数字に設定した理由は、終戦時の東京の人口が三五〇万人であってこれ以上増加させないためであったほか、占領軍の対日政策が日本の生産水準及び生活水準を一九三〇年代前半の水準に置くとしていたため、石川は一九三〇年の職業人口より推算、有業人口三〇〇万人を妥当と考えていた*62。三五〇万人は、決して単なる暴論ではなく、あくまで当時の時代状況を斟酌して導出された数字なのである。三五〇万人に抑制するため、東京から一〇〇キロ圏の宇都宮や小田原等を外郭都市として整備するほか、東京への人口流入の源泉である東北地方及び北陸地方の産業強化を中心とする振興計画の必要性を主張し

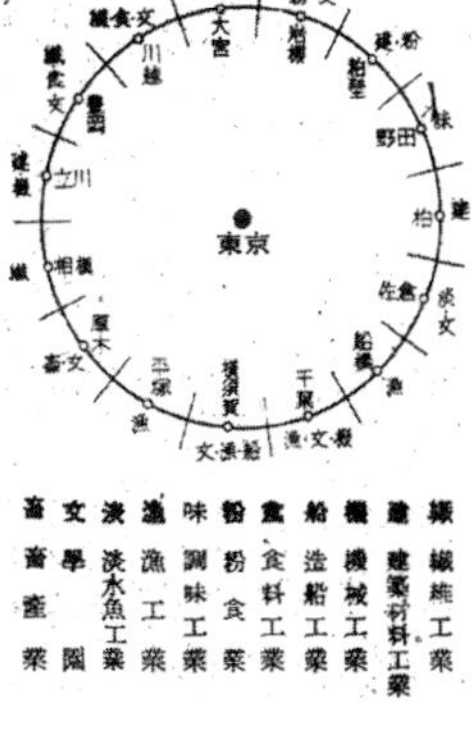

*60　中心都市と一時間関係にある都市群（衛星都市）への施設分散。出典＝石川栄耀（一九四六）、「文化日本の国土計画と産業」、『潮流』1巻4号、四〇頁

*61　石川栄耀（一九四九）、「東京復興都市計画論」、石川栄耀博士生誕百年記念事業実行委員会編、『石川栄耀都市計画論集』、一二一頁、日本都市計画学会

*62　石川栄耀（一九四六）、「文化日本の国土計画と産業」、『潮流』1巻4号、三九頁

＊63、さらに占領軍の技師からアドバイスを受け、前述のＴＶＡ方式によって利根川の流域圏全体の総合開発を構想する＊64など、東京への人口流入を抑制するためのさまざまなアイデアを持ってはいたが、実現することはできなかった。

東京戦災復興計画の縮小は、結果的には、東京の過密問題を再燃させることとなった。東京の過大化防止のために、一九五六年（昭和三一）になってようやく首都圏整備法が公布され、首都圏整備計画が策定されるが、この計画、一九四二年の関東地方計画と酷似しているのである。

後年、後輩である山田正男は、石川を次のように評した。

「石川さんは、夢を追うすぐれたplannerではあったが、惜しむらくはその波を征服して計画を実現しようというproducerではなかった」＊65

国土計画的観点から限定的に評価するなら、石川は結局のところ、プランの策定に際しては、自身の理想を盛り込むためにさまざまな役割をこなしたが、それを実際空間へ現出させるための役割は十分に果たし得なかったのである。

次章で、東京戦災復興計画を包括的に見ていく。

＊63 石川栄耀（一九四六）、「東京復興計画を中心とする国土計画の展開」、『新地理』1巻1号、二二頁

＊64 石川栄耀ほか（一九四六）、「十年後の日本はどうなるか よみがへる都市の姿」、『キング』22巻10号、八三頁、大日本雄弁会講談社

＊65 山田正男（一九九三）、「石川栄耀の思い出 拝啓 故石川栄耀殿追補」、石川栄耀博士生誕百年記念事業実行委員会編、『石川栄耀都市計画論集』、一五六頁、日本都市計画学会

第5章　東京戦災復興計画の構想と実現した空間

1――東京戦災復興計画の立案と実現過程

石川栄耀が責任者となるまで

一九四三年（昭和一八）七月、東京都制が施行され、東京府および東京市制は廃止された。東京都の成立とともに、石川は東京都の技師となる。東京都における役職は都市計画課技術係長であった。内務省東京地方委員会の役職は第一技術部長という肩書きであったため、かなり落胆するが、二か月後には道路課の課長となり、翌年、一九四四年には都市計画課の課長に就任した。

そして、一九四五年（昭和二〇）、第二次世界大戦終戦とともに東京の戦災復興計画が発表される。これは、当時、都市計画課の課長であった石川が中心となって立案したものであるが、石川は終戦以前からこの復興計画をつくり始めていた。戦時中、内務省国土局計画課長に就任していた大橋武夫は、一九四四年秋、大規模な本土空襲が始まると、都市の復興計画の必要性を感じ、その検討を課内に指示した＊1。こうした中で、石川は東京の大改造計画の研究を進めていくこととなる。同月には、阪急電鉄の創始者でその道の大家として存在していた小林一三に対して、自身の帝都改造計画（終戦前のため復興計画という題目ではない）を発表した。その後、小林一三は終戦後にできた戦災復興院の総裁に就任し、「復興計画が出来てるなら、皆に説明してほしい」として、石川は再び小林の前で発表する機会を得ることとなった。また、終戦直前の八月一〇日、石川は東大で講義する予定であったが、東

＊1 北村徳太郎とともに東京の都市改造の方向を競って構想することもあり、北村は水海道への遷都案を、石川は帝都改造案を提案したという。出典＝佐藤昌（一九九二）、「石川栄耀先生の思い出」、『都市計画』182号、一四〇－一四一頁、日本都市計画学会

京都次長児玉九一から呼び出され、「君。戦時住区は止めだ。スグ復興計画にかかり給え」という指示を受けた。石川は「正に雷霆に打たれた思いであった」と振り返るが、「国民の志気をチンタイさせていけない。又、こんな機会もあるものでない」として、復興計画の立案に尽力する。こうした経緯により、石川は東京の戦災復興計画を、夜を徹して作成した。

「復興計画は夜に日をついで行われた。

早くきめなければならなかった。

建築の実状からも、政治的反動へのソナエからも、先ず街路網、地域別と終戦翌年正月から始め二年殆で完了した。

殆ど全部即決である。

一時そのキメ方が渡辺銕蔵さんや、何かの反発を買い、多少攻撃されもしたが結局、好かったと考えてる。あの形式でなかったら、何も決まらなかったであろうし、きまってもドンナものになったか解らない。現に緑地計画や文教地区は他のどこの都市でもきまって居ないし、今日となればもう困難中の困難事となって居様、しかし緑地地域は、一九二四年の万国都市計画会議の公約であったし、文教地区は、文化首都として不可欠の施策であったのである」＊2

石川自身が回想するように、周囲から反発を受けながらも、石川が中心となって土地利用計画や街路網計画を立案していった。東京の戦災復興計画立案時、石川は東京都都市計画課の課長であったが、一九四八年(昭和二三)には建設局長に就任し、名実ともに東京戦災復興計画の責任者となるのである。

＊2　石川栄耀(一九五二)、「私の都市計画史」、『新都市』6巻12号、七頁、都市計画協会

戦災復興計画の概要

終戦を迎えるまでに、東京に対しておよそ一二〇回、延べ一万機による爆撃が加えられ、その結果、東京が受けた被害は、全焼家屋八五万一一六六戸、半焼家屋八二一七戸、死者八万八二五〇人（一説には一二万人）、負傷者六万二一〇六人に及ぶなど、東京区部の焼失面積は一万五八六七ヘクタール、区部面積の約二八％に及んでいた。それまで築かれてきた近代都市の姿はわずかな焼け残りのビルを除いて失われ、東京は廃墟から再出発することになったのである。

終戦から二週間とたっていない一九四五年八月二七日、東京都都市計画課は「帝都再建方策」を発表している。この内容は同日の『東京朝日新聞』に「帝都再建の途を聴く」と題して掲載された。記事では林清二都市計画局長の談話として、人口を三〇〇万に抑制し、七五坪につき一戸の住宅を建て、周囲を自給農園が囲むような緑の健康都市にするという構想が語られている。また信託会社方式や地券方式が提案されるなど、実現方法まで考えられた構想であった。その後、東京都建設局都市計画課により、東京の戦災復興計画の基本方針を示した「帝都復興計画要綱案」や「帝都復興改造計画試案」などが作成され、公開されている。翌年三月二日には終戦後初めて都市計画東京地方委員会が開催され、東京戦災復興計画が審議された*3。審議に先立って、委員会幹事である石川栄耀から説明が行われている。石川は同要綱案に基づいて、計画の大前提（帝都の性格や人口、焼け跡・空地の利用）、計画の目標（健全な都市など）、地域指定（特別地区を含む）、街路計画・緑地計画・鉄道計画という順に、計画を示していった。こうして同年四月に街路計画・区画整理が、同年九月に用途地域が、一九四八年に緑地地域が計画決定されるのである。

計画の最大の特徴は、東京都区部の人口を戦前の人口六五〇万人を下回る三五〇万人に

*3　石丸紀興（一九八八）、「都市計画地方委員会議事速記録を通しての東京都区部の当初戦災復興計画に関する研究　戦災復興計画研究　3」、『都市計画論文集』23号、五一七–五二二頁、日本都市計画学会

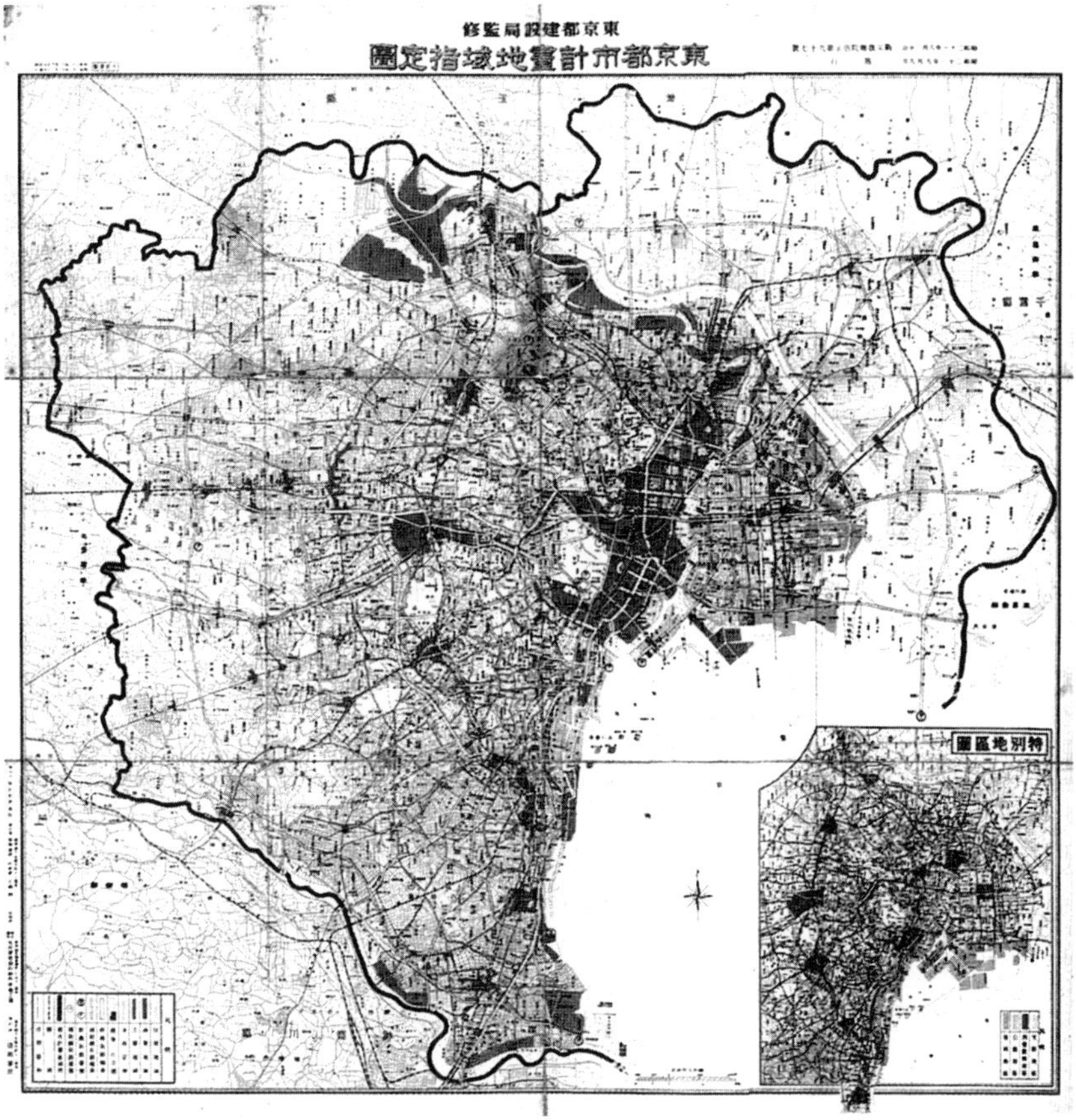

図1　東京都戦災復興計画図（昭和20年8月20日戦災復興院告示97号）。　出典＝石川栄耀博士生誕百周年記念事業実行委員会『石川栄耀都市計画論集』、743頁、日本都市計画学会

設定した点であった。ここでは横須賀・平塚・厚木・町田・八王子などを衛星都市、水戸・宇都宮・前橋・高崎などを外郭都市と位置づけ、あわせて七五〇万人の東京大都市圏を構想している。第二の特徴はその壮大さに求められるだろう。詳しくは後述するが、東京都区部は内部を人口二〇～三〇万規模の都市群に分割し、それぞれが消費中心や居住地などを備えた小規模で自立した単位都市(隣保区域)となるように用途地域が指定されている。

こうした区域の周囲には区部面積の三三・九%にも及ぶ環状・楔状の緑地がとられ、幅員一〇〇メートルのもの七本を含む広幅員街路が放射状・環状に道路網を形成していた。また市街地整備のために区画整理事業が焼失区域を上回る二万ヘクタールで計画されていた。

用途地域指定の意図

石川は『新建築』に寄稿した「帝都復興都市計画の報告と解説」*4の中で、「用途地域計画は最重要で、殆ど都市計画の全性格を決定する」と述べ、街路計画・緑地計画・鉄道計画に先立ち、用途地域計画を策定したことを明らかにしている。石川は用途地域制のあり方を次のように説明した。

「既往の地域制の如く、商・工・住の各地域が殆ど工業地域の段階別にすぎない形式であり、又各地域ともその名称にかかわらず、何等かの意味に於ける混合地域であることは、都市構成を明確ならしめ得ないと共に都市計画本来の使命をも果たせ得ない。よってこの度の計画では、当初より極力専用地域制を目ざし、法制もそこに指向して準備されつつある」

*4 石川栄耀(一九四七)、「帝都復興都市計画の報告と解説」、『新建築』22巻1号、三―五七、六七頁、新建築社

表1 帝都復興改造試案の用途地域案。出典＝石川栄耀(一九四六)、『都市復興の原理と実際』、一四六―一四八頁、光文社より作成

名称		概要／指定面積(万坪)
工業地域	第一種	軽工業乃至家内工業地(二〇〇万坪)
	第二種	専用工業地(二二〇万坪)
	第三種	有害乃至危険工業地(五〇万坪)
商業地域		(四九〇〇万坪)
住居地域	第一種	都心部等の高層共同住宅地(一〇四〇万坪)
	第二種	比較的地価高ク充分ノ空地ヲ保有スル事困難ナル住宅地(一三一〇万坪)
	第三種	通常ノ住宅地(一六〇〇万坪)
	第四種	(一二二〇万坪)
混合地域		(四八〇万坪)

このように石川は専用地域制によるきめ細やかな指定方式をとることで、自らが想定した都市像に基づいた厳密な土地利用の実現を目指したのである。当時の東京都建設局都市計画課による「帝都復興改造試案」には、それまでの工業地域、住居地域を細分化した用途地域案が提案されている（表1）。このほかにも石川は商業地域の精度を高めるため、専用商業地域と店舗地区といった用途地域の新設を想定していた。石川は「商業専用地域というのは住宅や、工場のない純粋な商業地域であり、店舗地区というのは、これも精度を高めた住宅地域が全然店舗の雑居を許さない、その純粋住宅地区の中心店舗の区域を設定しようというのである」＊5と説明している。こうした細かな指定が可能になった背景には、石川らにより計画技術が体系化され、産業規模や人口規模からの所要面積の算出、食糧自給に必要な耕地面積の算出、生活圏構成に応じた立地論、移動を最小化する地域指定といった、用途地域指定技術の向上があった。では石川はこうした地域制の下で、どのように東京の各地域を性格づけていったのだろうか。石川はその意図を翌年、次のように説明している。

「今度の復興計画―とりわけ帝都の計画では結局にして盛り場、商店街の復興を中心にして出発した。地域なり街路網なり照明計画なりあらゆる点で、商店街を中心にして施策した。これは（中略）それのもっている盛り場性を重要視したのである。この盛り場性は兎角敗戦後の沈み勝ちな人心を引き立たせるのに重要であった。銀座が賑やかになったといってどれ位人々が眉を開いたかわからない。（中略）何といった所で都会の顔は銀座浅草の夜が開けるにつれ喜色が広がって行ったのである」＊6

＊5　石川栄耀（一九四七）、「都市計画の角度から商店街を考へる」、『商店界』2巻3号、八―一〇頁、誠文堂新光社

＊6　前掲

石川は商店街や盛り場を復興させることが、人々に都市の復興を実感させる早道であると考えており、その復興を重要視して、商業地区の指定を優先したのである。石川は次のように続けている。

「先ず全都の地域計画を樹て、商業地域二百余りを指定した。それらは全部戦前の有名盛り場である。もっとも、これだけでは余り新味もないので、そのなかの浅草、新宿、

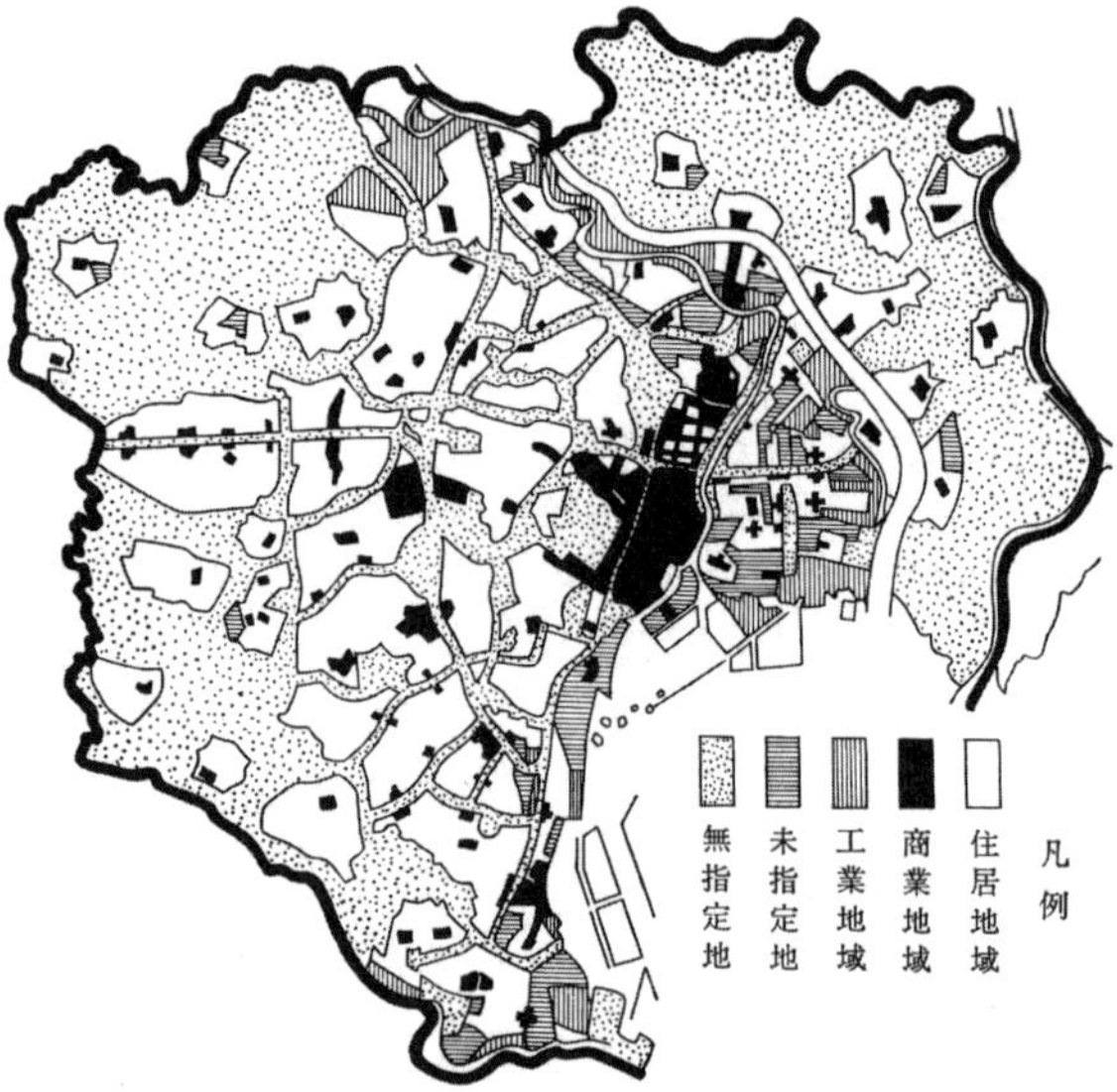

図2　東京復興地域計画図。なお無指定地は後に緑地地域に位置づけられた。
出典＝日本建築学会(1972)、『日本近代建築学発達史』、1114頁、丸善

池袋、渋谷、五反田、大森、王子、錦糸町を特別地区として指定した。この特別地区に指定するというのは、いわば盛り場として公認する事で、指定した地区は都市美、風紀、その他の点で極めて健全な大衆娯楽の中心としようというのである」

戦災復興計画を区部の内部に焦点を当てて見ると、住居地域の中に商業地域が固まって設定され、中でも大きな商業地域が特別地区として指定されていることがわかる。そしてこの特別地区を核として広がる住居地域はそれぞれ鉄道や河川に沿って広く指定された緑地帯によって、単位都市に区分されていた（図2）。それまでのように都市計画区域全般を散漫に市街化するのではなく、市街地に適した場所を集約的に市街化して過大都市の防止を図るとともに、職場と住居および商業地の近接が目指されたのである。こうして区部は大きく一〇数の単位都市に区分され、それぞれの中心に広場を備えた盛り場が、その下には無数の商店街が段階的にネットワークを作るように設定されていた*7。ここで注目されるのは、当時も今も盛り場とは言いづらいような地域が特別地区として指定されている点である。石川はその理由を次のように説明している。

「今度の復興計画では交通上の関係、立地上の関係等から出来るだけ中心部にある施設を山の手に移設しようと考えた。（中略）但しこれをまた新宿独占の様な事にすると再びここに交通問題やこれに付随した種々の面倒を起す事になる。そこで王子から大森までの間四km毎の地点をして銀座の分身たらしめようとしたのである」

とくに王子と錦糸町については当時景気がよくなかったが、「あるべき場所なので特定

*7 なお商業地域の指定面積自体は、一九三五年（昭和一〇）指定面積に比して五分の三に減少している。単なる商業優遇というわけではなく、明確な地域像と計画意図に基づいた地域指定と言える。このときの指定については堀内亨一も「戦災復興計画における商業地域指定の特色は、自動車時代の到来を予想し、自動車交通の混雑を回避する為路線式商業地域の指定は少数の個所に限定し、集団的な商業地域指定を主体としたことがあげられる」と述べ、その前後の計画との断絶に言及している。出典＝堀内亨一（一九七八）、『都市計画と用途地域制』、七九頁、西田書店

し指導することに」したとのちに石川は述べている*8。

石川はこのとき、東京の商店街の調査を行っている。調査は各区別に選定された著名な商店街七三か所を対象に一九四六年(昭和二一)一二月中旬に実施され、この成果は東京都建設局都市計画課によって同月に「都内著名商店街の現況調査」として発行されている。ここでは一般調査として商店の営業状態、土地建物関係、商店街の共同活動や歩行者数、復興状況に関する調査が行われたほか、買い物客分布に関する調査が行われていることが注目される。

買物客分布に関する調査は山手線上に分布する副都心的な性格の新宿、池袋、渋谷、五反田、大森、大井町を対象に、利用頻度別にそれぞれ毎日から週ごと、一年ごとに必要な商店を選定し、その店の買い物客の居住地を調査したものである。石川が新たに特別地区として指定した商店街を対象に、その立地を検証したものであることが見て取れる。戦後の商店街調査としてきわめて初期のものであるとともに、石川は下町に偏在していた盛り場を人口が集中しつつあった山の手に分散・誘導することを意図しており、自らの盛り場の立地論を実地に検証しながら適用するという、計画の策定過程をうかがわせるものである。

*8 石川栄耀(一九五三)、「育つ商店街育たぬ商店街」、『商店界』34巻7号、三四―三八頁、誠文堂新光社

特別地区にこめられた都市像

通常の用途地域が民間の建築活動の規制を通じて土地利用を誘導するものだとすれば、積極的、建設的な性格の制度として用途地域の一つとして新設されたのが特別地区であった。特別地区には公館、文教、消費歓興、港湾の各地区があり、一九四六年(昭和二一)九月に都市計画決定されている(昭和二二年五月には医療地区が追加指定された)。特別地区は石川が戦時中の帝都改造計画から温めていたものであり、特別な性格の地区の土地利用の効率化、環境

の整備を図るためのものとして位置づけられていたが、法的根拠はなく、あくまで法改正を待つまでの暫定的な施策として考えられていた。これら特別地区の中でとくに力を入れて設定したと考えられるのは、東京都商工経済会（のちの東京商工会議所）と協働して設計競技が実施された消費歓興地区と、各大学が参加して計画がねられた文教地区であった（詳しくは後述する）。

消費歓興地区は「一般都民の消費のため利便と健全なる娯楽中心を造成するために設けるものであって建築美風致美の維持発揚を図り商業の利便、交通保安のために必要な措置を講ずるもの」*9とされた。当時の『新建築』には東京都建設局都市計画課の試案として、「特別地区設定要綱案」が紹介されている（表3）*10。ここからは建築物の除却・収用や外観意匠に関する審議会の設置、用途制限など、建築や外観意匠にまで及ぶ盛り場像がうかがえ、興味深い。同地区は約四キロメートルおきに王子、池袋、新宿、渋谷、五反田、大森、銀座、浅草、錦糸町、上野の一〇か所が指定され、いずれも区画整理事業が施行されている。石川は「電柱、交番、自動電話などというものは全部、横丁ないし裏路へ移し、本通からはソウいうものは全部姿を消すことにした。とりわけ荷サバキ場、自転車置場などは全部裏路にまわす事にした。歩道も出来るだけ一〇米に拡げ、歩く人の心に余裕を与えるようにした。銀座や新宿からは電車を除き、静かな心持ちで専心たのしく盛り場が歩けるように考えた」*11と述べ、歩行者中心の街を目指したことがわかる。

また特別地区の告示と同日に、東京都街路照明基準も制定されている。これは各特別地区および店舗地区（住宅地の中の店舗群）について、照度の基準を定めたものであった。これは石川の持論である夜の都市計画の発想を具体化したものであり、特別地区はこうした照明基準や区画整理事業などとセットで実現されるものとして想定されていたのである。

*9　東京都建設局都市計画課（一九四六）、『東京復興都市計画概要』
*10　石川栄耀（一九四七）、「帝都復興都市計画の報告と解説」、『新建築』22巻1号、二八頁、新建築社
*11　石川栄耀（一九四七）、「都市計画の角度から商店街を考える」、『商店界』2巻3号、一〇頁、誠文堂新光社

表2　特別地区の概要

	指定地区	建築家の参加	地元運営主体
公館	1946年9月(625.5ha) ・行政の円滑を図り帝都の品位を保ちかつ大衆の利便に資する ・美観・風致上の整備	—	—
文教	1946年9月　本郷・早稲田・三田・大岡山(2427.3ha)、 1947年5月　早稲田(拡張)・小石川 ・文化育成に資しあわせて帝都の情操を高むる ・美観・風致・風紀上の整備	各大学の参加 (早稲田・本郷・池袋・三田)	文教協会
消費歓興	1946年9月　王子・池袋・新宿・渋谷・五反田・大森・銀座・浅草・錦糸町・上野(1060.2ha) ・大衆の消費のための利便と健全なる娯楽中心を造成する ・美観及び衛生上の整備	競技設計の実施 (銀座・新宿・浅草)	消費歓興協会
港湾	1946年9月　(1377ha) ・港湾機能を十分に発揚せしめる ・港湾機能達成上の整備	—	—
医療	1947年5月 ・都民の医療生活を充分ならしむるよう安静保健風致などを重視して環境整備を行う	—	—

表3　「特別地区設定要綱案」のうち消費歓興地区に関する事項。
出典＝石川栄耀(1947)、「帝都復興都市計画の報告と解説」、『新建築』22巻1号、28頁、新建築社

一、建築及風致美に関する事項
（一）地区内建築物にして甚だしく環境の風致を害し又は街区の体裁を損すると認むるときは其の除却改修其の他必要なる措置を命ずることを得る様にすること
（二）地区内に建物を新築（改築増築移築を含む）せんとするものは其の規模外観意匠につき許可を求むるを要する様にすること（審議会設置）
（三）建築物の配水管排気管暖房鉄管ガス管及煙突の類は前面道路に面する地面に露出せしめざる様にすること
（四）幅員二米以上の街路に接する建築物は共同建築若くは階数三以上となさしむること
（五）看板広告標識等の掲出に就てはその大きさ高さ意匠照明等につき許可を求めしむること
（六）小緑地の設置その他緑化につき考慮すること
（七）日覆等はその方式形態色彩につき統一せるものの外は使用せしめざること
二、商業の利便に関する事項
（一）左の建築物は特別なる事由あるものの外建築を許さざること
学校、図書館、博物館、美術館の類、病院、養育院、託児所の類
（二）地区内別に指定する道路に接する敷地には左の建築物の建築を許さざること
工場又は作業場、自動車車庫、倉庫、住宅、寄宿舎、共同住宅、下宿屋の類、銀行会社、事務所の類
（三）店舗の種別配列計画により店舗の集結を企図し得る様土地の使用目的を制限又は指定し得る様にすること
三、交通保安に関する事項
（一）必要に応じ駐車広場駐車路線を設置すること
（二）一定規模を超える建築物は別に定むる基準により壁面を後退せしめ又駐車場を附設せしむること
（三）別途定むる照明計画に即して屋外照明を実施すること
（四）必要に応じ荷物扱広場広告広場等を設置すること
（五）公共便所の設置を考慮すること
四、其の他
（一）共同建築に対する助成を考慮すること
（二）映画館、劇場、舞踏場、遊技場、ホテル、百貨店等に対して公共企画による公立のものを建設し之に対して土地の収用許可を可能ならしむる如くすること
（三）綜合計画の樹立完了迄地区内建築を許可せざること

一方、文教地区は「文化育生に資しあわせて帝都の情操を高むるために設くるもので学園など文教中心を含む一帯の地域を画し地区内の保健衛生安静風紀などに関して適切な措置を講ずるものである」とされ*12、本郷、早稲田、三田、大岡山の四か所が指定された。なお消費歓興地区では消費歓興協会、文教地区では文教協会といった地元業者や学識者による民間団体の設立が各地区で促され、民主的な運営に当たることが想定されており、他の特別地区にはない特徴となっていた。

しかし特別地区のうち文教地区については一九五〇年（昭和二五）の建築基準法制定時に用途制限を強化した特別用途地区として法定化されたものの、結局、その他の地区については最後まで法的根拠や直接的な支援は付与されなかった*13。

街路計画と土地区画整理事業

こうして詳細に想定された用途地域制に基づいて、公園緑地計画、照明計画、街路計画、広場計画、土地区画整理などの計画が立てられていった。ここでは街路計画と区画整理事業について概観しておこう*14。

街路計画に際して、石川は新たに必要な街路網として、次の三点を指摘している。

第一に東京の都市中枢が江戸時代から大きく移動したのに街路網は旧来のままであるとし、霞が関一帯、日本橋・京橋、隅田川・荒川両沿岸および京浜工業地帯、東京港といった新たな中枢と周辺との連携、芝区（現・港区）の隘路の解決が必要であるとする。第二に新しい政治経済中心、とりわけ第二都心である新宿とその両翼である池袋と渋谷から、上野および浅草（江東）、都心、芝および東京港の三方面への連係である。最後に交通集中を緩和するための環状路線と、重要交通線および駅・盛り場などが交わる地域での新たな路線であ

*12　東京都建設局都市計画課（一九四六）、『東京復興都市計画概要』

*13　これまで都市計画法により商業専用地区、文教地区、娯楽・レクリエーション地区など一一種類の類型が規定されていたが、一九九八（平成一〇）年の都市計画法改正により、地方公共団体で独自に特別用途地区を定めることができるようになった。石川の構想はこれらを先取りしたものだったといえる。

*14　以下の記述は石川栄耀（一九四七）、「帝都復興都市計画の報告と解説」、『新建築』22巻1号、三－五七、六七頁、新建築社に基づく

る。

　これに対応して四〇〜一〇〇メートルの幹線街路網と二〇〜三〇メートルの補助線街路網からなる計画が立てられた。また緑地帯と組み合わせて市内で〇・五キロメートル、郊外で一キロメートル歩けば緑地帯ないし緑道に出られるように計画がなされた。一〇〇

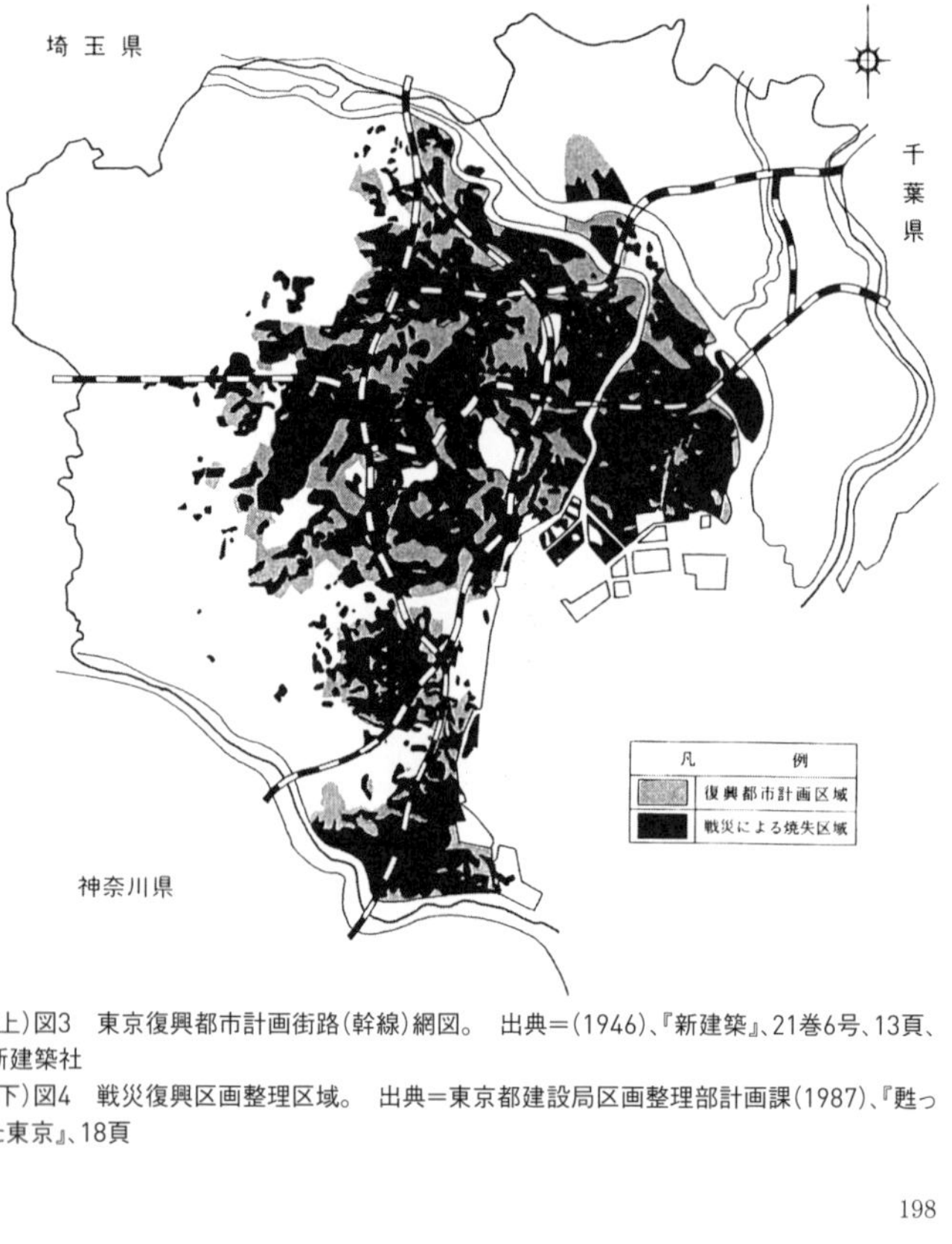

(上)図3　東京復興都市計画街路(幹線)網図。　出典＝(1946)、『新建築』、21巻6号、13頁、新建築社
(下)図4　戦災復興区画整理区域。　出典＝東京都建設局区画整理部計画課(1987)、『甦った東京』、18頁

メートル道路としては、都心環状線として外堀通りと、そこから東西南北へ伸びる蔵前橋通り・昭和通り・大久保通り、さらに江東地区の南北軸である四ッ目通りと、新都心である四谷見附の新宿通り、東京駅新正面口の八重洲通りが設定された。このほかに八〇m道路として山手線外側の山手通りと京浜国道が指定されている。

ここでは当時の都心である霞が関・銀座一帯の混雑緩和にとどまらず、新宿を中心とする山の手への連絡が重視されていたこと、広幅員街路が注目されがちだが商業地内での混雑緩和や緑地とセットで地区レベルのネットワークも重視されていたことを指摘しておきたい。震災復興が都心や下町を中心としていたのに対し、震災以後、発展し続けていた山の手への街路網が重視して計画され、それらはやはり石川の生活圏構想に基づいて計画されていたのである。

そして施設整備費が限られる中で、諸計画を実現する手段として期待されたのが区画整理事業であった。石川は「もし区画整理を行わないとすれば、前（ママ）業務能力者は全部活動能力を停止することになる」と述べている*15。区画整理区域は前述したように焼失地一万五八六七ヘクタールを上回る約二万ヘクタールが指定された。石川は通過交通の排除や、副都心・隣保中心・慰楽施設の設定と交通中心との連絡を通した生活圏構成、広場・小公園の適当なる配置、都市景観の立体平面両関心（ママ）の保存などを訴え、「中小都市計画の全要領が、ここに集中されなければならない」と述べている。区画整理事業においても単に土地を区割りするのではなく、上物の建築や施設との関係を重視した「地区都市計画」としての都市像が、その根底には存在したのである。

*15 前掲、四六頁

計画の民主化

以上、見てきたような石川による都市像が根底に存在していた戦災復興計画を、石川はどのように実現しようとしていったのだろうか。石川栄耀は前出の「帝都復興都市計画の報告と解説」の最後に「計画の民衆化の吟味」と題して次のように述べている*16。

「今回の計画の特徴として極力その案樹立ないしその執行に民主化を図ったことがある。即ち案樹立に対しては、先ず根本方針に対しては、終戦直後より前《ママ》復興関係者その他学識経験者に再々の批判を仰いだ。また当局は『新首都建設の構想』などの小冊子を造るとか、新聞、ラジオなどを通じ当初より案の大要を世に問うた。また計画自体については懸賞などにより民間専門家の知能を借りた。(中略)計画の決定も一ヶ年にしてほとんどその全部を了したが、決定後もなお区役所を中心に復興協力会を作り民意を集め、幾年かを経過して全面的に修正すべき心構えでいる」

前述した一九四五年(昭和二〇)八月二七日の新聞記事以来、東京の戦災復興計画に関する情報は、専門家向けから一般向け雑誌まで多種のメディアを通じて発表されていた。同年一二月には戦災復興院が発行する『復興情報』創刊号に「帝都復興改造計画案要旨(試案)」が公開され、翌年三月には「戦災復興建設叢書」として、石川栄耀『新首都建設の構想』(図5)が出版されている。これらはいずれものちに計画決定されることになる戦災復興計画の理念・背景を述べたものであった。そしてその後も、同年一〇月の石川栄耀『都市復興の原理と実際』(光文社)、同一一月の東京都建設局都市計画課『東京復興都市計画概要』、翌年二月の石川栄耀「帝都復興都市計画の報告と解説」(『新建築』二二巻一号)などで、計画は大々的に

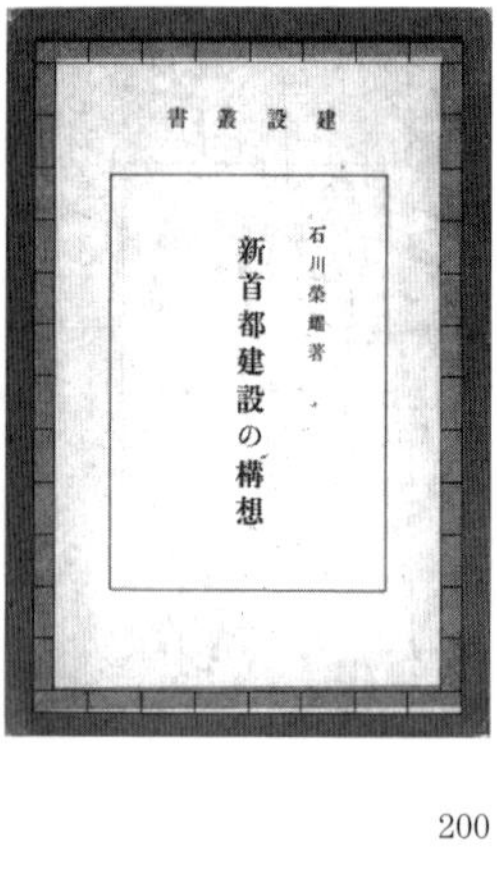

図5 『新首都建設の構想』表紙。出典＝石川栄耀(一九四六)、『新首都建設の構想』、戦災復興本部

*16 なお、戦後民主主義とこの時期の都市計画に関しては下記の論考がある。中島直人(二〇〇三)、「『復興情報』とその時代―「まちづくり」への一つの起点を求めて」、『まちづくりとメディア』一号、一八―二三頁、まちづくりとメディア研究会

報告された。

つまりこうした報告はいずれも「計画の民主化」を図るための試みとして捉えられるのである。石川は『都市復興の原理と実際』の序において「在来の都市計画があまりに、独善的であったことに対し、千古の大業でもありこの際むしろ一般の意見を求め総合して、立派なものを造り挙げるべきであるという助言もあったので、構造全部を開放し理解と批判を求めることにした」と述べ、従来の都市計画が官僚による独善に陥っていたと自省し、積極的な都市計画案の公開と意見の取り込みを試みたのである。このほかに例えば、一九四五年（昭和二〇）一一月一日と八日にはそれぞれ学識経験者と復興経験者を招いての復興都市計画外部協議が行われたほか、一九四六年（昭和二一）五月一四日には「二〇年後の東京はかく在り度し」と題した復興計画論文の募集が、同月一〜四日にかけては復興講習会が行われている。

東京都はこのほかに、一九四七年（昭和二二）に「二十年後の東京」と題したPR映画を制作している。これは六章二節でもふれるように東京都戦災復興計画について、戦後の民主主義の下での「新しい時代にふさわしい、新しい形の都を作り出す」ための目標や計画の具体的内容を説明し、都民一人ひとりに協力を求めるものであった。

計画の担い手の育成――帝都復興計画図案懸賞と文教地区計画

また「計画の民主化」は計画の公開や啓蒙だけでなく、官にとどまらない計画立案・実行の担い手を育てることも意味した。それは大きく専門家の育成と、民間会社の参画の二つに分けられる。

例えば、石川は一九四七年（昭和二二）九月に発表した「都市計画は法律に飢える」*17とい

*17　石川栄耀（一九四七）、「都市計画は法律に飢える」、『法律新報』783号、二九–三一頁、法律新聞社

日本計畫士會設立

去る3月29日東京都の交詢社で下記のような趣意書と會則と發起人の人達によつて在野の文化團體としてこの會は發足した．地方計畫や都市計畫の使命が日本再建の上に重要な役割があるのはゆうまでもないが，特にこれらの計畫が良き明日への社會構成の基盤であり國土が都市が人民のものであるならば，その計畫の民主化の爲に在來のような官廳の一隅でこつそり定められたり，人民に上から押しつけられたりした獨善性は慎まねばならない．それがまた圓満な調和のとれた綜合技術の下で企畫されねばならないのに，やゝもするとセクト的な偏在技術で計畫されたような跛行性も更めねばならない．戰災は悲しいことではあつたが裸になつた都市や農村を新に育成して行く絶好のチャンスでもある．これらの仕事に携る人々が熱情に燃えて會を組織しお互にその權威と責任を自覺し計畫技術の純化と進歩の爲に外的にも内的にも努力されることは望しいことである．

地方計畫や都市計畫は人民の活動や生活の地域的なあるいは空間的ないわば紙に描れた憲法である．それはまた長い時間的な計畫であり建設であるから正しく次代へ引き繼れなくてはならない．これらのためにも計畫者の責任の所在が明らかなことやその計畫に人民が參加することが必要である．又その計畫がその時代の政治，經濟や文化を正當に反映しそれが確固とした科學技術で合理的に社會的に組立られたものでなければならない．殊に綜合技術としてまだはつきりとは定立されてないこの技術ではどうしてそのように計畫されたかとゆう點を明にしなくてはならないと思う．

その意味でこの會が數少い計畫技術者を結集して組織的に斯界で働くことは新日本の町造りや村造りが豐に進展して行く礎石を据えたようなものだといえる．戰災の燒野原が敗戰のみぢめさを物語つて無慘な姿で數多く再建の日を待つている．建設界に限らず社會のすべての人々がこの會の成長に期待するところは大いであろう．(秀島)

日本計畫士會設立趣意書

文化國家の建設を世界に對して誓つた日本は，各方面に於て重要問題に當面してゐるが，戰災に傷められた國土の復興とその新しき形への建設は，その最たるものであると信ずる．この立案と計畫に與る我々計畫技術者の任務と責任の重大なことを痛感する次第である．

由來計畫技術が，土木，建築又は公園綠地の個々の技術の單なる集積でなく，その綜合を基礎とする一つの獨立した技術であるということは，對社會的にも又關係技術者の間にも充分に認識されていない．

我々この特異な且つ現在極めて緊要な計畫技術に携わる者は，一つの組織の下に結合してこの技術の確立と責任とを主張することが必要である．又この組織の中で相互の識見と技術とを研磨してその充實を圖りたいと思う．そうして更に社會に向つてはこの技術の權威と技術者の資格を明確にし，且つ責任を持つてこれを保持してゆきたいと思う．

以上の趣旨により此の度，日本計畫士會を設立することとした．ついては貴下も，本會の趣意に御賛同の上，その目的貢獻のため協力せられることを切望する．

昭和22年3月

發起人（五十音順）

赤岩 勝美	五十嵐 醇三	石神 甲子郎
石川 榮耀	石原 耕作	伊東 五郎
伊東 正一	伊藤 滋	伊藤 鉀太郎
市川 清志	今川 正彦	井本 政信
岩澤 周一	太田 謙吉	奥田 教朝
小野 好男	折下 吉延	金井 靜二
龜井 幸次郎	岸田 日出刀	北村 德太郎
木村 三郎	木村 英夫	木村 尚文
楠瀨 正太郎	黑瀨 太一	近藤 謙三郎
小坂 立夫	小宮 賢一	櫻井 英記
佐藤 武夫	佐藤 昌	鹽澤 弘
鹽原 三郎	島田 隆次郎	關口 鍈太郎
高谷 高一	高山 英華	武 基雄
竹重 貞藏	田治 六郎	田中 嘱一
谷口 成之	丹下 健三	土浦 龜城
鳥井 捨藏	中田 理夫	永見 健一
西山 卯三	丹羽 鼎三	沼田 征矢雄
根本 善春	野坂 相如	藤田 宗光
秀島 乾	平田 重雄	平林 恒雄
前川 國男	牧野 邦雄	町田 保
松井 達夫	山田 正男	吉田 信武
吉田 安三郎	渡邊 孝夫	

日本計畫士會(Japan Institute of Planners–J.I.P.)會則

第1章 總則

第1條　この會は日本計畫士會と稱し計畫技術者以をて組織する．

第2條　この會は計畫（技術都市計畫及び地方計畫の技術を言う）の向上を圖り，計畫技術の社會に對する責任の所在を明確にすることを目的とする．

第3條　この會はその目的を達成するため次の事業を行う．

1. 計畫に必要な調査，研究（このため計畫士會所屬の研究所を設置する）
2. 會員相互の知識を研磨するための研究會の開催
3. その他この會の目的を達成するために必要な事項の遂行

第4條　この會の事務所は東京都内におく．

第5條　この會は必要に應じて支部をおくことができ

図6 「日本計画士会設立」の記事。 出典＝(1947)、『新建築』22巻5号、34頁、新建築社

う論文で、建築士、広告士、計画士の法制化とそれによる「計画の民主化」の必要性を論じている。前の二者は都市美的な観点から建築と広告に一定の資格が必要だとし（建築士法はこの後一九五〇年に制定される）、後者は非専門家が都市計画に従事しているとしてやはり一定の資格が必要だとしたものである。そして「日本の建設技術、とり分け土木計画と都市計画は常に官僚の手によって為される。それは屢々独善なりといわれるが正にそれはソウいわれても仕方のない」ことだとし、計画士が法制化されたら、少なくとも立案をこれら民間の専門家に任せたいと述べたものだった。

こうした石川の考えを背景に、実際に一九四七年（昭和二二）三月に日本計画士会という組織が結成されている。これは会長に笠原敏郎、理事長に石川栄耀を擁し、建築・土木・造園各界の都市計画関係者らが参加したものであり、岸田日出刀や高山英華、佐藤武夫、前川國男といった名前が見られる。一九四七年五月号の『新建築』（22巻5号）では、秀島乾*18によりその設立趣旨が述べられている。秀島は「都市が人民のものであるならば、その計画の民主化の為に在来のような官庁の一隅でこっそり定められたり、人民に上から押しつけられたりした独善性は慎まなければならない」と述べ、「計画者の責任の所在が明らかなことやその計画に人民が参加することが重要である」と主張した。

また区画整理事業などへの民間の参画を見越して、当時、考えられていたのが復興会社であった。石川はとくに商業地域などで権利関係者が各々の権利を投資し、これに他の財団も加わって会社を作り、その会社費用において共同建築を建て、収入を配当にまわすという構想を語っている*19。こうした民間会社の例に日本都市建設株式会社、復興協力株式会社、日本広研株式会社などが挙げられる*20。日本都市建設株式会社は、膨大な区画整理事業の執行に際して東京都を補完し、民間による組合施行を実施するために設立された会

*18　秀島乾（一九一七―一九七三年）

佐賀県生まれ。一九三六年早稲田大学建築科を卒業し、旧満州国政府に就職。新京（現長春）での建築、都市計画に関わり、都邑計画法改正に際して近隣住区単位の手法を導入している。終戦後は石川栄耀に師事し、役人生活には戻らず、秀島乾都市計画事務所を開設した。最初期の都市計画コンサルタントの一人。一九五一年には五章二節で詳述するように東京高速道路株式会社のスカイウェイ、スカイビルの立案に参画し、同年の日本都市計画学会の設立にも貢献した。日本住宅公団による第一号の常盤平住宅団地設計計画にも参画し、一九六二年には都市計画学会の表彰を受けている。そのほか長崎、八幡、広島、大阪、神戸（神戸ポートアイランドにも）など全国各地の都市に幅広く助言を行った。一九七三年一月死去。　出典＝木村三郎（一九八八）、「Who was Who 秀島乾」、『都市計画』155号、六九頁、日本都市計画学会

*19　石川栄耀（一九四六）、「大都市復興方法論―区画整理か復興会社か」、『実業之日本』49巻1号、四二―四三頁、実業之日本社

*20　石川栄耀（一九四七）、「帝都復興都市計画の報告と解説」、『新建築』22巻1号、六七頁、新建築社

社であり、植民地から引き上げてきた技術者によって組織された。実際に戦災復興区画整理事業のうち四地区で事業の代行契約を結んで事業を行ったが、のちに経営困難に陥り解散している*21。また復興協力株式会社は新宿歌舞伎町の人々が自ら区画整理を行うために出資した会社であり、日本広研は広告塔の会社であった。

さらにこの時期、東京都は都市計画・都市デザインに関する設計競技を多数行っている。一九四五年（昭和二〇）から翌年にかけて行われたのが、帝都復興計画図案懸賞である。石川が東京都商工経済会（のちの東京商工会議所）に働きかけて主催させ、盛り場である銀座、浅草、

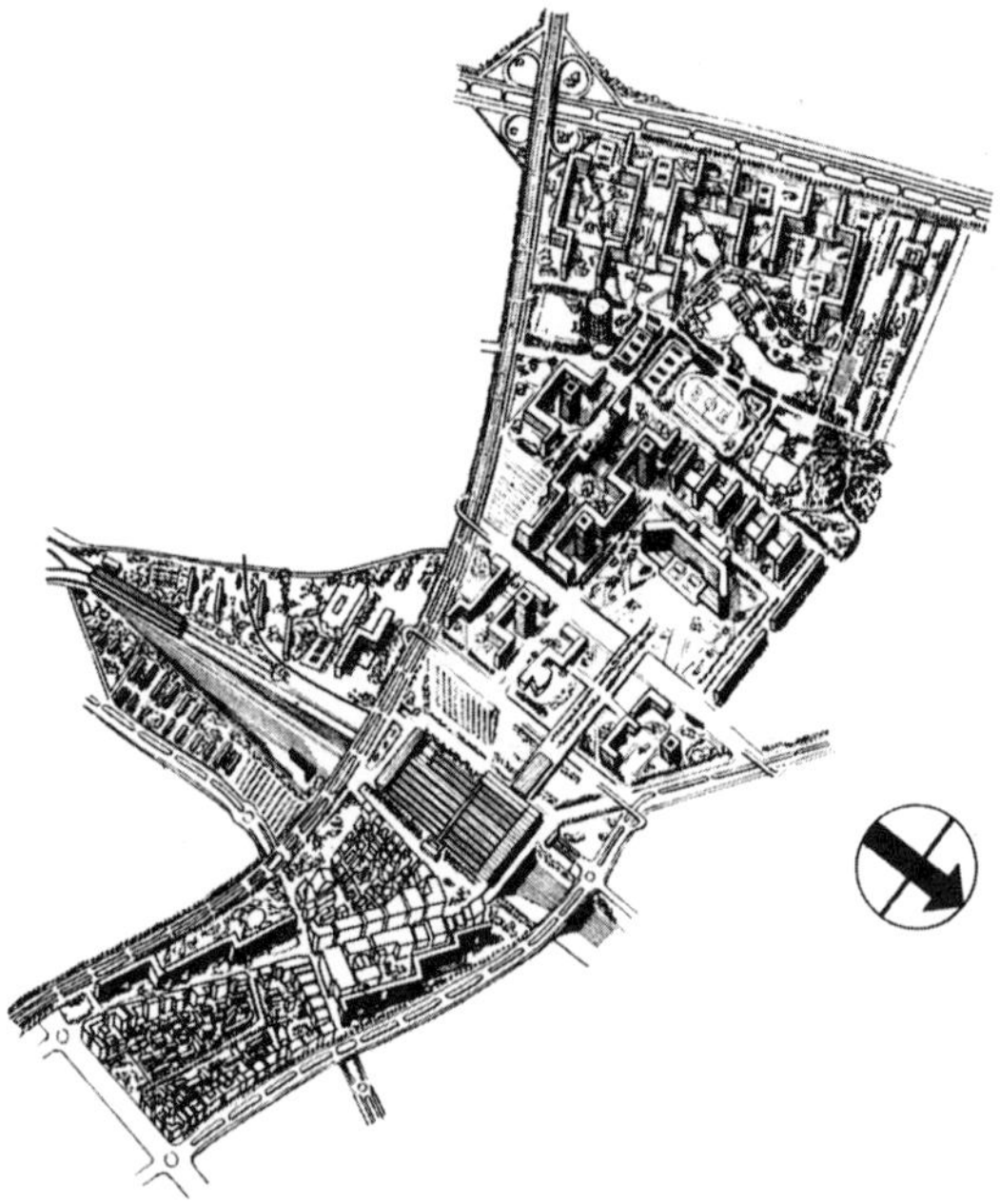

図7　内田祥文らによる帝都復興計画新宿地区競技設計当選案。　出典＝日本建築学会(1952)、『建築設計資料集成(3)』、100頁、丸善

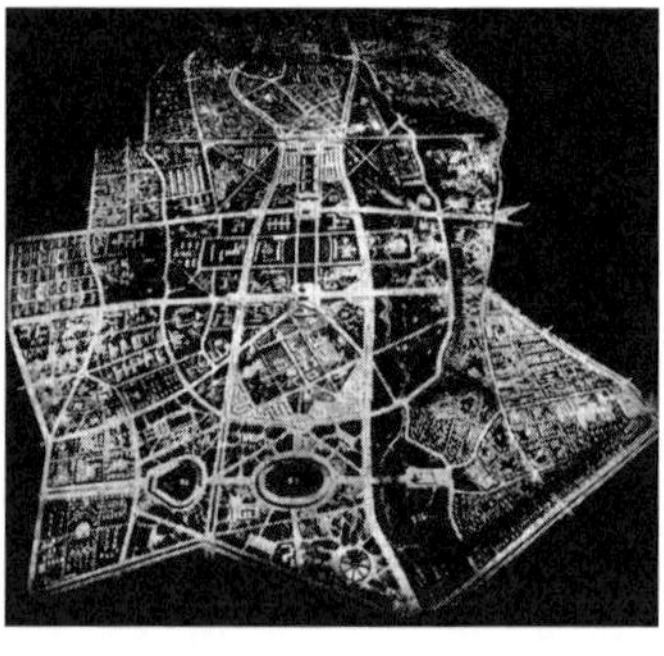

図8　神田文教地区鳥瞰図。　出典＝(一九四七)、『新建築』22巻10・11号、一頁、新建築社

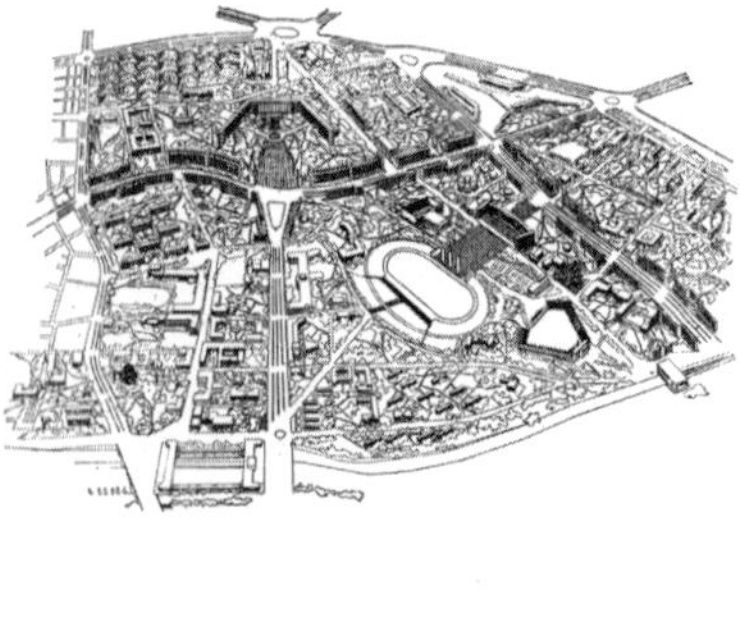

図9　早稲田文教地区計画図。　出典＝(一九四七)、『新建築』22巻10・11号、一三頁、新建築社

新宿や中小工場地帯である深川などを対象に募集が行われた。前川國男、吉阪隆正、丹下健三、内田祥文、内田祥哉、市川清志といった気鋭の建築家たちが参加し、新宿と深川地区については当時日本大学助教授の内田祥文が、銀座地区については当時早稲田大学助教授の吉阪隆正が一等を取っている。なお吉阪の銀座案には石川の盛り場論が引用され、石川が以前から主張してきた高架道路のアイデアが盛り込まれるなど、石川の思いを反映するコンペでもあったことがわかる*22。また渋谷でも少し遅れて、地元の復興会主催でコンペが行われている*23。

また同年には特別地区の一つである文教地区について、各地の主要大学に文教地区計画の立案が委託された。東京大学は本郷、早稲田大学は早稲田、日本大学は神田、東京工業大学は大岡山、東京藝術大学は上野、慶応大学は三田を担当し、東大では高山英華、丹下健三、池辺陽、浅田孝、大谷幸夫ほかが、早大では当時非常勤講師を務めていた石川のほか、秀島乾、松井達夫、武基雄らが設計者として名を連ねた。さらにその運営に当たる民間団体として、東大の南原繁総長を会長に各大学総長を会員として、計画協議会が結成されている。なお現在の早稲田の早大通りや早稲田大学正門前の余裕のあるロータリー広場、小石川の播磨坂の線状公園、バス専用の引き込み街路などは、この文教地区計画の構想がその後の区画整理事業により一部実現したものである。

石川はこうしたコンペや計画立案の委託を行うことで、人々の関心や意欲を高め、建築家や商業者、大学関係者らを復興計画へ取り込もうとした。これらを通して法定都市計画と建築美・都市美を融合させ、民間による計画の立案や事業遂行を目指したのである。とくに文教地区計画は、既に東京都の告示がなされていたこともあり、より実現性の高いものとして想定され、都と大学の間には部分的にでも計画を実現する意思があったという。

*21　なお同社の経営には石川の従兄弟の根岸情治が参加している。出典＝根岸情治(一九五六)、『都市に生きる』、一二四–一三二頁、作品社

*22　高橋陽之介(二〇〇五)、「東京高速道路株式会社線の実現における石川栄耀の役割」(筑波大学大学院環境科学研究科平成一六年度修士論文)、三〇頁

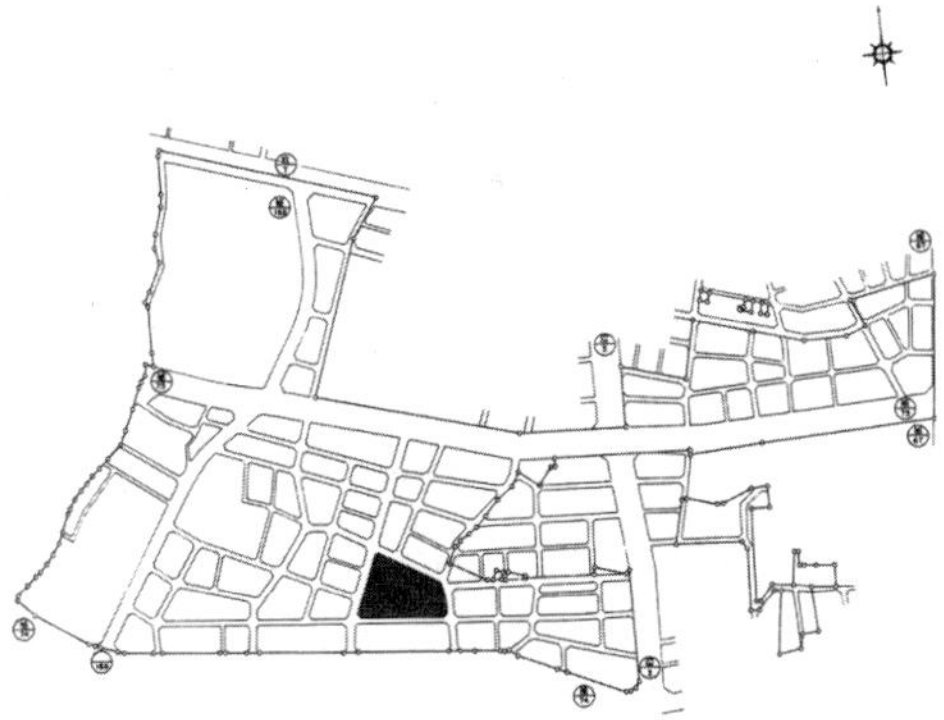

図10　新宿区早稲田鶴巻町付近の区画整理設計図。中央を東西に走るのが早大通り。その左端に見えるのがロータリー広場。出典＝東京都建設局区画整理部計画課(一九八七)、『甦った東京　東京都戦災復興土地区画整理事業誌』、一二三頁

だがこれも実現するための財政措置はめどが立たず、区画整理などに際して部分的に実現するにとどまっている。

土地問題への対応

しかし一九四六年（昭和二一）ころから早くも、計画は行き詰まりを見せ始めていた。原因は土地問題であった。当時、石川は「復興計画と土地問題」という論文を発表している＊24。石川は復興計画において土地問題が最も基礎的で、かつ最重要だと述べ、この解決方法としていくつかの提案を解説している。一つは強制的な土地収用もしくは郊外区画整理地への換地であり、もう一つは強制的な合同建築への収用であった。また最終的には地券による全焼失地の買収が一番よいと述べている。これは土地を買収して区画整理を行ったのち、売り戻すというもので、こうした考えは石川個人のものではなく、当時の都市計画関係者に広く共有された考え方であった。

実際、地券による全面買収は戦災復興院の中で検討が行われ、一九四五年（昭和二〇）一一月の建築学会による「戦災都市復興および住宅対策に関する建議」でも提案されていた。また戦災復興院土地局地政課では、一九四六年から翌年にかけて宅地法と呼ばれる法案が検討されていた。これは都市部の大規模土地所有者の土地を公共用地や住宅政策のために収用することを可能にする法律で、農地解放の都市版とでもいうべき内容を備えていた。石川もこの法案を強く擁護していたという証言が残されている＊25。

壮大な東京の戦災復興計画も、こうした戦後改革の一環である土地改革の動向と軌を一にして、土地問題への対応を試行していたのである。しかし地券制度も宅地法も実現することはなく、石川の論調は、徐々に悲壮感をおびていくことになるのである。

＊23　（一九四七）、「渋谷区復興計画図案展覧会」、『新都市』1巻2号、一九頁、新建築社。なお同設計競技では池辺陽（当時東京大学第二工学部講師）の案が二等となっている。

＊24　石川栄耀（一九四六）、「復興計画と土地問題」、『土木建築情報』1巻1号、二一－二三頁、土木建築情報社

＊25　大本圭野（二〇〇〇）、『戦後改革と都市改革　発見された「宅地法」案資料集成』、三一八頁、日本評論社

計画の評判

計画に対しては人々から強い批判があがることもあった。例えば、建築家の前川國男は「一〇〇メートル道路の愚を笑う」と題した投稿を一九四六年（昭和二一）四月二日の『朝日新聞』に発表している。前川は計画が道路主義に陥っているとした上で、その決定過程についても「東京都市計画が全都民の知らないどこかの隅でコソコソ決められて建築や土木の何たるかも解しないお役人の間で要領よくデッチ上げられる現状は憤懣に耐えない」と批判した*26。これについては戦災復興院次長の重田忠保が『復興情報』上において、前川の論説を転載した上で反論を行い、都議会の意見を十分に入れ、有識者および都議会議員で構成された都市計画委員会に付議しており、決して非民主的ではないと述べている*27。

このほか、東京都技師で建築行政を担当していた池原真三郎も自著の中で、「都市計画の夢と現実—東京復興都市計画批判」と題した章を設け、計画を批判している*28。これは計画決定から数年後の時点で、計画を検証し、その過大さを批判し修正を要求するものであった。また都市計画の決定過程についてもふれており、都市計画委員会の委員の大半は自分に関係した土地の利害にだけ敏感だとし、「地元からもり上る民主的な近隣計画が出来て、その上に全体的な都市計画が作り上げられて行くのでなければならない」と述べている。東京都の内部からもこうした批判があったことは興味深い。

このように東京都は計画の公開や啓蒙活動は積極的に行ったものの、フィードバックに必要な仕組みが欠けていたこともあって、実際に民間の意見を計画案に反映させることまでは難しいのが実情であった。

*26 前川國男（一九四六）、「百米道路の愚」、『朝日新聞』、一九四六年四月二日

*27 重田忠保（一九四六）、「復興雑感」、『復興情報』6号、一二―一三頁、戦後復興院

*28 池原真三郎（一九四九）、『建築行政ノート』、相模書房

計画の縮小とその実現過程

一九四九年（昭和二四）ころに極度のインフレの進行から、国家財政は大幅赤字に陥り、同年三月にドッジ・ラインと呼ばれる緊縮財政政策がとられるようになる。これに伴い、戦災復興計画に対する国庫補助も大幅に削減されることになる。戦災復興計画は全国一一二の都市において事業が進められていたが、中でも東京の復興計画の縮小は他の都市の比ではなかった。目玉でもあった広幅員街路（幅員八〇メートル以上）はすべて削除され、公園緑地は児童公園や運動場に重点がおかれ、それ以外の帯状の緑地帯は一部を除いて削除された。そして、復興計画の実現手法として位置づけられていた区画整理事業も大幅に圧縮された。石川は、当時の状況を以下のように振り返っている。

「ただ問題なのは緑地と区画整理であった。

（中略）

緑地計画は、今度の計画の眼目であった。

これによって、東京をいくつかの隣保区域に分けその夫々に広場を与え様としたのである。

（中略）

それからくれぐれも心残りなのは、丘陵上の展望公園および水辺公園であった。東京は七つの丘で出来てる。その丘からの眺めは極めて風趣あるにかかわらず、江戸以来個人の邸宅内に取り囲まれ解放されて居ない。その実状が焼けて初めて解った。そこでこの際、これを保留し様というのでこれを公園に指定したのである。

これがスベテ無にかえろうとしてる。

またアンウィンの教えにある水辺公園も一応隅田河畔に延々と指定したが絵に終わった」*29

このように、石川がこだわっていた隣保区域や緑地計画、アンウィンからの教えを忠実

*29 石川栄耀(一九五二)、「私の都市計画史」、『新都市』6巻12号、七-八頁、都市計画協会

図11 丘上の公園化。
市民が自分達の住む町を見渡せるように、これまで大部分が武家屋敷で占拠されていた東京の丘の上を市民に開放する構想。 出典＝石川栄耀(1947)、「二十年後の東京」、『少国民世界』2巻1号、11頁、国民図書刊行会

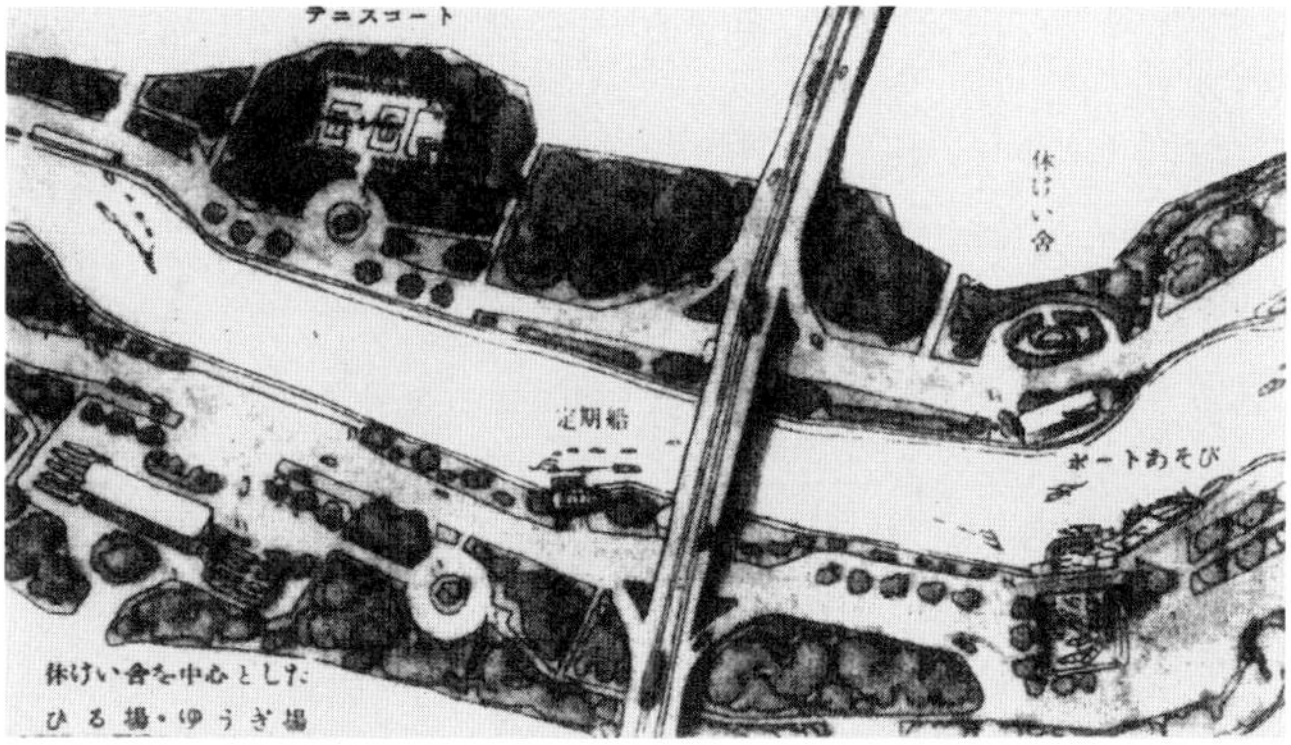

図12 水辺(河畔)の公園化。
これは隅田川河畔公園のイメージスケッチ。東京の河畔のほとんどは緑地地域に指定され、公園として開放する計画だった。 出典＝石川栄耀(1947)、「二十年後の東京」、『少国民世界』2巻1号、10頁、国民図書刊行会

に再現しようとした水辺公園など、石川の計画の原案の多くは実現せずに消滅したといえる。では戦災復興事業の縮小は実際にはどのようになされたのだろうか。ここではとくに土地区画整理事業の実現過程について振り返っておこう。一九四六年(昭和二一)四月に区画整理区域が指定された後、一〇月一日には一一地区が第一次優先復興地区として指定されている。①麻布十番付近、②新宿二丁目付近、③文理大付近、④錦糸町駅南側、⑤五反田駅付近、⑥大森駅東側(品川)、⑦大森駅東側(大田)、⑧渋谷駅付近、⑨新宿駅付近、⑩池袋付近、⑪王子駅付近が選ばれており、消費歓興地区に指定された地区を中心に指定されていることがわかる。続いて翌年二月二七日に、五地区が第二次優先復興地区として指定され、翌々年三月二〇日には二五地区が第三次優先復興地区として告示されている(二六七頁、表6参照)。

こうした中、ドッジ・ラインを受け、東京都は第一次から第三次までに告示された四一地区と組合施行の八地区を、五年以内に完成させる地域と保留域に分けている。以降、対象地は大幅に縮小され、山手線の駅前を中心として、一九八三年(昭和五八)に東京の戦災復興区画整理事業は完了するのである。最終的に施行された区域は、当初計画の六・一%に当たる約一二三四ヘクタールであった*30。

こうした実現過程について、副都心形成だけは死守するという石川の戦略を読み解き、緻密な事業プログラムだとする評価がなされる一方で、当時の関係者による「なしくずし」、「できるところだけでおこなった」と証言も残されている*31。しかし、これらはいずれも都市を計画する側からの偏った評価にも思われる。新宿、渋谷、池袋の副都心群に加え、国鉄駅前の商店街を中心とした地区ではとくに事業完了が早く、この点からは地元営業者との協働の様子がうかがえ、それらの地域を中心にその後の東京の都市発展に大きな足掛かりとなったことは紛れもない事実である。

*30 東京都建設局区画整理部計画課(一九八七)、『甦った東京 東京都戦災復興土地区画整理事業誌』

*31 西山康雄(二〇〇〇)、「東京戦災復興都市計画に見る撤退・縮小の論理を探る」、『「危機管理」の都市計画―災害復興のトータルデザインをめざして』第7章、一二八―一三七頁、彰国社

一方で、石川を中心とする東京都都市計画部局は、こうした計画の縮小方針から東京を外すため首都建設法の制定に力を注いでいく。これは東京を「首都」として国の直轄の下で補助を得て都市計画事業を進めようとするもので、一九五〇年(昭和二五)三月に制定されることになる。石川は東京都を代表してＧＨＱや衆参議員委員会で説明を行い、本法成立の第一の功労者と目されていた。同年の『都政通信』臨時号では首都建設法の特集が組まれ、石川はインタビューに答えて「今迄の形では各官庁が、その仕事の運営上多少弱いところ

図13　首都建設法について報じる新聞。　出典＝『東京日日新聞』、1950年6月1日

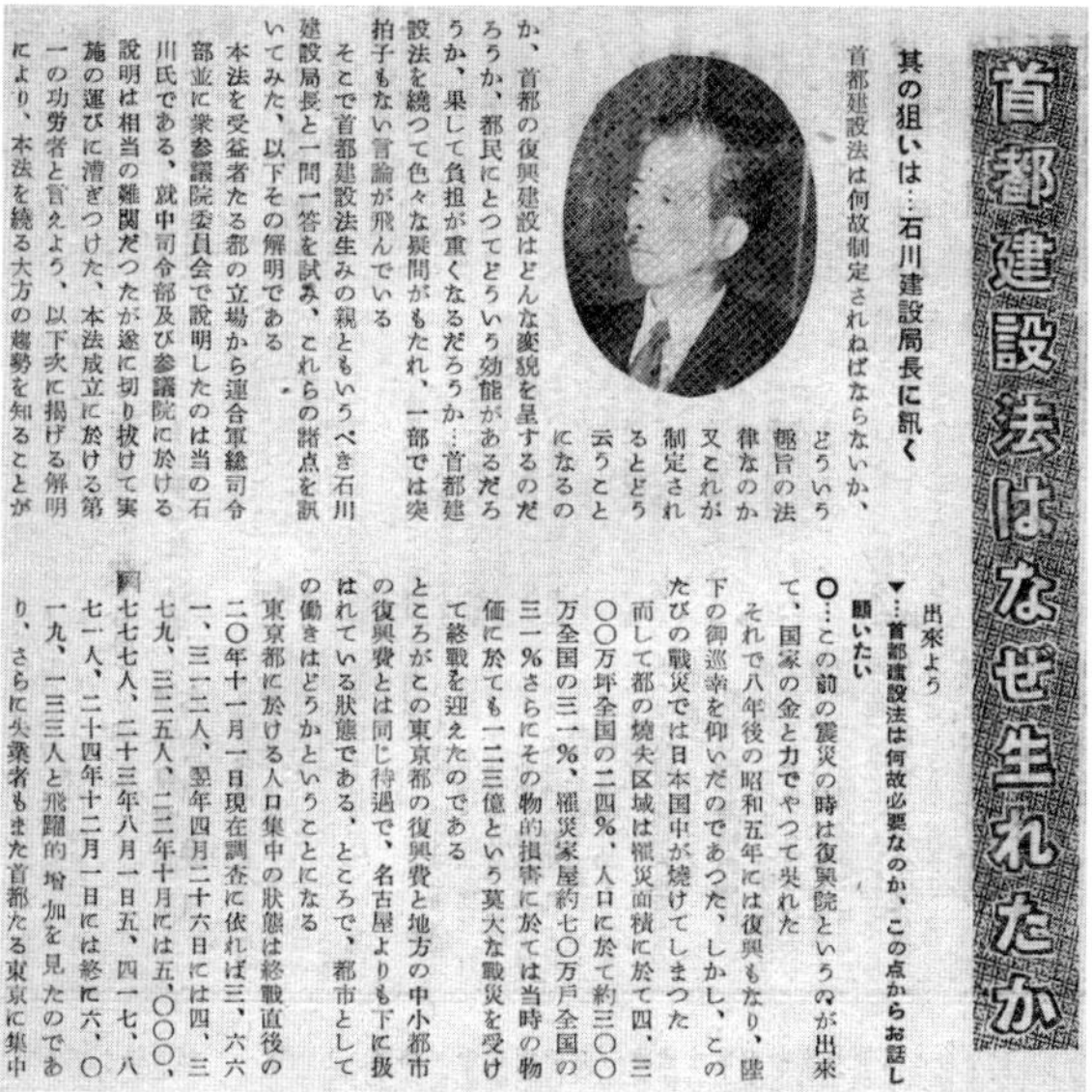

図14　首都建設法を特集した雑誌。　出典＝佐野要助・田中勝治・小林健三(1950)、『都政通信 首都東京の建設特集』、16頁、都政通信社

があり、自治体では手ぬるい所がある、この法律の制定に依り新しい問題が起こった時は強力な推進が可能となる」と述べている*32。これはのちの首都圏整備法につながるものであり、行政区域にとらわれない大都市圏計画の道を開くものであった。しかし一方でこの法律は、同号に区長や区議会からの反論が掲載されていることからもわかるように、地方自治の精神を踏みにじるものとして批判にさらされることにもなる。

*32 佐野要助・田中勝治・小林健三(一九五〇)、「首都建設法はなぜ生まれたか」、『都政通信 首都東京の建設特集』、一六–一九頁、都政通信社

今に残る石川栄耀の足跡

東京戦災復興計画には、石川栄耀の生活圏構想に基づいた都市空間・生活像があった。これは用途地域の純化や、特別地区で想定されていた詳細な内容からうかがえるように、インフラ整備にとどまらない、建築やソフトの要素まで含めたものであり、街路計画や区画整理事業にまで貫かれていた。計画を実行するに当たって、石川は民間を事業の担い手として期待し、官民の協働を志向した。また、石川は土地改革の試みや、計画の担い手の育成などを進めようとした。

先行研究が示すように*33、当初の構想から考えれば、壮大な東京の復興計画はそのほとんどが実現されなかったといえる*34。しかし結論を一部先取りすると、戦災復興計画における石川の試みは、盛り場や商店街、さらには広場といった小さなスケールにおいて、各地で決して少なくない数が実現し、現在に至るまでその空間が受け継がれ、多くの人によって利用されているのである。以下の節では、実現した空間という視点から再評価することで、プランを巨視的に見ていては現れてこない石川による戦災復興計画の構想や空間像を示すことにしよう。

まず二節では、都市生活の中心として想定していた盛り場、商店街を積極的に育成しよ

*33 代表的なものとして、石田頼房(一九九二)、『未完の東京計画—実現しなかった計画の計画史』、筑摩書房。越澤明(一九九一)、『東京の都市計画』、岩波書店

*34 例外的に、桜で有名な播磨坂(環状三号線の名残り)や宮下公園などにおいて、当初の計画の特徴であった広幅員街路や緑地計画のごく一部が実現し、現在に至っている。越澤明(一九九一)、「幻の環状三号線 戦災復興計画の理想と挫折」、『東京都市計画物語』、二〇三頁–二二〇頁、日本経済評論社

うとした石川の試みを振り返る。ここでは都市計画事業にとどまらず、屋外広告やアーケード、花壇といった形で石川の思いは実現しており、さらには戦災処理のような機会さえも石川は積極的に利用していた。次に三節では、こうした盛り場や商店街における環境整備の中でも、とくに石川のオリジナリティが見出せる広場の創出に着目する。財源の縮小に伴い、戦災復興計画の実現手段である区画整理事業が大幅に削減される中で、極めて初期段階で事業決定された区画整理事業において、石川の理想とした空間像は実現することとなった。

2――盛り場・商店街において実現した空間

創設盛り場という試み

東京戦災復興計画では特別地区や区画整理事業を組み合わせることで、石川が「創設盛り場」と呼ぶ新たな盛り場建設の試みがなされていた。石川は「区画整理に伴いいくつかのshopping centerの創設乃至運営を指導した」と述べ、具体的な例として歌舞伎町、麻布十番、王子新天地、江東楽天地を挙げている*35。

歌舞伎町一丁目の前身は戦前の角筈一丁目北町会という町内会で、日用品の商店が並ぶ町であった。東京大空襲で焼け野原になったのを契機に、戦前この地区で食品の製造販売店を経営し、町会長をしていた鈴木喜兵衛が中心となって自主的な復興事業を進めている*36。鈴木は終戦後直ちに「道義的繁華街」を作ろうと、借地人、その他の被災者に呼びかけ、復興協力会という任意団体を組織した。そして地主の協力をとりつけて借地権を一本にまとめ、区画整理後これを再配分して共同建築を立てようという方針のもと、復興計画を策定するために東京都に相談した。これに応じたのが石川で、「広場を中心として芸能施設を集める、そして新東京の最健全な家庭センターにする」という案をまとめている。

これは広場の周囲に大劇場二軒、映画館四軒、お子様劇場、ソシアルダンスホールなど大規模なアミューズメントセンターの形成を狙った計画であった。芸能施設の中心に歌舞伎劇場の建設計画が立てられたことを契機に、石川は新町名を歌舞伎町と名づけたほか、

図15　歌舞伎町の鳥瞰図(イメージ図)。出典＝鈴木喜兵衛(一九五五)、『歌舞伎町』、口絵、大我堂

映画館の一つをシェークスピアにちなみ地球座と命名している。またそのほかの商店街のブロックは、一区画三〇坪程度の敷地とし、ブロックの中心に幅四尺の背割り通路を入れ、延焼防止、消火用通路として防災対策が考えられていた。ここでは街路計画（T字路、曲線路、広場）、土地利用（機能分化、店舗配列）などに石川の盛り場研究の成果が反映されていた（この広場のデザインについては三節で詳述する）。

一九四七年（昭和二二）一一月には新宿第一復興土地区画整理組合が組織され、被災者らが整地費などの事業費を負担し、ほぼ二年間で組合施行の区画整理が行われた。しかし映画館や大規模建築は当時の建築資材統制により実現せず、歌舞伎劇場予定地には、その後しばらくしてからコマ劇場が建っている。

次に石川が「当時多少未だ疑問であったのであるが、ある可き場所なので特定し指導」したと述懐する王子新天地と錦糸町の江東楽天地の例を見てみよう。石川はこのときの指導方針を「映画館の集結、百貨店の添加、通過道路の切りかえ、広場の設置、合同店舗というようなことであった」と述べている[37]。

王子駅の一帯は、戦前から王子製紙などの工場が多く存在する一方で、商店街は駅前の表通りに沿って並ぶのみで、その裏には住宅地が広がっていた。戦災で地区面積の約八八%を焼失し、その後土地区画整理事業が決定されている。このとき、地元出身の代議士である鈴木仙八の発案で、繁華街建設による復興を目指し地元有志の間で王子新天地建設会が結成され、会長には鈴木自身が就任している*38。当時の新聞は「都市計画を考慮して王子駅前附近から三業地一帯にかけて、マーケット、浴場、劇場、映画館、寄席、その他を一地区に纏め、これが完成の暁には浅草以上で而も近代性を持たせた大□□娯楽地帯が出現することになる」「七映画館が軒を並べる計画が立てられている」などと報じている（□は不

*35　石川栄耀（一九五三）、「都市計画に於けるshopping centerの研究とその復興都市計画上の措置」、『都市計画』6号、一四八–一五一頁、日本都市計画学会

*36　以下の記述は、鈴木喜兵衛（一九五五）、『歌舞伎町』、大我堂、および鈴木栄基（一九九三）、「石川栄耀と新宿歌舞伎町の建設」、『都市計画』182号、一〇二–一〇三頁、日本都市計画学会に基づいている。

*37　石川栄耀（一九五三）、「育つ商店街育たぬ商店街」、『商店界』34巻7号、三四–三八頁、誠文堂新光社

*38　鈴木は一八九八年（明治三一年）に王子町豊島築地に生まれ、高等小学校卒業後、二三歳で映画の弁士を志願し、浅草や王子の映画館に勤めた。その後映画館の経営や町議、市議、府議を経て、衆議院議員にまでなった人物である。なお鈴木はその後、耐火建築促進法の成立に尽力したほか、株相場の世界にも通じていたという。また事業後に完成する映画館や王子百貨店の経営者も務めている

明）＊39。

　この中心施設として王子新天地建設会が経営する「自由劇場」が建設され、一九四八年（昭和二三）六月二三日から三日間に及ぶ昼夜二回歌舞伎の開場披露興行が行われている＊40。同年一一月七日には地区内の柳橋の開通式が行われ、石川栄耀も出席し工事報告を行っている＊41。その後もスポーツセンターやボクシングの興行もできるアミューズメントセンターの建設計画や、地域内の劇場以外の敷地のほとんどを商店街とする構想が報道されている。

　また一九五〇年六月には駅正面の興行街入口に鉄筋地下一階、地上七階の延約一八〇〇坪

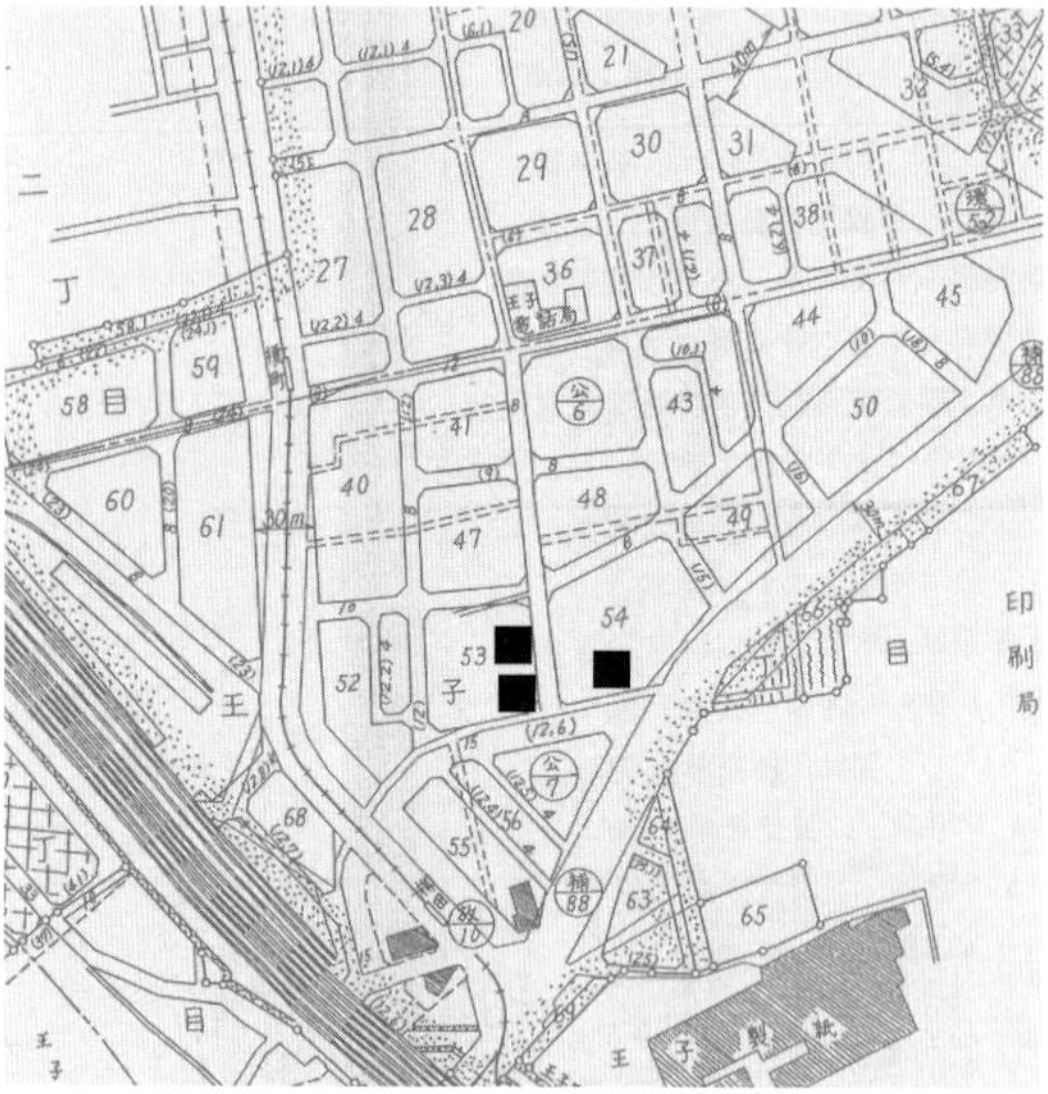

（上）図16　王子駅前区画整理図（■は映画館を示す）。 出典＝東京都北部区画整理事務所（1968）、『第11地区事業史』（添付図5）を加工
（下）図17　王子新天地について報じる記事。 出典＝『都民新聞』1946年10月23日を加工

＊39 『都民新聞』一九四六年一〇月二三日
＊40 『都北新聞』一九四八年六月二五日
＊41 『都北新聞』一九四八年一一月二〇日
＊42 『朝日新聞』一九五〇年七月二三日夕刊
＊43 北区史編纂委員会（一九五一）、『北区史』、五九九頁、北区役所
＊44 石川栄耀（一九五三）、「育つ商店街育たぬ商店街」、『商店界』34巻7号、三四-三八頁、誠文堂新光社
＊45 前掲
＊46 石川栄耀（一九五五）、「商店街のたち直り」、『商店界』36巻9号、三八頁、誠文堂新光社

の近代的なデパート（王子百貨店）が着工している＊42。一九五一年時点で同地区には三つの映画館が存在しており＊43、百貨店と複数の映画館を中心とする商店街や公園の存在、端景を意識した街路構成といった石川の持論に基づいた特徴が見出せる。石川はのちに、「最近漸く芽を出し中心性を確保し出した」、「王子新天地と歌舞伎町芸能中心の努力は正に血と汗の物語である」と述懐している＊44。

一方、錦糸町駅南口で営業していた江東楽天地は、阪急電鉄や東宝グループの創始者として知られる小林一三により一九三七年（昭和一二）に下町の大衆に健全な娯楽を提供するという目的の下で、設立された映画館や遊園地からなる複合娯楽施設であった。戦後、石川は「商店街の交通を外へまわすバイパスの方法」を試み、中心には子供遊園的な広場を置いている＊45。ただ石川は後に「一応賑やかになったが、旧白木屋が未だ廃墟であり交通ヒンパンな十字街に接してる事が浮き立たせない」＊46と述べている。

最後に上野観光連盟編『上野繁昌史』＊47の記述をもとに、上野不忍池の試みを見てみよう。上野は消費歓興地区に指定されていたが、同書によれば「盛り場の指定をうけ、特別な援助をしてもらったわけではない。ただ都知事名（当時安井誠一郎）によって『右の地区は消費歓興地区の指定をするにつき、各自目的達成に邁進せられたし』というかめしい文書一通をもらっただけ。わかりやすくいうなればアイデアの押し売りをされたに過ぎなかった。（中略）このときには『押し売り問答』をとやかくいうほどの余ゆうがなかった。むしろ十地区に選ばれたのを名誉に思ったほどである」という。

石川は終戦直後に不忍池の埋立問題が勃発して以後、関与している。上野寛永寺の境内下に広がる不忍池は江戸期より名勝として親しまれていたが、戦時中に食糧増産のために一部が埋め立てられ、田圃化されていた。終戦後、この田圃を埋め立て、その四分の一を

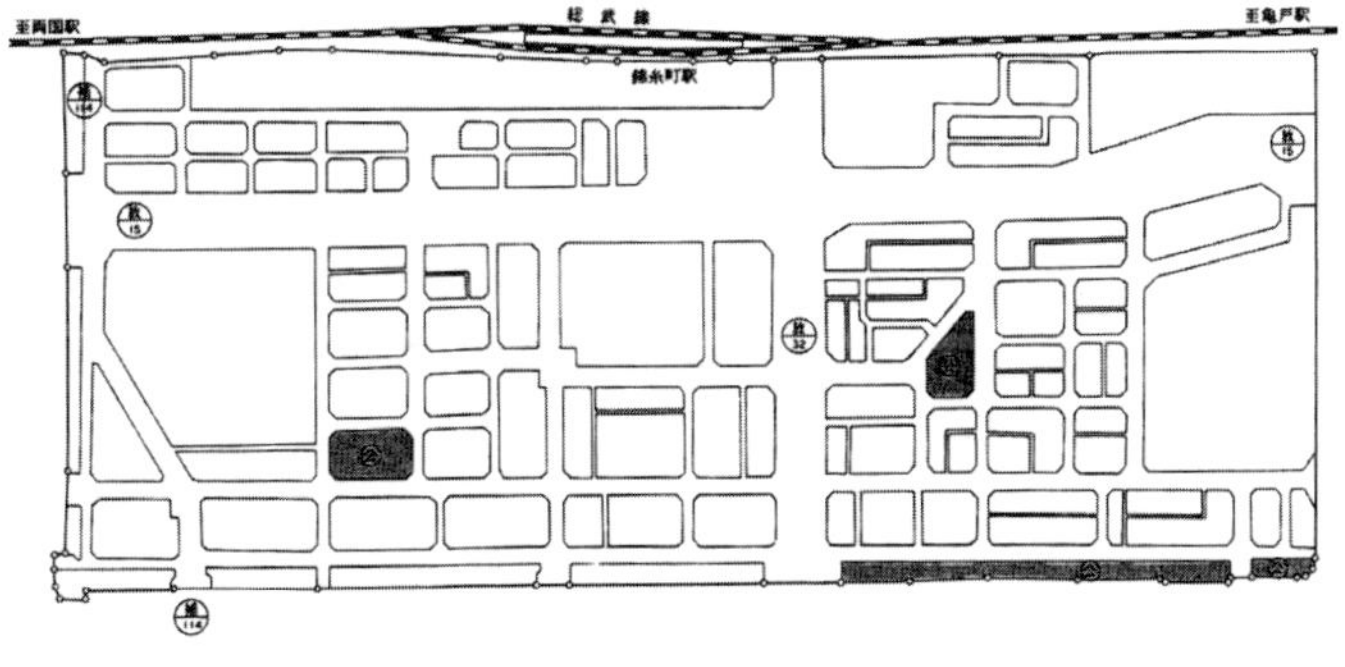

図18　錦糸町南口区画整理設計図。出典＝東京都建設局区画整理部計画課（一九八七）、『甦った東京』、九一頁

＊47　上野繁昌史編纂委員会（一九六三）『上野繁昌史』、二四九－二五九頁、上野観光連盟

使用して六万人の観客を収容する野球スタジアムを建設するという計画が一部の都議会議員や野球関係者らの間で検討され、請願書が提出されていた。この提案に対して、地元の町内会や観光協会から反対の声が上がり、上野の地元と有識者、各団体は「不忍池埋立反対期成同盟」を結成していた。こうした中、一九四八年(昭和二三)六月には東京都の建設局長に就任したばかりの石川が、建設局長としての処女答弁で次のように明確な反対の意見を述べたのである。

「当局では一部河川について残土処理の立場から埋立をする計画があるが、不忍池や赤坂のお濠を埋める考えは全然ない。江戸時代から由緒ある名所は美化して永久に保存する方針で、弁慶橋などは、予算のつき次第、改修することにしている」

この問題は結局、一九四九年(昭和二四)に読売新聞の正力松太郎の鶴の一声で、埋め立てが回避されることになるが、この反対運動に際して、上野観光連盟役員の間で不忍池を埋め立てる代わりに、不忍池を観光遊覧の中心とし上野を一大盛り場にしたいとの案が検討されたのだった。一九四九年七月に完成したこの設計図を新聞記者が石川に見せ、実現の見通しをただしたところ、石川は「理想図としてはまだまだ不足とばかり(中略)案の上に輪をかけて、上野公園入口袴腰の改造(現三角地帯)から公園全体の整備も考えていると理想を示した」。石川は中でも近江堅田の浮御堂になぞらえて、池の中に音楽堂をつくるという計画にほれこみ、「それなら俺が造ってやる」と約束したという(口絵参照)。

以後、不忍池を含め公園全体の整備が着々と実現していくことになる。計画は弁天堂の復元(一九五八年完成)や、不忍池を一望できる大展望台(いそっぷ橋展望台。一九六二年完成)、あらゆ

図19　不忍池埋立反対運動。出典=上野繁昌史編纂委員会(一九六三)、『上野繁昌史』、二五一頁、上野観光連盟

る文化施設を網羅した文化会館（一九六一年完成）の建設、さらに池の周辺には大浴場（当時進行中）やレストラン（各所に実現）、映画館（多数実現）などの形で実現し、上野は本格的な盛り場として復興していく。一九五三年（昭和二八）には東京都の手によって現在の水上音楽堂が竣工し、石川の約束も果たされている。

東京都美観商店街

美観商店街は東京都条例に基づくもので、その構想の端緒は一九四七年（昭和二二）九月の『都市美新聞』第四号に掲載された「二つの星　美観通りと文化協会」という石川の論考に見出すことができる*48。石川は文化首都建設のための方策として、特別地区に言及した上で、「自分はここに極めて優れた妙案の暗示をうけた」として、新たに「美観通り構想」を発表した。それは以下のような構想であった。

> 「東京に幾つかの『美観通り』を設置しその通りは（特に沿道市民の自覚運動により）街樹の手入れ、歩道花壇の設置は勿論、広告看板、ショウキンド、陽覆い迄統制し町全体を一つの芸術品たらしめ様というものである。
>
> これはその町の人を幸福にする許りでなく、都市全体を幸福にし、日本を幸福にさへするかも知れない」*49

この石川の思いつきであった「美観通り構想」は、一九四七年九月に開催された第一回東京都都市美審議委員会で、石川からの提案という形で実際に検討が開始されることになった。同年一〇月発行の『都市美新聞』第五号には、第一回東京都都市美審議委員会で石川が

図20　水上音楽堂開場式。出典＝上野繁昌史編纂委員会（一九六三）、『上野繁昌史』二八五頁、上野観光連盟

*48　石川栄耀の実兄で、戦前に商業都市美協会で機関誌『商業都市美』の編集主幹として、また人形町商店街商業組合書記長として活躍した根岸栄隆は、一九四七年に都市美新聞社を設立し、自ら編集印刷兼発行人となり『都市美新聞』を創刊した。『都市美新聞』には、根岸の巻頭社説に加えて、毎号、石川栄耀の論考が掲載されていた。また、東京都の屋外広告行政に関する情報が適時、報道された。

提案した「美観街路設定の構想」の詳細が報道されている。商店街と住宅街の二種の美観街路が想定され、それぞれ整備の方針が検討されていたことがわかる、いずれもそれまで石川が主導してきた商業都市美運動における都市美技法を列挙したものであった*49。

美観街路設置の検討は、都市美審議委員会内に設置された特別委員会に付託された。『都市美新聞』での報道の影響もあったのか、検討段階にもかかわらず、早くも巣鴨の駅前商店街からは美観街路指定の陳情書が提出される(『都市美新聞』、六号)など、話題を呼んだ。

結局、特別委員会による検討の結果、都市美審議委員会は一九四八年一月に「美観商店街」の指定を建議した。この時点で当初の住宅街での指定は見送られ、商店街に絞られた。

そして、同年四月には三一か所の商店街が美観商店街に指定された(口絵参照)。指定条件は既に相当の美的環境があり、今後なお美観整備の効果がある商店街で、かつ担い手に関して地元に美観整備の熱意のある商店街というものであり、「都民の社会生活の中心となる商店街にこれを指定して、とくにその街路の美化に意を注ぎ、都民の美的観念の昂揚を図り以って都市全域の美化に役立たせようとするものである」とされた。美観商店街は日常的な生活の中心となるよう想定されており、次のような整備方針が示された(東京都告示二一八号、一九四八年四月二七日)。

「地元の民間および官公署等の関係者によって組織する美観商店街委員会を各個に設けて、都の指導の下に事業の方針を究め、逐次次のような事業を民主的に実施するものとする。【一】未建設敷地の美化　【二】路上施設の指導標、街燈、水槽、塵箱等の整理　【三】道路面、街路樹、橋梁等の補修　【四】照明の統一　【五】広告の整理統合、看板の統一　【六】ショウウインド、ショウケイス等の美化商品陳列方法の指導　【七】綜

*49　石川栄耀(一九四七)、「二つの星　美観通りと文化協会」、『都市美新聞』4号、都市美新聞社

甲：商店街
一、美観通り何々、もしくは何々美観通りと呼び、
二、建築の様式を統制し、出来るだけ共同建築を奨励する
三、屈曲点や屈折点の正面にある建築物の表現に就ては特に注意する
四、路上施設の整理をする
五、街路樹の他に歩道花壇を設ける
六、小広場を設ける
七、広告看板は極力全体的な調和を持つことを必要とする
八、広告看板等の色調にはその町の性格を表象するような色彩を選ばせる
九、色日オイを奨励する
十、ショウウインドウの比率を高める
十一、街路照明は美しい形式のものとする
十二、店内照明には特に眩輝(直光)のない様考案する
十三、テラース式の喫茶店を大に勧める
乙：住宅街
一、各建築は他の建築の窓からの風景になる様な設計とする
二、各前庭に注意し出来るだけ花ものを植える
三、垣根は低くするか又は垣根のない造りを考える
四、小広場をつくる

合美観の立場より各建築に対してする指導と勧奨」

実際に指定されたのは、都心部の互いに連続した商店街（一・神田、二・日本橋、四・銀座、五・有楽町、六・新橋）のほか、都内各所の伝統的な盛り場商店街（三・人形町や二四・千住、二七・錦糸町、三一・浅草

(1) NO.4 昭和22年9月10日 THE TOSHIBI SHIMBUN (毎月1回10日發行)

都市美新聞

廣告物取締規程を民主的行り方に改正

廣告物取締規程
東京都令第五五號
昭和二十二年五月二日附

二つの星
美観造りと文化協會
東京都建設局都市計画課長 石川榮耀

ネオンサインの御用は
ネニーネオン

廣告出願情勢
神田、銀座に集中
中野では無届を摘發

廣告塔の形を統一したい

廣告物に關する討論會

浅草で觀光祭

図21 『都市美新聞』第4号（1947年9月10日発行）。 国立国会図書館憲政資料室所蔵。原資料はメリーランド大学プランゲ文庫所蔵

など）や山手線の駅前商店街型（九・五反田、一〇・道玄坂、一七・高田馬場、一九・池袋など）、郊外駅前の新興商店街（一三・中野、一四・高円寺、一五・荻窪、一六・西荻窪、二六・小岩、二八・阿佐ヶ谷、二九・蒲田など）であった。

指定から一年が経過した一九四九年（昭和二四）三月に、東京都商工指導所では商店街実態調査（『店舗と商店街の場所』）を行っている。美観商店街地区に指定された商店街を主対象としたこの調査によると、美観商店街のうち一三の商店街において、地元業者・学識者等で構成された美観商店街協会がすでに設立されていた。銀座、大森、中野（南・北）、高円寺、池袋（東口・西口）、巣鴨、本郷、荒川、北千住、立石、小岩といった少なくとも一一の商店街で一三の商店街組織が設立されていたのである。

美観商店街協会の組織構成は資料に乏しく明らかでないが、一九五七年（昭和三二）に東京商工会議所が実施した商店街調査（『調査資料一四四号　都内主要商店街の概況』）によれば、大森の大森美観商店街協会は、大森の六つの商店会の連合組織であり宣伝部、企画部、事業部の各部会で構成されていた任意団体であった。また、高円寺の高円寺美観商店街連合会もやはり既存の六つの商店会の連合組織であった。美観商店街協会は、既存の商店会の連合組織として、美化活動を展開していたと推測される。

ただし美観商店街協会の実際の活動内容については詳細は不明である。美観商店街制度は財政的支援措置等と連動していなかったため、これらの協会が他の商店会よりも物的環境整備に積極的に取り組んだという保証はない。しかし、例えば、北千住美観商店街に設立された北千住駅前通り美観商店街協会（現在の北千住駅西口美観商店街振興組合の前身）のようにアーケード建設を実現させた例は少なからずある＊50。

こののち、高度経済成長に突入していく中で、特別な規制も財政的な支援もなかった消

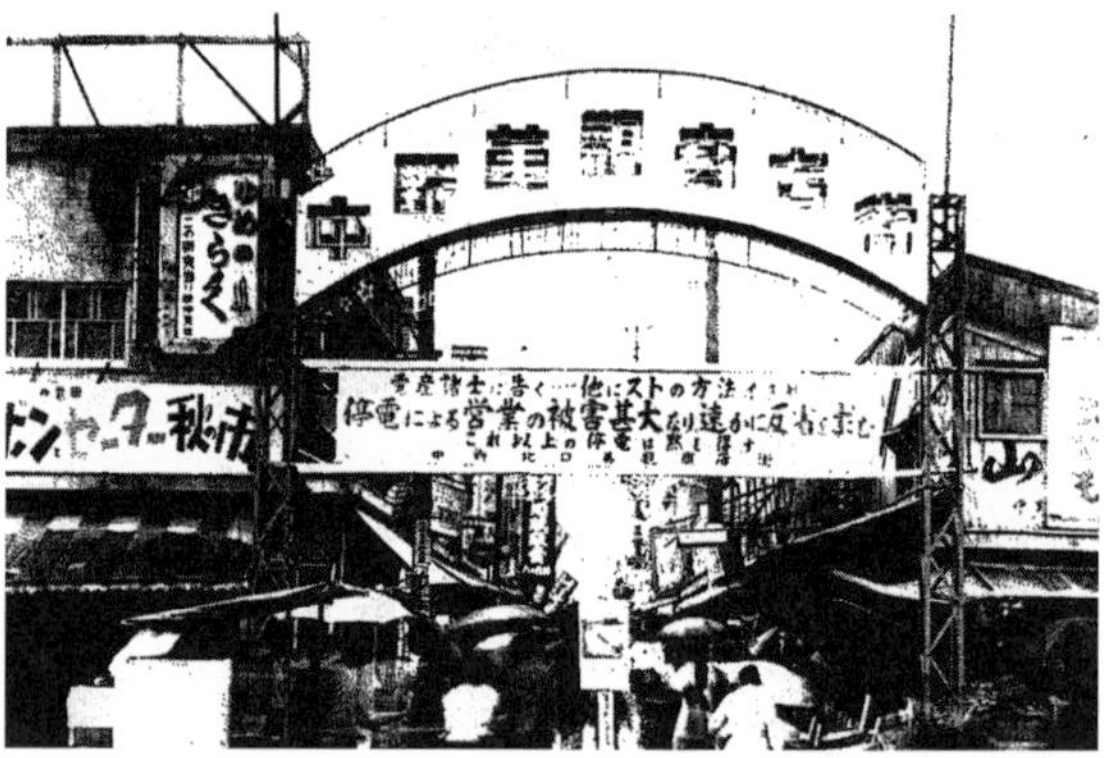

図22　一九五一～二年頃の中野北口美観商店街。出典＝中野サンモール商店会記念誌編集委員会（一九八九）、『サンモールの歩み』、三九頁、中野サンモール商店会

＊50　なお、東京都が指定した三一地区以外でも、「自由が丘美観街」、「大山銀座美観街」（現在の「大山ハッピーロード商店街」の一部）、「高橋美観商店街」（現在の「高橋のらくろード」）など、自主的に「美観」を名乗る商店街も生まれた。

費歓興地区と美観商店街の存在は忘れられていく。しかし、各地域の自助的な努力にのみ期待するという点は制度的には欠陥であったが、それは石川が名古屋時代より抱いていた都市づくりの担い手に関する思想、市民に対する期待の現れでもあった。そして、そうした制度であったにもかかわらず、とくに美観商店街についてはその趣旨は少なくない商店街で受け入れられ、実際に活動が展開されていったのである。

石川栄耀による商店街の指導

一九五三年（昭和二八）六月、中小企業庁から『都市計画的に見た商店街さかり場の計画と研究』と題された石川栄耀の本が出版された。これは公共団体および商工会議所などの行う商業診断に従事する診断員の参考に供されたシリーズの第一巻として中小企業庁から依頼されたものであった。石川は序で自らの商店街研究を振り返り、次のように述べている。

「商店街とは何とシャレタ人生事業ではなかろうか。

×

自分はふとした事で三〇年前信州上田で商店街の事を知らない故に『都市計画』問題で市民から手ひどくつるし上げをされた。爾来臥薪嘗胆今日に及んでいる。そして商店街の勉強から経営主義都市計画の事を知るようになった。何処に何の機会があるか解らない。

×

この事でこんな風に商業診断員、商店人、都市計画人、一般市民に話しかけ得るとは――三〇年前には思わなかった。本懐の至りである。

×

（中略）この道をゆく人々の肩を叩き、一本を届け度い」

石川は戦前から東京商工会議所と協働して商店街の指導を精力的に行っていたが、戦後も引き続き東京商工会議所や一九四八年（昭和二三）に設立された東京都商工指導所、同年に設立された中小企業庁などと協働してさまざまな機会に商店街に関する講演を行った。また『商店界』や『商店経営』といった商業関係者向けの雑誌でも盛んに論考の発表や対談を行っている。石川は商店街が自ら行うアーケードやネオンサイン、花壇などの都市美的な整備については都市計画外の指導が必要だとして、こうした都市計画以外のチャンネルを通じて、積極的な商店街の指導を行ったのである。ここでは石川が「本懐の至り」と評して取り組んだ、商店街へのさまざまな指導とその背景にあった戦後の商店街研究について振り返ることにしよう。

石川は、一九四八年（昭和二三）に「これからの商店街」*51と題した論文を発表している。その冒頭で石川は「商店街はこのままでよいか」と復興しつつあった商店街の現状に注意を喚起した。当時の商店街は復興の途上にあり、露店やマーケットとよばれた商業施設による安価な商品の攻勢にさらされる一方で、いずれ復興するであろう百貨店を脅威に感じるといった課題を抱えていた。こうした状況に対し石川は「商店の各自が専門店になると同時に商店街自体が横のデパートになること」を説いている。ここでの横のデパートとは単に美しい商店街になるということだけではなく、「デパートのごとく同系品種の商店をブロック的に集め、その配列もまたデパートのごとく一階は化粧品、二階は呉服といった様に客の需要に便なように配列しなければならない。食堂は食堂街をなすべく、本屋は本

表4　東京都商工指導所の主催で行われた石川栄耀の講演（『商工指導所事業月報』より作成）

日付	会名	場所	演題
1952/8/6	商業経営指導者幹部養成夏期大学	―	美観商店街の建設
1952/11/27	商業診断員養成講習会	商工会議所	商店街の整備について
1955/7/22	店主講習会	五反田日野第一小学校	伸びる商店街
1955/8/17	商店経営指導幹部養成夏期大学	伊豆長岡一茶荘	繁栄商店街は如何にして出来るか
年不明/10/11	中小企業診断員長期養成講習会	専修大学	商店街のさかり場の研究

*51　石川栄耀（一九四八）、「これからの商店街」、『ナショナル・ショップ』2巻10号、八―一〇頁、松下電器産業開発部

屋街をなすべし。映画館にいたっては最正確に映画センターをなさなければならない」というものであった。そしてその延長上に合同店舗や資本統一なども視野に入れながら、「歩きながら用のたせる、アウトドアーの快感のある、変化の多い散歩価値のある、横のデパート」*52を目指したのである。

こうしてデパートへの対抗策を述べたのち、石川は最後に戦後の民主化、社会化の問題を指摘、商店街におけるその必要性を指摘した。石川は「商店街の価値も本来はその社会性にあるのであるが、しかし日本の商店街にはやはりどこ迄もヨソヨソしいものがある」とする一方で、「外国の商店街を歩くと両側の人たちに抱かれるような憶い」があると述べ、とくにオープンカフェで往来を見ることを「都市に生活するネウチそのもの」と、その価値を訴えた。石川は商店街が社会性を醸し出すことの重要性を訴えて文章を締めくくったのである*53。これらはいずれも石川の戦前からの持論であり、石川は戦災復興を機に、戦前からの主張の実現を目指したのである。

具体的な指導を行った商店街として、石川は銀座を挙げている。銀座における指導の詳細は明らかではないが、一九四七年（昭和二二）一一月一日の『銀座新聞』には「観光日本のセンター　銀座復興の諸計画」と題した石川の談話が掲載されており、その一端をうかがうことができる。ここでは都電の撤去や夜間の歩行者天国による盛り場化、新橋・京橋・日本橋の川縁の逍遥道路（プロムナード）としての保存、そこでのテラス風喫茶店の設置、開放された浜離宮との連携、街路樹の柳と調和した色彩の日覆いなどが提案され、歩いて楽しめる盛り場を目指していた様子がうかがえる。*54

また浅草においても石川は商店街の整備にかかわっており、「浅草は永遠の祭典」という文句を残している。浅草区役所通り（現浅草オレンジ通り）が一九五三年（昭和二八）に自ら設置し

*52　石川栄耀（一九四九）、「私の商店街の構想」、『商店界』30巻3号、五二―五三頁、誠文堂新光社

*53　石川は自らの実践として、6章2節で述べるように目白のオープンカフェの例を挙げている。「自分は自分の住んで居る目白の焼け跡が余りに荒廃としているので、ある人にテラースカフェを一つ作らした、それは街路から七米後退し、そこを緑化し、それに沿って極めて気の利いた建築をしたのである。この為に直に目白に一つの中心が出来、あたかも巴里のシャノアールの如く、文芸、画家音楽家、芸術家、実業家が集まり、いつの間にか文化協会が出来進んで文化目白の建設に機運が進んでしまった。これは極めて重要な現象だと思うのである」。出典＝石川栄耀（一九四七）、「都市計画の角度から商店街を考える」、『商店界』2巻3号、八―一〇頁、誠文堂新光社

*54　なお石川は同年末から一九五〇年にかけて、これらの下線の一部埋立を行うことになるが、この時点ではそうした意図はなく、川縁の重要性を示していたことになる。

た花壇は、「石川栄耀氏のモチーフから生れ、『花壇と音楽の商店街』イメージ作りに成功。都内にその類例を見ないと高い評価を得ている」＊55という。

こうした商店街の指導の背景には、戦後も引き続き続けられた商店街の研究があった。例えば、一九三七年（昭和一二）に出版されていたDe Boreの『Shopping District』を、戦後に今野博に依頼して翻訳させ、雑誌『都市計画』上で連載させている。石川は「市民は群集を楽しむ」に始まる文章に大いに共感を抱くとともに、幹線道路から分離され、駐車場をかねた広場を囲むように設計されたアーケード商店街に興味を抱いた。日本でも徐々に激しくなりつつあった交通問題への対処として歩行者と車を分離し、歩いて楽しめる商店街を目指そうとしたのである。こうした中、戦後になって石川が新たに注目したのがアーケードであった（口絵参照）。

当時、徐々に普及を始めていたアーケードは、天候や日射を気にせず買い物ができ、商店街全体が一つの大きなデパートのように立派でまとまった感じを与えるとされ、商店街の繁栄策として期待されていた。石川自身は戦前にスイスのベルンで見た中世のアーケードが忘れられなかったことから興味を抱くようになり、戦前の静岡大火復興計画に際してアドバイスをしたところ静岡式アーケードが生まれたと述懐している。石川は一九五四年（昭和二九）にそれまでのアーケード研究の成果をいったん整理し、「アーケードの研究　その照明と陳列」という文章を発表している＊56。

そこでの石川のアーケードに対する評価は「好いところもあるが、まだまだ問題のところが多い。本場のアーケードが出るのにはアト五年はかかろう。それ迄はなんと考えても未完成品である。そこがまたおもしろいところでもある」というものであり、具体的には店舗の建築美を損なう、陽がささなくなる、消防上の不自由さ、アーケード自体の外観が

＊55　台東区商店街連合会オレンジ通り商店街振興組合ＨＰより（二〇〇九年一月現在）

＊56　石川栄耀（一九五四）、「アーケードの研究　その照明と陳列」、『中小企業情報』6巻5号、一二―一七頁、中小企業庁

よくないことなどを論じている。

石川は浅草新仲見世のアーケードを東京で初の試みとして許可を与えたほか、人形町商店街から意見を求められ、秀島乾が開閉式のアーケードを設計するとともに、一九五一年(昭和二六)三月の竣工に際してシルバア・アーケードと命名している*57。また中野北口美観商店街でも一九五八年(昭和三三)に全蓋式のアーケードが設置されるが、これは東京都商店コンクールで審査委員長だった石川がアーケード建設を指摘したのをきっかけとしていた*58。なお翌一九五九年の東京都による商店街調査では既に調査対象の六四の商店街のうち何らかのアーケードを持つものが三四あり、その後のアーケードの急速な普及をうかがわせる*59。

こうした研究の集大成としてまとめられたのが前出の『都市計画的に見た商店街さかり場の計画と研究』*60であった。内容的には戦前にほぼ体系化されていた盛り場論に、都市計画や大企業、商店街盛り場といった存在を想定し、それぞれの立場に基づいた手法を提案している点が新しく、より実践的と言えるものであった。

以上の石川の活動は、中心市街地活性化が叫ばれて久しい現代の商店街まちづくりを先取りするものであったといえる。またアーケードはその後、日本の商店街において一般的な風景となっていく。石川は戦前から街灯や共同店舗といった共同設備に関して、研究・指導を進めており、戦後は草創期のアーケードを普及させる役割を担った。日本独特ともいわれる商店街風景の成立に石川は大きな役割を果たしたのである。

駅前広場と地下街

既に述べたように、戦災復興区画整理事業は六・九％しか実現しなかった。このうち多

図23 人形町のアーケード。出典＝(一九五一)、『商店界』32巻5号、六六頁、誠文堂新光社

*57 前掲

*58 記念誌編集委員会(一九八九)、『サンモールの歩み』、三九頁、中野サンモール商店会

*59 東京都商工指導所商業部商店診断室(一九五九)、『東京都における商店街の現状について』、一七―一八頁

*60 石川栄耀(一九五三)、『都市計画的に見た商店街さかり場の計画と研究』、中小企業庁

くは新宿、渋谷、池袋、錦糸町、五反田など、国鉄山手線の主要駅前だった。これらは終戦後に現れた闇市の撤去とも裏表の関係にあり、この結果、多くの駅前広場が生まれたのである*61。これらは現在副都心となっている地区も多く、他の地域が現在でも駅前広場建設に苦労していることから見ても、その意義は大きかったといえる。ここでは石川が自ら「指導」*62したとする池袋東口と渋谷での事例を見てみよう。

終戦後、池袋東口一帯では約五万六六五五平方メートルに及ぶ復興区画整理事業により、約一万二九一六平方メートルの駅前広場が計画され、一九五〇年に完成している。一九四九年の『建設月報』には「池袋駅前の復興模型」という図が掲載されており、劇場街やビル街、小学校や住宅街とともに、消防署や郵便局、公会堂、図書館などの公共施設を集中的に配置しようとした構想が示されている*63。またこの過程では、地元の商店街の有志が石川をたずねて、駅前広場下に地下街を作る計画を相談している。石川は「それはいい、池袋なら必ず成功する」と太鼓判を押し、さっそく自分でペンを取って設計までして見せたという*64。こうした経緯を経て、一九六四年（昭和三九）に地下駐車場を併設した地下商店街（現池袋ショッピングパーク）が完成している。

一方、渋谷駅一帯では区画整理事業に伴い、七三五四平方メートルに及ぶ駅前広場が整備されている。このときには、ハチ公口にあったコンクリート造三階建ての建物を三四メートル移動させるといった工事も行われ、一九六六年度に完成している。現在の渋谷センター街などもこのときに町割りがなされてできたものである。この過程では、それまで付近の路上で営業していた露店業者から、駅前に地下商店街を整備し、そこへの移転を求める声が上がっている。石川は都庁内で建設許可を説得してまわり、「建設許可見込み」を与えるとともに、建設資金捻出のため東急を仲介している。石川は「地下街の父で在り、生涯忘

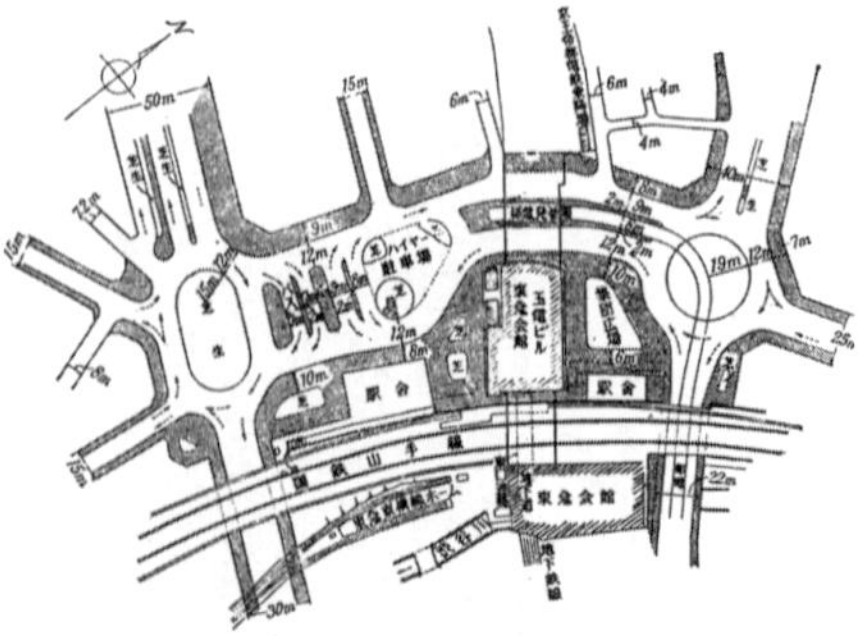

図25　渋谷駅広場。　出典＝石川栄耀（1954）、『新訂都市計画及び国土計画』、283頁、産業図書

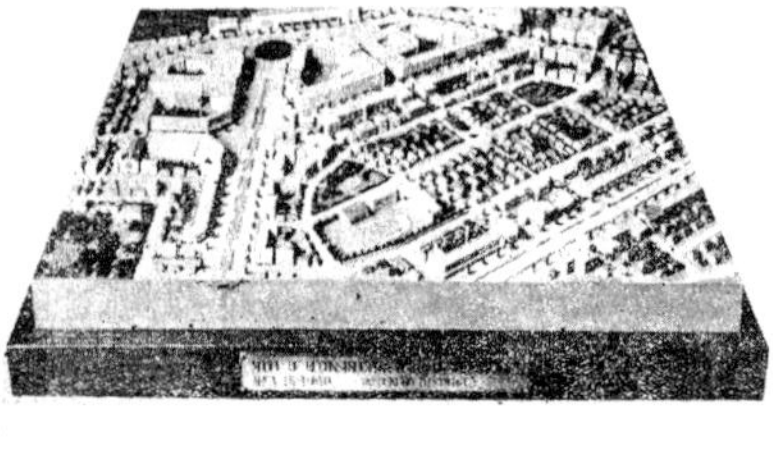

図24　池袋駅前の復興模型。　出典＝（1949）、『建設月報』2巻6号、11頁、、建設大臣官房広報室

れられぬ恩人」と述懐されている*65。こうして一九五七年（昭和三二）には、面的な地下街としてはきわめて初期の渋谷地下商店街（「しぶちか」）が完成している。

このように区画整理事業においても、インフラ整備にとどまらず建築やソフトの要素までを含めた計画が、官民の協働の下で遂行されていたのである。

屋外広告と都市美

戦後、屋外広告物取締りの権限は警視庁から東京都へ移管された。石川を始めとする東京都建設局都市計画課有志は、この移管の機会に「広告は同時に『時に都市美を増し』『時に都市美を破壊』するものである。広告取締の位置にあるものはこの間に処して極めて適正でなければならない。（中略）取締の態度は結局『都市美と広告のそれぞれに対し深き情熱』を有つと共に極めて客観的な態度を以てこれに望む事にあろう。情熱は『理解』によって正しく見深くなる」*66という趣旨で、『広告研究』なる手書き・ガリ版刷の小冊子を発行している。

石川はこの小冊子に「東京復興都市計画の一部としての広告計画覚書」なる小論を寄せた。屋外広告行政を開始するに当たっての石川の心積もりが体系的に記されている。石川は「東京復興計画の一部として広告計画は極めて重要である。恐らくは数年の間の東京の環境整備は広告看板の類によって左右せられるといって良いであろう。よって之に対しては都市美的に周到な計画を必要とする」*67とし、まずは広告行政を法定都市計画の拡張部分として明確に位置づけた。そして、広告の形式の分類やその社会責任、社会計画との関係について論じたのち、最終的に以下のような基本方針を導き出した。

図26　渋谷駅前の区画整理に伴う建物移転の様子。出典＝建設大臣官房広報課編（一九五一）、「都市計画への理解」、『建設の話』第3号、建設省広報課

*61　この時周辺地にバラック飲み屋街を作り移転する例もあり、現存する池袋の美久仁小路・人生横丁・ひかり町、新宿ゴールデン街、渋谷のんべい横丁などはその例である。

*62　石川栄耀（一九五四）、『新訂都市計画及び国土計画』、二八三、三一七頁、産業図書

*63　（一九四九）、『建設月報』2巻6号、一一頁、建設大臣官房広報室

「広告と都市美の関係は、広告の存在の意識よりして如何にして広告が、都市景観に調和するかの問題に帰結する。都市景観は夫々の場所に於て必ず、一つの性格を有っている。広告は絶対にこれを左右しこれをナイガシロにする権利を有たない。広告は常にこの性格に従い、これに調和し（形容共に）この性格を美化強調する形にならなければならない」*68

「風景の性格に従い、風景に調和し、風景を活かす事を急とすべきである」*69

したがって、復興都市計画との関係では、「地帯の風景美」を目指した消費歓興地区などの特別地区、緑地帯や公園計画、緑地地域が屋外広告行政の焦点となるとした。

石川は東京都の都市計画課長、そして建設局長として屋外広告による都市美の実現に並々ならぬ力を注いだ。具体的に言えば、都市計画課内広告審査室の設置（一九四七年五月）、広告物取締りの基本方針を確立するための東京都市美審議委員会の設置（一九四七年六月）、広告業者や関係官庁、技術者を網羅し、重要法案・条例作成時の諮問機関として位置づけられた東京都屋外広告研究会の設立（一九四七年九月、一九四七年一二月には日本屋外広告協会、一九五八年八月には東京屋外広告協会に改称）、屋外広告の技術者集団としての都市美技術家協会の設立（一九四八年五月）と、屋外広告行政を支える組織を次々と立ち上げていったのである。

中でも、石川が「都市広告の在り方を技術面から検討する交友団体」*70として立ち上げた都市美技術家協会は、石川の期待に応えて、講習会や展示会、広告物コンクール、さらには『都市美新聞』の発刊等の活発な活動を行った。

石川はこの時期に、共同広告場の設置や広告花壇などの屋外広告に関する実験的試みを

*64 池袋地下道駐車場株式会社（一九六九）、『社史一〇年の記録』、一二頁

*65 渋谷地下商店街振興組合（一九八四）、『しぶちか二十五周年誌』、一一八頁、渋谷地下商店街振興組合

*66 『広告研究』、発行年月日不明（石川栄耀の学位請求論文『東京復興都市計画設計及解説』（一九四九年）に参考資料として添付されているもの）

*67 石川栄耀（一九四九年頃）、「東京復興都市計画の一部としての広告計画覚書」、『広告研究』、東京都建設局都市計画課有志

*68 前掲

*69 前掲

*70 （一九五六）、「東京の屋外広告座談会」、『新都市』31号、五四頁、都市計画協会

実施している。石川は「大げさなことでなく、ここにアクセサリーともいうべきささやかな仕事で有効なやり方があるのに気づいた」*71として、こうした試みを「都市のアクセサリー」*72と呼んだ。共同広告場については二種あった。一つは上野山下、お茶の水、日比谷公園などの都有地に設けられた公営広告場であった。石川がのちに述べているように、財政状況の苦しい東京都はこの広告場を、広告収入を期待した新しい都市美創出の試みと位置づけた。石川の意図は風景の性格に従った、風景に調和したモデル的な看板のあり方を示すというものであった。しかし、先に述べたように、例えば、お茶の水の広告場は都市美協会の石原憲治らにまさに都市美の観点から批判を受けるなど、石川の試みは必ずしも意図どおりの成果を見せず、最終的にはすべて撤廃されることになった。

石川はのちに次のように述べた。

「結局すべて臨時的な措置に終わった。これも場所の設定が適切であれば成功し得ると考えている」*73

民営広告場も各地で設置された。主に駅前に設定された都市計画広場の造成の際に、都の予算の関係上、買収が困難な場合に地主からの地上権の供出を受けたが、その代償として地主に設置を許可したものであった。

また石川は、当時「広告花壇」と呼んだ彫像を中心に添えた花壇の整備を推奨した。これらは、直接企業の宣伝をするものではなく、あくまで都市美の増進が趣旨で、いわば企業の社会貢献の一形態として想定されたものであった。石川は広告花壇の試みについて、次のように述べている。

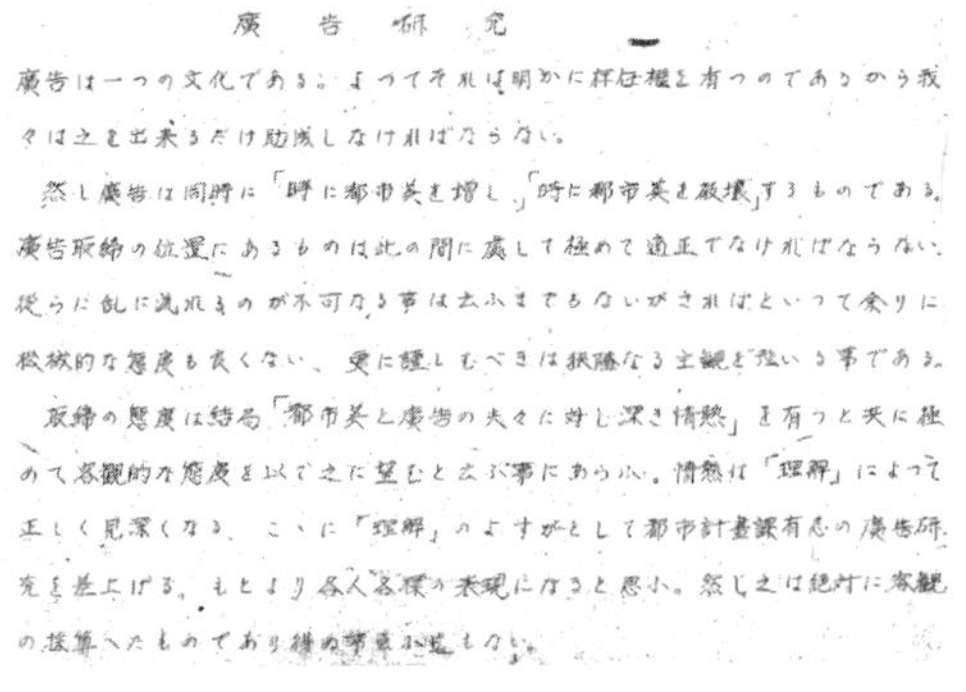

廣告研究

廣告は一つの文化である。よつてそれは明かに存在權を有つのであるから我々は之を出來るだけ助成しなければならない。

然し廣告は同時に「時に都市美を増し」「時に都市美を破壊」するものである。廣告取締の位置にあるものは此の間に處して極めて適正でなければならない。徒らに亂に流れるのが不可なる事は云ふまでもないがされはといつて余りに機械的な態度も良くない。更に謹しむべきは独断なる主観を強いる事である。

取締の態度は結局「都市美と廣告の夫々に対し深き情熱」を有つと共に極めて客観的な態度を以て之に望むと云ふ事にあらふ。情熱は「理解」によつて正しく且深くなる。こゝに「理解」のよすがとして都市計畫課有志の廣告研究を差上げる。もとより各人各様の表現になると思ふ。然し之は絶対に客観の標準へたものであり[illegible]

図27 『広告研究』の誌面(一九四九年頃)

*71 石川栄耀(一九五三)、「市長学としての都市計画—これを全国の市長に贈る」、『市政』2巻8号、一五頁、全国市長会

*72 前掲、一五頁

*73 石川栄耀(一九五一)、『都市美と広告』、九九頁、日本電報通信社

「広場には、芝生を植え、花を咲かせ、時に彫刻を置く。その彫刻も、大時代なものより芸術的な小品がよい。自分はそういうものを、広告のスポンサーによって造らせてみた。成功はしなかったが、試みではあった」*74

屋外広告を単に規制の対象とするのではなく、むしろ都市美を創造していく都市のアクセサリーとして積極的に使用しようという考え、地主や民間企業の協力を引き出そうとした試みは先進的であった。しかし、結局、当時は受け入れられなかったのである。

不用河川埋立事業と東京高速道路株式会社線

大幅に縮小された戦災復興事業に代わり、石川栄耀の率いる東京都建設局が担当したのが不用河川埋立事業と露店整理事業である。前者は焼け跡に残された大量の焼けガラを都

*74　石川栄耀（一九五三）、「市長学としての都市計画―これを全国の市長に贈る」、『市政』2巻8号、一五頁、全国市長会

（上）図28　上野駅前の花壇広告。　出典＝（1997）、『広告景観の創造』、112頁、東京屋外広告協会
（下）図29　新橋の広告広場。　出典＝石川栄耀（1951）、『都市美と広告』、103頁、日本電報通信社

表5　戦災復興期の東京都内の花壇広告。　資料＝大竹哲太郎（1951）、「本年の屋外広告の動きと来年への期待」、『新聞・ラジオ・広告』45号、12頁、日本電報通信社

場所	彫像名	設置主体
三宅坂	平和の群像	電通
上野駅前	平和の女神	日曹（日本曹達）製薬
上野駅前	渚のヴィナス	松坂屋
日比谷公園	自由の女神	安田火災
三原橋	少年と鳥	日本緑地協会
御茶の水駅前	花壇広告場	折込
八重洲口	花壇	日宣

心の河川に埋め立て、その造成地を売却するというもので、これにより江戸以来の都心部の水面が失われていった。また後者は戦後急増した公道上の露店をすべて整理し、新たに建設された店舗に集団移転させるというものであった。以後、石川らは不法占拠の闇市の整理やこうした露店整理、焼けガラの廃棄といった戦後処理に追われていくのである。これらの事業は江戸以来の貴重な水面や独特の賑わいの要素を喪失させた点で、現在では、一見、非難を浴びてもおかしくないように思える。こうした事業はどのように行われていったのだろうか。

東京の焼け跡には約三〇〇〇万立方メートルという大量の焼けガラが残されていた。東京都知事の安井誠一郎は費用をかけない解決策を石川栄耀に命じ、その結果、考案されたのが不用河川埋立事業であった。同事業は都市計画東京地方委員会で決定され、一九四七年(昭和二二)一〇月の東京駅前外堀を手始めに、一九五〇年(昭和二五)にかけて三十間堀川、東堀留川、竜閑川、新川、真田堀、浜町川、六間堀川が埋め立てられた。現在の上智大学真田堀グラウンドも、このときできたもので、石川の仲介により大学側が資金を出して埋め立てられ、総合グラウンドとなったものである*75。

このほかに、このときできたものに、日本初の高架高速道路である東京高速道路株式会社線がある。新橋から数寄屋橋を通って京橋までを結ぶ延長二キロメートルの無料高速道路であり、急速に増加した自動車交通を緩和するため、銀座を取り囲む外堀、汐留川、京橋川を埋め立てて建設されたものであった。

この道路が建設されるまでにはいくつかの構想が存在していた。まず、一九四六年(昭和二一)一月に発表された「帝都復興改造案要旨(試案)【二】」(『復興情報』)では、「銀座改造計画」として、「銀座ノ慰楽性ヲ保障スル為、外堀、京橋川、新橋川、昭和通間ヨリ電車ヲ撤収」す

図30 上野公園山下の都営広告場。出典＝石川栄耀(一九五一)、『都市美と広告』、七一頁、日本電報通信社

*75 石川栄耀(一九五二)、「私の都市計画史」、『新都市』6巻12号、九頁、都市計画協会

ること、「周囲河川ハ宅部沿岸緑化ヲ行ヒ各橋畔ニ小公園ヲ設置スル」ことなどが掲げられている。従来からの石川の主張である盛り場への通過交通の排除と、発表時点では水辺の積極的な保存を目指していたことがわかる*76。一九四六年三月の帝都復興計画図案懸賞で銀座地区当選案に選ばれた吉阪隆正案では、やはり盛り場から車両交通を排除しようと、石川が戦前から主張してきた立体道路を計画に採用している。ここに初めて実際の川や外堀を対象に立体道路を建設する案が図面に落とされたのである。

続いて一九五〇年（昭和二五）五月の『新建築』では秀島乾により「スカイビルおよびスカイウェイ」*77という構想が発表されている。これは秀島が設計し、三菱地所社長だった樋口實らが東京都に出願した計画で、有楽町付近に地上一二階、地下四階のビジネスセンターと駐車場を作り、地上二階部分に高速道路を走らせ、その維持管理費をビルの賃貸料で補おうというものだった。結局、出願は受理されなかったが、結果的には階数を減らして構想は実現することになる。秀島は石川の弟子とも言える人物であり、こうしたアイデアには石川の意図が反映されていたと思われる*78。

以上の構想を踏まえて、最終的に高速道路が実現した背景には、石川と当時国会議員であった井手光治（元港区長）*79の存在があった。井手はこの間の経緯を次のように回想している。

「ある日、私は石川君を呼び出すと、土橋のたもとに引っ張って行った。たまたま雨の降る日で、だからこそいっそう効果があるのだと、私は沈黙したままその場にたたずんだのだった。（中略）

『石川君、この銀座から新橋へと流れるどぶ川を、われわれはどのように見たらいい

*76 のちに発行された石川栄耀（一九四六）、『都市復興の原理と実際』、光文社 で同内容が掲載されているため石川の構想であることがわかる。

*77 秀島乾（一九五〇）、「スカイビル及びスカイウェイ」、『新建築』25巻5号、一五五－一五九頁、新建築社

*78 ここまでの東京高速道路株式会社線の記述に関しては高橋陽之介「東京高速道路株式会社線の実現における石川栄耀の役割」（筑波大学大学院環境科学研究科平成一六年度修士論文）を参考にした。

*79 井手光治（一九〇五－八六）長崎県生まれ。中学卒業後東京市に就職し、官選の芝区長を経て、戦後公選により初代港区長に就任する。その後衆議院議員となり、首都建設法の制定に努め、東京都商店街連合会会長などを歴任、日本宝石学協会を設立するなど興味深い経歴をたどる。

んだろうか。単に臭いどぶ川としてなら、いずれさらってきれいにしなくてはいかん。このあたりは東京都でも中心地だから、とにかく放っておくわけにはいかないだろう。すっかり埋めてしまえば、東京湾もきれいになるわけだし、そのあとを道路にしてもいい』
『ち、ちょっと待ってください。道路にするといっても、ただそのままではあまりに芸がない。それならば、いっそのこと……』
石川君の目が、遠いものを見つめるように輝いた。私は、非常に満足してうなずきながら、畳みかけるようにいったのである。
『そうなんだ。先ごろヨーロッパを訪問したときに、ハイウェイなるものをしっかりと見てきた。これを、やろうじゃないか。(後略)』」＊80

石川はこののち、東京都建設局部長の塩沢弘と相談して図面を書き上げている。当初、道路部分は二階建てで計画されたが、地震を心配した井手により一階建てに変更された。また井手は予算がないという東京都に、三菱地所の樋口實を紹介している。こうして樋口を社長にして、一九五一年(昭和二六)に財界人二三人が発起人となって東京高速道路株式会社が設立された。一九五三年(昭和二八)には工事に着手し、一三年かけて一九六六年(昭和四二)に完成を見たのだった。会社が東京都から埋立工事を委託され、建設費と運営費をテナントの賃貸料で回収するという仕組みであり、現在のＰＦＩの先駆けということができる。
こうして戦前にアンウィンに諭され、石川が開眼したという水辺の保存という考え方に背く形で、河川の埋め立ては実現した。当時の世間からの批判に対し、石川は「埋めた堀は、

＊80　井手光治(一九八二)、『慈恩の島歌』、一六二－一六三頁

図31　スカイビル及びスカイウェイ。出典＝(一九五〇)、『新建築』25巻5号、一五五頁、新建築社

埋めなければ不潔で不快な不用な堀なのである。利用上からも都市美上からも何の存在カチのないものであった」＊81という強弁ともとれる発言を残している。しかし、そこには与えられた条件の中で、民間を利用して都市のインフラを整備し、盛り場から車両交通を排除するためのバイパスを建設するといった、従来からの石川の主張を実現する意図が込められていたのである。

露店整理事業と共同店舗

一九四九年(昭和二四)八月四日、石川は都知事、警視総監、消防総監らとともにＧＨＱに呼び出され、都内(三多摩および島しょを除く)公道上から露店を一九五〇年(昭和二五)三月三一日までに撤去すべしという指示を受けた。交通保安、防火活動、環境衛生、都市美観、テキヤ組織の排除などがその理由であった＊82。当時の東京では戦災で一般商店が廃れている中、被災者、引揚者、復員軍人などにより小資本で営業を始められる露店が人気を集め、約一万四〇〇〇軒の露店が公道上に存在していた。

これを受けて同年九月二日には東京都露店整理連絡委員会、東京都地区露店整理斡旋委員会が結成され、同月一四日には都知事・警視総監・消防総監・都内区長らの合同会議で露店廃止が決定されている。露店整理連絡委員会の中では都市美(高山英華が委員)、営業、出店者、交通、金融、市場、観光、土地など各部門の専門委員により、移転候補先の選定＊83や移転方法、必要資金の調達、地区委員会との連絡について討議が行われた。また代換地として都有地、国有地、寺社境内および民有地が挙げられている(多くは都有地)。こうした中、実際の難題処理に当たったのが一九五〇年二月に東京都建設局内に設置された臨時露店対策部であり、局長の石川が部長に就任し、庁内各局課から二〇人ばかりがその専門要員に選

＊81　石川栄耀(一九五二)、「私の都市計画史」、『新都市』6巻12号、九頁、都市計画協会

＊82　大阪市行政局(一九四九)、『東京都における露店整理問題に関する調査報告』

＊83　候補地選定は地理的条件に重点を置き、営業の見込及び収容力を中心としてなされ、現在の土地関係者との交渉はほとんど行われなかった。出典＝建設局(一九四九)、『露店整理についての経緯並びにその対策』

ばれた。石川は当初、この命令に反対したが、GHQが軍隊を出してでも禁止させると迫ったため、「戦争に敗けると夜店も出せないのか」とつぶやいたという*84。

ここでは、①転廃業者への資金貸付斡旋（最終的には転廃業する三〇五六名に国民金融公庫から七三八一万八〇〇〇円の厚生資金貸付を斡旋した）、②集団移転希望者に対する代替地の斡旋と店舗建設基金の融資斡旋（最終的には集団移転する業者三二一六名に商業協同組合を結成せしめ、商工中金から五億一一一八万五〇〇〇円の建設資金貸付を斡旋した）などの方針が発表されている。そして②の方針のもとで周辺の都有地が割り当てられ、都有地のない地区については民有地獲得の斡旋が行われ、四八か所に共同店舗が誕生した。移転した組合員は三二一六名を数え、協同組合が結成されている。当初建物は原則として一戸当たり二坪程度の不燃性で、かつ簡素な共同店舗を目標とし、繁華街では例外的に二階または三階建ての鉄筋コンクリート建築とする方針がとられていた*85。こうして一九五一年（昭和二六）一二月大晦日を最後に、折からの雨にぬれつつ東京の露店は公道上からその姿を消したのである。

この間、露店業者からの反対運動も起きている。一九四九年一〇月一四日には露店撤廃反対の業者大会が開催され、約一万人が集まり、その五日後には都との懇談も行われている。だが、露店業者は最終的に一二月にはこうした反対の動きを取りやめている。背景にはGHQの意向があったと言われるが、一方で当時東京都知事の安井誠一郎が自伝の中でこの間の経緯について回想を残している*86。安井は、石川を中心に部員が大きな都内地図の前で協議する姿が見られ、石川と副部長の福田桂次郎が「ともに熱意と心情でぶつかっていったので」「今までの絶対反対の空気が見る見るほぐれて」、やがて露店撤廃反対委員会が全会一致で協力体制の決議をしてくれたという。

また、安井は「業者側の対策部に対する信頼は以来ますます深まって、替地についての

*84　磯村英一（一九九三）、「石川栄耀君の思い出」、『都市計画』182号、一三八—一三九頁、日本都市計画学会

*85　東京商工指導所・税務経営指導協会（一九五二）、『露店問題に関する資料』、東京商工指導所・税務経営指導協会

*86　安井誠一郎（一九六〇）、『東京私記』、五四—六九頁、都政人協会

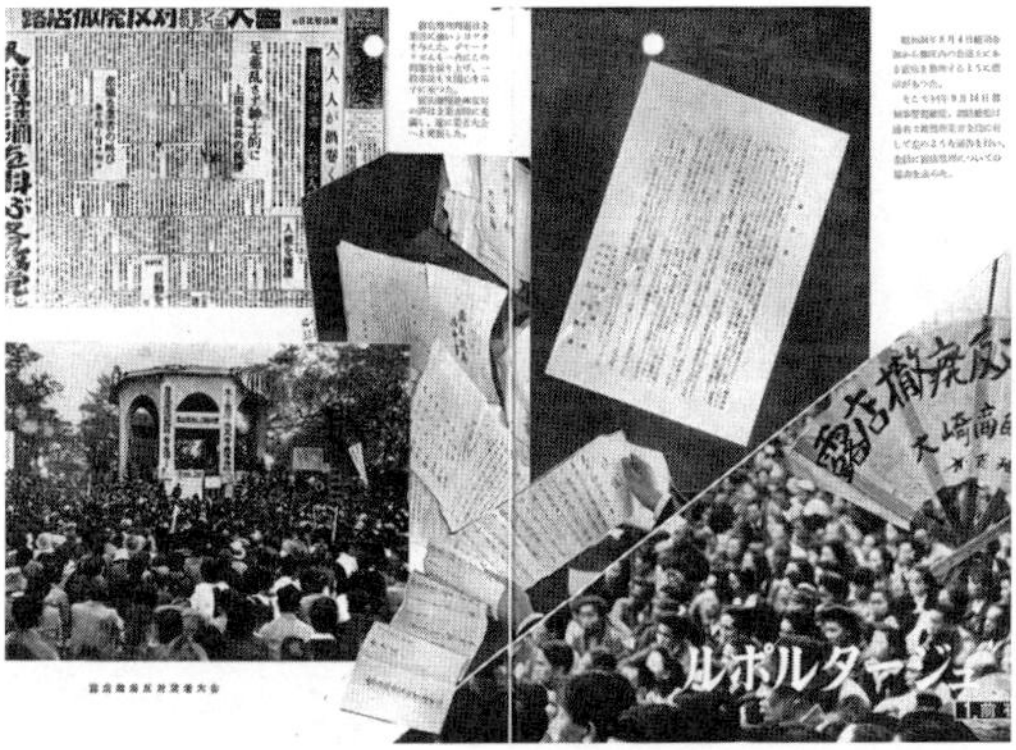

図32　露店整理反対運動。出典＝東京都臨時露店対策部（一九五二）、『露店』、東京都臨時露店対策部

不平や資金の額の不満で内部がもめるときなぞ、幹部の人たちは最後の切札として、『これがまとまらなかったら、石川局長は責任をとらなければならないし、福田副部長も辞めなきゃならんのだ』と持ち出す。するとみんなシュンとして異議を引込めた」というエピソードまで披露している。

一方、石川もこのときのことを「露店業者の中に『勝海舟』あってくれた事も結果を好くしてる。こういうかくれた理解者なくして、こんな仕事は片付くものではない」*87と述べており、石川と業者の間の信頼関係がうかがえる*88。この過程で石川は移転先の選定にも深く関与し、上野公園の西郷銅像下の斜面にビルを建設するアイデアを出したほか（現在の西郷会館、口絵参照）、埋め立てた河川や公園の一部をこうした用地に当てた*89。現在の渋谷「のんべい横丁」や三十間堀川、浜町川などの埋立地上の共同店舗はこのときのものである。

これらの建物の中には露店デパートと呼ばれ、鳴り物入りでオープンしたものも少なくない。例えば、銀座三十間堀埋立地には、銀座館（新銀座ショッピングセンター）（丹下健三設計）、銀一マート（後藤一雄設計、協働東京工業大学清家清研究室）、三原橋地下街（土浦亀城設計）、上野百貨店（通称西郷会館、土浦設計）、新宿サービスセンターなどが挙げられ、当時の新聞や雑誌において報道がなされている。有名建築家がこの設計に参加しているのも、盛り場の建築美を目指した石川の仲介によると考えられる*90。

一方で、これらの事例は上野公園など公園用地を目的外に使用させた点で批判もされている。また先述したように、渋谷の露店業者を移転させた際には渋谷地下商店街（「しぶちか」）の建設にもかかわっている。

一九三五年（昭和一〇）に発行された商工省商務局『「商店街盛場」の研究及其の指導要項』で「露店が大切だ。これが怠け出したら最後だというので盛んにこれを大切にする」と述

べていた石川は、戦後、その整理を行う立場に立たされる。そんな中でも露店業者を新生させるためのアイデアを惜しまず、露店業者の信頼を得ていった石川だったが、のちに露店整理事業のことを「相当に生命を消耗させる仕事であった」と回想している＊91。

以上、東京戦災復興計画は戦前から石川が主張してきた商店街・盛り場の育成の集大成の試みであり、営業者からの理解や地元との協働も得られた結果、東京の各地で結実したのである。また戦前から水辺や露店の大切さを公言してきた石川は、その処理に際しても、できる限り自らのアイデアを盛り込もうとしていた。インフラ整備の計画が大幅に縮小し、高度成長期に新たな対策が求められていく一方で、こうした成果は新宿歌舞伎町など、その後の副都心の商業地としての発展の基礎となっていくのである。

（前頁）図33　新銀座ショッピングセンター。出典＝（一九五一）、『国際建築』18巻9号、一八頁、国際建築協会

＊87　石川栄耀（一九五二）、「私の都市計画史」、『新都市』6巻12号、一〇頁、都市計画協会

＊88　露店対策部次長だった福田桂次郎も、石川が露店の親分衆を前にしてその流儀にのっとった仁義を切り、一座やんやの喝采だったというエピソードや、都庁をやめた後も露店の人達のその後を気にしていたとの証言を残している。石川の告別式では旧露店商を代表して山本長蔵が「先生のお蔭で私共はかねての念願でありました『青空より屋根の下へ』を如実に達成いたしました。たとえこの世に先生のお姿はなくとも、全東京の露店整理に示された、愛情のこもったお仕事は立派に残っております。私たち露店出身の者は一丸となって、必ず必ずお教えを守り、立派な中小企業者となることをお誓いいたします」というような弔辞を述べたという。（福田桂次郎（一九五五）、「石川さんのジンギ」、『都政人』169号、四八–四九頁、都政人協会）

＊89　安井誠一郎（一九六〇）、『東京私記』、五四–六九頁、都政人協会

＊90　「露店整理実行計画案」（東京都公文書館所蔵）によれば「都において建築設計、企業経営の指導を行う」とある。

＊91　石川栄耀（一九五二）、「私の都市計画史」、『新都市』6巻12号、一〇頁、都市計画協会

3――広場の思想とそのデザイン

戦災復興と広場思想

戦後、石川は東京の戦災復興計画担当者として、さまざまなメディアを通じて自身の考えを発信していた。中でも、特色あるキーワードとして「広場」が挙げられる。

「広場をもたぬ都市、広場をもたぬ都市、これこそは我が国都市の性格の寂莫《せきばく》性の現れである」*92

これは一九四六年（昭和二一）九月に、専門雑誌『復興情報』で述べられた一節である。こうした言説に代表されるように、石川は「広場」を通じて日本の都市が持つ問題点をアピールしていた。しかし、「広場」に込めた石川の思いは、空を切ることとなる。

「都市計画家が広場のことにこんなに夢中になる、それが解らない。日本人だから解らない。広場のある都市と、広場のない都市とがお互いにどういう意味を持つのか解らない。

友愛のあるところに広場あり、広場は民主社会のレッテルであるように思える。日本にそれがないことは淋しすぎる。何となく日本人の性格の中に民主主義が無いこと

*92　石川栄耀（一九四六）、「文化建設都市計画の手法論」、『復興情報』、二〇頁、震災復興院

を意味するように思えるからである」*93

これは、石川がメモ帳に書き残していたものをのちにまとめた『余談亭らくがき』(一九五六年)の一節である。こうした「広場」に関する言説は、とくに戦後の著作に目立つが、石川は、都市計画技師として歩み始めた名古屋時代から、常に日本に広場がないことを気に留めていた。

「日本へ帰り日本の都市を見てる中に浮かんで来たのは、彼等の都市に広場があったということである。何か彼等の都市は日本の都市と違う。それは広場があるということであった。広場があるのではない、広場を中心に都市が出来てるという事であった」*94

これは、一九二三年(大正一二)の洋行から日本に帰ってきたときの思いを、のちに石川自身が振り返って記したものである*95。洋行以後、石川は生涯を通じて「広場」にこだわり続けた。こうした「広場」に対する視点は、欧米都市と日本都市との文化的な差異、構造的な違いを理解する上で有効な視点を石川自身に与えていたが、そうした都市構造の違いを理解するための「広場」に留まらず、石川は日本の都市空間に「広場」をつくり出すことを志向するのである。

なぜ石川は「広場」にこだわったのか。結論からいえば、石川が都市計画最大のテーマとしていた「隣保」「親和」、すなわち「人と人とのつながり」を都市計画によって構築してい

*93 石川栄耀(一九五六)、『余談亭らくがき』、二七六頁、都市美技術家協会

*94 石川栄耀(一九五二)、「私の都市計画史」、『新都市』6巻9号、一〇-一一頁、都市計画協会

*95 ここで採りあげた言説は、石川が五九歳のときに三〇歳の頃を振り返って記されたものであるため、若い頃(名古屋時代)から広場がないことを指摘していたという証左にはなりにくい。しかし、少なくとも一九二九年時(三六歳)に日本には広場がないことを指摘していた(*103参照)。

くという狙いがその背景に存在していたのである。石川は、その具体的な手掛かりとして「広場」を見出していた。

戦前名古屋大須での試み

こうした「広場」をめぐる石川の考えは、やがて、具体的な都市空間の実践へと昇華されていく。その最初期の実践として考えられるのは、名古屋大須の区画整理事業（一九三八年ころ）である。この時期、石川はすでに名古屋から東京へ転任しており、大須の事業には直接の担当者としてではなく、部下である金井静二（東京地方委員会技師）を通じて、指導という形でかかわっていた。図34の計画図は、石川指導のもと、金井が設計計画したものである。

この大須では、一九二三年（大正一二）の旭遊郭移転によって、客足の減った大須商店街を活性化させる機運が高まり、石川を中心とする名古屋都市美研究会の具体的な働きかけが始まった（2章参照）。そして、一九三〇年代に入り、大須商店街の区域を広げるために、三つの区画整理事業が行われた*96。そのうち、大須仁王門通区画整理において、先ほど示した計画図が施行され、実際に「広場」が創出されるに至った。しかし、竣工後間もなくして戦災を受けることとなり、戦後、戦前の大須区画整理事業は戦災復興事業に引き継がれることとなる。大須の「広場」は戦前期よりも若干拡幅される形で改修され、現在は大須商店街の「ふれあい広場」なる名称で親しまれている。

石川が指導した戦前大須の「広場」計画は、区画整理事業対象地周囲に存在していた既存盛り場との接続を周到に考えた計画であり、広場中心部には広告塔の建設を計画するなど、周囲から人々を呼び込むことが設計上重視されていた。しかし、そこには、戦後、石川が重視したTerminal vistaの手法や映画・劇場の集積が盛り込まれていなかった。石川が指

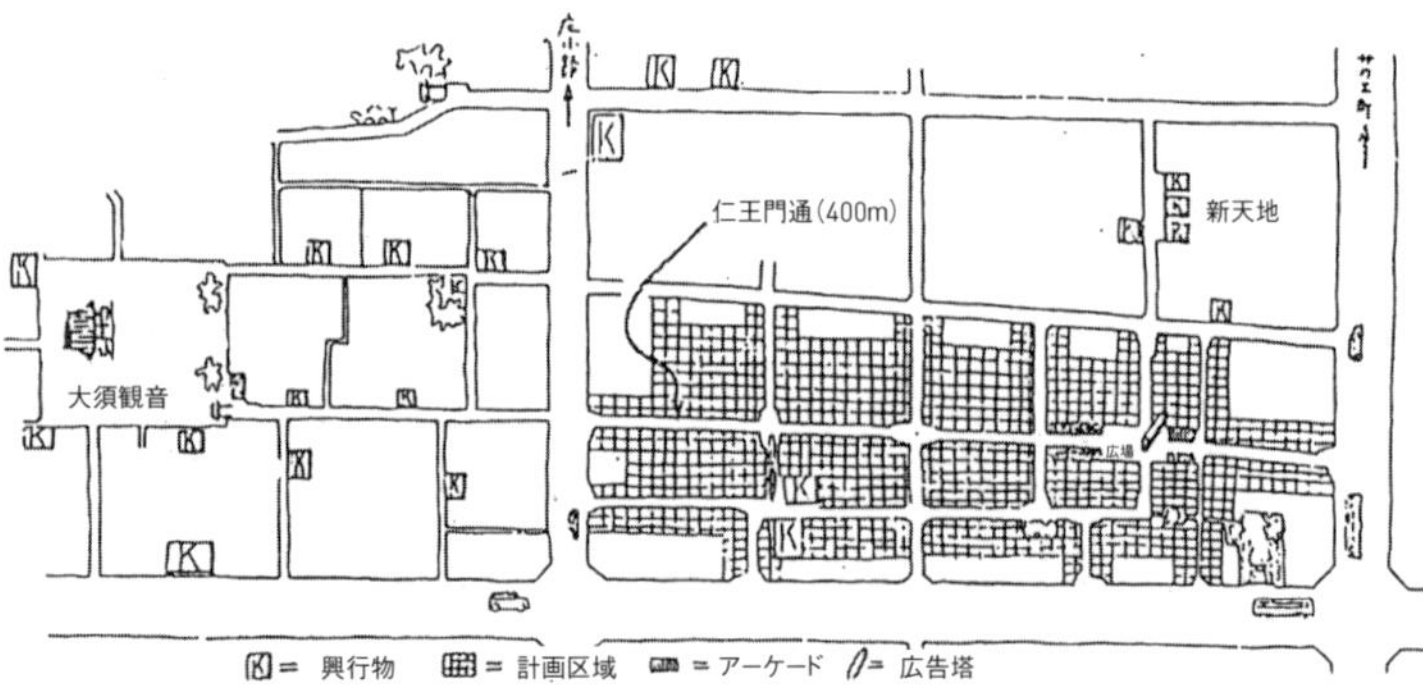

図34　大須盛り場計画図

大須商店街の区域を広げるため、この計画では、区画整理前から栄えていた映画館が集積する新天地と大須観音を正面とする仁王門通とのつながりが

導という形でどこまで関与していたのかは定かではないが、一九四四年（昭和一九）に出版された『皇国都市の建設』をもって石川の盛り場計画論の集大成とすれば、計画当時はいまだ石川の盛り場研究途上期であったと考えられ、大須の「広場」は、いわば、試案的な位置づけであったと見ることができる*97。

また、大須の事業が進む同時期に、石川は新宿駅西口広場や宮城前広場、省線主要駅前広場の計画に携わっていた（3章1節参照）。しかし、戦前東京のこうした「広場」計画は、前任者から引き継いだ計画であったり、象徴性、記念性が求められる場所での計画であったなど、必ずしも石川の「広場」に対する理念を満足させるものではなかった。中でも、石川は日本の駅前広場について、「駅前広場は交通連絡施設であって、真の社会的な民主的な広場ではない」*98と述べている。

このように、石川は戦前から「広場」にかかわる計画・事業を手掛けていたが、「広場」に対する石川独自の確かな実践として試みられたのは、東京の戦災復興区画整理事業における新宿歌舞伎町や麻布十番においてであった。

新宿歌舞伎町にみる広場の思想

新宿歌舞伎町は、今でこそ日本を代表する一大歓楽街であるが、その誕生の歴史は浅く、東京大空襲によって焼け野原となった土地を、戦後、新たに区画整理することで建設されたものである（詳しい経緯は5章2節参照）。ここは、戦前、町会長をしていた鈴木喜兵衛が中心となって復興事業を進めており、当時、東京都の都市計画課長であった石川は鈴木からの相談を受け、「広場を中心として芸能施設を集める、そして新東京の最健全な家庭センターにする」*99として歌舞伎町の具体的な計画に取り組んだ。石川は、のちに、歌舞伎町の広

重視された。具体的には、新天地の街路をそのまま延長する形で街路を計画し、区画整理によって新設される仁王門通りとの交点に中心広場を設け、その中心部に広告塔を建設するという計画内容であった。　出典＝金井静二（一九四〇）、「名古屋大須の計画—盛場の都市美計画」、『都市美』30号、都市美協会

*96　これら大須地区の区画整理事業は、戦前名古屋の区画整理事業において、既成市街地を対象とした異例の試みであった。当時の区画整理事業は、人口増加による既成市街地の拡大を計画的に補うために施行されることが一般的であり、主な事業対象地は既成市街地ではなく市街地周辺部の郊外であった。

*97　詳しくは、西成典久（二〇〇七）、「都市広場をめぐる石川栄耀の活動に関する研究」、東京工業大学博士論文を参照

*98　石川栄耀（一九五六）、『余談亭らくがき』、三三頁、都市美技術家協会

*99　鈴木喜兵衛（一九五五）、『歌舞伎町』、四頁、大我堂

場について次のように述べている。

「自分は復興計画で新宿に歌舞伎町という盛り場を作った。広場のある芸能中心としてつくった。それが日本唯一の広場のように思っている」＊100

日本唯一の広場、この言葉に代表されるように、石川にとって歌舞伎町の広場（図35参照）は特別な意味を持つものであった。石川はなぜ歌舞伎町に広場をつくるに至ったのか、これを知るためには、石川の残した膨大な著作から、「広場」に対する考えを抽出していく必要がある。

石川は『余談亭らくがき』（一九五六年）において、次のように述べている。

「ふと、インカ帝国の首都Cuzcoの記事と写真を見出した。そこで驚いたのは、この余りにも有名な世界に絶縁し、独自の文明を以って発展していたという国の首都に、広場があったという事である。

（中略）

我々は都市計画史において、都市生活が高度な段階に入り、市民生活が民主的に社会的に高揚されてきた時、必ずその媒体として広場を見る事になっている。いわば広場は、その都市の文化度の表象のようなものになっている事を知っている」＊101

そして、石川は日本のことを次のように嘆いている。

＊100　石川栄耀（一九五六）、『余談亭らくがき』、二七七頁、都市美技術家協会

図35　新宿歌舞伎町の広場（一九四九）。出典＝川田雄三郎（一九五七）、「事業誌」、新宿第一土地区画整理

「この事は自ずから我々の日本の都市に広場が無い事を強く反省させるのである。インカにさえあった、この社会的に経済的に効用の高い広場がナゼ日本の都市に無かったか。
（中略）
結局何となく日本人には本質的に都市をつくる社会感覚が欠けているので、広場を持っていないのであるような気がして淋しいのである」*102

石川はインカ帝国のマチュピチュ（石川の言説ではクスコとしているが、挿絵ではマチュピチュが示されているため、おそらく言説上のクスコは間違い）を採り上げ、「広場」というものは都市における文化度の表象であると述べている。こうした石川の言説に対して、果たしてマチュピチュに市民社会なる概念が存在していたのか、そもそも「広場」を持つことが本当に社会的文化的に進んでいるといえるのか、などさまざまに疑問を呈することができる。しかし、ここでは、なぜ石川がこのような言い方をしたのか、わざわざマチュピチュを採り上げて何を伝えたかったのか、という視点で石川の「広場」に対する考えを見ていきたい。

石川は、都市計画技師として歩み始めた名古屋時代に次のような言説を残している。

「広場なきものは都市に非ずの宣言。然るに今迄の日本の都市にはこれがなかった。この事は、かねがね自分に、日本人の生活欲に対して一つの悲観論の原因であった。自分にいわせれば日本人は『広場なき』民族であった。家ならば『茶の間なき』家の造り手。顔ならば『微笑なき』人達である」*103

*101 前掲、三〇頁

*102 石川栄耀（一九五六）、『余談亭らくがき』、三二頁、都市美技術家協会

*103 石川栄耀（一九二九）、「都市鑑賞東京素描」、『都市創作』5巻6号、一四頁、都市創作会

図36 インカ帝国の遺跡

石川の言説にはCuzcoと記してあるが、挿絵にはマチュピチュの遺跡が示されており、石川はおそらくマチュピチュの遺跡にある「広場」を見て上記の言説を述べていると考えられる。 出典＝石川栄耀（一九五六）、『世界首都ものがたり』、筑摩書房

また、晩年、石川は次のようにも述べている。

「日本の極めての不幸は、あらゆる点で社会感覚に乏しい事である。それが当然都市計画史の上に顕われている。日本には西洋都市計画のベースともなるべき『広場と都市美の時代』約二、五〇〇年が抜けている。この不幸を何によってとりかえすべきか」*104

*104 石川栄耀(一九五四)、『都市計画と国土計画』、三頁、産業図書

このように、石川は自身の都市計画史観に従い、日本の都市が歴史的に友愛（皆で都市の姿を考える）の都市計画をしてこなかったことを、日本の都市計画における第一の問題点と認識していた。すなわち、石川にとって、「広場」がないことはあくまで結果であって、重要なことは「日本人の生活欲のなさ」「日本人の社会感覚乏しきこと」を嘆いていたということである。こうした問題意識が根に存在していたからこそ、わざわざマチュピチュなどを採り上げて、日本に「広場」がないことの意味を説いていたのだと考えられる。

「日本人には都市をつくる社会感覚が欠けているのではないか」、こうした嘆きにも似た想いは、同時に、日本の都市計画のあるべき姿を追っていた石川にとって、極めて本質的な問いでもあった。すなわち、日本の都市をどのように考えていけばいいのか、どうすればよくなるのか、そうした都市計画技師としての平明で純粋な疑念を、石川は欧米諸都市との比較から抱いていたのである。

日本には広場がない。ないものは仕方ないとして、これからの都市づくりをどのように進めていけばいいのか。石川は、その糸口として「商店街」（盛り場）を見出した。

「日本の都市には構造上遺憾なところがある。外国から帰ってきてから折にふれ何とかならぬものかと考えていたが、ある時夜の街を歩いて見てそこに、商店という盛り場が一定の距離で燦然《さんぜん》と明るく輝いている事に気がついた。その分布は丁度一マイル毎になっている。

（中略）

そして市民はおあつらえ向きにその盛り場に集まって、何という特別の目的もなく交歓している。これは好い。こんな気の利いたことをやっていたのだ。これなら広場がなくとも一応許せる」＊105（図37参照）

また、石川は次のようにも述べている。

「日本の商店街は、ただの商品売場ではない。広場のない都市に育った日本人が、タクマズして造り上げていた社会中心が、盛り場であったのである」＊106

このように、石川は「広場」に代わるものとして日本の「商店街」（盛り場）に着目した。すなわち、西欧広場が社会的に担ってきた共同体の中心、市民同士の交歓作用は、日本でいえば盛り場ないし商店街が担ってきたと石川は解釈したのである。2章でも述べたように、石川は名古屋時代から精力的に盛り場や商店街の育成および研究に取り組んでおり、そうした活動の思想背景には、こうした「広場」をめぐる思考が存在していた。

石川は、西欧広場で行われてきた社会的機能（市民交歓）は、従来、日本の盛り場ないし商店街が担ってきたと考えていた。こうした考えが背景にあるからこそ、石川は歌舞伎町と

＊105　石川栄耀（一九四三）、『都市の生態』、七六頁、春秋社

＊106　石川栄耀（一九五六）、『余談亭らくがき』、六一頁、都市美技術家協会

図37　商店街分布図

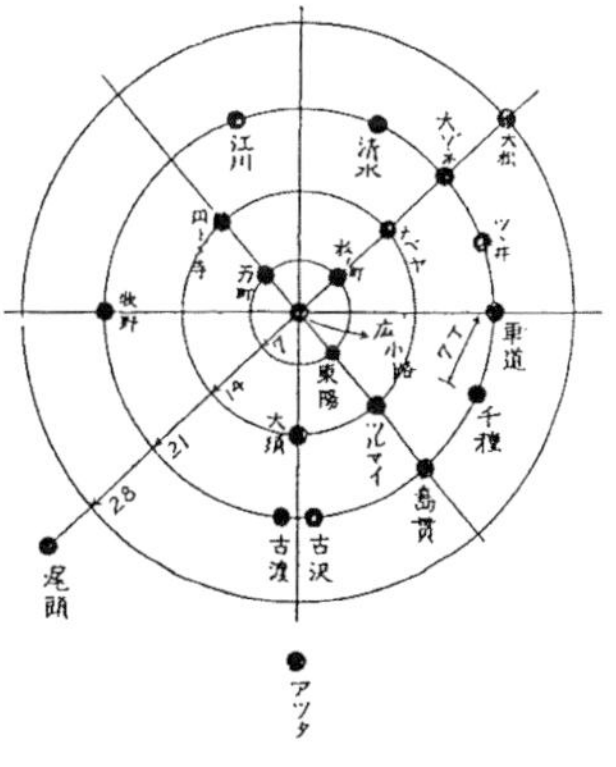

名古屋の商店街が一定の距離（約八〇〇m～一六〇〇m）で位置していることを示したダイヤグラム。
出典＝石川栄耀（一九三〇）、「夜の盛り場の種々相」、『都市問題』11巻2号、六二頁、東京市政調査会

いう新しい盛り場をつくることに尽力したのだと考えられる。石川にとって、盛り場ないし商店街をつくることは、市民交歓という社会的機能を担保するための有効な手段であった。しかし、そうだとすれば、なぜ石川は空間としての広場を歌舞伎町につくったのであろうか。前述した文脈で考えれば、わざわざ空間として広場をつくる必要性はないように思える。これに対する一つの考え方が、石川の盛り場研究の集大成といえる『皇国都市の建設』に見出せる。

「まず隣保《りんぽ》的な感じを与える為には広場の感じのある事が必要であるが、しかしこれは我国ではその例が少ない。我国で例の多いのは広小路である。これは防火用としての施設であるが、その多くが盛り場となっているのは奇であり又奇でない」*107

このように、石川は、わが国の伝統的な盛り場の空間構成や形成過程を丹念に研究した上で、盛り場が寺社の境内地や参道を核として形成されること、及び、江戸の盛り場が防火のためにつくった火除空地周辺に形成されること等を結論として導き出している（図38参照）。すなわち、盛り場や商店街の形成上、「空地」（寺社の境内や火除地など）が極めて重要な役割を演じていることを、石川は指摘したのである。

また、日本における盛り場（商店街）の広場については、一九三五年（昭和一〇）に出版された小売業者に対する指導書『「商店街盛場」の研究及其の指導要項』において、次のように述べている。

「日本の広場の例は私は広島の金座、唐津市等で好い例を見ました。又、東京では私

図38　盛り場にあった我国の広場的空間（四日市広小路）

石川は、かつて我国の盛り場が火除地や境内という広場的空間を核として発展してきた史実に基づき、新たな商業地計画（歌舞伎町等）では広場を計画した。　出典＝『江戸名所図会』巻之一

*107　石川栄耀（一九四四）、『皇国都市の建設』、三二〇頁、常磐書房

の住んで居る落合の地蔵様の西に一寸した広場で地蔵様の縁日には一面の夜店が出て、参詣人がその中をウネリ歩く仲々夏などは旺んなものであります。これがモトでその付近が好い商店街になりました。又、日暮里の東の尾久に入る所に、五本辻といって環状線に大道路が五本集まってる所がありますが、その一角が一寸した広場になってます。そしてそこへ矢張り大変な夜店が集ってこれもエライ賑いであります。考へて見れば浅草の観音様にしても名古屋の大須の観音様乃至《ないし》伊勢の津の観音様にしても、結局その境内が夜店を入れて、一種の広場としての働きをやるのに大きなご利益があるのではないのでしょうか。浅草の観音様は一寸夜は暗いようですが、昼は確かにあの広場の感じが魅力になってます」*108

このように、石川は自身の身近な経験をもとに、「一寸した広場」が商店街の賑わいに大きく寄与している旨を主張している。また、浅草や名古屋大須（図39、40参照）など、観音様の境内に夜店を入れて、賑わいを生み出すことが、一種の広場的な効果であるとも述べている。

また、石川は、同様の著書で、盛り場（商店街）に広場があることの意味を次のように述べている。

「広場ないし広小路が中心にある事が必要なのですがこの理屈はドウモ難しくて説明が出来ません。ただこれがあるとないでは集る人の気持ちが丸で違う。中心に広場がありますと何となく人足はそこへ吸われる。そしてそこでゆっくり徘徊し、人込みを楽しむという気になります。これは一つの事実である。公理として納得していただき

*108 石川栄耀（一九三五）、「商店街盛場の研究及び其の指導要綱」、『小売業改善資料第七号』、四〇頁、商工省
*109 前掲、三九頁

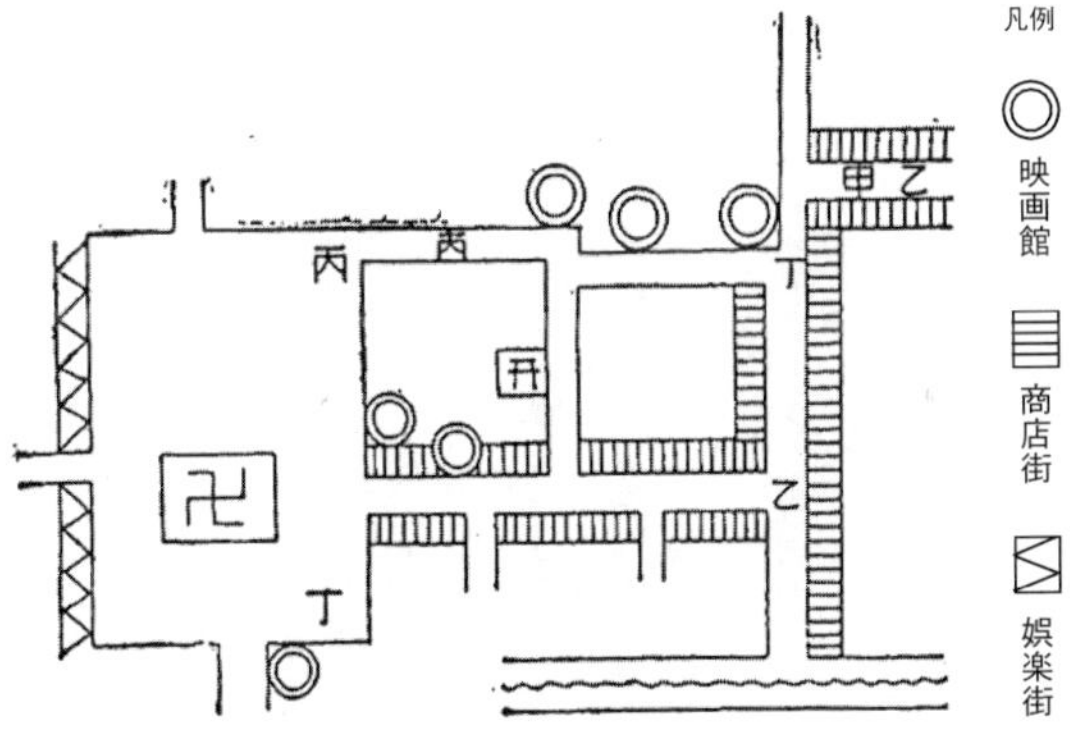

図39 石川による盛り場スケッチ図（名古屋大須）。出典＝石川栄耀（一九四四）、「皇国都市の建設」、常磐書房

たい。

実例で申さば江戸盛り場はよく広小路（広場の変形でありますが）に出来て居ります。上野然り、両国然り、浅草然り、筋違橋にしたところで付近一帯は広小路形になって居ります」*109

このように、石川は「広場」や「広場の変形としての広小路」が商店街にあることの理屈について説明を窮するも、「集まる人の気持ち」「人込みを楽しむ」など、商店街に来る人々の心理的側面からその意義を見出している。

これらの言説をもとに歌舞伎町の広場について考察すれば、石川は歌舞伎町という新しい盛り場を形成発展させていくために、広い空地（広場や広場の変形としての広小路）を歌舞伎町の中に計画設計したのだと考察できる（図41参照）。

歌舞伎町における広場設計の理念と手法

では、より具体的に、石川は歌舞伎町の広場をどのように設計したのであろうか。空間計画もしくは空間設計のレベルで石川の広場設計を見ていく。まず、重要な事柄として、歌舞伎町の計画が途中で頓挫し、当初の設計案が変更されたことを挙げなければならない。

図42は当初計画された区画整理設計図（以下、計画図と呼ぶ）で、図43は建築資材統制により劇場ならびに映画館の建設が頓挫したのちに変更された区画整理変更図（以下、実施図と呼ぶ）である。この実施図の区画割りが現在の歌舞伎町である。当初計画された歌舞伎町の広場周辺（計画図）と、実際に実現した広場周辺（実施図）とでは、見た目それほどの違いは見られな

（右）図40　大須境内の賑わい（一九三九年）。出典＝大須開学百年記念会事務局（一九七二）、「大須開学百年記念誌」
（左）図41　歌舞伎町広場の賑わい（一九七〇年頃）。出典＝都市デザイン研究体（一九七二）、「日本の広場」、『建築文化』298号

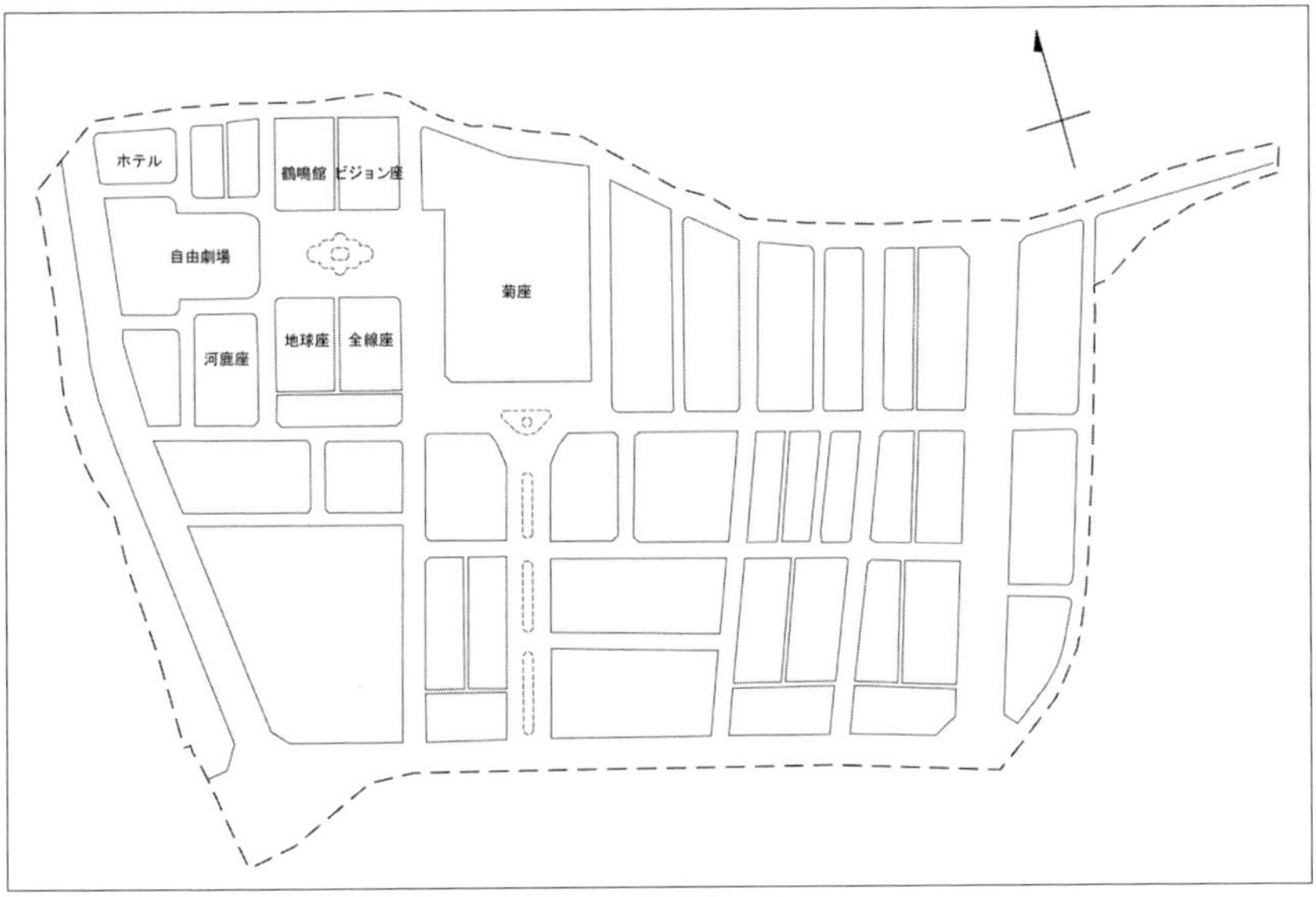

図42　歌舞伎町復興協力会地割図(計画図)1946年5月25日公表。
出典=区画整理計画変更図(図43)の変更前(点線部分)より筆者作図

図43　区画整理計画変更図(実施図)1947〜48年頃。
出典=川田雄三郎(1957)、「事業誌」新宿第一土地区画整理

い。しかし、設計思想の上では大きく異なることとなった。

まず、石川の設計意図が盛り込まれた「計画図」（図44参照）から見ていく。

第一に注目すべきは、「広場」の北東隅角部が入隅形に計画されている点である。広場の角が入隅を形成していることについては、ジッテ*110がイタリア中世広場に共通する性質と指摘しており、石川は著書でジッテを盛んに引用していることなどから、石川はこれを意図的に計画したのだと考えられる*111。（しかし、実施図では入隅が消滅する。）

第二に、石川は広場設計に関して、イギリスの都市計画家アンウィンを見本としており、そこで重視した技法は「Terminal Vista」（図45参照）と呼ばれる技法である。これは、広場につながる道路を貫通させず、広場からの視野を封じる手法で、ヨーロッパ中世都市の広場に共通する特徴であった。計画図では、この点について少なからず配慮した設計となっていた。（しかし、実施図では道路が二本貫通することとなる。）

第三に、計画図では、広場正面を向くように「自由劇場」が計画され、広場中央には大きな噴水が計画されていた。石川允氏（石川栄耀の長男、当時は建設省勤務）によれば、この噴水は非常時の防火機能も意図されていたようである（しかし実施図ではロータリー形式のアイランドとなる）。

これらは、西欧諸都市の広場でよく見られる空間構成であり、石川は計画図の「広場」を西欧の広場で培われた手法を参照して設計していたといえる。

しかし、石川は、歌舞伎町に「広場」を組み込む上で、西欧広場のみが頭の中にあったわけではない。結論から言えば、石川はわが国の伝統的盛り場（門前町等）の空間構成をも参照していたのである。

改めて歌舞伎町の計画図を見直せば、幅員一五メートル以上の広幅員街路が直角に折れ曲がりながら「広場」につながっていることが見てとれる（図46参照）。これは、標準的な区画

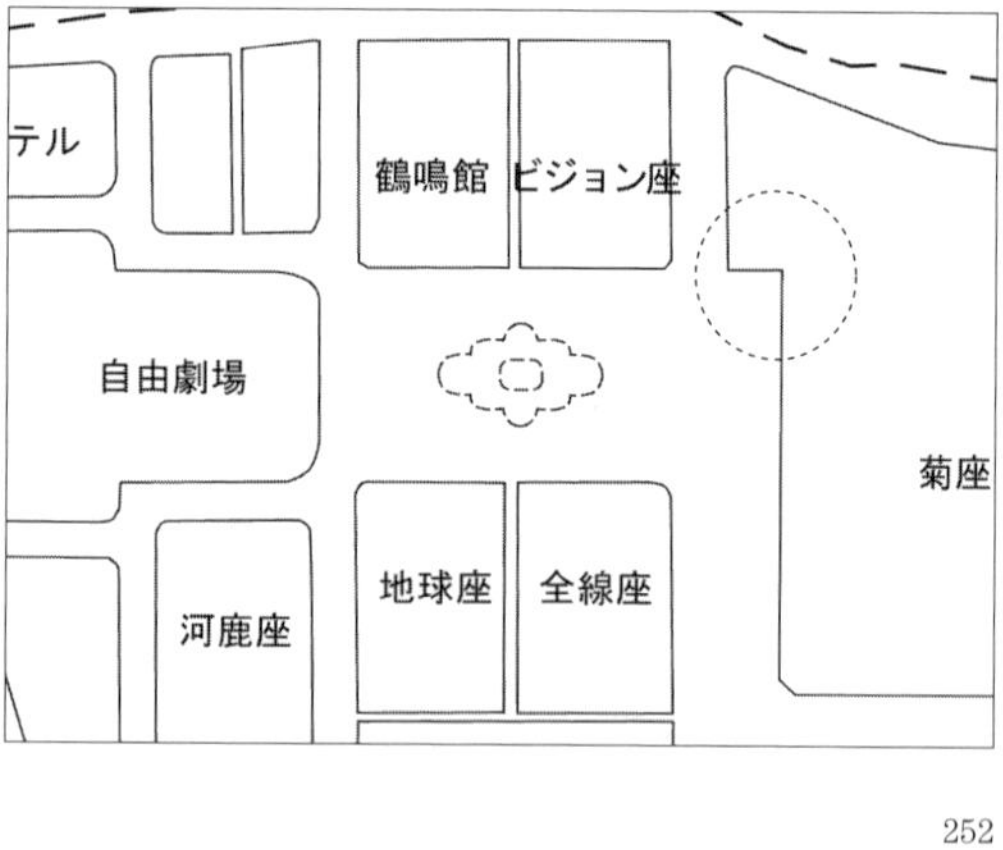

図44　計画図に描かれた歌舞伎町広場。広場の角（点線内）が入隅形に計画されており、これはイタリア中世広場に共通する性質であった。　出典＝図42に一部加筆

整理設計では考えられない道路設計である（通常、区画整理である程度幅員の広い道路を設計する場合、交通上の観点から、直線あるいは緩やかな曲線を描いて地区内を貫通するように設計することが一般的である）。つまり、この直角に折れ曲がりながら「広場」につながる広幅員街路には、途中で折り曲げることに対する何かしら設計上の積極的な意図があったと考えられる。

先述したように、石川は、わが国の伝統的な盛り場が、寺社の境内や火除地など、「広い

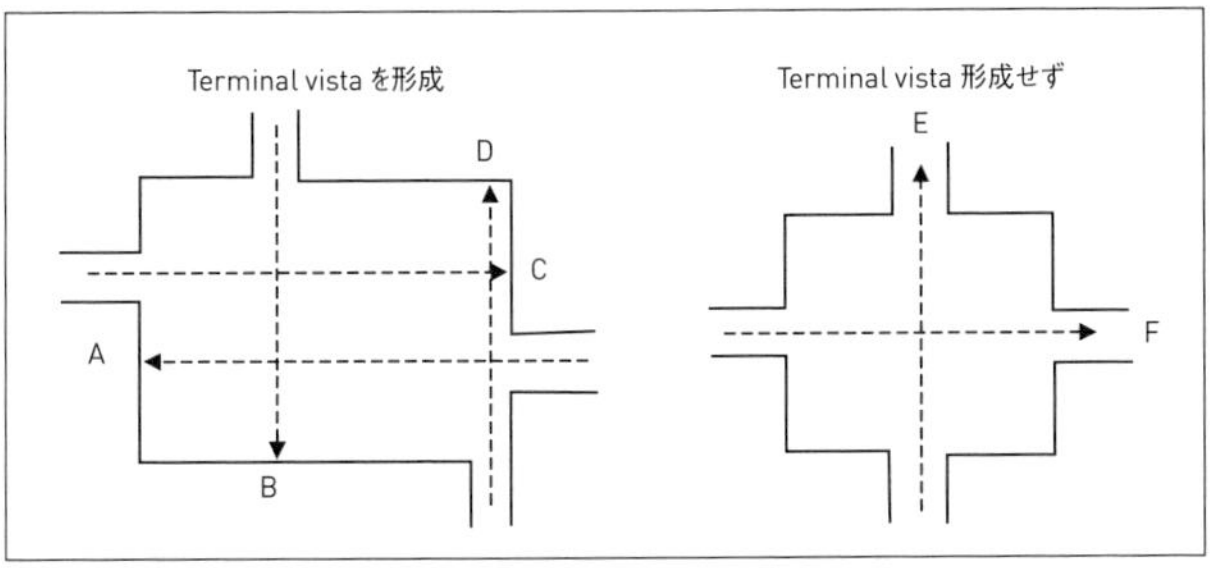

図45　Terminal Vista。
出典＝石川栄耀（1954）、「新訂都市計画と国土計画」、産業図書より筆者作図

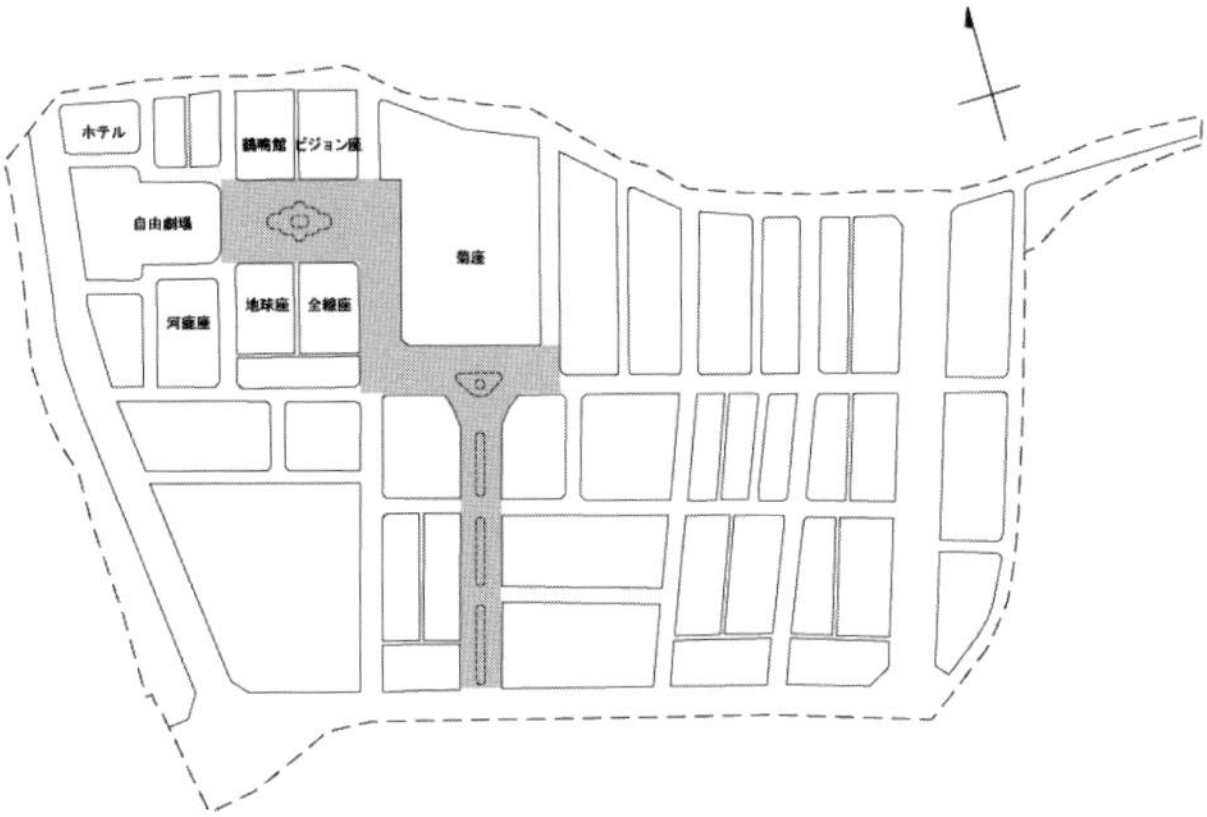

図46　折れ曲がりながら広場につながる広幅員街路（アミカケ部）。
幅員15m以上の街路が何度も屈曲することは、標準的な区画整理設計ではありえない設計である。こうした街路設計は、わが国の伝統的な盛り場（特に門前町の参道）の空間構成を参照して設計されたと考えられる。　出典＝図42に一部加筆

＊110　カミロ・ジッテ（Camillo Sitte）（一八四三―一九〇三）

建築家フランツ・ジッテの息子としてウィーンに生まれる。カミロ・ジッテが生きた一九世紀後半のヨーロッパでは、著しい産業の発達に伴い、大規模な都市の拡張が行われた。そこでは、パリのオースマンの計画に代表される、直線的で幾何学的な道路、広大で開放された広場が一般的傾向としていたるところで模倣されていた。当時の技術と実用の偏重に走っていた都市計画に対し、ジッテは古典古代、中世、ルネサンス、バロックの都市環境を研究し、そこから引き出された美学的原理との比較を通じて、人間的次元から過去の美しさを再評価した。　出典＝K. Henrici [1904], Camillo Sitte, Der Stadtebau, 1.Jahrgang 3.Heft,p.33, Verlag von Ernst Wasmuth

＊111　芦原義信は、広場の隅を「型（カギ型）」に閉じる入隅が空間の閉鎖性に大きな効果をもたらす、と述べている。このような入隅で構成された空間は、道路計画が先行する日本には少なく、ヨーロッパの広場でよく見られるとしている。　出典＝芦原義信（一九七五）、『外部空間の設計』、九五―九七頁、彰国社

空地」を核として発展してきたと、繰り返し著書で述べている。このような視点を考えれば、この折れ曲がりながら「広場」につながる広幅員街路（図46）は、石川の言うところの「広場の変形としての広小路」（＊109参照）であり、恐らくはわが国の伝統的な門前町にある「参道」を参照したのだと考えられる。事実、石川は日本にある伝統的な盛り場の空間構成をつぶさに研究しており（図47参照）、こうした研究成果が下地となって歌舞伎町が設計されたと考えられる。（ちなみに、歌舞伎町の区画割にT字路＊112が多いことも、わが国の盛り場の空間構成から石川が帰結した技法である。）

このように、石川は、歌舞伎町という新たな商業地に「広場」を創出する上で、「西欧広場で見られる設計手法」と「日本の伝統的盛り場で見られる空間構成」という二つの知見を適宜参照して計画設計したといえる。

また、石川の広場設計を読み解く上で、もう一点重要なことがある。それは、「広場周囲の土地利用計画（商業施設計画）」である。歌舞伎町の計画図を見れば、菊座（歌舞伎劇場）、ビジョン座（映画）、地球座（映画）など、映画館や劇場で広場周囲を囲んでいることがわかる。これら映画・劇場の誘致計画は、先述したように、建築資材統制により一度頓挫するが、博覧会の開催などにより、広場周囲は徐々に映画館や劇場が集まり、一九五〇年代後半には日本でも有数の映画・劇場集積地となるまでに発展することとなる（図48参照）。

石川は著書においても、広場周囲を映画・劇場で囲むことの重要性を指摘している。

「まん中に映画館を集めまして、其処は建築線を後退して、其処が広場になってるような感じを与える。是が盛り場としての最大切な事であります。広場があり中心が出

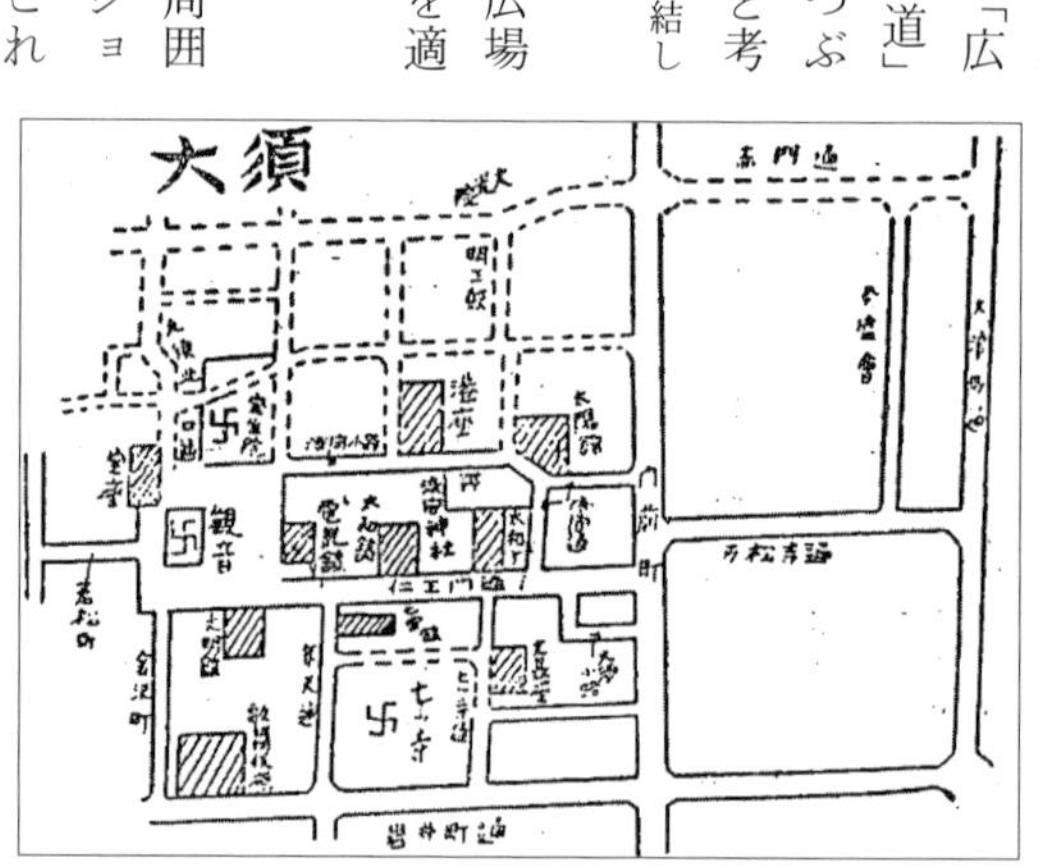

図47　石川による伝統的門前町の盛り場スケッチ

石川が「盛り場風土記」に描いた名古屋大須のスケッチ。歌舞伎町の広場を計画するうえで、大須観音の境内および周辺の街路網を参考にしたと考えられる。　出典＝石川栄耀（一九三八）、「盛り場風土記（中）」、『都市公論』21巻12号、都市研究会

＊112　石川はT字路を多くつくることで街中から視線が抜けることを防ぎ、盛り場にいりときに周りから包まれている印象を与えることを意図していた。ちなみに、通常の設計では（車交通を優先に考えれば）できる限りT字路は敬遠される。

来てると自からそこを目当てに人が集まる、そこに来て映画の看板を見るなり、宣伝用のレコードを聴くなりして時間をツブす。それ、必ずしも広場たる必要はない。広場の感じさえあれば好い。例へば神社があれば神社を生かしてその境内の広場感を使ふのも好い。何にしても広場的な中心がなければその道は、ただの通路に終わります。注意しなければならぬ事です」*113

石川にとって、広場周囲に映画館を集めることは映画センターをつくりだすことであり、盛り場や商店街の集客施設として映画センターを捉えていた。しかし、この説明の仕方では、石川の考えの半分しか言い表せていない。

「大衆の文化育生場に於ける中族問題は何であるか。
それはいうまでもなく『広場と映画』である。
広場なしに大衆は心と心相ふれえるものでない。その点外国都市は広場に四千年の歴史を有って居る。広場によって四千年の民主生活を送って来てる。都市計画の大半の金をここへ投ずるといってもよい。
日本に一つのそういう広場がない。この点正に真底から淋しいのである。従って今度の復興でこれだけは『世間並に』作って置きたい」*114

「心と心相ふれえる」、こうしたキーワードにこそ、石川の真意が表れている。すなわち、盛り場に映画センターをつくることは、単に盛り場の集客のみを画策したわけではなく、「映画」や「劇場」という人間の感情を揺さぶる業種を広場周囲に集めることで、そこに集

*113 石川栄耀(一九三八)、「商店街の構成」、『商業経営指導講座第一巻』、六一頁、東京商工会議所編
*114 石川栄耀(一九四七)、「復興都市計画と映画センタア」、『キネマ旬報』9号、四八頁、キネマ旬報発行所

図48 歌舞伎町の広場周囲の映画館(一九五七年)。出典＝新宿区民俗調査会(一九九三)、「新宿区の民俗」、新宿区立新宿歴史博物館

う冷めた都会人の人間関係に、一種の連帯感、昂揚感を共有する場、「人と人のつながり」を再確認する場をつくりたかったのだ、と考えることができる。こうした考察は、単なる憶測にとどまらない。「映画」「劇場」に囲まれた広場空間の創出は、「人と人をつなげる」という意味において、「友愛」「慰楽」「賑わい」の都市をつくりだすことこそ都市計画の社会的使命であると主張し続けた石川の理念と同調するのである。

実現した歌舞伎町の広場

それでは、その後、石川の設計した広場はどのような形で実現されたのであろうか。

まず、計画図から実施図へと変更されたことにより、石川がジッテやアンウィンの設計技法を参照して設計した箇所（入隅、Terminal Vista、自由劇場と噴水）が、すべて変更もしくは削除されることとなった（図49参照）。先述したように、これは歌舞伎町全体の計画から見れば微細な設計変更であるが、石川が広場に込めた設計思想という観点から見れば大きな変更点であった。

中でも大きな変更点となったのは、自由劇場周辺敷地が一つの大きな敷地に集約され、広場中央の噴水が交通島状のアイランドに変更された点である。こうした変更は結局、道路計画が優先された結果であり、歌舞伎町の広場は実質的に交通のための広場と化すこととなった。

実際、「広場」がロータリー形式に整備されたことにより、モータリゼーションが本格的に進んだ一九六〇年代以降、歌舞伎町の広場は駐車車両によって占拠されることとなる（図50参照）。そして、近年、これら駐車車両対策の一環として、アイランド周囲に柵が設置された。こうした広場の現状（図51）は、少なくとも石川が意図していたような「広場」空間と成

図49　広場周囲の計画変更図（点線が変更前で実線が変更後）

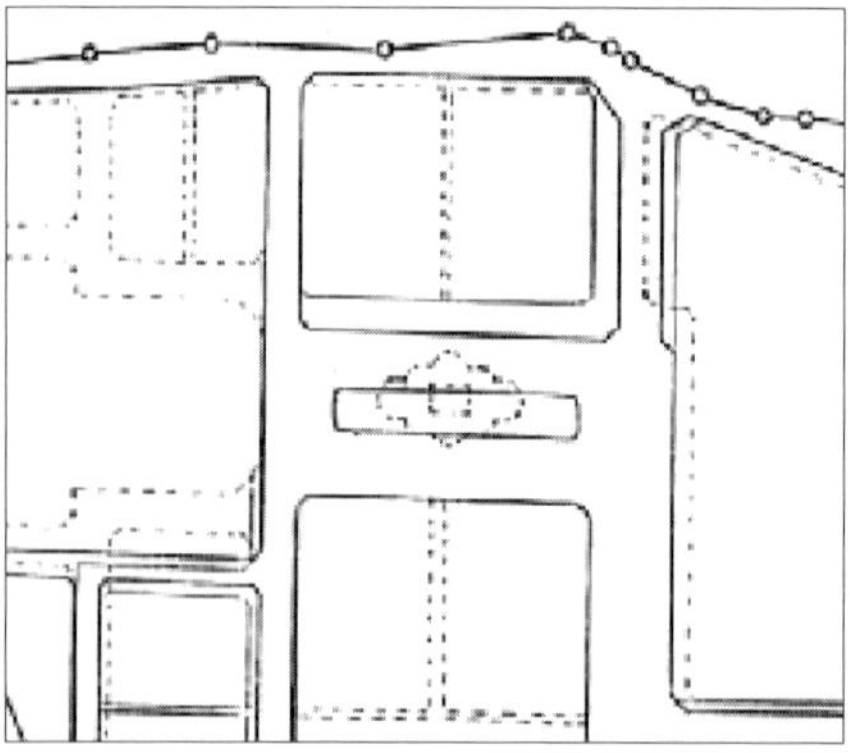

計画変更により、北東角の入隅は消滅し、自由劇場周辺は敷地が一体化された。また、中央部に計画されていた噴水施設が交通島状のアイランドへと変更されたことにより、広場は道路としての意味合いを強く持つこととなった。

り得ていない。

こうした一連の変更および空間整備は、結局、来街者のための「広場」整備ではなく、管理者が管理しやすい「道路」整備であったといえる。石川は、あくまで「道路」とは異なる「広場」を構想したのであるが、戦後、「道路」は「道路法」によって一元的に管理されることとなり、歌舞伎町の広場も例外なくその他の「道路」と同様に整備・維持管理されてきたのである。

しかし、行政による公共空間（道路）の整備のみを批判することはできない。広場周囲の民有地に建ついくつかの建物は、「広場」に対して表を向けるような設計とはなっておらず、現状を見る限り、「広場」をうまく使いこなしているとは言い難い状況である。

しかし、こうした批判は、基本的に石川の広場設計の視点で見たときの批判であり、一方では、こうした矩形の空地を創り出すこと自体を疑問視することもできる。すなわち、そもそも我々（日本人）は西欧諸都市で見られるような矩形の広場的空間を使いこなすことが不得手であり、竣工から半世紀たった歌舞伎町広場の現状はそのことを雄弁に語っている、と見ることもできる。行政も民間も、この矩形の空地に対して、積極的な利用を見出すことができず、来街者も決して居心地がいいわけではないのかもしれない。

いずれにしても、戦災復興期に歌舞伎町「広場」がどのような意図と苦労をもって創出されたのか、その歴史的経緯や思想的背景を認識することは、これからの歌舞伎町「広場」の使いこなしを考える上でも意義のあることといえよう。

麻布十番での実践と設計理念

石川の広場に対する実践は麻布十番でも見出せる。

図50　駐車場と化す歌舞伎町広場（二〇〇四年、筆者撮影）

図51　現在の歌舞伎町広場（二〇〇六年、筆者撮影）

この麻布十番に、法律上は「道路」であるが、周囲を建物で囲まれ、中央に滞留スペースを持つ空間がある。ここは、一見、西欧広場にも似ており、日本の都市ではあまり見られない空間である（図52）。この道路とも公園とも広場ともいえる空間は、麻布十番商店街組合管理のもと、『パティオ十番』と呼ばれ、商店街のさまざまな催し物やメディアの撮影などに利用されている（本書では当該空間を広場状空地と呼ぶ）。ここは、地元の人々に戦災復興区画整理による残余地と認識されているが、この広場状空地の出自に石川栄耀が深く関与していたのである。

一九四六年（昭和二一）、東京都復興局は戦災復興道路計画を発表した（口絵参照）。その計画図によれば、放射一号線（五〇メートル）と環状三号線（四〇メートル）という広い幹線道路が、旧麻布十番商店街地区を縦横に走る道路計画となっていた。『十番わがふるさと』を記した稲垣利吉氏（復興当時麻布十番商店街の商店主）は著書で、「もしこの時の都の道路計画が実施されれば、十番中心部は全地域道路となって十番商店街は全く消滅していた筈である」*115と振り返る。この計画を知った商店街組合は、陳情団を結成し、各関係官庁へ反対運動を展開した。この当時の東京都建設局長が石川栄耀であった。

稲垣氏によれば「氏（石川）は十番盛り場に対しては格別の愛着もあり、またこの盛り場の失われることを惜しんでいた位で、私達の陳情に対しよく理解し、同情と好意を示し、むしろ局長自身が十番の将来が新時代に処し大成するよう計画変更を各課に廻し、本格的に復興するよう第一次区画整理地区に指定、復興促進を計ってくれたり、陳情運動の急所まで指導してくれた。御蔭で今日の十番商店街が出来たのである」*116としている。ちなみに、この第一次区画整理地区とは、東京都による復興区画整理事業の一つに指定されたことを意味している。

図52　麻布十番の広場『パティオ十番』（二〇〇五年筆者撮影）

*115　稲垣利吉（一九八〇）、『十番わがふるさと』、三六頁、東都工芸印刷

*116　前掲、三一頁

また、麻布十番と石川との関わりは、当時の朝日新聞（一九五二年）においても発見できる。

「（中略）木村さん（当時の商店組合長）を後ろから激励したのが建設局長で都をやめた石川栄耀氏。二人の努力で十番は、都内一一ヶ所に行われた第一期都市計画のうち、第一番手に着手と決まった。（中略）『区画整理の見本を見たければ十番に行け』と復興関係者の合言葉になったくらいだ」*117

このように、麻布十番の戦災復興計画に、石川栄耀の深い関与がみてとれる。

続いて、麻布十番の広場状空地を空間設計のレベルから検討していく。当該地区の区画整理前（図54）と後（図55）を比較すれば、東西を貫く十番通りを始め、幾本かの街路は線形、幅員ともに従前を踏襲していることがわかる。南北を貫く雑色通りは、幅一二メートルに拡幅されたが線形は従前のままである。ここで特徴的な設計は広場状空地と新通りの新設である。広場状空地が新設された箇所は、従前、特別何かがあった場所ではなく、空地を設ける積極的な意味は見出せない。また、緩やかな弧を描く新通りも既存の道を踏襲したわけではない。

この広場状空地と新通りは、一般的な区画整理事業では見られない設計である。ここで、通常考えられうる区画整理の区画割りを図56に示す。無論、こうした形が一意に決まるわけではないが、区画整理の定石からいえば、幅員八メートルの区画道路をそのまま直線状に同じ幅員で幹線道路（環状一号線）につなげる設計が考えられうる。広場状空地のように区画道路の一部（一街区）を拡幅することや、新通りのように緩やかに屈曲させることには、何かしら設計上の理由があったと考えられる。

*117 朝日新聞一九五二年一二月二三日朝刊

図53 石川栄耀による麻布十番視察（一九四九）
右から石川栄耀、稲垣利吉（稲垣油店）、スタネックス（GHQ司政官）。出典＝稲垣利吉（一九八〇）、「十番わがふるさと」、東都工芸印刷

なぜ新通りの一部を拡幅し緩やかに曲げたのか、それは単純に空間設計上の理由だけではなく、新通り付近の換地設計との兼ね合いもあるため、その理由を一つに断定すること

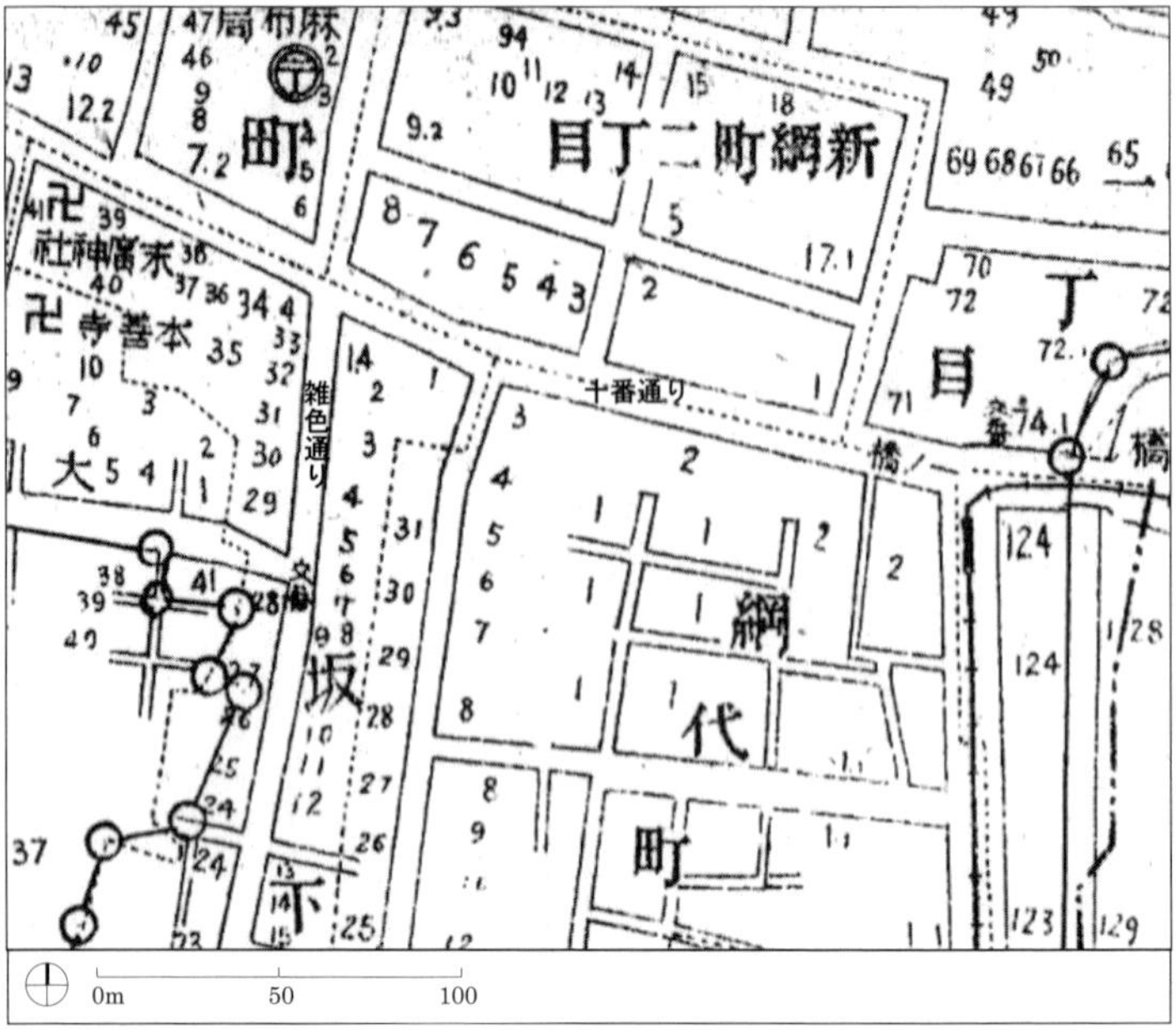

図54　区画整理前の麻布十番地区(1946)。　出典＝東京都区画整理部(1948)、「第一地区事業計画書」、東京都区画整理部

図55　区画整理後の麻布十番地区(1952)。　出典＝東京都区画整理部(1948)、「第一地区事業計画書」、東京都区画整理部の「第一地区変更予定図」より筆者作図

はできない（ちなみに新通りの屈曲部は平地であり、地形上の制約はない）。しかし、この区画整理事業に石川が深く関与していることを考えれば、この広場状空地と新通りの新設に石川の設計意図が反映している可能性は十分考えられる。実際、一九五二年（昭和二七）には広場状空地近傍の敷地に映画館が二館オープンしており（図60、61参照）、これはまさに、映画劇場と広場をセットで計画する石川の手法と一致する。石川は広場を設計する上で、視線が突き抜けず視野が封鎖されることが盛り場計画上極めて重要だと述べており、石川の設計論から考

図56　区画整理によって新設した新通りの線形検討。
出典＝図55を一部拡大のうえ筆者作図

えれば、「新通りは広場状空地からの視線の抜けを防ぐために屈曲させた」と考えられる。また、新通りの道路線形は、既存商店街として栄えていた十番通りと雑式通りを結ぶように設計されており、これは麻布十番商店街を回遊できるルートを新設したとも考えることができる。

続いて、麻布十番の広場デザインについて論じる。麻布十番の広場は、緩やかにカーブする新設街路（新通り、幅員八メートル）の一街区分を拡幅する形（幅員二五メートル）で創出されている（図57）。これは、歌舞伎町における広場の創出方法とは異なっている（歌舞伎町では折れ曲がりながらつながる幅員15m級の広幅員街路の突き当たりに広場がつくられた）。また、歌舞伎町の計画図で見られるような西欧広場的要素（噴水等）は確認できない。麻布十番の広場は、何を参照項として設計されたのであろうか。

石川は日本の伝統的な盛り場の空間構成を研究し、その成果を「盛り場風土記」と題した論稿全三編にまとめ、一九三八年から一九三九年にかけて『都市公論』に発表している。そこでは、日本の地方都市の盛り場についてスケッチをまじえながら紹介している（口絵参照）。そのうち、広場や広小路のある盛り場として、宇都宮、水戸、高崎、甲府、柳ヶ瀬、広島、松本、富山、松江、別府を挙げている。これらのスケッチを見比べた結果、麻布十番の広場は宇都宮二荒山神社の参道であるバンバ（図58）と非常に近い空間構成となっている（街路の一部が広がっている）。また、バンバと麻布十番の広場は地形的な共通点もある。（地形的に、宇都宮のバンバは、二荒山神社が丘の上にあり、バンバはその丘の裾に広がる広小路である。一方、麻布十番の広場は西側の丘陵地から坂を下った場所に広がっている。）

麻布十番の広場を設計する上で、どれだけ宇都宮のバンバを見本としていたかは定かではない。しかし、石川の頭の中には、日本の伝統的盛り場の空間構成がインプットされて

図57　麻布十番の広場周辺図（図55を一部拡大）

おり、宇都宮のバンバで見られるような盛り場の広小路が下敷きとなって、麻布十番の計画が練られたと考えることは十分可能である。なお、麻布十番の広場の空間規模（二五メートル×七〇メートル）は、イタリア中世広場や歌舞伎町の広場（三一メートル×七三メートル）と同等の規模であり、空間規模については、西欧中世の広場を参照していたと考えられる。ちなみに、宇都宮バンバの空間規模は幅員二〇メートル、街路長一四〇メートルである。

実現した麻布十番の広場

一九五二年（昭和二七）、図59のように広場状空地は車道と歩道で構成され、車道は簡易舗装で歩道はジャリ道であった。この写真は、広場状空地から新通り方向を撮影したもので、

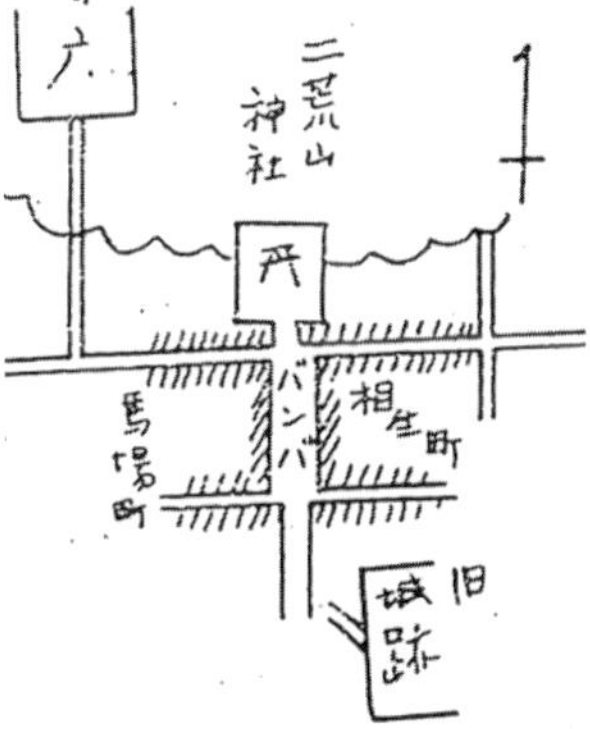

図58　宇都宮のバンバ。出典＝石川栄耀（一九三八）、「盛り場風土記（上）」、『都市公論』21巻11号、都市研究会

(上)図59　復興直後の広場状空地(1952)。　出典＝『十番だより』、麻布十番商店街振興組合、1987年7月号掲載
(下)図60　広場状空地近傍の映画館(1955)。　出典＝『十番だより』、麻布十番商店街振興組合、1987年3月号掲載

お祭りの山車行列の一シーンである。同年には、広場状空地近辺に麻布映画劇場、麻布中央劇場（図60）が営業開始され、正月には長い行列ができるほどの人気を集めたという。

図61は復興直後の広場状空地周辺の地図である。広場状空地周囲の建築用途は、文具店、洋品店、菓子屋、個人宅などであり、広場周囲に映画・劇場を集めるという石川の構想とは異なっている。しかし、広場状空地近傍には麻布映画劇場、麻布中央劇場、十番クラブ（寄席）が竣工しており、広場状空地に直接面した場所では開業できなかったが、少なくともその近くに映画・劇場を集めようとした意図は見える。

新宿歌舞伎町は、従前商店街ではなく、そのほとんどは個人商店と住宅地であり、当時の町会長であった鈴木喜兵衛の尽力で借地権を一本化したことが、広場周囲に映画、劇場を集める構想を実現する原動力となった。しかし、麻布十番は江戸から続く商店街であり、商業上の利益関係からも自由な換地設計はほぼできなかったと考えられる。このような理由により、麻布十番では映画・劇場で周囲を囲まれた石川の理想的な広場は実現できなかったと考えられる。

その後、一九六〇年代に入り、商店街の高層化が始まった。町名も変更され、この時期に当該地区は大きく様変わりした。一九六五年、広場状空地近傍にあった麻布映画劇場、麻布中央劇場の二軒が、映画産業の斜陽を受けてスーパーマーケットとなった。このころの広場状空地は、歩道（片側六メートル）と車道（一二メートル）が区別され、一般的な道路として整備されていた（図62）。一九八〇年代に入り、麻布十番は東京都モデル商店街の指定を受ける。これを受けて商店街組合は、「街をあげて新しい商店街づくりの態勢に入る」とし、街路のボンエルフ化やコミュニティ広場の設置*118などを計画した。一九八六年（昭和六一）、その第一段階として広場状空地が図62のように整備され、現在の姿となった。

図61　実際に整備された広場状空地周辺図（一九五四）。アミカケ部が映画館・劇場。出典＝都市製図社（一九五四）、「火災保険特殊地図」、都市製図社

整備前の広場状空地　整備前の広場状空地周辺図（1970）

整備後の広場状空地　整備後の広場状空地周辺図（2005）

図62　麻布十番広場状空地の整備前整備後の比較。
出典＝広場状空地の写真は『十番だより』、地図は『ゼンリン住宅地図』より

＊118　当時の事業経過について、麻布土木事務所の資料によれば、「広幅員道路部分のコミュニティ化がとりあげられ、昭和五七年度基本計画に組込まれた。（中略）地元、警察署、消防署等関係者と協議、調整に入ったが、調整は難航の末、車道を左右に分離し、中央部に相当面積のアイランドを設けて、照明、植栽、休暇施設等を設置し街路景観を高め、区民のいこいの広場として活用出来る多目的広場の計画が決定した」としている。この事業は、都、区、商店街の三者による出資により実現した。昭和六一年に竣工し、パティオ十番と命名され、通常の維持管理は商店街が行うこととなった。

復興から一九八〇年代の改修まで、広場状空地は両側に歩道があり、中央に車道のある標準的な道路断面であった（図62）。区画整理という手法を用いて、敷地割りの時点では広場状空地（長辺七〇メートル、短辺二五メートル、面積約一七〇〇平方メートル）を創出したが、現場を施工する段階では一様に道路として整備された。石川は理想的商店街の条件として「車の通過のないこと」としていたが、麻布十番でも歌舞伎町でもすべての街路に車が通ることとなった。しかし、麻布十番では商店街組合が中心となり、区画整理によりできた当該空地をコミュニケーションの場として利用できるよう改修した（図62）。このとき、当該空地は、法律上、道路であるため、商店街組合と警察、消防の間で意見の相違があり、実現に時間がかかったことは特筆すべき事項として挙げておく。

石川は、「購買の時を利用し市民相互の楽しみを深める」これが盛り場のすべてとし、隣保的な感じを与えるために広場の感じのあることが必要であるとしている。戦災復興区画整理によってできた麻布十番の広場状空地は、後世の人々によりコミュニティの場として積極的に活用され、結果的に石川の理想とした広場の使われ方と近い形になったといえよう。

戦災復興区画整理事業に見られる広場状空地

以上、新宿歌舞伎町と麻布十番での実践を中心に見てきたが、必ずしもこれら二つの区画整理事業のみにおいて、こうした広場状空地の創出が試みられたわけではない。東京の戦災復興区画整理事業において、最終的に事業化された全三八地区（都施行三〇地区、組合施行八地区）のうち、標準的な設計とは一線を画す広場状空地*119が創出された事例は、全部で六地区（都施行五地区、組合施行一地区）確認された。その結果を表6、図63に示す。抽出された六地

*119　ここでいう広場状空地は、「交通の要衝ではない場所に、ある一定の意図を持って創出されたと考えられる広場状の空地」と定義する。より具体的に示せば、第一に、都市計画道路（幹線道路）に囲まれた区域内で、明らかに交通のためではない空地を広場状空地とした。第二に、駅前広場や幹線道路の交差部に見出せる空地は、交通の要衝であるため対象外とした。第三に、街区の隅切りを入隅形としている箇所が散見できるが、街路の交差部で入隅が二か所以上ある場所を本稿でいう広場状空地として扱った。

区の広場状空地は、その創出方法において大きく二つのタイプに分けることができた。麻布十番、池袋東口、新宿歌舞伎町は街路の一部を拡幅することで空地を創出している（街路拡幅型）。一方、錦糸町、五反田、大森では、向かい合う街区の角を入隅形に切ることで空地を創出している（相互入隅型）。これら六地区の広場状空地は、減歩によって得られた公共用地から捻出されたものである。

特筆すべき事項として、広場状空地が創出された地区は、戦災復興計画の中でも極めて初期に事業認可された事業であった。より具体的にいえば、それらはすべてドッジ・ライン政策を受けた戦災復興計画の大幅な縮小もしくは削減が始まる一九四九年（昭和二四）四月以前の事業であった。一方で、この計画縮小以降、広場状空地を有する区画整理事業は確

表6　東京戦災復興区画整理事業施行地区一覧

地区番号	地区名	事業形式	事業認可
1	麻布十番付近	第1次都施行	1948年7月7日
2	新宿2丁目付近	第1次都施行	1948年4月15日
3	文理大付近	第1次都施行	1948年4月20日
4	錦糸町駅南側	第1次都施行	1947年12月28日
5	五反田駅付近	第1次都施行	1948年2月13日
6	大森駅東側	第1次都施行	1948年4月20日
7	大森駅東側	第1次都施行	1948年4月20日
8	渋谷駅付近	第1次都施行	1948年9月27日
9	新宿駅付近	第1次都施行	1948年4月15日
10	池袋付近	第1次都施行	1948年8月14日
11	王子駅付近	第1次都施行	1948年7月24日
12	蒲田駅西側	第2次都施行	1949年11月11日
13	大塚駅付近	第2次都施行	1949年5月23日
14	下板橋駅北側	第2次都施行	1949年5月23日
15	亀戸駅南側	第2次都施行	1950年10月2日
16	亀戸駅北側	第2次都施行	1951年3月2日
21	早稲田鶴巻町付近	第3次都施行	1950年9月7日
23	高田馬場駅付近	第3次都施行	1950年9月5日
24	駒込神明町付近	第3次都施行	1950年9月21日
25	吾嬬町西2丁目付近	第3次都施行	1952年5月22日
26	大井駅西側	第3次都施行	1950年8月21日
30	高円寺駅付近	第3次都施行	1950年6月26日
31	巣鴨駅付近	第3次都施行	1950年9月21日
32	駒込駅付近	第3次都施行	1951年4月6日
33	赤羽駅東側	第3次都施行	1950年8月31日
34	日暮里駅北側	第3次都施行	1950年12月7日
37	大山駅東側	第3次都施行	1952年4月21日
40	戸山ヶ原付近	第3次都施行	1951年5月17日
41	蒲田駅東側	第3次都施行	1952年5月22日
42	巣鴨拘置所南側	追加、都施行	1954年2月11日
組	麻布地区	組合施行	1947年6月9日
組	滝野川谷端地区	組合施行	1947年6月9日
組	恵比寿地区	組合設立	1947年7月2日
組	新宿地区	組合設立	1947年11月1日
組	田端地区	組合設立	1948年3月13日
組	西大久保地区	組合設立	1948年7月7日
組	代々幡地区	組合設立	1948年9月7日
組	新井地区	組合設立	1948年9月7日

*アミカケ部分は広場状空地が見出せる地区

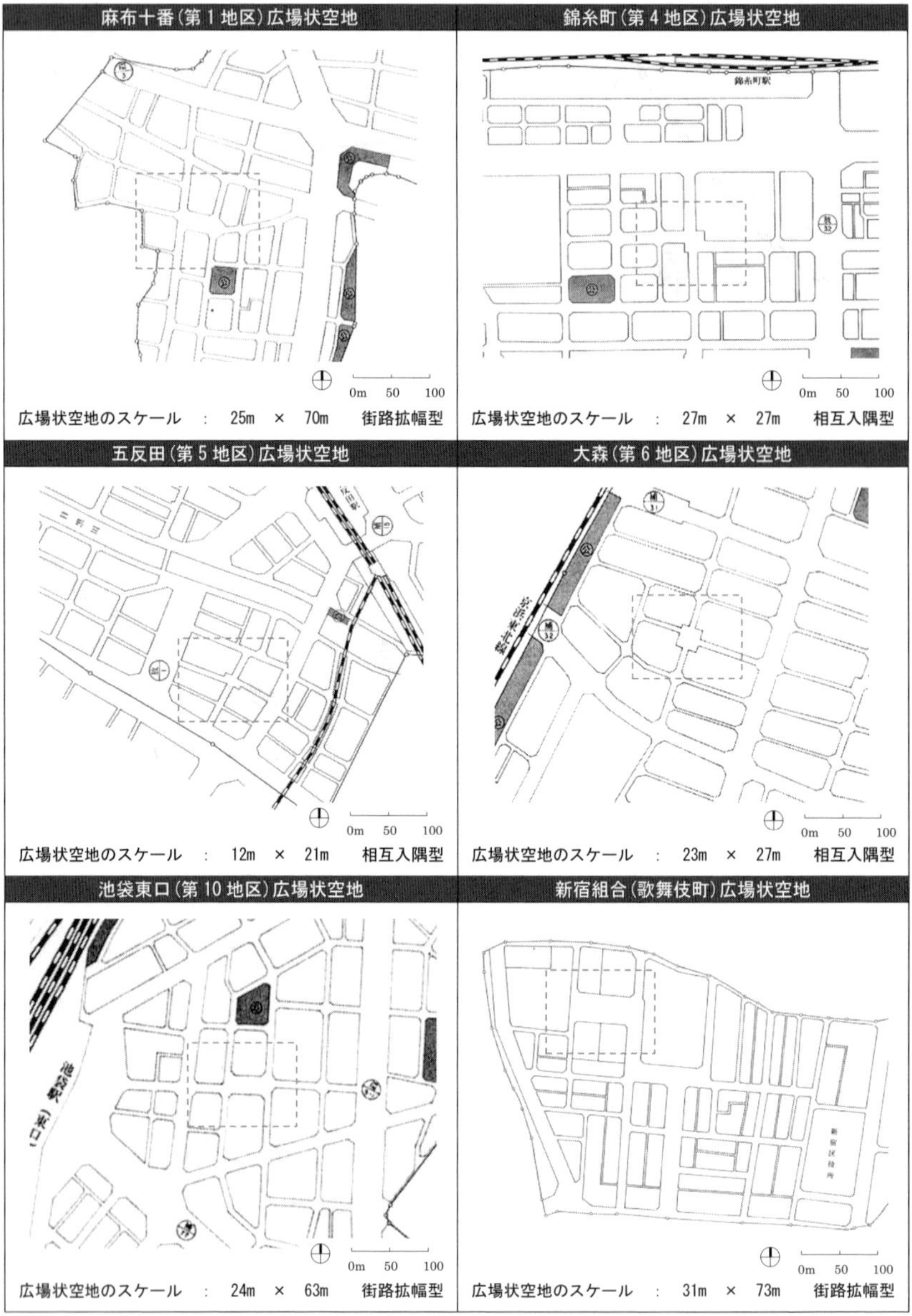

図63　東京戦災復興区画整理事業に見出せる広場状空地一覧（セイムスケール）

認できず、そのほとんどが単純なグリッドで構成された街路パターンで設計されたものであった。

なぜ初期の区画整理事業においてのみ広場状空地が創出されたのか、その真意は定かではないが、一九四九年に行われた計画縮小は、原則として仮換地指定を終えたもの及び工事施工中のもの以外で、緊急不可欠な区域を除き事業区域は縮小されるという厳しいものであった。そのため、わずかであっても減歩率を減らす努力がなされたことは確かであり、広場状空地のような一見無駄にも見える公共用地を創出することは財政的状況からもできなかったと考えられる。

これら六地区の広場状空地に対して、石川栄耀という個人がどれだけ関与していたかは定かではない（既に述べた歌舞伎町と麻布十番以外、少なくとも池袋東口の広場状空地は関与している）。区画整理事業は多数の人々がさまざまな利害関係のもとに長期間かかわるため、事業は組織的に進められる。戦災復興区画整理事業は基本的に東京都が音頭をとって進めており、当時の区画整理設計に対する考えは一九四七年（昭和二二）一一月に出版された『都市復興と区画整理の構想』において詳しく知ることができる。この本の著者である南保賀は、当時、東京都区画整理係長として復興区画整理事業に携わっており、南保は著書で広場について次のように述べている。

「之（広場）には主要駅前の雑踏を緩和する意味での駅前広場と人間生活の社会化と協同化を考えた社会広場が考えられるが、前者に対しては都市計画決定が行われ、後者に対しては区画整理の設計に織込むこととなっている」＊120

＊120　南保賀（一九四七）、『都市復興と区画整理の構想』、新地館、九二頁

そして、社会広場については以下のように述べている。

「今日万人の為の都市としての一機能としてこの社会広場が提示されている。これは都市に空地を与える事からも勿論必要であるが、最大のねらいは市民生活の封建性打破である。ここは市民の交歓の場となり、憩いの場となり、時としては演説の場ともなる。地区内に数ヶ所減歩率と合せて取ることにしている」＊121

＊121 前掲、九九頁

このように、南保は交通のための広場と市民交歓のための広場を分けて考えており、駅前広場は都市計画上の手続きを踏むが、社会広場はそうした手続きを踏まず区画整理の設計で創出するとしている。ここでいう社会広場の実践が六地区の広場状空地を指すのか、それにはより厳密な検討が必要であるが、都市計画上の手続きは踏まず、減歩率との兼ね合いから区画整理設計によって創出するという手法はまさに合致している。東京都の復興区画整理事業を推し進める立場にあった南保のこうした考え方が、個別具体の区画整理設計に影響を与えていたことは否定できず、広場状空地創出の理論的背景として南保の社会広場を位置づけることはおおむね首肯できよう。

一方で、南保のこうした考え方は、上司である石川栄耀（一九四五年当時、石川は都市計画課長、南保は都市計画課技術係長）の考え方と多くの点で一致している。事実、南保の著書の巻頭序文は石川が書き記しており、区画整理技術をめぐる昨今の状況を含めて、次のように述べている。

「区画整理の名が日本の市民の耳に入り始めたのは震災からであろう。それから三十年に近い年月がたった。その間におよそ数千万坪の土地が区画整理された。かくして区画整理の名はいつしか一つの社会常識になったけれども省みて果たして真の意味の「区画整理」が理解されたかどうか疑問は極めて深い。

（中略）然るに従来日本の「区画整理の専門家」というのは概ね―といふよりは全部が全部土地の交換分合技術の専門家にすぎない。（中略）その技術家だけが専門家として通用して居る事は誠にこの道の水準の低さを悲しまざるを得ない。（中略）然るによき住宅地を造りよき工場地を造る技術はおよそいかなる制度のモトにおいても昭々呼として絶対の価値を維持するのである。

（中略）この時に当たり自分はこの本の著者南保氏をこの分野に送る事を得た。これは何としても衷心《ちゅうしん》の喜びである。

（中略）広場のない民族。それは笑いのない民族というに等しい。

日本人全体はそこを淋しがり、その再建に全力をそそがなくてはならない。この本がその為の何かの役立つように、―祈って止まない」*122


この序文においても（とくに後半部分）、石川のオリジナリティある考えが存分に示されている。このように、当時の戦災復興区画整理事業を通じた広場状空地の創出に、オピニオンリーダーとしての石川の存在は極めて大きかったといえる。

しかし、先にも述べたように、こうした広場状空地創出の試みは、一九四九年（昭和二四）の計画縮小以降、都施行においても組合施行においても見出されなくなる。その後も、区画整理設計の技術として一般化することはなく、東京における戦災復興初期の極めて限定された試みに留まることとなった。その後、一九五四年の土地区画整理法制定、およびそ

*122 前掲、序文

れに続く都市改造区画整理制度の創設、ガソリン税による道路特別会計からの補助金導入などにより、既成市街地の区画整理のほとんどすべてが幹線公共施設の整備を主目的とするようになった。

日本の区画整理事業を振り返れば、「防火のため」「交通のため」という極めて機能的な目的を果たすために空地を創出することが一般的である。それ以外に、例えばクルドサックのように住宅地のなかに空地を創出することはあっても、商業地のなかに交通のためではない広場状空地を創出するという事例は極めて稀な事例となった。とくに、この商業地に広場状空地を創出するという試みに石川が深く関与していることを考えれば、「商業地の広場創出」は石川栄耀という突出した個人による個人的な試みであったと判断することもできよう。しかし、その事例が著しく少ないから、もしくは、その手法が一般的な技術として普及しなかったから、といってその試みを個人的な試みとしてかたづけてしまうことは、極めて一面的な見方となってしまう。ある個人が近代都市計画という大きなシステムにいかに立ち向かったのか、それを通じた葛藤と試行の履歴が、広場をめぐる石川の活動に見出せる。

石川栄耀が目指した広場とその狙い

石川は、一九二三年（大正一二）に一年間欧米視察旅行に出かけ、レイモンド・アンウィンの都市計画論に影響を受けた。石川は帰国後、生産活動を最優先する都市計画から脱却し、人々が余暇を楽しめるような都市計画を行うべきだという態度を貫いた。そして、「都市の価値は賑やかさである」と断言し、日本の盛り場に着目した。石川の考える盛り場とは、単に商店が軒を連ねる空間ではなく、「隣保」「親和」といった感情を醸成する場所であった。

すなわち、そこに人々の購買意欲を刺激する空間演出があり、人々がそれらに惹きつけられて集まることによって集団的気分に酔うことができる場所としていた。

石川は、このような場所が都市の中心にあることが大事だと主張し、商店街や盛り場を中心とした生活圏を構想した。そして、生活圏の中心となる商店街は、人々が生を楽しみ、集団意識を有するためにも「広場乃至《ないし》広場の変形としての街路」という形態をとる必要があるとした。こうした考えの延長線上に、歌舞伎町や麻布十番における広場の実践が存在する。

石川は西欧諸国の広場に対する憧憬が強かったが、しかし、単純に西欧広場を日本に導入しようとしたわけではなかった。石川は、日本に民主的市民社会が成立していないこと、及び、その象徴として広場がないことを嘆いていたが、実践活動としてつくった広場では、市民が広場で政治の議論を交すといった西欧人的なアクティビティを想定したわけではなく、賑わいの中に身を寄せ、実用価値から離れて集団的気分に浸《ひた》ることができる空間を目指していた。それはまさに日本の「盛り場」で醸成されてきたわが国の伝統的な「人と人のつながり」であり、社会的集団行動の様式であり、文化であった。石川栄耀は（カミロ・ジッテやレイモンド・アンウィンがそうであったように）、自国の前近代社会（近世）に存在したコミュニティの生活空間を再評価し、そうした空間原型（それに伴う生活の楽しみ）を現代社会に還元するべく活動した人物であった。

以上、5章を通じて見てきたように、石川が東京の戦災復興計画で描いた都市の骨格は、計画縮小の憂き目にあい、山手線主要駅前の一部を除いて大幅に縮小されることとなったが、石川の構想した空間は、盛り場や商店街において広場や建築といったスケールで、実現していた。

一九五一年（昭和二六）九月、石川は東京都建設局長を辞し、翌月に早稲田大学土木学科の教授に就任する。東京戦災復興計画の実務からは一歩退き、研究者・教育者という立場から、再び都市計画のあるべき姿を追い求める。

第6章

都市計画家としての境地、そして未来への嘱望

日本都市計画学会発会式（1951年10月6日）での集合写真。副会長に就任した石川は前から2列目、左から5人目、中央の位置にいる

1——生態都市計画への展開

『都市復興の原理と実際』から『都市計画及国土計画 改訂版』へ

石川は敗戦からの六年間、五二歳から五八歳までの間、東京の戦災復興計画立案の責任者としてさまざまな苦労を重ね、その頭髪は一気に真っ白になったという。石川の理想を最大限に込めた戦災復興計画は、東京という大都市の持つ人口誘引力を押さえ込むことができず、見直しを余儀なくされていた。前章で明らかにしたように、部分的には今までにない新しい都市空間が数多く誕生したが、大枠としては都民の公共心に期待せざるをえなかった石川の挑戦は挫折、いや、厳しく言えば失敗に終わったのである。

戦災復興計画での石川の挑戦に暗雲が立ちこめ、見直しを余儀なくされるようになっていた一九五一年三月、石川は一九四一年に出した主著『都市計画及国土計画 その構想と技術』を一〇年ぶりに改訂して『都市計画及国土計画 改訂版』を上梓した。六部構成は不変であったが、頁数は、初版四九九頁に対して、改訂版は四一二頁と大幅減となった。改定は単なる語句訂正にとどまらず、項目によっては内容を大きく書き換えた。

この初版出版と改訂版出版との一〇年の間に、石川は東京戦災復興計画での経験に基づいて博士論文「東京復興都市計画論」を仕上げ、一九四九年二月には母校である東京大学から工学博士号を授与されていた。この博士論文での思考、論理展開がこの改訂版に活かされたと考えられるが、実は博士論文自体も、その理論部分のほとんどは、さらに以前の一九四六年一〇月に光文社から発行された『都市復興の原理と実際』であらかじめ発表されていたものであった。

『都市復興の原理と実際』で石川は「病理学に照応す可き都市実体学が殆ど着手されていないといっても好い脆弱な域にある」*1という戦前からの問題意識を掲げ、「都市の自然態から手法を導き出す可きものである」*2として、都市の自然態の吟味を展開した。石川がとくに重要であると考えていたのは、この書籍の第二章「都市発展の原理」であった。この「都市発展の原理」では、都市の発展現象を説明する際の「機能」、その「職能」の「分化」と「統合」という枠組みと、「造都力」、「培都力」、「解都力」、「制都力」の四つの力の存在が提示されている。すなわち、「分化」の増大に比例して必要とされる「統合」力を発揮するための中枢機能の成立（造都力）、こうした集積に依存しつつ、それ自身も集積の強化に寄与する工業、文化施設等の成立（培都力）、しかし統合のための通信網や交通網の発達などによって可能となる人口集積力の緩和や広域配置（解都力）、中心都市の生産圏と生活圏との規模の相違に起因する地方人口の中心都市への流入制御（制都力）という概念で、都市の発展現象を理論化してみせたのである。

次いでこの諸力が生み出す都市の形態の吟味も行っている。史的吟味では古代から現代までの都市の形態の展開を整理し、現在は衛星都市も含めた「広域形態」の時代であると説明している。

こうした石川の都市の自然態に対する考察に基礎づけられた都市計画論の展開を経て、一九五一年（昭和二六）三月に『都市計画及国土計画 改訂版』が出版されたのである。この改訂版における修正点の多くは、終戦後の社会状況の変化に対応したものであった。石川は、防空に関する「都市防護」の項目やドイツの国土計画を詳述した項目、植民地での法律、「飛

*1 石川栄耀（一九四六）、『都市復興の原理と実際』、二頁、光文社

*2 前掲、五頁

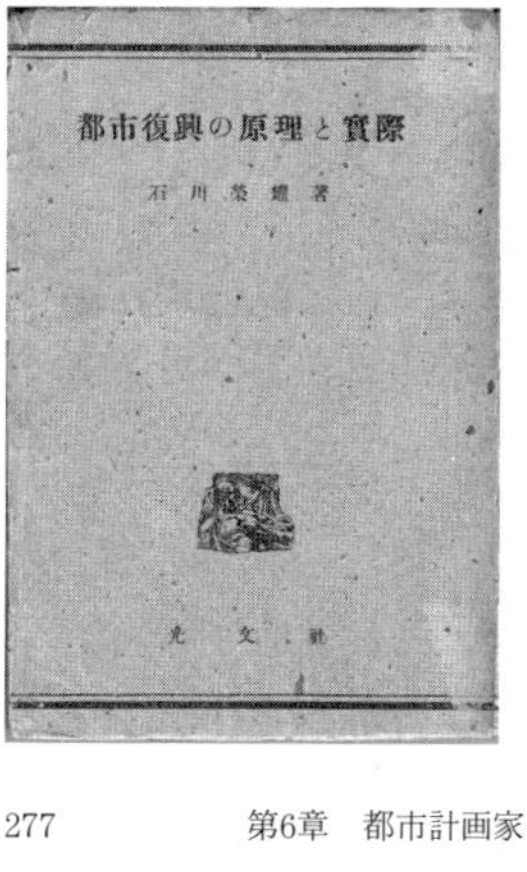

図1 『都市復興の原理と実際』（一九四六年）の表紙

行場計画」の項目、「聖都橿原都市計画」図など、戦争体制とかかわりの深かった項目を完全に削除するか、大幅に内容を圧縮している。また、「支那」を「中国」に言い換えるといった語句レベルでの微修正も見られる。

しかし、『都市計画及国土計画 改訂版』における石川の都市計画論の枢要に迫る修正は、こうした語句レベルの修正ではなかった。むしろ、以下の二点の修正が重要である。一点目は、都市計画史の最後の「明日の都市計画」の項に追加された「著者の説」である。ル・コルビュジエとゴッドフリード・フェーダーの提案を紹介したのちに、東京戦災復興都市計画の立案過程で議論された「広域形態」という都市形態と、生産構造、文化構造、生活構造を重ね合わせ、都市全体としての能率を第一とした「中心」の分布となる都市内部構造を合わせて提案している。「都市構成の理論」に基づく石川独自の都市モデルの提示であった。またもう一点は、『都市復興の原理と実際』で示した「都市発展の原理」の諸力の説明を「都市構成の理論」の最後に配するという修正であった。ただし石川は「都市構成の理論もこれら諸力の合成に基く『動態としての都市』に即応して初めて実効を有つのである」*3としたものの、「構成理論」を「都市動態」に即応させるための理論展開はなかった。つまり『都市計画及国土計画 改訂版』では、基盤理論に関しては「広域形態」や「都市動態」への言及という若干の展開を見せたにとどまったと言えよう。大幅な進展まではさらに三年の時間が必要であった。

『新訂都市計画及び国土計画』での改訂内容

石川は『都市計画及国土計画 改訂版』の出版以降、これまでにもまして、都市計画の学問の確立に力を注ぐようになっていった。一九五一年(昭和二六)一〇月の日本都市計画学会の

*3　石川栄耀(一九五一)、『都市計画及国土計画 改訂版』、六九頁、産業図書

創設に当たって中心的な役割を担った。創立総会の費用をポケットマネーで工面したのは、ほかならぬ石川であった。そして、一九五二年九月の都市計画学会の学会誌創刊号には「都市計画未だ成らず」という論考を寄せ、「それが『都市計画』である為には、何としても『その都市』に対する又『都市一般』に対する歴史的地理的な充分な認識が行われ、その上に科学の精髄を尽くした技術が工夫されるのでなければならない」*4と都市計画学会への期待を綴ったのである。一九五三年八月に全国市長会の機関誌『市政』に寄稿した「市長学としての都市計画」でも、「都市計画より前に先ず都市学を樹立することに興味を変えている（中略）都市を知りたい。都市が解ったら、都市に対する一切の現象、一切の企画は、掌を指す如きになろう」*5と書いている。そして石川は実際に、日本の全都市を訪問する計画を立て、新訂版の出版される一九五四年の年始までに、全二七〇都市のうち半分程度の都市を訪問したのである。

一九五四年（昭和二九）五月に出版された『新訂都市計画及び国土計画』の序では、そうした都市訪問の経験から、「『都市計画』は『計画者が都市に創意を加えるべきものではなくして、それは都市に内在する「自然」に従い、その「自然」が矛盾なく流れ得るよう、手を貸す仕事である』＝『生態都市計画』」*6という理解に至ったと書いている。こうした思考は、初版の方針「都市を研究しこれを思索し、しかる後加うべきものあらば初めて加える」*7をさらに一歩進めた「都市学」重視の都市計画論であった。

『新訂都市計画及び国土計画』では、改訂版にさらに数多くの修正が加えられている。古くなった参考条文などの削除、戦後の法令への変更、東京の戦災復興事業関連事例、海外の都市計画事例を中心とした図版の更新、追加、「隣保構成」から「コミュニティー構成」への変更に代表される語句の現代化等が行われた。そうした中で、都市計画の基盤理論であ

*4　石川栄耀（一九五二）、「都市計画未だ成らず」、『都市計画』、三頁、日本都市計画学会

*5　石川栄耀（一九五三）、「市長学としての都市計画—これを全国の市長に贈る」、『市政』2巻8号、一六頁、全国市長会

*6　石川栄耀（一九五四）、『新訂都市計画及び国土計画』、序四頁、産業図書

*7　石川栄耀（一九四一）、『都市計画及国土計画　その構想と技術』、自序二頁、工業図書

図2　『新訂都市計画及び国土計画』（一九五四年）の表紙

る「都市構成の理論」も、新たに追加された「都市計画の設計法順序」と合わせて「都市計画設計論」として一節を為すように改訂された。つまり基盤理論と実践手順を一つにして説明しようとしたのである。

「都市構成の理論」自体は、改訂版で末尾に追加された「都市造成諸力」を冒頭に配するような構成へと大きく変更された。生活圏の考え方を導入してこの諸力を都市形態と結びつけて説明し、生産や文化、政治経済、生活の各階層ごとの「分化」が重合するというかたちで都市動態を理論化した。そして、一九三二年の『都市動態の研究』で実態から導き出した「正動態」、「偏動態」といった都市動態の分類整理をここに追加した。こうして都市動態の把握を行ったのちに初めて、「都市計画技法論」として「要素」、「布置」、「組系」からなる従来の構成論を展開するようにしたのである。序で予言された「生態都市計画」の考え方は、まさにこうした「都市動態」の把握を重視する方向への理論の修正に反映されていたのである。

そして、この「都市構成の理論」の次に、新たに「都市計画の設計法順序」を配した。1都市吟味、2構想樹立、3防災都市計画、4総関計画、5実施計画という内容は、東京の戦災復興都市計画立案の経験を整理したものであった。しかし、この「都市計画の設計法順序」は、例えば「都市吟味」での都市計画史に基づく課題抽出、「形態吟味」での「都市動態」の理解など一部の点で「都市構成の理論」を基盤とした都市計画の体系との関係づけが図られていたものの、全体的には位置づけがはっきりしないまま、唐突に挿入された感が否めない。

また、もう一つ重要な変更箇所は、この「都市計画設計論」の冒頭に、石川が「計画者はまず現実の都市の中から『都市の構成についての理論』を求める余裕をもたなければなら

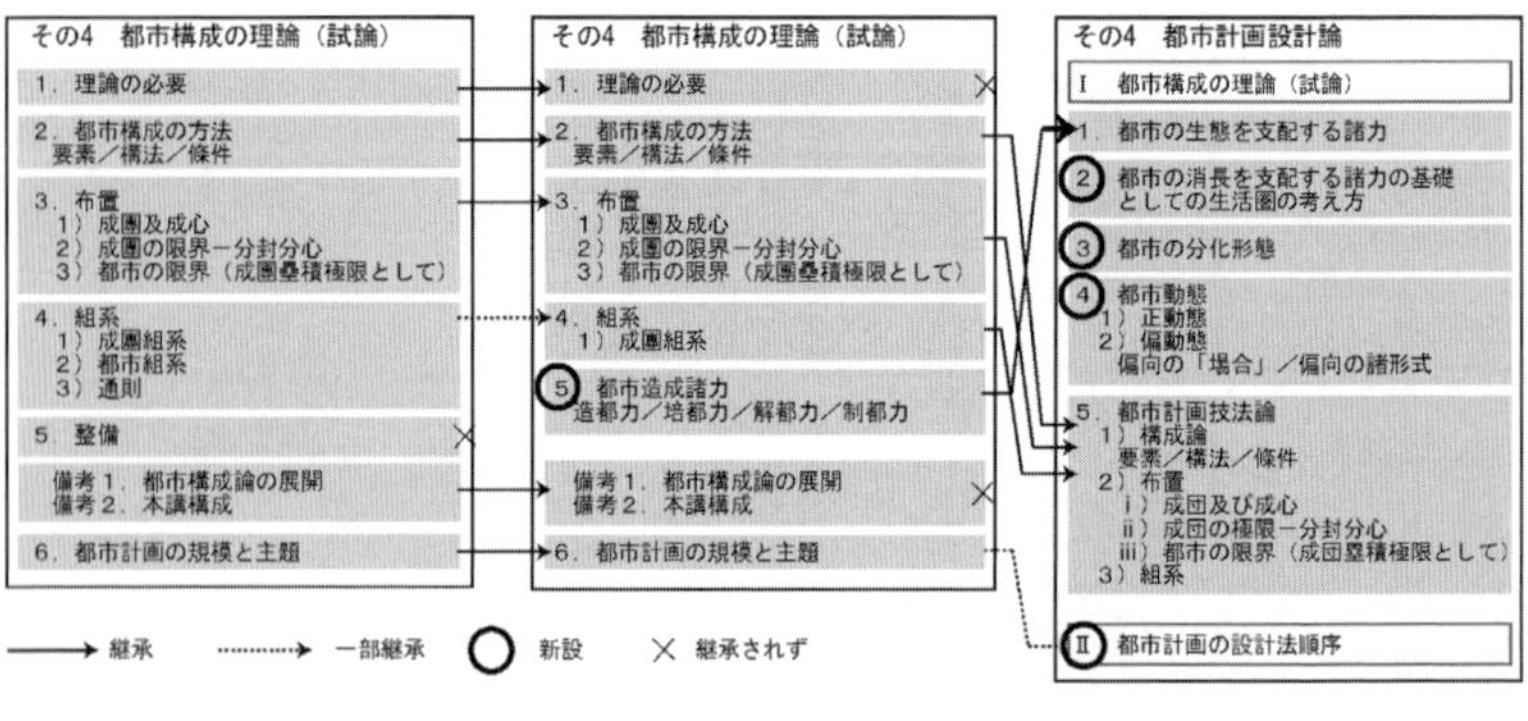

図3　『都市計画及び国土計画』における「都市構成の理論」の変遷

ない。その意味において総ての都市計画のテキストは参考たるに止まるべきである」*8と書き加えた点である。石川は初版からこの新訂版に至るまで、「試論」である「都市構成の理論」を基盤理論として提示し続けたが、それは石川自身が実際の都市を考察した結果として導き出した理論であった。石川は実際の都市の動態への関心が薄いままに、この「都市構成の理論」の後半の技法論だけが一人歩きしてしまうのではないかとの不安を覚えていたのだろう。「生態都市計画」の観点に立てば、都市に内在する自然をいかに捉えるかがなによりも重要であり、「都市構成の理論」が単なる構成技法に曲解され、都市の自然態と関係なく適用されることを恐れた。言い換えれば、都市計画(都市計画学)が現実の都市(都市学)から遊離することを恐れたと推察される。

なお、第3部「都市内容の配分」での地域制の項目では、初版では土地利用計画と地域制の弁別が薄れてしまっていたが、新訂版で地域制の前に「土地利用計画」の項目が追加された。しかし、ここでは建設省の計画要領が主に参照されており、石川の理論の進展による追加ではなかった。

以上のように、『新訂都市計画及び国土計画』では、「都市計画の設計法順序」や「土地利用計画」などの技法面において大きな修正が施されていた。そのすべてが「都市構成の理論」の展開の結果というわけではなかったが「都市構成の理論」自体が「生態都市計画」の考え方を背景に、「都市動態」を組み込む形でより都市の実態との結びつきを強める方向へと着実に発展していたのはたしかなのである。

*8　石川栄耀(一九五四)、『新訂都市計画及び国土計画』、五二頁、産業図書

石川の都市計画の理論の特徴

石川栄耀が活躍した時代で広く読まれていた都市計画の「教科書」としては、内務省都市

計画課長を務めた飯沼一省の『都市計画』（自治行政叢書、第一〇巻、一九三四年）があった。この飯沼の著書では「都市計画とは何ぞや」という問題については、「一は学問上の立場から都市計画とは如何なる事項を決定すべきかを究明する」方面と「法制上の問題として都市計画行政に於ては如何なる事項を公定していくか」*9を考える方面と二方面からの研究が可能であるとした。行政官であった飯沼は法制の方面からの研究を選択した。それに対し、石川はもう一方の学問の方面からの研究を選択したと言えよう。石川が探求したのは、実際に技師として線を引く際の根拠となる基盤理論であり、法の運用に関する理論ではなかった。

一方、当時、石川と同様に技師として、学問の方面から都市計画を探求した「教科書」としては、石川と同じく内務省の都市計画技師であった笠原敏郎の『都市計画』（『建築行政』、高等建築学、一九三三年）があった。笠原は「都市という有機的な生活機関を構成すること」*10を都市計画の使命とし、脈絡組織や集合組織という独自の概念で都市構成の理論を展開した。石川も都市計画の定義を笠原の著書から引用したことからわかるように、かなり影響を受けていたと思われる。しかし、笠原の『都市計画』は、都市構成の理論の根拠としてあるべき実際の都市の動態の把握に関しては、ほとんど関心を向けていなかった。

常識の対象としての都市計画の超越から始まった石川の都市計画の基盤理論の探求＝「都市学」は、しだいに石川の都市計画観自体を変化させていった。石川の探求が最終的に辿り着いた「生態都市計画」とは、すなわち「都市構成の理論」のための「都市学」から、「都市学」の帰結としての「都市構成の理論」への変化であったと理解される。もともと石川の関心は、名古屋時代から一貫して、「都市」そのものの理解に注がれていた。そうした傾向が、東京戦災復興計画で東京という都市を都市計画の理論に基づいて押さえ込もうとして押さ

*9　飯沼一省（一九三四）、『都市計画』、六七頁、常盤書房

*10　笠原敏郎（一九三三）、「都市計画」、『建築行政』、三九頁、常盤書房

え込めなかった経験によって、さらに決定的になったのだろう。東京の戦災復興計画という挑戦は、大局的に言えば失敗に終わったかもしれない。しかし、石川はその失敗から確かに学び、自分の目指すべき「生態都市計画」という一つの境地、ないし次に取り組むべき課題、つまり都市計画家としての展望を手にしたのである。

2――都市計画教育と市民都市計画の実践

子どもたちに都市計画の本を贈る

戦後、都市計画を学術的に探求し、『都市計画及国土計画』の度重なる改訂などを通じてその精度を高めていった石川であったが、実際には学問に閉じこもっていたわけではない。探求の成果を市民や次代を担う子どもへ伝えることも怠らなかった。石川は都市計画学を打ち立てるだけではなく、それを広く市民に理解してもらうことで、都市計画の地位を確立するという使命感を持っていたと見て取れる。

石川は、終戦後、一九五五年（昭和三〇）に没するまでの短い期間に、立て続けに都市計画に関する子ども向けの図書を出版し、子ども雑誌に都市計画に関する記事を寄稿した。内務省技師として都市計画に携わるようになってから約三〇年経ったこの時期に、いったい石川は子どもに対して何を見せ、どんなメッセージを発しようとしていたのだろうか。

まずこれら児童書のまえがきに込められたメッセージを見てみよう。

石川の児童書第一作である『私達の都市計画の話　新制中学の社会科副読本――都市を学ぶ』*11は一九四八年（昭和二三）に出版された。その「はじめに」で石川は、

「しかし結局大人はダメでした　大人の耳は木の耳　大人の心臓は木の心臓です　そして大人は第一　美しい夢を見る方法を知りません（中略）子供達よ（明日の建設者よ）

*11　石川栄耀（一九四八）、『私達の都市計画の話　新制中学の社会科副読本――都市を学ぶ』、兼六館

あなた達の手で本当に美しい日本を造って下さい　後の世の人々に焼けてかえってよかったなァとしみじみ言って貰える様な賢こい美しい町を造って下さい　これはその為めの一応のテキストです」

と述べて大人に対し嘆息をもらしながら、子どもたちへ切実に語りかけるようにその本を紹介している。その上で、「それからお願いしたい事は　皆様がこの本をよんでしまったら　大切な所に赤い線をひいて　ソッとお父さんやお母さんのお机の上におく事です」と、子どもを足がかりにして、大人に対して都市への理解、都市計画への理解、そして協力を得られるよう期待するメッセージを送っている。

翌年の『社会科文庫　都市計画と国土計画』*12は、前節で取り上げた専門書『都市計画及び国土計画』とタイトルが酷似しているが、内容としては国土計画（と地方計画、広域都市論）が大半を占める。敗戦で破壊された国土を嘆くのではなく「新しい日本」を造る前向きな機会と捉えるべきだと記され、

「この本は皆さんにその『新しい日本』をいかに見、いかに計画すべきかを教えたいと思うのです。否、教えると言うのは少し言いすぎです。——それを皆さんと御一緒に考えようというのです」

と、実に子どもの目線に立って執筆しようとする意図が見える。

さらに石川が早稲田大学へ移ったのちの一九五三年（昭和二八）には『社会科全書　都市』*13を刊行、やはり、

*12　石川栄耀（一九四九）、『社会科文庫　都市計画と国土計画』、三省堂出版

*13　石川栄耀（一九五三）、『社会科全書　都市』、岩崎書店

「私はかつて『都市計画』というものは『世の中へ対する愛情だ。』といったことがあります。今でもそう思ってます。『世の中』に対して愛情を感ずれば、自から『都市』に愛着を感ずるようになる。(人々はナゼ昔から都市にあこがれるか。その鍵はここにあります。)そうすれば自然これをよいものにしたいようになるのです。こういうことは『世の中』の『明日』の事を考える力のある若い人にしか解らない。だからこそ、この本を『若い人』に贈りたいのです。お受け取り下さい」

と述べ、とくに「若い人」に向けて都市計画を語りたいのだとアピールしている。

そして石川最後の著作として、一九五六年(昭和三一)に『小学生全集84 世界首都ものがたり』*14が発表された。これは石川の没後であり、出版を見ずして他界したことになる。この本は初めて小学生を対象とした本であること、また紀行文のタッチで世界の首都を紹介して回る内容であること(都市計画に関する記述はごくわずか)が、大きな特徴である。「はじめに」では、

「フランス人はパリをあんなに愛しています　イギリス人はロンドンをあんなに誇っています　世界の人びとがそれぞれ『ゆめにもわすれない』首都をもっています　日本もそういう首都をもてますように」

とだけ書き、一つには小学生を対象としていることで論理的記述展開が難しかったということもあろうが、東京の戦災復興計画・首都建設の実現に向けた直接的な解説書というよりも、長期計画で子どもの心に都市に対する愛情の芽が育まれてほしいという期待が込め

*14　石川栄耀(一九五六)、『小学生全集第84巻　世界首都ものがたり』、筑摩書房

られているように読み取れる。

では、石川がこれだけ多くの児童書を刊行できた理由は何だったのだろうか。まず、終戦から立ち直ろうとする時代の中、東京の戦災復興や都市計画・国土計画に対する世間の関心が高かったこと、またそれに応え得る都市計画論・国土計画論を石川が既に完成し、役職としても都市計画を代表する立場(東京都建設局長、早稲田大学教授)に就いていたため執筆依頼を受けやすい立場にあったこと、学校教育制度の改革により新たに社会科が創設され、教材に資する図書が多く望まれていたこと、そしてもちろん、石川が子どもに対してメッセージを発信したいと考えるようになったことなど、いくつかの条件が考えられる。石川栄耀の長男である允によれば、石川は「〝じゃりじゃり〟と称して、子どもは嫌い」に見えたそうだが、戦後の子ども向け図書の度重なる刊行を見ると、決して「子どもは嫌い」だったわけではなく、石川特有の「照れ」が子ども好きな本性を隠していたのではないかとさえ思わせられる。

地理学に機を得た都市計画教育への取組み

もう少し、石川が児童書を著し、子どもに対してメッセージを発信するようになった経緯を詳しく見てみよう。

石川の都市計画への目覚めは盛岡中学三年のときに手にした小田内通敏の『趣味の地理、欧羅巴前編』[*15]によるものであった。石川は、「それは地理という形式を通して風土に即した人間生活を『考え』かつ『味う』事を教える本であった。それを手にした日の感激は今に尚忘れ得ない。結局それが自分の都市計画への杳なる発足となったのである」[*16]とのちに

*15 小田内通敏(一九〇九)、『趣味の地理、欧羅巴前編』、三省堂書店

*16 石川栄耀(一九四一)、『都市計画及国土計画』、一頁、産業図書

述懐し、都市、都市計画への興味の原点は地理学的なものに始まったことを明かしている。『趣味の地理、欧羅巴前編』は、小田内が「従来地理の智識及び趣味が、我が国の家庭及び学生間に極めて乏しき」を憂い、「従来の乾燥なる教科書専門書以外、趣味豊かなる読物を、家庭及び学生に提供するに若くはなし」との当時の状況に合わせ、「純然たる地理書と異る本として出版したもので*17、石川によれば「それは人文現象というものに対し、とり分け都市というものに対し、人生的な興味を与え、読者と筆者と相たずさえて世界をホウロウしようとする本」*18であった。小田内の意図を反映し、本文は〝地理的な紀行読み物〟といった体裁で、まるで西ヨーロッパ諸国の都市や地方を巡っているかのような文体で紹介する内容となっている。

小田内通敏（一八七五〜一九五四）は、「在野的」で「非主流派」*19の地理学者と言われ、一九三〇年（昭和五）に文部省嘱託として郷土教育政策に携わった人物である。「在野的」とは、戦前期（とくに嘱託以前）には高等学術機関の研究者という立場ではなかったという意味であり、「非主流派」とは当時の地理学研究において主流であった自然地理学の立場ではなく、人文地理学の育成に尽力した立場にあったという意味*20である。こうした小田内の自由な立場が、『趣味の地理、欧羅巴前編』を生み出し、それに石川は感銘を受けたのだろう。

小田内は郷土教育運動の旗振り役として、一九三〇年に郷土教育連盟を結成、同年一一月から機関誌『郷土』（のちに『郷土科学』へ改題）の発行を始めた。連盟理事の尾高豊作は出版社の刀江書院の社主であり、上記雑誌は同社から発行されている*21。この当時、石川栄耀は都市計画愛知地方委員会に奉職していたが、その処女作『都市動態の研究』*22を一九三二年に刀江書院から発売することとなった。『都市動態の研究』において石川は、愛知県内の五都市を対象として「都市の物理的性質をその動態から捉えよう」というねらいの下、都市

*17　小田内通敏（一九〇九）、『趣味の地理、欧羅巴前編』、一一頁、三省堂書店

*18　石川栄耀（一九五二）、「私の都市計画史（一）」、『新都市』6巻4号、二六頁、都市計画協会

*19　岡田俊裕（一九九五）、「小田内通敏の地理学研究―在野的・非主流派地理学の形成」、『地理科学』50巻4号、二三三―二四九頁、地理科学学会

*20　一九二六年に「人文地理学会」を設立し、慶応義塾大学図書館に事務局をおいた。

*21　伊藤純郎（一九九八）、『郷土教育運動の研究』、一七〇頁、思文閣出版

*22　石川栄耀（一九三二）、『郷土科学パンフレット第三集　都市動態の研究』、郷土教育連盟発行、刀江書院発売

の発生原因、都市展延の態容とその速度、展延に伴う都市内部の現象、そして展延が周辺に及ぼす影響を、主に人口分布及び都市構成の変化を分析することで論じている。すなわち、3章、および前節で述べたように、ここに「都市構成の理論」*23としてのちに石川がまとめたものの基礎があるのである。

『都市動態の研究』は「郷土科学パンフレット第三集」として出版されており、発行は郷土教育連盟である。さらに『都市動態の研究』に先立ち、石川は雑誌『郷土』に「都市計画に於ける『郷土主義』の余地」*24（一九三一年）、改題した同『郷土科学』に「大都市の構造を視る三つの角度――特に名古屋市を例として」*25,26（同年）を寄稿している。前者では世界の都市計画を解説しつつ「郷土的」「故郷的」都市計画の可能性に言及、既に一九二二年の欧米出張でレイモンド・アンウィンの薫陶を受けていた石川は、ここで「郷土的」都市計画の設計技巧として、市民広場、町を俯瞰する丘陵地の展望台、水辺の美装、遊歩道の必要性を説いている。後者ではのちの『都市動態の研究』に通ずる、名古屋を対象とした都市構造の研究を紹介している。これらの雑誌は郷土教育連盟の機関誌という性格から、郷土教育を推進する教師、学者、政治家などを読者としていた。つまり、石川の処女作は尊敬する小田内が推進した郷土教育分野の教育書であり、そこから石川都市計画論を構成するのちのちの著作が積み上がっていったと捉えることができるのである。また『都市動態の研究』や雑誌『郷土』『郷土科学』は教育書とはいえ教師らを対象としたものであり、石川の都市計画教育の嚆矢は、直接子どもや市民を対象として行われたものではなく、教師を媒体として間接的に行われたといえる。

このような郷土教育運動との付き合いを振り返り、石川は「小田内さんとはついに名古屋時代お眼にかかる事になり今日迄御指導をうけて居る」と後年述べている*27ように、小

*23 例えば、石川栄耀（一九四一）、『都市計画及国土計画』、五五―七一頁、産業図書

*24 石川栄耀（一九三一）、「都市計画に於ける『郷土主義』の余地」、『郷土』4号、一三―一三頁、郷土教育連盟

*25 石川栄耀（一九三一）、「大都市の構造を視る三つの角度―特に名古屋市を例として」、『郷土科学』10号、二七―三二頁、郷土教育連盟

*26 石川栄耀（一九三一）、「大都市の構造を視る三つの角度―特に名古屋市を例として」、『郷土科学』11号、九九―一〇四頁、郷土教育連盟

*27 石川栄耀（一九五二）、「私の都市計画史（一）」、『新都市』6巻4号、二六頁、都市計画協会

田内—人文地理学—郷土教育が石川都市計画論の形成に一定の貢献を果たしたと見てよかろう。また逆に石川都市計画論の原型は郷土教育へと還元されていたのであった。こうした都市計画から教育分野へのアプローチが、戦後のたび重なる児童書の執筆への芽となっていったのである。

市民を巻き込む——都市計画への理解—協力—参加

石川は『都市動態の研究』以降、生涯一八冊の単著図書を世に出しているが*28、中には子ども向けの教育図書シリーズとして刊行されているもの、一般市民（大人）をその読者と設定しているもの、及び専門家・一般市民両方を対象としているものが一一冊あり、それらの「まえがき」「序」での記述をまとめたものが表1である。

戦前期の『都市動態の研究』で教員を通じて間接的に子どもへ都市について教えたことは前項のとおりだが、戦時中に刊行された全一〇冊中、少なくとも表中の四冊は一般国民に向けた図書となっている。それは石川が当時積極的に取り組んでいた国土計画論構築—そこには地方計画、都市計画のヒエラルキー、また国防の必要上からの技術的要件を含む—の成果を、国民全体で共有し重要性を認識してもらうことで、実現に向けた円滑なプロセスを求めるものであったと読み取れる。戦後に入ると、5章で見たとおり、戦災復興計画に関する一連の都市計画決定が行われた一九四六年（昭和二一）に二冊の著書を続けて発表した。ここでも石川は自らの理論、そして実際の復興計画について世に問い、市民が参加した案とすることで、「計画の民主化」を図り、実現への道筋を確実なものにしようとしていた。このように「一般国民・市民に理解を求め、専門家と市民が一丸となって協力し、石川自らの論に沿った都市計画を実現することを訴えるスタンス」は、石川の中で戦時中・

＊28　石川の死後に出版された追悼本『余談亭らくがき』（余談亭らくがき刊行委員会編、都市美技術家協会発行、一九五六年）の「著書目録」に掲載された一八冊を指す。これら以外にも単著として『都市計画要項』（三重高等農業学校発行、一九三五年）、『新生日本の国土計画』（日本商工経済会発行、一九四六年）などがあるが、一般による入手可能性の観点から、ここでは一八冊を扱った。

表1　市民・子どもを対象読者とする著作における「序」の記述

発行	書名、シリーズ名（発行）	対象読者層に関する「序」の記述	スタンス
1932	都市動態の研究　郷土科学パンフレット第三集（郷土教育連盟発行、刀江書院発売）	不十分なまま諸先輩下の机に進ずる（注:「諸先輩」は地理学者、教員、都市計画専門家等を指すと考えられる）	郷土地理教育への専門知識の提供
1941	防空日本の構成（天元社）	国民をあげて空にホコをとり、戦を迎えなければならない時である。（中略）その意味において、自分は能うかぎり多くの人々に、この趣旨を語り度い	
1942	国土計画の実際化（誠文堂新光社）	この本を老いたる人、若き人、幼き人、専門家、素人、軍人ならびにすべての文化人におすすめしたい	
1943	都市の生態 春秋社教養叢書（春秋社）	一番重要なことは、国民全部が都市創造に興味をもつことである。（中略）今日以来「指導民族日本人」の一つの資格として、自から「都市に対する興味をもつこと」がつけ加えられなければならないことになった（中略）何か都市の体臭・体温を感じ得るような気がするのである。そうしてむしろ案外こうしたものの方が、世人の都市に対する興味の発足に役立つのではないか	戦時下における「国土計画的都市計画」への国民総理解のための啓蒙
1944	国防と都市計画　国民科学新書（山海堂）	極めて切実な極めて具体的な夢が国民の脳髄に描かれるに非ざればそれは「実態」として動いて来ないのである。（中略）先ず夢を国民の夢たらしめよ。（中略）この書はその意味で民俗大衆に対する国防啓蒙のため出来るだけ具体的に書いたのである	
1946	都市復興の原理と実際（光文社）	世人のこれ（筆者注:戦災復興計画）に対する理解は更に重要である。（中略）この書はその意味によって、我々の為さんとしてる事を世に語らんとするものである。	戦災復興計画の広報と啓蒙
	新首都建設の構想　建設叢書（戦災復興本部）	幸にこの機会に都民大衆に問い、八方の修正を得たきものと思うのである	
1948	私達の都市計画の話 新制中学の社会科副読本―都市を学ぶ（兼六館）	子供にお話する事を忘れていた私は何という手ぬかりをしていた事でしょう（中略）子供達よ（明日の建設者よ）あなた達の手で本当に美しい日本を造って下さい	
1949	都市計画と国土計画 社会科文庫（三省堂）	一つの本を書くことは一つの手紙を書くことです。私は、この手紙を新しい日本の「若い人」に贈ります	子どもへの都市計画（次代へ）
1953	都市 社会科全書（岩崎書店）	この本を、日本の「若い人」たちに贈ります。（中略）今、日本で「自分の事」以外に「世の中の事」「明日の事」を考える力があるのは「若い人」だけなのです	
1956	世界首都ものがたり　小学生全集（筑摩書房）	―	

図4　映画「二十年後の東京」（一部、筆者加工）

戦後を通じ一貫していたと総括できよう。

ところが、市民、つまり大人を都市計画に巻き込むべく数々の本を著してきた石川は、節の冒頭で触れたとおり、戦後期はとくに子どもへの都市計画教育に精力的に取り組むようになる。『私達の都市計画の話』をはじめとして四冊の子ども向け教育図書をこの時期に出し、しかもこれらの児童書の「まえがき」には石川の心境の変化を表わすような文章が綴られるのである。すなわち、都市計画の教育・啓蒙は大人ではなく子どもに対してこそ行うべきだ、と言い始めるのである。では、何がきっかけで心境が変化したのだろうか。

その一つのヒントを示してくれるのが、戦災復興計画のＰＲ映画『二十年後の東京』＊29である。

5章で触れたように、石川が都市計画課長を務める東京都が制作したこの映画は、石川の二冊の著書と足並みを揃えるように公開され、市民の理解を得る試みがなされた。その

＊29　映画「二十年後の東京」（東京都都市計画課企画、財団法人日本観光映画社制作）、全約三二分

エンディングには「道路をつけるにも、緑地の施設を施すにも、（中略）土地、土地、一にも土地、二にも土地。そしてその解決は、まず土地所有者達が私利を離れて公共の利益に目覚めてくれることです」と、叫ぶようなナレーションが挿入されている。観客に対し、計画への理解、そして計画用地の提供への理解を求めているわけだが、ようやく出来上がった戦災復興計画とはいえ、計画実施の上での土地取得の問題が既に浮かび上がっており、石川が苦悩していた様子がうかがえる。つまり、どんなに専門家が理論に即して理想的な計画を立案しても、市民の理解・協力が追いついてこない。地権者である大人に諦めを感じた石川が、目前の都市に対しても協力が得られないという悲劇を将来的に解消するために、将来の市民、すなわち今の子どもたちへメッセージの矛先を向けるようスタンスが変わったのは、当時のこうした状況が要因であった。さらにこうした心境の変化に対し、都市計画に関する子ども向けの本を読みたいというように時代が変化したことで、矢継ぎ早の児童書の発行が実現されたのであろう。

＊30 石川栄耀（一九四八）、『私達の都市計画の話 新制中学の社会科副読本―都市を学ぶ』、六四頁、兼六館

子どもに語った「都市」「都市計画」の内容

では戦後の著作において、石川はどんな都市計画の話題を子どもに語りかけたのだろうか。四冊の児童書の細かい内容を見ていくこととしよう。

一冊目の『私達の都市計画の話』（一九四八年）では、世界の都市の違い、都市計画の歴史を説明した上で、「明日の都市」と題してコルビュジエの「輝く都市」を示している。さらに「明日の都市のお話は、しかし国土計画のお話まで致さないとハッキリして来ません」＊30と理由を述べて、「国土計画」「自然都市」の概念を説明しており、石川のそれまでの国土計画論（逆から見れば都市計画論）まで含めて子どもに「都市計画の話」として語っていることがわかる。

図5 『私達の都市計画の話』（初版）、兼六館（名古屋市鶴舞中央図書館蔵）

続いて後半では「我々の造ろうとして居る都市」と題して、「民主的な都市」「文化的な都市」「健康な都市」「仲のよい都市」などの目標と、その実現方法としての「地域制」「緑地計画」「街路計画」「交通機関の計画」等を解説している。とくに目標のうち「楽しい都市」には他の数倍の頁を割いて、「美しい町」「楽しむために（筆者注・市民が）出て来ている町」のあり方について、世界の具体的な事例を引きながら詳説する。そして石川は「水美しき都市、丘美しき都市、墓さえも美しい都市。どうせ一生を送るなら、ソウいう都市でおくりたい」＊31とつぶやいている。

また、この図書の他との違いを際立たせるのは、終章で「誰でも出来る都市計画」と題して、彼の「市民都市計画」を訴えかけている点にあろう。「樹をうえたり、花をうえたりする事」や建築と広告に配慮するよう求めたりすることに加え、「皆で仲よくくらしましょう。それが何よりの力であり、楽しみであり、又その中から初めて日本の文化も産業力も出る」＊32という石川の持論の実践事例として、石川の居住地目白における「目白文化協会」の活動を紹介しているのである。現在では理解・実践の広まってきた住民主導型のまちづくりを当時から既に実践し、また図書において紹介していたということになる。会の活動と石川の貢献については次項に詳述するが、「住みよい都市を造るためにみんなで努力しましょう」と題されたこの文章では、「目白文化協会の仕事は何よりも『仲よし運動』です」として組織、活動を紹介し、「何か将来こうした形式のものが夫々《それぞれ》の土地の特性に応じて殖えて行ったら、日本はよほど変わったものになると思います」と閉じている。都市計画を子どもにとって「手の出しようのないもの」と捉えさせずに、子どもが都市計画の一参加者として自らの問題として考えてもらうために、確固たるメッセージを送っている図書だと評価できよう。

＊31　石川栄耀（一九四八）、『私達の都市計画の話　新制中学の社会科副読本──都市を学ぶ』、八四頁、兼六館

＊32　前掲、一一四頁

続いて翌年出版された『社会科文庫　都市計画と国土計画』は、国土計画・地方計画が主な内容である。『私達の都市計画の話』と同様、世界の都市計画史、明日の都市計画を紹介した上で、英国の田園都市の話から、国土計画の話へと展開していく。三章「国土計画の理論を考える」では国土計画の定義、形式、世界の国土の形態、国土計画の方法を説明し、人口と文化を「『偏らせながら』『偏らない』うまい方法」として広域都市の概念をここでも説明している。最も頁数を割いているのは「新農村の計画と文化都市の創設」の節であり、他の子ども向け図書に見られないほど農村について詳しく説明している。

一九五三年（昭和二八）の『社会科全書　都市』は「この本は長男石川允と一しょに」作った図書とされている。やはりギリシア・ローマに始まる世界都市計画史・都市比較を説明しているが、日本の都市計画史・都市比較を掲載している点が、他の子ども向け図書にない特徴である。その上で「都市とは」と題して都市の定義、種類、市民の性格、形態を説明する章が続き、世界・日本の実例を概観した上で理論を学ぶ構成になっている。書名に「計画」の文字が入っていないが、図書の後ろ三分の一は都市計画の話であり、レイモンド・アンウィンの都市計画論、そしてコルビュジエの「輝く都市」やロシアの帯状都市、キャンベラ計画を紹介した上で、今後の日本の都市計画について、課題・構想・方法を示している。課題では「友愛の都市、文化の都市、燃えない都市」を掲げており、戦後の石川都市計画論として一貫している。そして〈公共都市計画〉と〈民間都市計画〉に分類した上で、さらに〈民間都市計画〉を企業体都市計画と市民都市計画に分けている。その中でも「最根幹になる」のが〈公共都市計画〉の法定都市計画であるとしてその概要を説明し、「結局『課題』や『構想』が一番大切で、これは皆さんできめる。その実現の仕方の一つとして法定都市計画という方法が」あると締めくくっている。

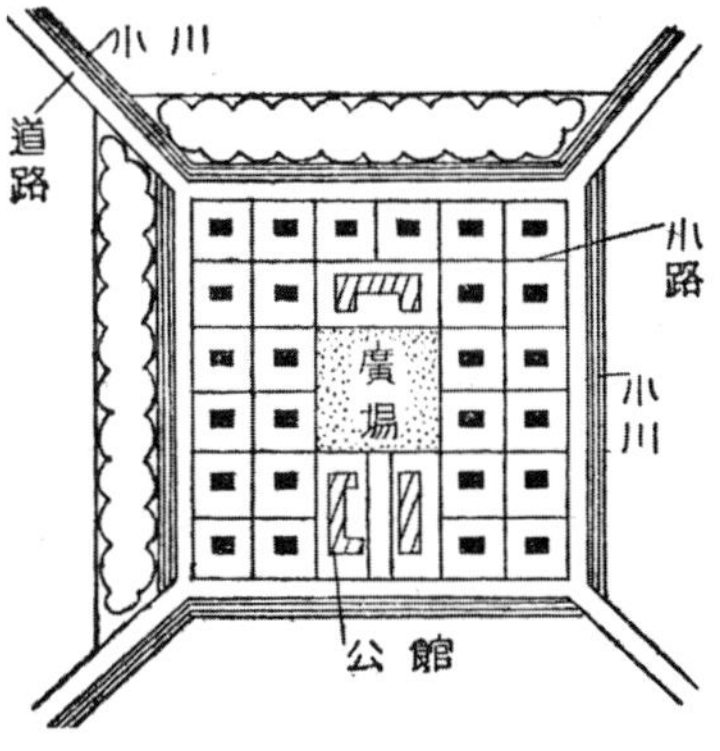

図6　『社会科文庫　都市計画と国土計画』（一九四九年）に掲載された「理想的農村の中心部」の石川試案

図7　『社会科全書　都市』、岩崎書店（東京都立多摩図書館蔵）

そして石川の遺作となる『世界首都ものがたり』（一九五六年、つまり刊行は没後）は、最後にして初めての小学生向け図書であった。内容のほとんどは世界の首都を紹介していくものであり、終章に「首都『東京』」の復興計画が取り上げられている。世界の首都の紹介において、他の子ども向け図書三冊に登場するワシントン、パリなどは都市計画の経緯もあわせて記述されているものの、『世界首都ものがたり』は他の三冊に比べて「計画」色が薄い。これは唯一の小学生向け図書である点が影響していると考えられるが、取り上げられている少ない内容を見てみると中学生向けのものと大した違いはなく、ただ記述が平易になっている点が目を引くぐらいである。また、対象を「首都」に絞っている点も独自である。なお、世界各国の首都をめぐるというスタイルは、石川が青年時代に愛読した小田内の『趣味の地理、欧羅巴　前編』へのオマージュであるかのようにも見える。

これらの四冊の内容を比較すると、まず、世界の都市計画史を冒頭で紹介し、ハワードの「田園都市」、あるいはコルビュジエの「輝く都市」、ロシアの「帯状都市」をこれからの都市計画の姿として取り上げている点が共通している。後半は各図書のねらいに沿って内容が異なるが、『私達の都市計画の話』の「我らの造ろうとする都市」での都市計画論、『都市計画と国土計画』の「国土計画の理論を考える」「地方計画の話」等、そして『社会科全書　都市』の「都市とは」「都市を造る」といったそれぞれの内容は、いずれも石川都市計画論としてそれまで専門書・雑誌等で発表してきたものを子ども向けに書き直したと言える内容である。ここで戦前・戦後を通じて改訂が繰り返された石川の都市計画論集大成でもある『都市計画及国土計画』（一九四一年、五一年、五四年）でも、前半で世界・日本の都市計画史が解説されている点を踏まえると、これらは専門書・子ども向け図書に共通する石川の執筆スタイルに見える。つまり石川の子どもへの都市計画教育論は、大人に対する都市計画の

図8　『世界首都ものがたり』、筑摩書房（国立国会図書館国際子ども図書館蔵）

解説・啓蒙のスタイルとぶれることなく、同じ内容を子どもに解り易く伝えることにあり、年齢に応じて内容を限定したりすることはなかったと言える。そういった意味においても石川の都市計画教育論は理想的・完全的であり、昨今の「まちづくり学習」のスタイルとは一線を画している。

一方で、『私達の都市計画の話』の「誰でも出来る都市計画」は石川の言う〈民間都市計画〉に該当する話であるが、その後半の「住みよい都市を造るためにみんなで努力しましょう—東京都目白町の実例」は他の著作では見られないトピックであり、子どもに対して発したいと強く感じていたメッセージが込められていると言っても過言ではなかろう。この「誰でも出来る都市計画」は最終章であり、その締めくくりに記されている言葉は「社会に対する愛情—これを都市計画という」である。つまり、子どもに発したいメッセージとはこれに象徴されるものだったのだろう。このフレーズは次作の『都市計画と国土計画』の冒頭や他の寄稿記事などにも用いられており＊33、石川の思い入れの強さがうかがえる。

石川が子どもに向けてメッセージを発した足跡は、子ども向け科学雑誌への寄稿という形でも残っている。石川は東京の戦災復興計画に取り組んでいた東京都在職時代に、子ども向け科学雑誌へ東京の復興に関する記事を次々と寄稿し、都市計画を大人のものに限るのではなく、子どもにも関心・理解を広めようとした。まず戦災復興計画の基本方針が一九四五年（昭和二〇）一二月に策定され「帝都復興計画要綱案」としてまとまった直後の一九四六年一月及び二月に、石川は雑誌『科学世界』に「東京都の復興プラン」と題した記事を執筆している＊34。冒頭で石川は「都市の理想形態」と題して、「食糧自給の出来る形態の都市」「観光価値のある都市」といった理想像を提示し、その上で「広域的な都市」をその方法として説明している。

＊33　例えば、石川栄耀（一九四九）、「都市美化論　都市美と人生」、『女性線』6号、二九頁、女性線社

＊34　石川栄耀（一九四六）、「東京都の復興プラン特集」、『科学世界』21巻1号、二一八頁、鳳文書林

これを皮切りに、石川は『科学の世界』『キング』『少国民世界』『科学朝日』といった子ども向け雑誌に都市計画、戦災復興計画を紹介していく。そのうち『キング』（一九四六年一一月）では座談会という形ではあるが、ほぼ全面にわたって東京の戦災復興計画を石川が中心となって紹介していく内容となっており、ここでも「友情の街」「住宅と盛り場」「都市は農村の花」といった石川の持論が展開された*35。また一九四七年一月に『少国民世界』に掲載された記事「二〇年後の東京」はイラストをメインにした記事で、道路・緑地計画図、一〇〇メートル道路、文化公園、高台公園、河畔公園のイラストが掲載された*36。とくに

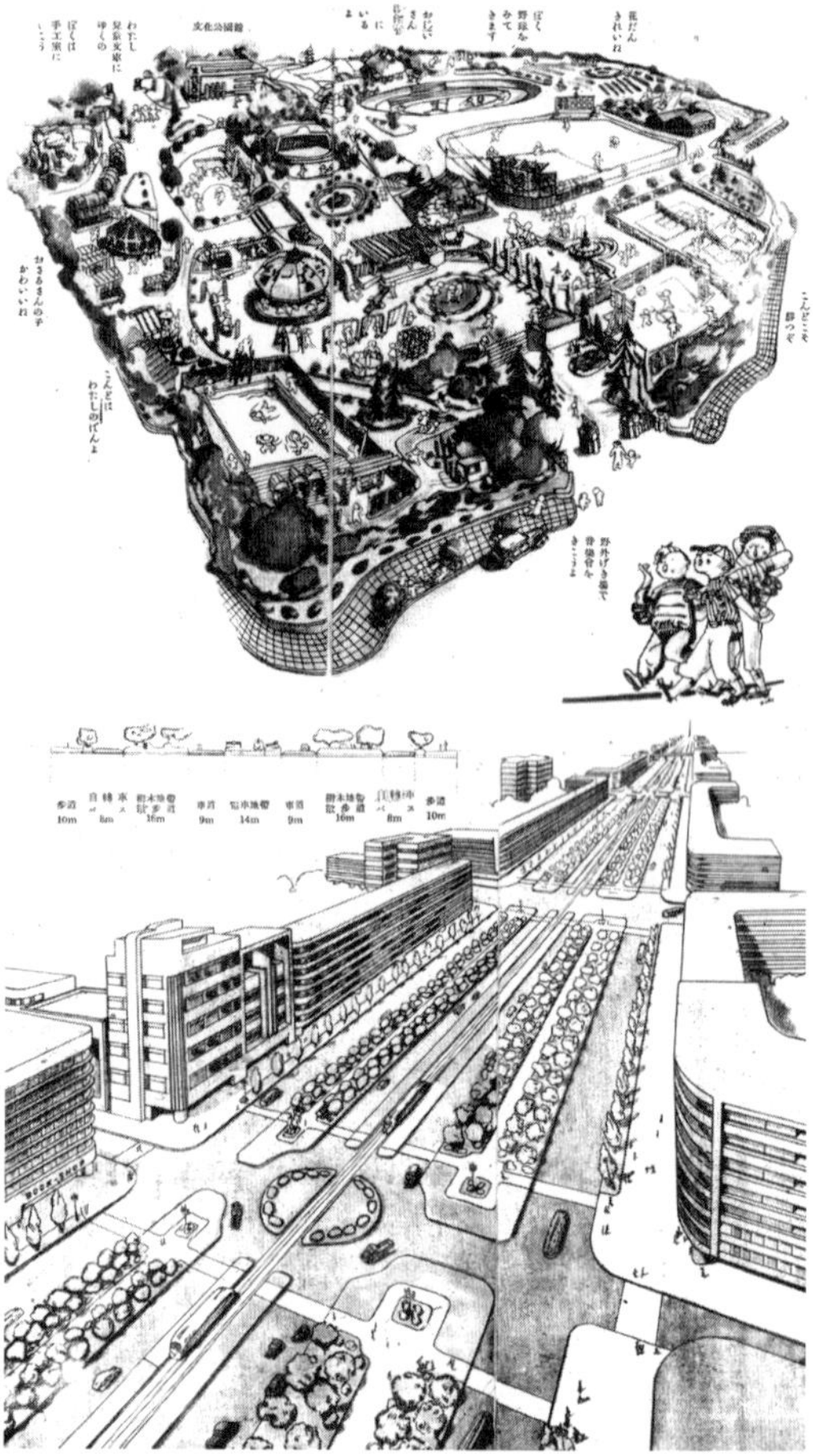

*36 「一〇〇メートル道路」と「文化公園」のイラスト。 出典＝石川栄耀(1947)、「20年後の東京」、『少国民世界』2巻1号、5-10頁、国民図書刊行会

*35 石川栄耀（一九四六）、「十年後の日本はどうなるか よみがえる都市の姿（座談会）」、『キング』22巻10号、七八―八五頁、大日本雄弁会講談社

公園のイラストが数多く描かれ、子どもたちになじみの大きい公園がどう変わるのかをビジュアルに説明することで、興味・関心を引き、理解を深めてもらおうとした様子が読み取れる。

なおこの時代には、学校教員向け雑誌『新しい教室』に住まいのあり方を寄稿したものも見られ、「間接的な」子どもへの教育という側面でも取り組みを続ける石川の姿があった。また、一般雑誌や新聞へもたびたび登場して、市民の復興計画への関心を高めようと奔走し、新聞に「都建設局長の石川大ブロシキ先生」という、ありがたいニックネームをつけられるまでに一般に著名な都市計画人となったのであった。それに対して石川は、自らが都市計画の「広告塔」としての役割を与えられ、広く子どもや一般市民に対して都市計画を語ることが楽しみだったのではないか。『私達の都市計画の話』の末尾に掲載された、発行人である兼六館の西村愛による次の一文は、石川の胸の内を代弁してくれている。

「先生はいつも大きな地図を何枚も何枚も開いて見せながら私達の住む新しい東京の緑地計画、街路や交通機関、河川や港湾計画などのお話をして下さいます。先生は、うれしさで一ぱいという風で、明るいお顔に大きな目を輝かせながら時々、じょうだん口を入れたりなどして子供達を笑わせました。先生が、世界の国々の、昔や今の都市を御参考にしてこれからの理想の都市のお話しに移るときなど、お顔は、いよいよ晴れやかに希望に輝いて見えます。(中略)先生は子供たちに話してやるのが大好きのようです。きっと、子供達に期待して居るからです」*37

ちなみに、戦後に創設された社会科用に出版された文部省著作の教科書『私たちの生活

*37 西村愛(一九四八)、「著者石川先生と本書について——発行者のことば」、『私達の都市計画の話』、一二四頁、兼六館

(二)　都会の人たち』*38では、石川らしき技師が登場する。この教科書は小学校五年生向けで、「一四　これからの都市」という節が設けられ、「こんなことを書くのは、先日、役所から技師さんが学校にきて、将来の都市の話をしてくださったからです、その話をきいて、ぼくたちは、みんなうれしくなりました」という一文とともに、前掲『科学の世界』で石川が執筆した記事「東京復興物語」とほぼ同じ、「太陽の都市」「なかよしの都市」「楽しみの都市」など、石川が東京の戦災復興計画に込めた目標とその実現方法が解説されている。よって、ここで登場する「技師さん」とは石川のことであろうと推測される。このほかにも、雑誌『赤とんぼ』には世田谷区代沢小学校五年生と石川が、住宅・都市施設・道路・駅前広場等について語り合う記事*39が掲載されるなど、頻繁に「都市計画を語る石川栄耀とそれを聞く子どもたち」が描かれていることから、石川が勉強会を楽しげに開いていた様子を窺い知ることができるのである。

*38　文部省(一九四八)、『私たちの生活(二)　都会の人たち 第五学年用』、一三〇―一四二頁、日本書籍

*39　石川栄耀・東京都世田谷区代沢小学校五年生ほか(一九四八)、「私たちの都市計画」、『赤とんぼ』3巻5号、二―九頁、実業之日本社

市民都市計画を担う「市民倶楽部」の提唱

石川は、理論として、また実務として都市計画を語るだけではなく、積極的に市民の傍らへと顔を出した。つまり、職務として「お役目丈の」都市計画を行うのではなく、市民の生活と都市計画とを結びつけ、責任を持って市民への啓蒙にも携わったのである。その一つは前項で見た「都市計画教育」であったわけであるが、加えて、石川の「市民都市計画」の実践についても触れておかねばならないだろう。

石川は、法定の、あるいは事業としての都市計画を補う「市民都市計画」の大切さに早い段階から気づいていた。2章でふれたように、石川がまだ三〇代半ばの一九二八年(昭和三)に『都市創作』*40に寄稿した「市民倶楽部三相」という記事で、次のように述べている。

*40　石川栄耀(一九二八)、「市民倶楽部三相『郷土都市の話になる迄』の断章の一六」、『都市創作』4巻4号、五―一四頁、都市創作会

「即ち町内の事は町内で考える。そして町内でその費用を出す。区のことなら区で考へて、区の費用でやる。市の全体に渡る事だけ、市役所でやる。これが受益者負担の、思想から出た本当の都市計画の、実現法である。しかしその前に言う事がある。市民よ。都市に対し意見の持てるように、まず「都市とは何ぞや」の、勉強をしなければならない。(中略)道路網よ。地域性よ。公園網よ。委員会制度よ。市役所よ。──それがそのままでは何で、都市計画と緑があろう」

これは、現在の「住民主導のまちづくり」、そして「まちづくり学習」と呼ばれているものに相当する内容である。石川は市民が地域で自ら考え、手を動かし、都市を作っていく必要性を若い時分に確信していた。それが石川の都市計画理論構築の底にずっと流れ続いていたと読み取れるのである。この「都市とは何ぞやの勉強」を具体化するものとして石川は「民間に発生した一つの童心的批評会」を記事の中で提唱し、毎週土曜に茶話会を催したり、自分の町を歩きめぐって気のついた箇所に関して自由無礙な設計をして、市会議員や市長や民間の経営者に提案したりすることを勧めていたのは、2章で述べたとおりである。

加えて石川は同じ記事の中で次の二つの市民組織を提唱している。まずは、余暇を楽しむ「遊楽連盟」の創設であり、都市にある遊楽機関のイベントカタログづくりと会員制度による利用の優遇を通じ「輝かしい都市の午後、少くも日曜を公園に、河畔に、森に、広路に、楽しく遊び耽る市民を想見」した。また、人と人とのつきあいがなくとも住むことのできる大都市をよいとする利己主義を批判し、「つきあいがいらぬという冷たい嫌人思想が、その人をして、都市を住み嫌がる心さえ、失わしめる時のある」とその害を訴えた。その解決法として「隣人倶楽部」を挙げ、賀川豊彦*41の「都市人は自分の好まぬ人を避け、好む人

*41　賀川豊彦(一八八八―一九六〇)キリスト教を基盤とした社会運動家。神戸のスラム街や関東大震災で救済活動を行ったほか、大阪や神戸で生活協同組合設立にも尽力した。

を選ぶ。都市はその自由な市場である」という言を引いて、「好きな人」を求める場を都市の諸方に創ることを求めた。

青年技師時代に「名古屋をも少し気のきいたものにするの会」を立ち上げ（2章参照）、上記三つのタイプの「市民倶楽部」を提唱した石川は、戦後になって東京でもその実現を試みた。まず居宅のあった目白において近隣の住民らとともに「目白文化協会」を設立し、また東京で他の著名人らとともに「ゆうもあ・くらぶ」を創設した。東京の戦災復興計画と歩みをともにするように実践されていったこれらの「市民倶楽部」で石川は、どんな動きをしていたのだろうか。

目白文化協会——文化-生活-復興の市民都市計画

戦後間もない一九四六（昭和二一）年一一月、石川はその居住地・目白の近隣住民とともに「目白文化協会」を立ち上げた。石川は父の代から目白在住であったが、空襲で家屋を焼かれ、貴重な書物や資料を失い「プスプス煙の立っている書庫の前に立って、放心したようにいつ迄もいつ迄も立ち去れなかった」*42という失意の時代であり、まだ復興も始まったばかりの暗中模索の時期であった。しかし石川は、東京が焼け野原となったのを「新しい時代にふさわしい、新しい形の都を作り出すための絶好のチャンス。どこの国も望んで得られないでいる絶好のチャンス」と映画『二十年後の東京』で述べたように、目白においてもこの時期に「文化-生活-復興に対する新しいユトピアの建設」*43を目指したのである。目白文化協会は、「目白を文化の中心とし芸術大学を設け目白の住宅をこれにふさわしい住宅地にする*44」、つまり「目白文化市」*43を建設するのだという壮大な目標を立てて始められた。

*42　根岸情治（一九五六）、『都市に生きる』、一二〇頁、作品社

*43　『東京都新聞』（一九四七年三月四日）、「昭和の新しき村〝目白文化市〟の誕生」、東京新聞社

*44　石川栄耀（一九四八）、『私達の都市計画の話』、一二三頁、兼六館

目白に当時住んでいた石川や徳川義親（当時尾張徳川家当主、植物学者）、田辺尚雄・秀雄親子（ともに音楽家）らは、目白文化協会の活動として、毎週日曜日に例会「桔梗会」を始めた。徳川義親を会長に据え、幹事役は石川や地元の酒問屋主人の升本喜兵衛が引き受け、会員数総勢約五〇名であった。「桔梗会」は書店兼喫茶店の桔梗屋で開かれ、地域住民向けに毎月一回開催される「文化寄席」の企画や、協会青年部の設置、商店街振興策、会の遠足、ダンスパーティー等々に関するさまざまな話し合いがもたれた。

中でも有名なのは「文化寄席」で、徳川邸内の講堂を舞台として、会員による芸が披露された。素人とは言え、落語や講談、舞踊、講演など自ら得意とする出し物の数々については「玄人はだしの達者なところに喝さい又喝さいの連続」だったと当時の『豊島タイムズ』*45に記されるほどレベルの高いものだった様子で、「いつも入場者超満員で会場の外まであふれていた」*46と田辺尚雄は回想している。石川は出し物として都市計画の話を披露するほか、自ら陣太鼓に合わせて『ハイ　いらっしゃい　いらっしゃい』と呼び込みを」*47やるなど率先して会を盛り上げた。この会は月一回、夕方六時から午後九時半ころまで、約三年間継続的に開かれたと言われている。「文化寄席」の費用は会員が負担することが原則で、これに各方面からの寄附を加えて費用を捻出し、一般人の入場料は無料とした。

上記の「文化寄席」以外にも、目白文化協会ではさまざまな活動を繰り広げた。中にはビヤホールやおでん屋、川柳会のようにすぐに頓挫してしまったものも少なくなかったというが、絵の展覧会や音楽会、ダンスパーティーといった会員の文化活動を基本としながら、「自発的に集まり郷土目白を最も住み良い文化都市にする」*48という設立趣意に沿って、目白の「まちづくり」に直接的に貢献する活動にも次々と取り組んだ。

協会は一九四七年（昭和二二）四月に「文化祭」を開き、音楽会や舞踊祭、運動祭、漫談祭、

図9　一九四七年の『新建築』22巻8号に掲載された桔梗屋のイラスト

*45　『豊島タイムズ』（一九四七年五月七日）、「目白文化会の演劇大会」、豊島タイムズ社

*46　田辺尚雄（一九八二）、『続田辺尚雄自叙伝』、五一七頁、邦楽社

*47　『東京日日新聞』（一九四九年一〇月一八日）、「ストリートサイン／目白③」、東京日日新聞社

*48　『豊島タイムズ』（一九四七年六月一八日）、「今日の夢明日の現実　目白文化市の構想　目白文化協会とは？」、豊島タイムズ社

子ども祭などを催す一方で、道路補修・街頭設置、緑化をも文化祭の一環として行った。これらについては石川栄耀が熱心に説得をしたとされている*49、50。

道路補修については「徳川市長以下ぐず亭総出動で一日土方をつとめた」*51と報じられている。田辺尚雄はこの様子を、「徳川義親侯が、脚絆地下足袋姿で自らシャベルをかついで、目白大通りの清掃に努力された。これを見た表通りの店の連中は驚いて皆一斉に立ち上り、徳川侯を助けて町の復興に努力した」*50と回想しており、石川以外にも心ある住民が多くいたことが協働を推し進める原動力となったのだろう。道路補修と同様に街路灯についても、協会が発起人となって*52都内でもいち早く復活されることとなり、約一〇〇基の街灯が目白の通りを再び照らし、明るさを取り返したのだった。

緑化についてみると、当時の東京日日新聞は「けやきの苗木二千本、桃、桜、梅、木蓮、木せいの花木から銀杏、ヒマラヤ杉など数百本を植樹した」*49と報じている。併せて近隣の植木屋を集めて「日本緑化協会」を組織し*53、焼跡緑化に取り組むなど、石川の膝元・目白から都市緑化の実践を進めたのだった。前述の紙面では「五十年もたってごらん、目白文化市は緑の底に埋没し、四季とりどりの花にいろどられるであろう」と紹介されている。

そのほかにも、目白在住の美術家のアトリエを工場として用い、協会会員の家族を動員して鎌倉彫、陶芸といった美術工芸品を創作・販売しようとした。これは「大都市の住宅地域では女の人や老人の手があいて居ます。こういう所の人は美術的な考え方がスグれて居ります」*54との認識から、目白のインテリ層のセンスと遊休労働力を活用することで美術工芸を地域産業として成り立たせることを目指すもので、そのために「目白家庭巧芸社」を協同組合として組織したほどであった。

同じく地域産業の振興という面では、目白文化協会は地元商店街とのつながりを重視し

*49 『東京日日新聞』(一九四九年一〇月二日)、「ストリートサイン/目白⑥」、東京日日新聞社

*50 田辺尚雄(一九八二)、『続田辺尚雄自叙伝』、五一五頁、邦楽社

*51 『東京日日新聞』(一九四九年一〇月二四日)、「ストリートサイン/目白⑨」、東京日日新聞社

*52 『豊島タイムズ』(一九四七年六月一八日)、「今日の夢明日の現実 目白文化市の構想 目白文化協会とは?」、豊島タイムズ社

*53 石川栄耀(一九四八)、『私達の都市計画の話』、一一八頁、兼六館

*54 前掲、一一二頁

ていたのが特徴的である。目白文化協会は、独立した同会青年部の「あさくら会」と同様に、目白銀座商友会、目白銀座商友会青年部と盟友関係にあり、目白文化協会の活動における重要なパートナーとして位置づけていた。絵の展覧会も、協会会員の画家の作品を商店店頭に展示するものであり、賑わいを生み出したであろう。また商工連盟とともに「土地のお店で買いましょう」というキャンペーンを行い、地域商業を盛り立てたのであった。さらに商店街に加え、新宿・豊島両区長、署長、駅長ら鉄道関係者、電力会社らとともに「目白懇話会」と称する場を設け、意見交換することで、目白のまちづくりに関係者を巻き込んでいった。

こうした目白文化協会の取り組みを、石川は「建設されざる都市計画*55」と呼んだ。協会は芸術文化、また地域振興・整備の両面で戦後復興時代の目白に貢献し、石川は中でも主力メンバーとして精力的に取り組んだ。根岸情治は「終始この音頭をとったのは彼であって、人を集める為にかけずり廻ったり、文化寄席の客集めには太鼓をたたいて街中をふれて歩いたり、謄写板をすっては会員にくばったり、ポスターを書いてはあっちこっちに張り出したり」と述懐し、石川の死後に目白の住民から「あの人ぐらい、あの当時街の人の為に力づけてくれた人はなかった。文化寄席ばかりでなしに、ハッピを着て町の盆踊りには一緒に踊ってくれたし、街の発展策に夜おそく迄商店の人と話し合ってくれたり、全く惜しい人をなくしたものだ」*56と残念がられたエピソードを披露している。

石川が自ら積極的に手を動かし活動を推進したことはもちろん、目白には石川の構想する地域活動に理解・共感を示す文化人（職業文化人だけでなく、生活文化を理解する市井の人々も含めて）が多く居住していたことも相俟って、戦後民主主義を体現するような「まちづくり」に取り組めたのだろう。「その目的は十分達成された」と田辺尚雄は回想しているが「文化寄席」は

*55 石川栄耀（一九四八）、『私達の都市計画の話』、一一八頁、兼六館

*56 根岸情治（一九五六）、『都市に生きる』、一三四、一三七頁、作品社

石川が急逝してから中止されてしまい、石川に代わる核となるメンバーが登場しなかったのか、目白文化協会の活動も徐々に縮小していってしまった。石川による「市民都市計画」の実践は、住民の手によるまちづくり活動の可能性と希望を教えてくれるものであったとともに、その死を通してまちづくり活動の継続の難しさをも示すこととなった。

ところで、目白文化協会は目白を芸術大学が中心となった文化の中心都市として建設することを目標としていたが、同様に石川は都市に文化を採り入れる活動を全国的に起こしたこともある。一九四六年(昭和二一)、政治家の藤山愛一郎、建築学者の岸田日出刀、詩人の高村光太郎らとともに、石川は「都市文化協会」を立ち上げた。この会は、「都市の文化構成に関する建設的方策と批判的研究」「建築、土木、造園その他都市造形に関する研究とこれに関連する制度法規の検討」「研究会、講演会、懇談会の開催、機関誌その他図書の出版」「都市の造形に関する各種の専門的指導」を事業として行うもので、五月一六日の発会式には文化人三〇人以上が参加したという*57。活動の詳細についてはほとんど明らかになっていないが、協会常任理事の板垣鷹穂(西洋美術史)は「建設の理念」*58と題した記事で、次のように書いている。

「この国土には、世界史上にみるごとき建設理念が雄大に実施された例がないように思われる。(中略)明治新政の時代のみは、外国の制度に倣って広く国民の文化を向上させ、都市の施設を整備し地方計画を実施する機運にあった(中略)官衙を仮庁舎のままにしながら教育施設に最善をつくした時代―こういう時代が僅かの瞬間ながら日本にもあったのである。(中略)その後の日本は、謙遜の美徳を忘れ建設の精神を失ってし

*57　『朝日新聞』(一九四六年五月一九日)、「都市文化協会誕生」、朝日新聞社
*58　板垣鷹穂(一九四六年)、「建設の理念」、『新都市』1巻6号、二―八頁、都市計画協会

まった。（中略）日本はいま、民政的な文化国家として新生しようとしている。しかし『文化国家』は、都市計画と地方計画との的確な実施を前提としない限り、単なる空虚な言葉にすぎない」

この記述から察するに、石川は、終戦直後の「文化国家」の建設に当たって、都市計画や地方計画における文化的機能の配置とはいかにあるべきかを「都市文化協会」で議論しようと試みたのではなかろうか。

「笑い」を通じた市民都市計画

一九五四年（昭和二九）、「ゆうもあ浴衣発表会」「ゆうもあ・書道展」「ゆうもあ・デー」「結核予防ゆうもあ大会」……と、〝ゆうもあ〟溢れる企画を次々と開いていく「ゆうもあ・くらぶ」が結成された。同年七月一二日の読売新聞によれば、この倶楽部のネーミングは、「英語のユウとフランス語のモアを結び『あなたと私のくらぶ』とユーモアをかけ合わせたもの」＊59であり、名前そのものにも、ユーモアを込めていた。五〇年以上が経過した現在も年一回「ゆうもあ大賞」をその年のユーモア溢れる活動をした人に贈り続けているが、戦後の娯楽の少ない混乱期に「我々の生活の中に健全な笑いを取戻さねばならない」＊60との問題意識で始まった、歴史の長い組織である。そのメンバーには安井誠一郎（都知事）をはじめ、泉山三六（衆議、蔵相）等の政治家、石黒敬七（柔道家）や西崎緑（日本舞踊家）等の文化・スポーツ人、徳川夢声（講談師、俳優）、越路吹雪（歌手）、古賀政男（作曲家）、春風亭柳橋（落語家）等の芸能関係者がいた。

石川は一九五四年（昭和二九）の第一回会合から参加し、同年一二月一四日の日比谷公会堂

＊59 『読売新聞』（一九五四年七月一二日）、「『ゆう・もあ・くらぶ』を結成」、読売新聞社

＊60 ゆうもあ・くらぶ編集委員編（一九九七）、『ゆうもあ四十年史』、七頁、ゆうもあ・クラブ本部

での発会式にも出席した＊61。元東京駅長の加藤源蔵は、「ゆうもあくらぶを作る時も、世話役に、私の名刺を持たせて彼を勧誘したのである。お互にくされ縁で、ゆうもあくらぶの八頭（やつがしら）を引受けてしまった」とのちに書いているが＊62、趣味の落語の精神を生かして市民都市計画を実践できる「ゆうもあ・くらぶ」は、石川にとって〝我が意を得た〟クラブであったに違いない。だが石川の実際の活動についての記録は乏しい。設立から一年余りで病に倒れたため、実際はほとんど活動できなかったのだろう。ただ、「ゆうもあ」に対して石川は次のように書き残している。

「ゆうもあが善意の社会の精華である以上、涙は当然附ずいする。涙迄ゆく善意があってゆうもあを生む。考えてみればイカリ、ドナリ、泣きは、オームネ自分の利害の上の出来事である。社会全般に対する正しい認識が成立した所に、イカリもドナリもあり得ない。社会に対する認識が愛によって整理された時、イタズラな『機智』がその中の矛盾を遊ぶ。矛盾故に高揚された善意をたのしむ。それがゆうもあであったのである」＊63

その上で、中国の詩人が「天地を鑑賞し社会に愛を感じ、よって生ずる愁いは日本にない」と言ったことを挙げて、善意の大乗の相である「愁」に欠ける日本ではゆうもあが理解されない、と嘆き、「ゆうもあ・くらぶ」設立の意義を訴えた。つまり、単に「笑わせておしまい」のゆうもあ屋を目指すのではなく、著作や雑誌記事で愛用した「社会に対する愛情―これを都市計画と言う」の語と同様、社会に対する愛や愁いを育み、「ゆうもあ」を忘れないという都市づくりの条件を、石川自身が世の中に訴えかける活動でもあった。殺伐とし

＊61　前掲＊59では、七月一〇日に発表会を行ったと報じられている

＊62　加藤源蔵（一九五五）、「気のおけない悪友　故石川栄耀を偲ぶ」、早稲田大学新聞、一〇月一八日

＊63　石川栄耀（一九五六）、「ゆうもあ談義」、余談亭らくがき刊行委員会編、『余談亭らくがき』、三三五頁、都市美技術家協会

た都庁の雰囲気にたまらず、「都庁ゆうもあクラブ」をつくり都庁全員が「ゆうもあ」を身につけるよう提言する記事の中では*64、「都庁をして笑いに満たしめよ。尤も（ここで力を入れて）、その笑いは、ただ笑って語り、笑ってしゃべる痴笑であってはならない。（バカじゃなかろかである。）知性のみのフレ得るウィットのある笑いでなければならない」と、知的な笑いであることを強調した上で「ゆうもあクラブを作れというのは、クラブを作り、お互にその気持で集ってれば、自然にゆうもあ的心情になれるのだ」と、結局のところ「ゆうもあ」の先にある「善意の社会」を見通していたのであった。活動の足跡は、はっきりとは残されていないが、落語家や講談師、歌舞伎俳優らとともに、また都庁時代のボスである安井都知事らとともに、「笑い」を礎としてイベントを催していくこの民間クラブの活動は、石川が「市民倶楽部三相」で述べた、市民の「相むつみ合ふ心」の化合体として具現化されたものと理解でき、目白文化協会と同様に石川の市民都市計画実践の一つと位置づけることができるのである。

ここで都市計画から少し外れて、当時の石川と落語の結びつきに少し触れよう。従前から寄席通いを趣味としていた石川だが、一九五三年（昭和二八）一〇月に暉峻康隆（早稲田大学教授・近世国文学）を会長として設立された早稲田大学落語研究会（小沢昭一らによる同名サークルから数えて、第二次）の顧問を務めていた。没後の一九五七年（昭和三二）一二月一〇日に開かれた「第十四回落語研究会」において、「故石川栄耀教授　追悼の会」を行ったと記され、徳川夢声や柳家小さんも出演したという記録も残っている*65。生前、雑誌での渡辺紳一郎（朝日新聞記者・タレント）との対談*66で、「全落連」（大学生の落語連盟）にかかわっているという話から後半はずっと落語談義が続き、その中で渡辺から落語の演出指導者を「それはあんたがいい」と言われたものの、「わしァ、学生落語の顧問で満足してます（笑）」と答えている。

*64　石川栄耀（一九五六）、「都庁ゆうもあクラブ」、余談亭らくがき刊行委員会編、『余談亭らくがき』、二四三頁、都市美技術家協会

*65　早稲田大学落語研究会ホームページ　http://www.waseda-rakugo.org/yose/yose_00.html

*66　（一九五五）、「渡辺紳一郎・連載対談　話の泉 第4回」、『週刊朝日（別冊）』17–18号、七四–八二頁、朝日新聞社

しかし、『都市に生きる』の中で根岸情治が、ある落語家から聞いたとして、「先生ほど落語を愛し、理解し、心配してくれた人は余りなかったと思います。ある時大勢の落語家の前で、落語家の人柄が落語の内容を高めることを強調し、落語のウマイ、マズイは、結局落語家の教養次第にあるんだ、と言われ、私たちは顔を見合わせたこともありました。以前徳川講堂で若い落語家の研究会をやった時も、早稲田大学で落語研究会をやった時も、先生はいつも舞台のまん前にがんばって、真剣に話を聞いててくれました」というエピソードを紹介している*67。早稲田大学落語研究会も「当初から、実演よりも『良き鑑賞者になること』を標榜した」会であったとされており*65、石川の落語に対するスタンスは、情熱的かつ真剣な「観客」であった。このことは、行政の中にも相手に話を聞かせる努力が必要であり、落語のような話芸に学ぶべきだという考えにもつながっていたようである*68。

以上のように、石川はとくに戦後復興期において、市民や子どもへ向けて「都市」「都市計画」を語り、また、ともに築いてきた。児童書で説いた「都市計画」は非常に網羅的・総合的なものであり、内容は真面目なものであったが、次代を担う子どもたちに情熱的な言葉遣いで語りかけた。おそらく目白文化協会でともにまちづくりに取り組む同志に対しても、同じように熱っぽく語りかけたのだろう。しかしそれだけで市井の人々が手足を動かしたとも思えない。目白文化協会の「文化寄席」やゆうもあ・くらぶでの活動に見られるように、終戦直後の暗い時期でありながら、そこにいつも「笑い」があったから、そして石川が「楽しい都市」「友愛の都市」という明るい都市像を旗印としたからこそ、ついてきてくれる市民が居たように思えてならないのである。国土全体を見渡す計画までも扱ってきた石川であったが、その原単位となる市民の生活の中に「笑い」がなければ意味がないということを、都市計画家として具現化していたのであった。

*67　根岸情治(一九五六)、『都市に生きる』、一七五頁、作品社

*68　石川栄耀(一九五六)、「甘茶政談」、余談亭らくがき刊行委員会編、『余談亭らくがき』、二三一頁、都市美技術家協会

しかしその一方で、子どもへ向けた都市計画教育の取り組みも、目白文化協会のような市民都市計画の実践も、石川の没後は継承されなかった。これは石川の個性に依拠しすぎた活動であったためと捉えることもできるが、継承に向けた準備をする時間が、石川にはもう残されていなかったためとも思われる。それくらいあっけない「死」が、石川に近づいていた。

石川の葬儀で徳川夢声はいろいろなエピソードを披露して弔文を述べ、噺家の柳家小さんは「粗忽長屋」を演じて、石川の死を悼んだ*69。石川もまた、「笑い」を通じた都市計画が中途で終わってしまったことを、きっと残念に思っていたに違いない。

*69　根岸情治(一九五六)、『都市に生きる』、一七五頁、作品社

3――都市への旅

東京都辞職後の石川栄耀

前節まで石川栄耀の戦後の学術研究や東京を中心とする市民向けの都市計画の実践の様子を見てきた。しかしすでにふれてきたように石川の活動は東京にとどまるものではなかった。本節では東京都辞職後を中心に石川が行った地方講演旅行に着目する。ここでは当時石川が著した論文や各都市に残された講演録を手がかりに、そこでの活動を復元することで地方都市から見た最後期の石川の計画論とその背景に迫ってみたい。

一九五一年（昭和二六）九月に東京都建設局長の椅子を辞した石川は、一〇月から早稲田大学の教授として教鞭をとるようになった。その都市計画の授業は「日本に都市は無い」に始まり、日本独自の都市計画について夢をもって講義するとともに、石川栄耀独特の用語を用いながら、雑談を交えるものだったという*70。石川は研究室のテーマに、国土綜合開発に関連した国土生活圏の問題の研究、都市経営の問題、都市の造態（形態）計画、都市性格に基づく問題、欧米都市計画への追いつき、市民性格と都市性格の相関と都市計画措置、都市計画実施方法などを設定しており*71、単なる都市計画技術はもちろん、都市自体の性質の探求や市民や企業を巻き込んでの都市計画の実現方法など、多岐にわたる研究を志向していたことがわかる。

そしてこうした教育・研究活動のかたわら、この時期の石川が熱心に行っていたのが、

図10　宴席で笑顔を見せる石川栄耀（石川允氏提供）

*70　早稲田大学で実際に石川の授業を受けた近藤正一氏（RIA名誉会長）によれば、石川は東京都のバスを貸し切って、自身が関与して造成されたばかりの新宿歌舞伎町を昼と夜の二回案内してみせたという。これは同じ町でも時間により全く違う顔を見せることを学生に見せるためであり、プランだけでは都市は理解できないことを示し、学生に感銘を与えたという。

全国の地方都市の訪問であった。既に述べたように、石川はこの時期に全国二七〇の都市のうち半数以上の一五〇の都市を訪れていた。石川は各都市で市長や職員、そして一般の人に向けて、時にはラジオ番組出演なども通じ、都市計画の考え方やその都市ごとのプランについて講演を行っていた。大学院生たちとともに依頼のあった市に泊まり込み、都市基本計画の立案を行うことも多かったようである。

もちろん、もともと石川はこうした市民への啓蒙活動には熱心であり、戦前から各地の商店街関係者に対する指導や、市民向けの講演、新聞への投稿などを盛んに行っていた。一般の人々に働きかけて都市計画に対する理解を得ることの重要性を理解し、実践していたと言えよう。その落語仕込みの話術は有名で、「時に応じ、機にのぞみ、自由闊達な言葉とユーモアがとび出し、而も相手方の真意を掴むことに妙を得ている」、「技術臭を発散させずに社会に向かって科学技術を知らしむる」と言った評判を得るほどであり、当時の都市計画界最大のイデオローグと呼ぶにふさわしい活躍であった。もっとも「石川さんの講演は非常に面白かったが、講演が済んで外に出たら、何の話だったか忘れてしまった」というような評判もあったのだが[*72]。

だがこの時期の講演活動は、その対象都市の多さや、それまでの法定都市計画という任務を初めて離れ、研究者・教育者として研究と学生や一般の人々に向けて働きかけることを本務とするようになった点で、それまでとは一線を画している。またそれ以前に比べ、悲壮ともいうべき色調を帯びている点も特徴的である。石川の従兄弟、根岸情治は石川の評伝『都市に生きる 石川栄耀縦横記』において当時の石川について次のように証言する。

「彼は当時、それ迄自分のやってきた学問上の理念に重大な疑問を感じ、それを解決

*71 中川義英(一九九三)、「教育者としての石川栄耀」、『都市計画』182号、一一三―一一七頁、日本都市計画学会

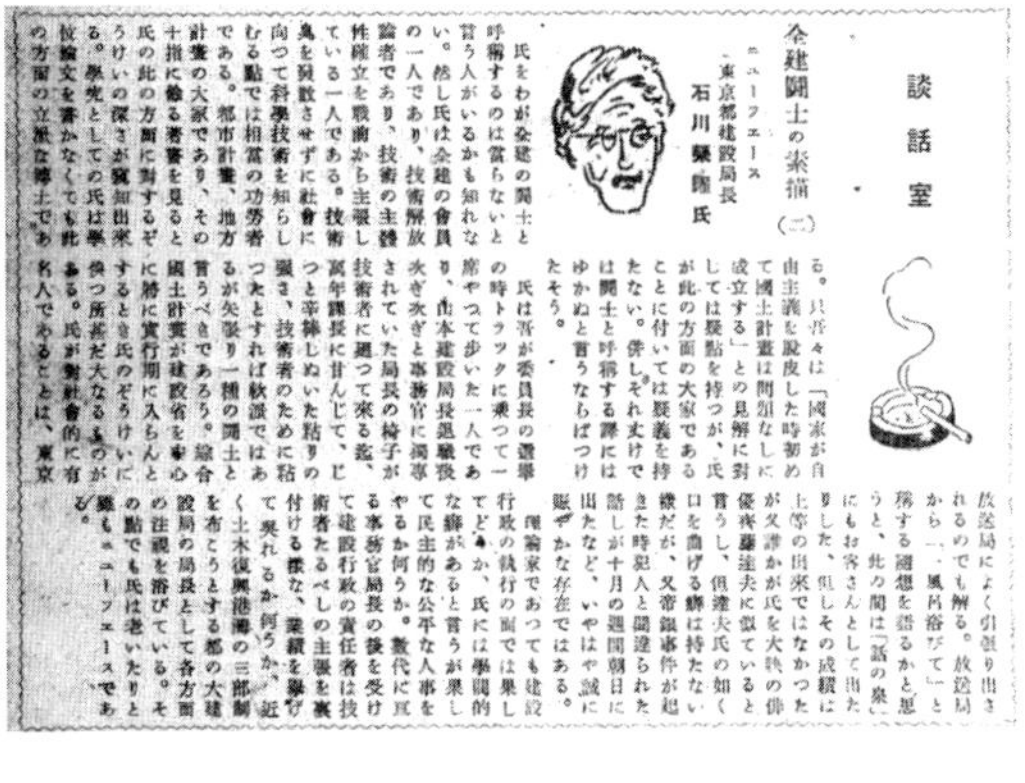
談話室

全建闘士の素描（二）

ニューフェース
東京都建設局長
石川榮耀氏

氏をわが全建の闘士と呼稱するのは當らないと言う人がいるかも知れない。然し氏は全建の會員の一人であり、技術解放論者であり、技術の主體性確立を戰前から主張している一人である。技術臭を發散させずに社會に向つて科學技術を知らしむる點では相當の功勞者である。都市計畫、地方計畫の大家であり、その十指に餘る著書を見ると氏の此の方面に對するぞうけいの深さが窺知出來る。學究としての氏は學技論文を書かなくても此の方面の立派な博士である。只吾々は「國家が自由主義を脱皮した時初めて國土計畫は問題なしに成立する」との見解に對しては疑點を持つが、氏が此の方面の大家であることに付いては疑義を持たない。併しそれ丈けでは闘士と呼稱する譯にはゆかぬと言うならばつけたそう。

氏は吾が委員長の選擧の時トラックに乘つて一席やつて歩いた一人である。山本建設局長退職後次ぎ次ぎと事務官に獨專されていた局長の椅子が技術者に廻つて來る迄、萬年課長に甘んじて、じつと辛棒しぬいた黏りの強さ、技術者のために黏つたとすれば欣選ではあるが矢張り一種の闘士と言うべきであろう。綜合國土計畫が建設省を中心に將に實行期に入らんとするとき氏のぞうけいに俟つ所甚だ大なるものがある。氏が對社會的に有名人であるとは、東京放送局によく引張り出されるのでも解る。放送局から「風呂浴びて」と稱する隨想を語るかと思うと、此の間は「話の泉」にもお客さんとして出たりした。但しその成績は上等の出來ではなかつたが久津かが氏を大熱の俳優藤進夫に似ていると言うし、但達夫氏の如く口を曲げる癖は持たない樣だが、又帝銀事件が起きた時犯人と間違られた話しが十月の週間朝日に出たなど、いやはや誠に賑やかな存在ではある。

理論家であつても建設行政の執行の面では果してどうか、氏には學閥的な癖があると言うが果して民主的な公平な人事をやるか何うか。數代に亙る事務官局長の後を受けて建設行政の責任者は技術者たるべしの主張を裏付ける樣な、業績を擧げて吳れるか何うか、近く土木復興港灣の三部制を布こうとする都の大建設局の局長として各方面の注視を浴びている。その點でも氏は老いたりと雖もニューフェースである。

図11　石川の人柄を伝える記事

「技術臭を発散させずに社会に向って科学技術を知らしむる」、「局長の椅子が技術者に廻って来る迄、萬年係長に甘んじて、じつと辛棒しぬいた」とある。出典＝(一九四八)、「談話室」、『建設』17号、三二頁、全日本建設技術協会

したい為に、全国の中小都市を全部見て廻ることを念願したらしく、非常にあせっていた」

THE TOKYO-NICHI-NICHI　昭和24年11月29日（火曜日）

雨の夜の穏やかな恐怖

陳情の直接行動団

都建設局長宅の庭へ居すわる

問題はマーケット取払い

陳情的口調も飛出す

解決策ではない

公私の区別を　第三者の批判

図12　石川宅での座り込みの反対運動を報じる新聞記事。
出典＝『東京日日新聞』1949年11月29日

戦災復興期、わが国の都市計画は国家主義の影響下にあった戦時中から一転して民主主義の下に再出発を図るとともに、復興とともに都市形態が大きく変化するなど、その前提は大きく揺れ動いた。こうした中、住民の反対運動や東京への人口集中、そして国家補助の削減を前に自分の立案した戦災復興計画が不首尾に終わってしまった石川は、何か悲壮感さえ抱いて、新たに都市計画に向かい合おうとしていたことがわかる*73。

*72　根岸情治(一九五六)、『都市に生きる　石川栄耀縦横記』、九六頁、作品社。徳川夢声も石川栄耀の後に登壇するのは苦手だとこぼしたことがあるという。　出典＝人間地図子(一九五一)、「シャレた学者　石川栄耀博士」、『都政人』166号、四三頁、都政人協会

*73　実際、石川は区画整理に反対するマーケットの営業者による、自宅での座り込みなどの反対運動に直面している(図12)。

「都市計画未だ成らず」

都市計画の第一線を退いた直後、石川は立て続けにそれまでの都市計画に対する反省の弁を述べている。一九五一年(昭和二六)一〇月に名古屋市で開催された第五回全国都市計画協議会会議における講演「広義都市計画の考え方」(『第五回全国都市計画協議会会議要録』)や、一九五二年三月の「都市計画に対する反省」(『都市問題』四三巻三号)、一九五二年九月の「都市計画未だ成らず」(『都市計画』創刊号)などの発表論文である。

「広義都市計画の考え方」は、ちょうど二週間ばかり前に現役を退いた石川が三二年間の総決算で、何か私としての反省を致してみたいという思いで行われた講演である。

石川は箇条的に述べる中で、まず「只単に其の都市を良くするとゆう漫然たる目標では都市計画は行われない」と述べ、広域での都市の地理的吟味を通して、個々の都市に応じた都市計画の目標を考察する必要を訴えた。次いで実際の都市計画のあるべき姿を次のように述べた。

「皆さんが建設省から通達によってなしておられる仕事の網の目から洩れました、これを申せば精密都市計画と申すべきものがあるのではないかと思います。今後都市計

画とゆう以上は法定都市計画のみに限らず塵一つを拾うとか道の看板などのペンキを塗替える、それによって都市を美しく作りかえる、浄化する、そうゆう仕事があると思います。（中略）之は法定都市計画ではない、痒い所に手の届くような、腹がいたいといえばこの薬で癒るとゆう都市計画こそ、一般の者が求めてやまないものではないでしょうか」

石川は、繰り返し主張してきた法定都市計画の拡張の必要性を再度述べたのである。石川は講演の最後を「結局、都市を作るとゆうことは我々の住家を作るとゆうことである。人間の郷土を作るとゆうことである。然らば郷土とは何かとゆうと、私は結局、詩であると思う」として、「都市のポエジー」と「人心の豊かなる育成」の関係について述べ、聴衆にも「研究して頂き度い」とすることで、締めくくっている。

ここには石川がその後、進めていくことになる地方都市での講演と自らの研究の内容が、先取り的に示されていると言えよう。一方、次いで発表された「都市計画に対する反省」では、こうした現状の都市計画に関する反省に加え、都市計画にかかわってきた自己への反省を述べている点で異色である。

石川は同論文の中で「いえない場合多く、又渦中の人として考え方の整理不可能な場合もあり得る」と断りながらも、箇条書きの形で一〇個の反省点を挙げている。まず以前の講演の内容をより精緻化、具体化するように、①都市計画の主題、②community計画、③文教都市計画、④官公庁営造物の都市計画、⑤港湾に対する都市計画、併せて工業地域、⑥防火に対する都市計画、⑦行政区域に対する都市計画、⑧都市経営に対する都市計画、⑨企業力に対する都市計画を挙げ、それらへの人々の無関心を訴えたが、最後に政治的であることへの自分の無関心を挙げた。「東京都の復興計画不成績におえて、今日にして省みられるのは結局自分に於ける政治性の欠如であった」、「社会に対する理解、協力を求める方法に於いてどうしても徹底を欠いた」。本来の官僚の仕事の範囲を超えて都市計画と政治の関係に踏み込んで反省を述べるとともに、その対応としてさらなる人々からの理解・協力を求めていく考えを示したものである。

最後の「都市計画未だ成らず」は、一九五二年の日本都市計画学会の創立に当たり、石川が機関紙である『都市計画』の創刊号に寄せた檄文である。石川は旧都市計画法ができてから「計画され実施されたものが果して『都市計画』の名に値するものであったかどうか」と自問し、「少くもそれは世界の歴史の意味する『都市』の『都市計画』では無かった様に思われる」と応える。道路や土地利用、公園緑地といった機能の点では多少改善したものの、外国の都市生活の歴史に比べればわずかな歴史しかなく、都市住民の社会性が伴っていないというわけである。そして石川はこの状況を克服するための「正統都市計画の為の都市学(中略)の樹立と、都市に対する社会感情を感得する役」を日本都市計画学会に集う「若き人々」に期待したのである。

戦後都市の変化

石川はまた戦後の都市の新たな変化に対しても注意を払っていた。石川は日本都市学会が戦後、再出発する際に「都市の研究課題」という題で講演を求められる。石川は最近の都市に対する違和感から論を始めた。

「ここ数年間、自分は日本の都市の研究に集中している間、不思議な現象に当面した。

それは日本の都市が少数の政治中心地を除き、ほとんどなんらかの意味において不安定な状態にあるということである」*74

石川の言う不安定な状態とはどのようなことを指すのだろうか。石川は大きく三つを挙げている。第一は戦後いっそう激しくなった大都市への人口集中とその「社会構成上」、「都市能率上」の偏向であり、第二はそれに付随した衛星都市の発生とその「都市経営上」、「社会構成上」の不安定さ、第三に近接した都市間での一方の都市の大工業都市化とその「社会的」「市民生計的」な偏向である。石川はこうした現象を総称して都市の偏向と名づけ、正常な状態と対照させた。

第一の問題は「大都市現象と称するもの」であり、「これは日本だけの問題ではなく、産業革命以来の世界的な問題として、すでに常識化さえしているので、ここでは事新しく解説する必要がない」と言う。つまり大都市の人口集中にともなう問題であり、これに対し石川が戦後になって新たに違和感を示したのは、衛星都市と大工業都市の発生であった。石川は別の論考で*75、衛星都市について「結局は大都市の人達の寝床だけの都市である」とし、「居住者の大部分は、その都市に無関心である。従って市会議事堂を構成する人達と主要居住者は、全く赤の他人なのである」と懸念を示している。また大工業都市については、「工業都市特有の不潔感のため、浪費人口がよそに逃げ（隣の都市などへ行く）夜間は工場街が淋しいので人は出ず、（中略）一番重大なことは市民感情が冷たくなることがある」、そして「工業労働者を主体とする市民の感情が、自らそういう工場主に植民地的に隷属していることである。いわば市民の中に市役所と工場という二つの中心があることになる。しかも、その気持は郷土から浮いている」と述べている。石川は都市において最も重要なのが

*74　石川栄耀（一九五四）、「日本都市の偏向とそれに対する措置としての都市計画―試論」、『都市問題』45巻1号、七三―八六頁、東京市政調査会

*75　石川栄耀（一九五三）、「市長学としての都市計画―これを全国の市長に贈る」、『市政』2巻8号、一〇―一七頁、全国市長会

*76　田辺平学（一八九八―一九五四）

京都府生まれ。一九二二年東京帝国大学工学部建築学科卒業後、神戸高等工業学校講師を経て、建築構造学研究のため、ドイツ、イギリス、アメリカに二年留学。ベルリン滞在時に火事に遭遇するも、消火作業の最中にも悠々と買い物をする人々の姿に感銘を受け、日本の建築、都市の不燃化を信念とする。帰国後、一九二九年東京工業大学教授。一九三一年には耐震壁に関する実験的研究で日本建築学会学術賞受賞。その後、企画院委員、帝都改造委員会委員、戦後対策審議会委員、建築材料研究所所長を歴任。都市巡回防火講演会では八十数都市を訪れている。一九五四年二月三日死去。　出典＝田邊平學先生一三回忌記念事業会（一九六六）、『田邊平學』、田邊平學先生一三回忌記念事業会

「市民の自主性」であり、それが市役所、市会議事堂を通じて「地域社会としての都市にとけこんでいること」だと考えていた。そしてそれがない衛星都市と大工業都市について、「そうした形で一つの都市が成立し得るか」とまで述べたのだった。このほか、都市の丘陵地への膨張、駅前をはじめとする商店街の移動といった都市内部の形態的な変化についても、官公庁などの社会施設と都市重心とのずれを生み出すとして今後の研究の必要性を述べた。このように戦災からの復興が進む中での大都市への人口集中、ベッドタウンの誕生、大工業都市の誕生、商店街の移動、車社会化といった現象は、石川にとってそれまで論じてきた都市計画論をゆるがしかねない、大問題だったのである。こうした危機感を胸に、石川は残されたわずかな時間を、地方都市への旅と大学での教育に費やしていくことになる。

地方都市での講演活動

石川が全国を講演してまわるようになったきっかけの一つが都市巡回防火講演会であった。これは各地での大火の続発に悩んでいた日本損害保険協会が主催となって開催したもので、都市不燃化の専門家であった東京工業大学教授の田辺平学*76の死後、石川があとを継いだものである。石川は「予備調査や実地視察などにもとづき、該博な知識と識見によって『○○市の防火対策と都市振興策』と題して講演し、各市当局者及び一般市民に深い感銘を」与えたという。石川の都市巡回講演会は一九五二年度の千葉市に始まり、一九五五年度の七尾市まで四〇都市を数えるが、この七尾市からの帰途で倒れ、そのまま急逝している*77。

このほかに各地の県当局や市当局、商工会議所、青年会議所などからの依頼で、「都市診

*77　都市不燃化同盟(一九五七)、『都市不燃化運動史』、三四九頁

図13　石川の講演。出典＝余談亭らくがき刊行委員会編(一九五六)、『余談亭らくがき』、八一頁、都市美技術家協会

表2　戦後に石川が行った地方都市での講演会　（都市不燃化同盟（1957）、『都市不燃化運動史』、349頁などから作成）

年	月日	訪問先	訪問理由	紙上報告
1949		北九州		『北九州五市のあり方』（1949年）
1951	8/12	上田		『上田と近郷の発展策について』
1952		千葉	都市巡回防火講演会	
		旭川	都市巡回防火講演会	『北海道鉱業地域の都市計画について』（1953年）
		帯広	都市巡回防火講演会	『北海道鉱業地域の都市計画について』（1953年）
		釧路	都市巡回防火講演会	『北海道鉱業地域の都市計画について』（1953年）、「名都釧路を診断する」『新しい北國』（1巻3号、1952年）
		長野	都市巡回防火講演会	
		福島	都市巡回防火講演会	
		金沢	都市巡回防火講演会	
		高岡	都市巡回防火講演会	
		奈良	都市巡回防火講演会	
		津	都市巡回防火講演会	
		佐世保	都市巡回防火講演会	「『街路に防火樹を』石川工博　佐世保市を批判」（『九州時事新聞』1953年1月14日）
		久留米	都市巡回防火講演会	
		川崎	都市巡回防火講演会	
		浦和	都市巡回防火講演会	
		岡山		「岡山都市計画について」（『岡山県都市計画協会都市対資料No.1』1952年）
1953	2月	沖縄		「沖縄雑記」（『新都市』7巻4号、1953年）、『那覇市都市計画の考察』（那覇市都市計画課、1953年）、「あなたの町を繁華街にするには」『近代』（1953年）
		盛岡	都市巡回防火講演会	
		八戸	都市巡回防火講演会	
		豊橋	都市巡回防火講演会	
		一宮	都市巡回防火講演会	
		徳山	都市巡回防火講演会	
		呉	都市巡回防火講演会	
		熊本	都市巡回防火講演会	
		門司	都市巡回防火講演会	
		清水	都市巡回防火講演会	
	4/14	野田		『野田市都市計画に対する覚書』（1953年）
	5/15、16	沼津	商店街診断	「沼津商店街診断（1）～（6）石川栄耀氏講評」（『沼津日日新聞』1953年6月22日、24～28日）
	9/11	福山	都市診断	「尾道、福山の都市診断」（『毎日新聞広島版』1953年9月13日）
	9/11～12	尾道	都市診断	「尾道、福山の都市診断」（『毎日新聞広島版』1953年9月13日）
	9/13	三原	都市診断	「尾道、福山の都市診断」（『毎日新聞広島版』1953年9月13日）
	11/22～23	長野		『新しい長野市と商店街について』（1953年）
1954		小倉	都市巡回防火講演会	
		大牟田	都市巡回防火講演会	
		福井	都市巡回防火講演会	
		富山	都市巡回防火講演会	
		石巻	都市巡回防火講演会	「漁港都市採点　那珂湊・石巻・銚子」（『市政』4巻3号、1955年）
		秋田	都市巡回防火講演会	
		宮崎	都市巡回防火講演会	
		鹿児島	都市巡回防火講演会	
		横須賀	都市巡回防火講演会	
	2/8	郡山		『都市経営とその対策について 石川栄耀先生講演』（1954）
	秋	長岡		『大長岡市建設之都市計画構想』（1956）
1955	1/29	四日市		「四日市市綜合都市計画の構想」
				「東海都市採点—名古屋・豊橋・岡崎・一宮・岐阜・大垣・浜松・四日市」（『市政』4巻1号、1955年）
	4/17	鳥取	都市巡回防火講演会	『鳥取市の防火対策と都市振興策』（1955年）
		松山	都市巡回防火講演会	
		和歌山	都市巡回防火講演会	
		岸和田	都市巡回防火講演会	
		釧路	都市巡回防火講演会	
		北見	都市巡回防火講演会	
		高山	都市巡回防火講演会	
	8月	沖縄		「今後の那覇市の街づくりに関して」
	8/19～21	福島	商業診断	『商工都市としての福島市都市計画』（1955）
	8/23	金沢		「金沢発展のポイント　都計の権威　石川栄耀氏　金沢を診断」（『北国新聞』1955年8月24日
	8/24	七尾	都市巡回防火講演会	「「近代工都へ発展を」『七尾診断』の石川博士が提言」（『朝日新聞』（石川版）1955年8月26日）

断」、「商店街診断」と題した講演を行っている。表2は都市巡回防火講演会に、現時点で判明しているその他の講演会を列挙したものである。

ここで注目されるのは、その尋常ではないペースである。亡くなる直前の一九五五年（昭和三〇）八月の石川の訪問都市を見てみよう。この時期、石川は大学が夏期休暇に入ったこともありとくに多忙であった。二回目の沖縄訪問を行った石川は約一〇日間の滞在中に琉球政府比嘉主席への表敬訪問をはじめとし、当間重剛新市長を交えての都市計画案についての相談、新都市計画区域（二市二村）内の現地調査を行い、さらに南部の糸満市、中北部の名護、国頭、石川の諸都市を視察している。帰京後も判明しているだけで、八月一七日に伊豆長岡で商店経営者を相手に「繁栄商店街は如何にして出来るか」と題した講演を行い、一九日からは福島市で三日間の都市診断と「商工都市としての福島市都市計画」と題した講演を行った。そして翌週からは金沢、七尾市で防火講演会に参加して、その帰途に倒れているのである。まさに自らの命を削っての講演旅行であった。

各地の図書館に残された講演録から、石川の講演内容を復元することができる。ここではおおよそではあるが、年を追って徐々に講演の内容やその順序が整理され、体系化されていくことがわかる。大きな流れとして、①都市計画の一般的な考え方の説明、②訪問都市の地理的吟味、③それを踏まえての具体策・振興策の提示、④名都と市民感情という順番を指摘できる（表3）。

このうちこの時代に特徴的な要素、すなわち石川が地方都市講演を踏まえ、最後期に行き当たった考え方として、①で述べられた総合都市計画や都市経営という概念の再重視と、④の名都論の二点を挙げることができる。ここではこうした地方都市での活動のうち、那覇市と岡山県における石川の活動を見てみよう。

尾道 福山の都市診断 早大教授 石川工博
臨海工業地帯設け 人口二十万へ
遠すぎる商店街と娯楽街
尾道市
石川工博
基本構想を説明
尾道、向島初の合併懇談会
今夜三原市で

図14　石川の訪問を伝える記事（『毎日新聞』広島版一九五三年九月一三日）

表3　主な講演録とその内容

年	都市	紙上報告	内容
1951/8/12	上田	『上田と近郷の発展策について』	1私と上田、2夢をもて、3都市計画の意義、4広域都市圏と上田の人口、5農村の文化、6街路と最後の人口目標、7サービスのセンター、8心のふるさとと上田公園、9商店街と盛り場、10都市の風格、11文化センター、12上田駅について、13工業について、14城下地区のありかた、15結論
1953/2	沖縄	『那覇市都市計画の考察』	1都市計画の考え方、2人口及び区域の吟味、3都市形態上の吟味、4産業吟味、5生活環境としての吟味、6都市計画構想の建て方、7(1)「中心」「地区」「地域」、(2)整理計画、(3)施設計画、(4)交通計画、(5)防災計画、8広域計画、9都市計画実施の段取り、結「都市は人なり」
1953/4/14	野田	『野田市都市計画に対する覚書』	1綜合都市計画という考え方、2野田の都市吟味、3工業関係の計画、4商業関係の計画、5住居計画、6名都の計画、7地域及交通計画、8結び
1953/11/22	長野	『新しい長野市と商店街について』	1長野市の性格の転換、2長野市の形の転換、3都市の力、4振興策としての工業問題、5観光計画、6文化都市としての整備、7商店街計画、8商店街の建築、9商店街の街装、10特に駅前の問題、11店舗について、12人柄主義
1954/2/8	郡山	『都市経営とその対策について』	都市計画種々相、経営吟味、工業問題について、人口と行政区域対策、工業問題について、観光事業、商店街強化、商店街の設備、店舗、商業は人なり
1954秋	長岡	『大長岡市建設之都市計画構想』	1都市計画の考え方、2長岡市と他の諸都市との関係、3綜合都市計画の方法、4農業計画の構想、5工業計画の構想、6観光・文化計画の構想、7商業計画の構想
1955	高知	「都市計画の立場から見た高知市」	1総合都市計画ということ、2先ず衛生から、3いかにして生きるか(生産の問題)、4商業と観光、5中心都市として、6住みよい都市、7結び
1955/1/29	四日市	「四日市市綜合都市計画の構想」	前説、1総合都市という考え方、2四日市市を中心とする周囲の問題、3四日市市の人口及び区域についての構想、4都市の「形」からの構想、5産業的な構想、6文化的な構想、7防災関係の構想、8運輸、交通関係の構想、9結び

「那覇市都市計画の考察」

那覇市と石川との出会いは、戦前、芝浦高専で石川の講義を受講した花城直政が終戦直後から那覇市都市計画の実質的な担当者だったことから始まったという*78。そして又吉康和那覇市長が上京して直談判した結果、石川の招聘が実現したのだった。石川は一九五三年(昭和二八)二月に秀島乾(早大講師)を伴って沖縄に二週間滞在し、帰京後、『那覇市都市計画の考察』(那覇市都市計画課、一九五三年八月)と題した報告書を市に提出している。このときの様子は、「御両人の二週間の滞在中座を温める暇なく、夜は盛り場、映画館などを通して経済状況、社会状態など調査され、南方から北方まで視察されるその勉強振りには案内者が驚嘆したが、一方、米民生府及び琉球政府への儀礼も尽くされたことは一同感激した」とされている。

報告書は序章と本論九章、結章から構成されている。石川は「都市計画は、元来その土地の人が、その都市の過去、未来について考え蓋し、然る後、立案すべきものだと思っています」と述べ、あくまで「御参考迄に考えた」、「この報告は、それに基く素描ともいうべきものでしょう。更に時日を頂き、あらゆる面に向かって、本質的に考えてみたいとも思っています」とことわった上で、報告を始めている。

石川は都市計画の考え方を概説した上で、最初に那覇市の都市としての「吟味」を行っていく。これは区域の適正さ、今後の人口予測、都市の内部構造の偏向、生産関係(産業)の諸問題、市民の郷土としての生活環境といった課題を検討することからなっている。ここでは、那覇市の人口動向から将来の人口増加を予想し、周辺の二市二村を合併すべきだとしている。また港湾区域と都心部の間にできた高速度道路を、経済活動が分断されるとして問題視し、バイパスや横断施設の必要性を述べたほか、都市の左(北)半面への政治や商業

*78 広瀬盛行(一九九三)、「那覇市の都市計画と石川栄耀」、『都市計画』182号、一〇五–一一〇頁、日本都市計画学会

図15 石川の講演記録。出典=福島市・福島県商工組合連盟編(一九五五)、『商工都市としての福島市都市計画』、福島市

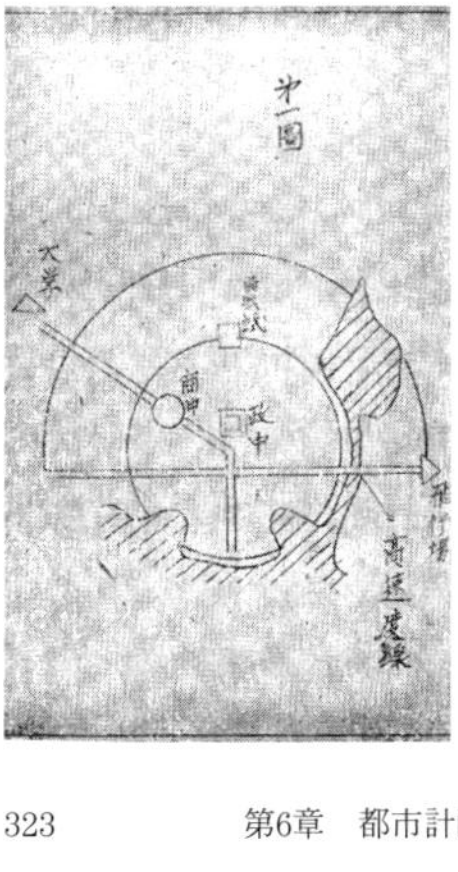

図16 那覇の都市計画略図。出典=那覇市都市計画課(一九五三)、『那覇市都市計画の考察』、一六頁

の集中が交通や人口密度上の問題を招くとして、逆の方向を重点的に開発することを提言している。また将来の人口増加を吸収するための、臨海工業地帯、漁港、観光及び商業施設の整備などを提言したほか、生活環境上の水害や道路、防火の問題を指摘している。そして市民広場など市民が集まるような施設の整備や、広場を中心とした近隣住宅地の構想を説明した。このように石川の計画は、既存の市町村域に必ずしもとらわれず、都市を動態的に把握することで、その将来のありようを予測することから始める点に特徴があった。そして将来の姿から都市形態や、産業、生活環境上の問題を想定し、逆算するように対処に必要な都市計画を構想していくのである。

石川は実際の都市計画の構想で、一番基本的なものとして「土地用途計画」を最初に説明している。「土地用途計画」では、まず行政中心、産業中心、文教及び社会中心、慰楽中心、医療中心、交通中心、その他を挙げ、それぞれについて立地を考察し、街区や建築の形態、ソフトといった点まで考慮すべき事項を挙げている。これは既存施設が存在している場所も含め、具体的な立地までを大胆に提言するものであった。そしてこれらに通過交通が入らないこと、その建築群が都市美的であることを挙げている。このように石川は文化や産業の中心が、それぞれ一つの地帯として特色をなすようにまとまることを重視しており、そのために単に街区を計画するのみならず、上物の建築や用途などソフトの面にまで気を配っていた。

石川はこれらの各計画を述べたのち、規模の小さい順に、地区（特別地区の構想）、地域（法定用途地域）、地帯という順に説明を行っていく。そして土地用途計画を補助するものとして、区画整理、施設計画（下水計画・処理場計画・緑地及び公園計画）、交通計画、防災計画について、具体的に提案を行っている。

図17　那覇での石川栄耀。出典＝余談亭らくがき刊行委員会編（一九五六）、『余談亭らくがき』、二八九頁、都市美技術家協会

また石川は、モータリゼーションの進展に伴う、戦後の世界の都市計画の傾向として「広域計画」についてふれている。石川は那覇市中心部の半径〇・五キロメートルの範囲を都心、半径一・五キロメートルの範囲を市民生活として必要な施設を配備する範囲と説明し、さらに衛星都市を含めて半径一五キロメートルの範囲を、買物、生活及び政治の半径としての広域都市圏だと述べた。そしてこれらの行政区域を超えた範囲についても、那覇市の重要な後背地として、産業や交通について関心を持ち、その発達を図るよう首都としての自覚を求めたのである。

本論の最後に、石川は「都市計画実施の段取り」として、「総合都市計画」として市民の全協力で当たるべきだと力説している。以後、那覇市ではこの石川のプランに沿って、調査研究が続けられていくのである。

既に述べたように一九五五年(昭和三〇)八月、石川は、夫人と大学院生を伴って、再度沖縄を訪ねている。石川は亡くなる前、入院する直前にこの報告書を当時大学院生だった広瀬盛行に託しており、そこでの諸提案は実際の都市計画に大きく影響を及ぼしていく。一九五六年三月には石川の諸提案を生かして、二市二村を含む法定都市計画が決定告示され、提案された首都建設法(沖縄法)も一九五六年二月に制定されるに至るのである。

岡山百万都市構想

このように石川は都市の生態を重視する立場から、行政の枠を超えた都市計画を志向し、そうした観点から既存の行政域を超えた広域の都市計画を提唱した。その例として北九州五市の合併問題などが挙げられる*79。ここではその後の都市計画に影響を与えた岡山・倉敷地域における広域計画の例を見てみよう*80。

図18　記念撮影。出典=那覇市都市計画課(一九五三)、『那覇市都市計画の考察』、七七頁

石川は一九五二年（昭和二七）に岡山県に招聘され、広域都市計画について助言を求められている。石川は自身の国土計画論に基づき、抽象的ではあるが、岡山・倉敷が京阪神地区の衛星都市となると予測し、それに沿ったプランを描いた。こうしてまとめられたのが「岡山都市計画について」であった。石川は岡山県内の都市の特殊性に着眼し、とくに岡山と倉敷の関係に関して分析を試みた上で、次のように述べている。

「こういう厄介な形は仲々あるものではありません。岡山が圧倒的な位置を占めるわけに行かず、さればとて倉敷はむろん中心たり得ない。これについて私は岡山、倉敷、玉野の描く三角の中心点に中心を定め、半径十五キロの円をかいて見ますと、何と、その環上へ全部問題の都市が来る事になる。これでこの都市群が将来何十年を企図している形が解りました。それはこの都市群は環状都市になろうとしているらしいのです。岡山、倉敷、水島、玉島、玉野、岡山港を貫いて環状に道路を造ってやればそれで一つの環状都市になる。とあればこれに対し一つの行政区域になるものとして今の中にこれに何か一つの行政組合みたいなものを造って一体として働く様にしてやる必要がある」＊[81]

この着想の具体的なものは残ってはいない。しかし、一九五七年六月に山陽新聞が「大岡山市の設計図」と題したキャンペーンを展開しており、そこでは前掲の石川の構想が引用されている＊[82]。

「しかし都市計画は交通ばかりでなく経済、文化、生活など総合的に考えねばならぬ。

図19 那覇都市計画図（一九五六年三月二十三日告示）。出典＝那覇都市企画部文化振興課編（一九九〇）、『那覇市史 資料編 第三巻六』、二二六頁、那覇市

＊79 北九州五市合併事務局（一九四九）、『北九州五市合併に関する資料』、北九州五市合併研究室

＊80 詳細については、佐野浩祥「岡山・倉敷地域における広域計画『百万都市構想』の淵源とその展開」（二〇〇七）、『都市計画論文集』42巻1号、六九一–七四頁参照

＊81 石川栄耀（一九五二）、「岡山都市計画について」、『岡山県都市計画協会都市対資料No.1』、岡山県土木部都市計画課

そのような意味からいま六市、二十町村を眺めてみると、岡山市はやがて横井、津高などを加え、大岡山市の政治、文化の中心地となる。玉野市は重工業地帯、児島市は玉野市の一部を含めて観光地帯、倉敷市は水島の重工業地帯と、旧倉敷市の文化住宅街を含めて文化地帯、玉島と西大寺市の一部は軽工業地帯、それ以外の市部が商業地帯、その内側あるいは外回りの農村は農業地帯になる。これはすでに現在地図の上で色分けされているが、大岡山市の構想のなかでもその特色はますますハッキリさせられるであろう。そしてこれらの地帯を有機的に結ぶことが都市計画の大きな目的である」[*83]

岡山市を中心とした衛星都市群を交通網の整備によって結んでいく都市計画構想であり、図のように各都市に性格づけがなされている。石川はこうした都市特性を生かすべきと考えていたのである。その他、河川の総合的利用、上下水道の完備、レクリエーション整備の必要性が訴えられている[*84]。さらに石川が強調するのは、各都市を結ぶ交通網の整備である。とくに、岡山―倉敷―児島―玉野―岡山の環状道路・鉄道の整備に力点を置いている[*85]。石川の要求はさらに続く。自動車対策として都心への地下駐車場の建設、美観への配慮として街路公園設置や美観地区の設定、周辺地域には文化住宅街建設、中心部に市民の台所として市場設置[*86]、といった構想を語っている。

この構想を4章で示した石川の国土・地方計画論[*87]に照らしてみよう。それにしたがえば、まず、地方圏を定立させるための圏域を設定しなければならない。「圏の大きさの決定」については、最も大きな圏域として、「岡山・倉敷・玉野の中心点から半径一五キロのエリア」を設定しており、それに次ぐエリアとして、将来の合併を見越した各市町村の領域を

*82　山陽新聞は、昭和三二年六月の数日間にわたって大岡山市キャンペーンを紙上で実施、その際、あるべき都市計画の形として石川の構想を「田園都市」として紹介している。
*83　山陽新聞県内版 昭和三二年六月五日
*84　山陽新聞県内版 昭和三二年六月五日
*85　山陽新聞県内版 昭和三二年六月六日
*86　山陽新聞県内版 昭和三二年六月七日

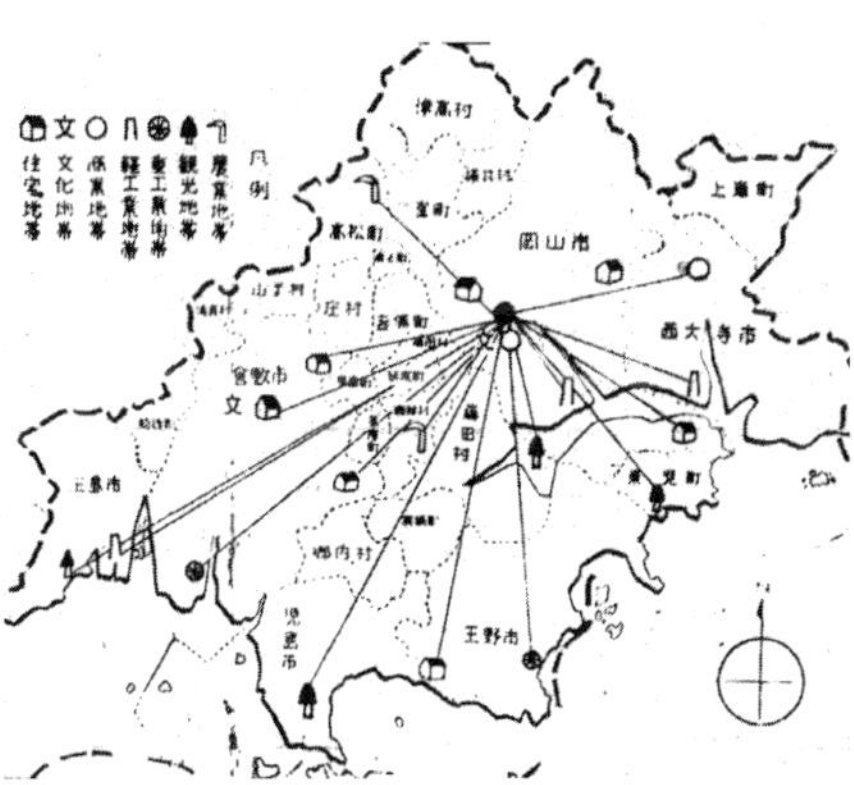

図20　石川栄耀の岡山都市計画概念図。出典＝山陽新聞一九五七年六月五日付三面

設定している。次の「圏内地域の機能別」および「都市の機能定立とその系列化」については、自身の研究に基づき、圏内地域の機能や系列を設定している。すなわち、環状都市に向けて、岡山は周辺町村と合併し、政治・文化地帯となり、玉野は重工業地帯、倉敷市は水島の重工業地帯と、旧倉敷市の文化住宅街を含めた文化地帯、などといった具合である。「整備」は、圏域内の各都市を環状に結ぶ道路や鉄道といった交通網のほか、上下水道、レクリエーション施設、地下駐車場、街路公園、文化住宅街などを挙げている。「組系」は、各都市を鉄道・道路で有機的に結ぶことによって、バラバラに点在する都市をネットワーク化し、一つの広域都市に仕立て上げることである。このように石川の岡山広域計画の提案には、戦前からの自身の国土・地方計画論が忠実に反映されていることがわかるのである。

ただ、石川自身は時間の制約もあり、それほど具体的な計画は検討していなかったと思われる。石川は地方都市をめぐる中で岡山の特異性に気づき、それを活かすような計画を提案したまでであった。しかしこのプランはまもなく発案者の手を離れ、むしろ岡山県により肉付けされていくことになる。岡山・倉敷地域ではこれを契機として地域連携の機運が高まり、結果的に全国総合開発計画に基づく新産業都市の指定を獲得し、既存の行政区域の枠を超えた広域都市の形成へとつながっていくのである。

名都と市民感情

前述した「那覇市都市計画の考察」の最後を石川は次のように締めくくっている。

「那覇は名都でありました。（中略）
総ての味は、古典舞踊や琉歌に残る素ぼくさに表現されてゐる沖縄人の『人』にある

*87 『国土計画及び地方計画の技術』
- 地方圏の定立
  - 成圏
    - 圏の大きさの決定
    - 圏内地帯の機能別
  - 都市の機能定立とその系列化
- 資源調査
- 整備
- 組系

図21 現在の倉敷（文化地帯）

ような気がするのです。（中略）

『都市は人なり』を再びここで痛感しました。

那覇市民が美しい都市を造らぬはずはない。

それを信じて、この項を閉じます。

市民の健康を祈って止みません」

このように石川は各地方都市を回る中で、都市と市民感情の関係について思いをめぐらしていった。そうして行き当たったのが名都論であり、その成果が初めて体系的に披露されたのが、「名都の表情　条件と分類」（『市政』一九五四年一月）であった＊88。

石川は「名都」という用語について「自分は既に二、三年来このコトバを用いているが、実際はこれは自分の造語にすぎない」とし、その定義は「都市美的によく出来ている都市」であると説明した。そして、欧米の名都と、名都と呼ぶにふさわしい国内の幾つかの都市に対する観察結果に基づいて、名都の条件を以下の五点だと断定した。

「条件

一、美しい水が存在している

二、水がない場合は、公園ないし緑道が存在している

三、市民が登高、展望し得る丘が存在している

四、美しい建築が造型的に集結しているか、水景に望むか、山腹にあって余情を醸している

五、歴史・教養・人心の何れかに関する市民感情が市中に流れている」

図22　現在の水島（重工業地帯）

＊88　詳細については、中島直人（二〇〇六）、『都市美運動に関する研究』（東京大学学位論文）、五七六－五七九頁参照

しかし石川は、上記の条件に欧米の名都はよく当てはまるが、日本の名都については、根本条件である市民感情が相対的に弱く、希薄な存在であるという点が特徴であり、あくまで欧州の名都の「希薄型」としてあると論じた。

そして石川は欧州の都市においても都市美が不動ではなく新しい形式が生み出されつつあるという認識のもと、そうした欧州での、「『歩みつつある緩やかなカーブ』を横に眺めながら、『自らの追いつきとしての急カーブ』を走らねばならない」という日本の「後進的」な都市の宿命の構図を示した。

石川は、日本の都市において、上記の条件を満たすためのより具体的な方法を、次のように整理した。

「一、丘陵と水辺の保護。確然と緑地によって修飾すること
二、丘陵及び水辺が乏しいときは、中央公園・緑道・広場を以って代えること（乏しくなくても、これは望ましい）
三、同系建築の造型集結、景観配置（水辺、丘上）をすると共に、建築の意匠等に特に配色に注意すること
四、可能な限り建築と緑地・緑道による都市美の軸及び緑地系列を明らかにすること
五、重要な史蹟（文人遺蹟）は保護し、市民の親和に必要な施設乃至その教養向上に要する施設を交通便利な地域に設置すること等」

わが国では、以上の五項目に意識して取り組む必要があると主張したのである。

しかし、そもそも、なぜ、石川は名都、つまり美しい都市についてここまで熱を入れて論じ始めたのだろうか。わが国では一九五〇年代までは経済復興が、一九六〇年代からは経済成長が至上命題となり、都市美はいつまでたっても主題とはなりえない状態が続いていた。そうした状況において、石川は次のように考えていたのである。

「先ず名都たることの日本に対する価値は、今の日本の都市が殆んど全面的に、生産的にも、社会感情的にも、不安定な状況にあることを知らなければならぬ（これに対する論証は、ここでは省く）。しかして、その不安定のうちに社会感情的な不安定が最も基礎的なものであり、それはまた生産に再帰さえするものと考えられる。

その社会感情的不安定を安定化する基礎的なものが都市美なのである。

『美しき都市』は、第一次に優れたる情操の育成母体となり、第二次に市民共有の文化財として、愛市感情醸成の楔子になる。

ここに美しき社会感情が花咲く機会を得ることになるのである」

石川は、美しい都市は、市民の社会感情の培養という点において必要不可欠である、と力強く言い切ったのである。

石川は、日本の名都について具体的に検討を加えている。松江市、盛岡市、釧路市、札幌市、大分市、萩市、新潟市、尾道市、熱海市、別府市、伊東市、那覇市といった都市を「名都」に数え、構成美的な名都を松江式（景軸形式）、札幌式（造型形式）、状態美的な名都を萩式（自由形式乃至地域形式）、尾道式（展望形式）といった風に分類していった。そして、ここまできて石川は改めて名都の五条件を振り返り、次のように書き綴ったのである。

「この論の初めに述べたような日本の都市美が欧米の（というよりは、ヨーロッパの）それに比し後進的であるという考え方に対し、むしろ『日本の都市が、ヨーロッパのそれのように造型的に的確でないことが却って動的な、新しい形態にあることを物語るのではないか』ということである。（中略）むろん、そこには都市計画に対する低文化、社会性というようなことに対する厳しい批判に応ずる反省は要る。しかし『新潟』を見て以来、何か後進性だけでは言い切れないものがあるのを感じたのである」

若き日のアンウィンからの水辺に対するアドバイス以来、欧米の広場の代替としての商店街盛り場の育成を目指した商業都市美運動を初め、常に欧米都市計画を理想に抱き、その日本ならではの受容を目指してきた石川は、ここでそうした欧米都市計画や欧米都市への追いつきではない、新しく日本から発する都市美の姿に目覚めようとしていた。

市民へ、次代へ

東京の戦災復興計画を手がけた際の心境を「どうやっていいかわからない」＊89と述べていた石川は、実際に計画が大幅に縮小し、都市自体も新たな動向を見せる中で、自らの都市計画論に重大な疑問を抱き、地方での講演活動と早稲田大学で教鞭をとることに晩年を費やした。そして行き当たったのが生態都市計画、名都論といった新たな都市計画論の境地であった。生態都市計画とは石川の最初の著作である『都市動態の研究』を展開させた都市学重視の都市計画論であり、名都論は戦前から述べてきた都市美の必要性を改めて訴

＊89　石川栄耀（一九五二）、「広義都市計画の考え方」、『第五回全国都市計画協議会会議要録』、二七頁

えるテーゼであり、かつ石川の都市観の変化を示すものでもあった。この時期の石川の活動は一見、戦前からの主張の原点に回帰したようにも見える。だが『都市計画及国土計画』の改訂内容や、名都論での日本発の都市美の発見にみられるように、石川の都市計画論は、一巡しながらも戦災復興過程での経験をふまえて、戦前に比べ成熟を示している。戦後の復興を経て、石川の都市計画論は揺るぎはしたものの、石川はあくまでその方向性を深化させる方向で自らの都市計画論を展開したのである。このように見てくると、東京都を辞してから石川が志した地方都市をめぐる講演旅行とは、市民や次代をになうべき人々へ石川の思いを託すとともに、石川にとっても自らの都市計画論を回復し、再構成しようとするための試みだったように思われる。

石川は七尾市での講演活動の帰途、体調を崩して東大病院に入院する。一時は楽観する向きもあったものの、六日目に容態は急変する。一九五五年(昭和三〇)九月二五日、石川は急性黄色肝萎縮症で没した。享年六二歳であった。一九五五年一一月二日の読売新聞は石川の最後の言葉を次のように伝えている。

「石川さんは二十一日の朝教えている早大の学生を自宅に呼んで、いつものシャダツな調子でこう言った。
『こんどの病気はどうも長いようだ。(学部の学生をさして)君たちはムリのようだからほかの先生に見てもらうことにするよ。それから(大学院の学生をさして)君たちはボクが教える。今月いっぱいはムリだナ。今月は休んで来月からだ。ボクは病人だから学校へはいけない。家へ来なさい。ベッドに寝ながら講義する』
元東京都建設局長はまごうことなき現早大教授として死んだわけだ。石川さんは学生にこう引導を渡してからその夜意識が混濁しついに回復しなかった。だから愛する学生に『ベッドで講義するよ』といったのが遺言だった。早大生に残した遺言だった」

石川は最後まで一般の人々への普及活動と、次代の都市計画を担う学生への教育に自らの生涯を捧げたのである。

告別式は青山葬場で行われ、どしゃ降りの雨の中、約二千名が参集した。飯沼一省葬儀委員長の弔辞から、大学総長、都知事、友人総代、教え子代表、露店商代表、商店街代表など一五、六名の弔辞が次々と読み上げられ、最後には石川がひいきとした落語家柳家小さんにより「そこつ長屋」の一席が捧げられた。早稲田大学の制帽をかぶった遺影がいかめしい印象を与え、普段の石川の姿とは違う印象を参列者に与えたという*90。

*90　春彦一（一九五六）、「石川栄耀氏の憶い出」、『都政人』169号、五二–五三頁、都政人協会

あとがき

一九五五年、石川栄耀は早い死を惜しまれながらもこの世を去ることとなった。その時からすでに半世紀が経過している。石川の没後、日本は急速に自動車を中心としたモータリゼーションの時代がやってくる。車は一家に一台普及するようになり、国土の均衡ある発展が目指され、日本中に道路が敷かれることとなった。やがて、日米貿易摩擦を背景とした規制緩和が進み、自動車依存型のライフスタイルによる総郊外化の時代がやってくる。かつて殷賑を極めた中心市街地やその周囲のコミュニティは軒並み姿を消し、代わりに便利で清潔な、しかしどこか個が全面的に主張された暮らしの風景がいま目の前に広がっている。自動車を中心とする極度に単純化されたショッピングセンターを往復する生活、偶発性を秘めた公共空間に乏しい住宅地、これが現代の新しい都市の姿と言えるのかもしれない。しかし、かつて高密度で多様な場を内包していた都市が私たちに与えてくれた交流と創造の契機、伝統と可能性に満ちた暮らしの場を、再度復活させる試みが全国各地で行われているのも事実である。

我が国はすでに人口減少時代を迎えており、これまで社会を支えてきた様々な仕組みの分野横断的な構造転換が迫られている。まさに、我々の暮らし方、集住の在り方そのものが問われているともいえるが、こうした混迷とした時代であるからこそ、石川栄耀のゆるぎない都市への思想が時代を超えて響いてくる。すなわち、それは「隣保」や「親和」「友愛」という言葉で石川が表わすように、『相むつみ会う心』『話す人なしでは寂しくてたまらない』『人なつかしさ』といった人間心理こそが都市を形づくる原点であり、都市に住まう人々が『その集まりを楽しみ』『人間を味ひ』『生命を活かす』ことに都市の都市たる所以がある、とした理解である。元来、専門家はこうしたことを言いにくいものであり、全く悪びれることなく口にする石川に対して、世間は「ロマンティストである」「ユニークな人である」といった評価を概ね下してきた。しかし、都市あるいは都市計画に対する石川の確信に満ちた清明なまなざしと活動は、時代を乗り越え、現代の都市計画やまちづくりを志す我々に勇気を与えてくれる。

× × ×

石川栄耀はその生涯を通じて、都市とは何か、都市計画とは何か、を考え、実践し、挫折しながらも追い求めた人物であった。都市計画技師として歩み始めた名古屋時代、石川は『都市計画』という華々しい名前を持ちながら自分たちの仕事がどうもこの現実の『都市』とドコか縁が切れている様な気がしてならない」*として、あるべき都市計画の姿と現実の都市計画技師としての仕事の間に大きな溝が存在していると感じていた。都市計画技師としての本務は結局にして「大都市を栄えしめる」仕事であり、新興工業国として生産・効率を最大限重視することが都市計画に求められていた。石川は、こうした都市計画をめぐる状況を批判し、生産第一主義ではなく生活に軸を置いた都市計画、とりわけ、商店街を守り育成することを都市計画の中心課題としたが、当時としては極めて少数派の意見として扱われるに留まった。

＊　石川栄耀(一九三二)、「『盛り場計画』のテキスト夜の都市計画」、『都市公論』15巻8号、九八頁、都市研究会

晩年(一九五三年)、石川は那覇市から依頼を受け、『那覇市都市計画の考察』と題して講演会を行った。那覇高校で開催された一般市民に対する講演会では、「都市は人なり」として

聴衆に深い感銘を与えたことが那覇市史に記載されている。その講演会の冒頭で、石川は「都市計画の考え方」について次のように述べている。

「まず都市計画というものですが、之が都市を造る技術である事はいう迄もありません。ただ之がどうも日本等では、都市を造る技術の中の、道路事業と公園事業かのように考えられている様です。之は大変な誤解です。（中略）然らば外国では之どうなっているか。（中略）外国では市民全体が数千年の間に、民主的に都市を造る慣性が出来ています。従って放って置いても、何時の間にか、皆の都市になっている。ただその中で一番大切な事で之丈は万一皆が勝手な事をやったらエライ事になるというような事と、それから公の費用でなければ出来ないというような事だけ、政府や公共団体がやる。之を法律で決めてあります。そして、それ丈を都市計画と銘を打っている。それを日本でも真似をして同様なもののみを都市計画となりすましていたのです。しかし少くとも日本に関する限り、一番大切な市民の気持というものが働いていないのですから、それだけでは何にもならないのです。出来得可きものが出来得ないのです。

そこで私は、日本には法外都市計画というものがある可きだと唱へて居るのです。法律外の都市計画―それは例へば政策として決める都市計画、官公庁の事業の協力による都市計画、企業体の事業の協力による都市計画、市民個々の仕事の協力による都市計画というようなものが必要です」＊

＊ 石川栄耀（一九五三）、「那覇市都市計画の考察」那覇市都市計画課

この那覇市での講演は、晩年に石川が辿り着いた都市計画論が多く詰められている。なかでも、この冒頭の「都市計画の考え方」は、名古屋での都市計画技師時代から抱いていた

目指すべき都市計画と現実の仕事との間に感じていた大きな溝に対する答えのようにも聞こえる。『法外都市計画』、それは「皆で都市を考える」ことを前提としたさまざまな主体の協力による都市計画であり、「法定都市計画ではいい都市はできない」とする石川の考えを反映した概念である。現在、そうした概念は「まちづくり」という言葉に置き換えることが可能であろう。こうした「都市計画の考え方」を背景として、石川は技師としての本務を超えた様々な活動を行った。本書は、こうした活動の履歴を明らかにしたものである。

石川の活動は極めて多岐に渡るが、考えてみれば、こうした総合性こそが、都市を細分化して課題に答えようとする近年の都市計画とは大きく異なる特徴といえる。また、技師という立場から都市計画の理念や思想を追い求めた石川は、理念だけが先行せず、技術だけが独り歩きせず、理念と技術をできる限り総合的に扱った都市計画家の一人であった。常に具体的な課題解決に迫られながらも、都市を総体として引き受けようとする都市計画のあり方を示唆しているように思える。

× × ×

本書の題名は『都市計画家・石川栄耀』と銘打ったが、本書はなにも石川栄耀を通じて「都市計画家たるもの」を一義的に構築しようしているわけではない。石川はエリート官僚、大学教授という社会的に権力をもちうる立場から、「都市」あるいは「都市計画」のあるべき姿を追究し、実際に活動した。こうした立場であったからこそ、極めて影響力のある仕事ができたことは事実である。しかし、本書では、少なくとも石川栄耀のそうした側面だけに焦点を当てていない。本書で石川栄耀を採り上げた理由、それは「都市とはなにか」を強い信念を持って追究したある一人の技師の軌跡を記したかったからである。

石川は、「都市計画」という仕事について、一九五四年に出版した教科書『新訂都市計画及び国土計画』の序文で次のように述べている。

「新しく幾つかの都市を見ている中に自分の頭の中に大きな変化が起った。それは『都市計画』は『計画者が都市に創意を加えるべきものではなくして』それは都市に内在する『自然』に従い、その『自然』が矛盾なく流れ得るよう、手を貸す仕事である——という理解である」*

このように、石川は「都市計画」を、まるで庭師が庭を手入れするがごとく、極めてしなやかに柔らかく捉えていた。「都市計画」や「都市デザイン」という言葉には、ともすると、計画者や設計者が都市というキャンパスにある作意を持って自身の夢を描く、あるいは、都市計画家や都市デザイナーが全ての都市空間を予定調和的に設計・計画する、といったやや高踏的で硬いイメージで捉えられている側面がある。しかし、先に記した「都市に内在する『自然』に従い、その『自然』が矛盾なく流れ得るよう、手を貸す仕事である」とした石川の仕事像(理念)には、もはや設計者・計画者による固定的で独善的な態度は見出せない。

序章でも述べたように、石川は法定都市計画による専門技師として日本で最初に採用された人物である。そうした人物であるがゆえに、晩年に辿り着いた『都市計画』の仕事像(理念)は極めて示唆に富んでいるといえる。石川は、いかにしてこのような理念を獲得するに至ったのか、その活動と思考の履歴こそが、石川をして、現在「いかに都市に関わるか」を命題とする人々に極めて有効な視点を与えてくれる。

* 石川栄耀(一九五四)、『新訂都市計画及び国土計画』、序文、産業図書

現在、「まちづくり」という概念の広がりのもと、実際の現場において、これまで必ずしも都市計画とは縁があったわけではない人々が、ときにリーダーとなってまちづくりを進めている。そして、それぞれの都市や地域をよりよいものにしたいと真摯に考えるとき、そこには必ずしも一義的に求めることはできない都市や地域、コミュニティに対する理念への葛藤が生まれるであろう。石川は、人と人の心的関係性（社交）から都市に住まうことの本質を見出し、商店街や広場の育成に都市の命脈を見出した。本書で描いた石川栄耀の都市探究の軌跡が、まちづくりの現場に関わる人々の一助となれば、望外の幸せである。

また、一方で、行政が「まちづくり」において決定する範囲や責任は依然として大きく、高い理念と技術を合わせ持つプロの行政集団が今後の「まちづくり」においても極めて重要な役割を果たすことは間違いない。実務の現場で奮闘している行政官や、その支援を行っているコンサルタントの方々に、本書で描き出した石川栄耀の生き様を通して、その仕事の誇りや尊さを再確認して頂くことがあったならば、著者としてこれ以上の喜びはない。

× × ×

本書は「史的都市計画研究会」での議論をもとに構成されている。この研究会は都市計画のありようを歴史的視点から考えることを目的に、本書の執筆メンバー（中島、西成、初田、佐野、津々見）によって二〇〇五年より活動を続けている。研究会では、かつて隆盛を誇った都市計画史研究や、近年、若手研究者の間で再び盛んになりつつある都市計画史研究の動向を踏まえた上で、そもそもなぜ歴史的に都市計画を研究する必要があるのか、都市計画史は現実の都市にどのように貢献できるのか、といった問題意識から議論をスタートさせた。当初はメンバーそれぞれの関心をもとに研究発表や現地踏査を始めたが、徐々にそれぞれの切り口から「石川栄耀」という共通の歴史的関心事に結びつくこととなった。そのうえで、各々の研究的関心から石川栄耀に関する論文を学術雑誌に発表していき、それらの研究的蓄積をもとに本書を上梓する運びに至った。しかし、この本は単純に各人の学術論文を一つにまとめたわけではない。本の構成からそれぞれ担当した文章の微細な表現まで、五人で納得いくまで話し合い、時にはそれぞれの見解を戦わせながら、石川栄耀に関する学術専門書としてのクオリティを担保するべく作成した本である。一方で、専門家だけではなく一般の読者にも読み易くするために、学術論文としての体裁、特に既往研究との差異について本文中で詳細に扱うことはしなかった。既往研究については文中の補注や巻末の参考文献に記載したが、詳しくは執筆者各々の学術論文を参照していただきたい。

本書を出版するにあたっては、東京大学の西村幸夫先生ならびに鹿島出版会の橋口聖一氏の多大なるご支援を頂いた。また、石川栄耀の早稲田大学での愛弟子にあたる広瀬盛行先生には、本書を出版するうえで心強い言葉をいただいた。このほかにも、執筆者それぞれの学術論文をまとめるうえでお世話になった方々は多く、ここであらためてお礼を申し上げたい。

そして、最後に、石川栄耀の御子息にあたる石川允先生には、往時の詳しいお話を聞かせていただくとともに、こうした研究を温かく迎え入れていただき、本という形で世の中に広く問うことに大きく賛同していただいた。石川栄耀という確かに実在した人物の大きな懐を実感しつつ、お世話になった方々に心から感謝の意を表したい。

口絵　図版出典・所蔵先

ix頁
写真　いずれも石川允氏提供

x頁以降
図1　石川栄耀（一九二八）、「郷土都市の話『郷土都市の話になる迄』の断章の終章」、『都市創作』4巻7号、二一-二六頁、都市創作会
図2　（左）石川栄耀（一九三九）、「盛り場風土記（下）」22巻1号、『都市公論』、一五三頁、都市研究会。（右）石川栄耀（一九三八）、「盛り場風土記『盛り場の研究』第一部」、『都市公論』21巻11号、四五頁、都市研究会
図3　石川允氏提供
図4　石川栄耀（一九二六）、「郷土都市の話になる迄—断章の二、夜の都市計画」、『都市創作』2巻1号、二五頁、都市創作会
図5　石川栄耀（一九四四）、『皇国都市の建設』、常磐書房、三三三頁
図6　石川栄耀（一九四〇）、「都力測定及都力より見たる日本の国土構造—都市進行方法論の一」、『都市公論』23巻11号、六六頁、都市研究会
図7　東京都立中央図書館蔵
図8　（一九三七）、『照明の日本』、一一一-一二四頁、照明学会
図9　名古屋市都市計画局・名古屋都市センター編（一九九九）、『名古屋都市計画史　図集編』、三一-三二頁、名古屋都市センター
図10　東京大学工学部都市工学科所蔵
図11　著者蔵
図12　石川栄耀（一九四七）、「二十年後の東京」、『少国民世界』2巻1号、八-九頁、国民図書刊行会
図13　中野サンモール商店会記念誌編集委員会（一九八九）、『サンモールの歩み』、三九頁、中野サンモール商店会
図14　東京都台東区商工観光課（一九五二）、『産業と観光』、一一頁、台東区役所
図15　浦井正明監修ほか（二〇〇七）、『目で見る台東区の一〇〇年』、一三二頁、郷土出版社
図16　上野広小路商業協同組合蔵
図17　川田雄三郎（一九五七）、『事業誌』、新宿第一土地区画整理
図18　著者撮影
図19　著者撮影

xvi頁
主要著作所蔵先
長野県立図書館　①、⑲
東京大学工学部都市工学科　②、③、⑧、⑪
神奈川県立図書館　⑩、⑱
白百合女子大学図書館　⑭
東京都立多摩図書館　⑰
上記以外は著者蔵

章扉　図版出典・所蔵先

序章　石川允氏提供
第1章　石川允氏提供
第2章　（一九三六）、『照明の日本』、一二四頁、照明学会
第3章　木村英夫（一九九三）、「石川栄耀さんの思い出」、『都市計画』182号、一四七頁、日本都市計画学会
第4章　東京大学都市工学科所蔵
第5章　石川栄耀博士生誕百年記念事業実行委員会編（一九九三）、『生誕百年記念　石川栄耀都市計画論集』、七四三頁、日本都市計画学会
第6章　（二〇〇一）、『都市計画』233号、二頁、日本都市計画学会

石川栄耀　年譜

（一八九三－一九五五）

年	年齢	活動	一般都市計画	一般
一八九三（明治二六）	○歳	九月七日、山形県東村山郡尾花沢村（現山形県尾花沢市）にて、根岸文夫の次男として出生	シカゴで世界コロンビア博覧会が開催され、シティビューティフル運動が全米に広がる	
一八九八（明治三一）	五歳	石川銀次郎・あさ夫婦の養子となり、埼玉県へ転居	E・ハワード「明日（の田園都市）」	
一九〇六（明治三九）	一三歳	銀次郎の栄転に伴い、岩手県盛岡市に転居	東京、臨時市区改正局設置（一〇月）	満鉄設立（一一月）
一九〇七（明治四〇）	一四歳	小田内通敏「趣味の地理 欧羅巴」前編と出会う	内務省地方局有志「田園都市」出版（一二月）	戦後恐慌（一月）
一九一一（明治四四）	一八歳	盛岡中学を卒業（三月）、仙台の旧制二高へ進学（四月）	名古屋、市区改正調査会設置（九月）	工場法公布（三月）
一九一四（大正三）	二一歳	東京帝国大学工科大学土木工学科へ進学（四月）	東京駅竣工（一二月）	第一次世界大戦に参戦（八月）
一九一八（大正七）	二五歳	東京帝国大学工科大学土木工学科卒業（七月）、米国貿易会社建築部に就職	内務省に都市計画課、都市計画調査委員会（五月）	シベリア出兵（八月）
一九一九（大正八）	二六歳		都市計画法・市街地建築物法公布（四月）	関東庁・関東軍発足
一九二〇（大正九）	二七歳	米国貿易会社を退職（三月）、横河橋梁製作所技師となるが、半年で退職、都市計画地方委員会技師として名古屋地方委員会に赴任（一〇月）	都市計画法にもとづき、都市計画委員会官制が施行、全国に都市計画地方委員会が設置される（一月）	
一九二一（大正一〇）	二八歳	中国出張、大連、北京、漢口（一二月）	「東京市政要綱」（後藤新平）発表（四月）	ワシントン軍縮会議（一一月）
			東京都市計画街路・河川運河計画の認可、八六路線の街路ほか（五月）	
			名古屋、隣接一六町村を市域に合併（八月）	
一九二二（大正一一）	二九歳	梶原清子と結婚	東京、名古屋、都市計画区域の決定（四月）	鉄道敷設法公布（四月）
			都市計画名古屋地方委員会から都市計画愛知地方委員会に改称（五月）	
一九二三（大正一二）	三〇歳	関東大震災にともない、出張先の四日市から内務省に上京（九月）	神戸、大日土地区画整理組合の設立認可、都市計画法による組合の全国第一号（三月）	関東大震災（九月）
		欧米視察旅行に出発、イギリス、アメリカ、ノルウェー、フランス、オーストリア、オランダ等を訪問	都市研究会、全国一周都市計画講演（六月）	
			特別都市計画法公布（一二月）	
一九二四（大正一三）	三一歳	第八回IFHP国際会議（アムステルダム）に出席、レイモンド・アンウィンと出会う（七月）	アムステルダム会議にて地方計画七箇条決議	
		長野県上田市の都市計画調査を実施（夏）	名古屋、都市計画街路（四〇路線）、都市計画運河（九線）の認可（六月）	
一九二五（大正一四）	三二歳	上田市の都市計画を提案、既存商店街の扱いで失敗、これが契機となり都市経営、盛り場研究に関心を持つ。	東京、名古屋・豊橋、都市計画用途地域の指定（一月）	治安維持法公布（四月）
		「都市創作会」発足（一月）、理事となる。	名古屋、土地区画整理施行規程の発布	

		名古屋、土地区画整理の指導監督（一月）	名古屋、八事区画整理組合の設立認可、名古屋初の区画整理事業（八月）	
		機関誌「都市創作」発刊（九月）		
一九二六（昭和元）	三三歳	中川運河着工（一〇月）	名古屋、都市計画公園新設拡築の認可（一月）	
			名古屋、白鳥線（中川運河）ほか九地区の土地区画整理組合認可	
一九二七（昭和二）	三四歳	第一回全国都市問題会議（大阪）出席、意見発表（五月）	名古屋、西滋賀ほか九地区の土地区画整理組合認可	金融恐慌はじまる（三月）
		「名古屋をもう少し気のきいたものにする」の会設立、世話役（七月）	第一回全国都市問題会議（大阪）開催（五月）	
			大東京都市計画道路網計画決定（八月）	
一九二八（昭和三）	三五歳	照明学会東海支部発足、初代庶務幹事に就任（三月）	豊橋、都市計画街路網の計画決定（一月）	張作霖爆死事件（六月）
		鶴舞公園で「大名古屋土地博覧会」開催、入場者数一万人（一〇月）	名古屋、四地区の土地区画整理組合認可	
			CIAM結成	
一九二九（昭和四）	三六歳	名古屋、中川運河建築敷地造成土地区画整理の設立認可（一月）	富山県神通川廃川敷区画整理、富山県に施行命令（四月）	世界大恐慌
		名古屋、田代組合区画整理の設立認可、東山公園用地を確保（一一月）	一宮、都市計画街路網の計画決定（四月）	
			名古屋、第二期都市計画街路の認可（七月）	
			名古屋、公園祭開催（公園協会主催）、区画整理による公園敷地の獲得（八月）	
			市街地建築物法適用地域指定基準（一〇月）	
			都市計画法施行令改正、公共団体施行の区画整理事業に受益者負担金制度を導入（一二月）	
一九三〇（昭和五）	三七歳	名古屋都市美研究会の発案、後援で第一回広小路祭開催（七月）	名古屋、六地区の土地区画整理組合の設立認可	ロンドン軍縮会議（四月）
		第二回全国都市問題会議（東京）出席、報告（一〇月）	帝都復興事業完成の記念式典（三月）	
			『都市創作』廃刊、『都市公論』に合流（四月）	
			名古屋、広小路祭を開催（七月）	
			名古屋、中川運河概成（一〇月）	
			岡崎、都市計画街路の計画決定	
一九三一（昭和六）	三八歳	照明学会東海支部での研究成果をまとめて、照明学会誌に「照明効果と明日の都市照明」を発表（一月）	名古屋、六地区の土地区画整理組合の設立認可	満州事変（九月）

		都市研究会主催都市計画講演会（岡山）出席、報告（三月）	耕地整理法と都市計画の改正、市の区域内の耕地整理を禁じ、都市計画法の区画整理を推進（三月）	
			都市計画法改正、一般土地区画整理施行地区でも建築敷地の強制編入を認める（四月）	
			東京、羽田空港開設（八月）	
一九三二（昭和七）	三九歳	郷土教育連盟から処女作『都市動態の研究』を出版（六月）	市街地建築物法施行令、同規則の大改正施行（一一月）	上海事変（一月）
		満州国政府の都市計画課長の席を用意されるが辞退（年末）	東京の市域拡張、一五区から三五区に（一〇月）	満州国成立（三月）
			内務省に東京緑地計画協議会発足、南関東圏のレクリエーション緑地計画を検討（一〇月）	五・一五事件（五月）
			名古屋、三輪町線区画整理組合設立、既成市街区域における初の区画整理	
一九三三（昭和八）	四〇歳	第三回都市計画主任官会議（東京）出席（八月）	ヒトラー政権誕生、第一次四箇年計画発表（一月）	国際連盟脱退（三月）
		都市計画東京地方委員会赴任（九月）	東京緑地計画協議会第一回総会、緑地の定義、分類基準を確定（一月）	満州移民計画大綱（七月）
			満州国国都建設計画法（一月）	
			都市計画法改正、すべての市、町村に独立適用（三月）	
			東京、皇居前に美観地区指定（三月）	
			名古屋、東山公園開園（三月）	
			土地区画整理設計標準の制定（七月）	
			ＣＩＡＭアテネ憲章	
一九三四（昭和九）	四一歳	慶州、京城に出張	東京、新宿駅西口駅前広場事業認可（四月）	丹那トンネル開通（一二月）
		名古屋にて名古屋新聞社長や児童芸術研究家らと空想座談会に参加（三月）	第一回全国都市計画協議会（静岡）開催（五月）	ワシントン軍縮会議廃棄（一二月）
		第四回都市問題会議（東京）出席、商店街の美化統制について報告（一〇月）	朝鮮市街計画令公布（六月）	
一九三五（昭和一〇）	四二歳	広島商工会議所からの招聘を受け、広島にて「盛場及商店設備に就いて」の講演（一一月）	「満州国」新京国都建設計画認可（一月）	
		広島商工会議所による東京の盛り場視察受け入れ、指導（三月～四月）	東京都市計画用途地域の変更（七月）	
		名古屋都市美協会発会式、「名古屋見物」講演（四月）	土地区画整理研究会『区画整理』刊行（一〇月）	
		第二回全国都市計画協議会（福岡）出席、報告（六月）	名古屋、大須土地区画整理組合設立	

		広島都市美協会創立、顧問に就任（六月）		
一九三六（昭和一一）	四三歳	自ら主唱して、商業都市美協会設立、会務委員に就任（一二月）	東京市、土地区画整理助成規定施行（一月）	二・二六事件（二月）
		京城（ソウル）で開催された朝鮮都市問題会議にて招講講演、その後、平壌、大連、新京、吉林、ハルピン、奉天の各都市を訪問（四～五月）	第三回全国都市計画協議会（富山）開催、関東国土計画試案、近畿地方計画等発表される（五月）	
		第五回全国都市問題会議（京都）出席、報告（一〇月）	満州都邑計画法（六月）	
		東京府が商店街振興委員会設置を告示、委員に就任（一一月）	台湾市街地計画令公布（八月）	
		都市計画東京地方委員会内での関東国土計画試案の作成に中心的役割を果たす		
一九三七（昭和一二）	四四歳	第一回全国都市美協議会（東京）にて招待講演、都市美協会の活動を痛烈に批判（五月）	防空法公布（四月）	日中戦争開始（七月）
		第四回都市計画協議会（札幌）出席、報告（七月）	第一回全国都市美協議会（五月）	企画院設置（一〇月）
		都市研究会主催第七回都市計画講習会（箱根）で講義、テーマ「土地区画整理と都市計画事業」（八月）	内務省計画局設置（一〇月）	南京大虐殺事件（一二月）
		照明学会照明知識普及委員会より著書『盛り場の照明』出版（一二月）	名古屋、東山公園に植物園開園（三月）、動物園完成（一二月）	
一九三八（昭和一三）	四五歳	上海新都市建設計画策定のため上海出張、街路計画ほか「大上海都市計画歓興地区計画」など作成（五月）	関東州計画令公布（二月）	国家総動員法公布（四月）
		第六回全国都市問題会議（京城）出席、報告（一〇月）	橿原、皇紀二六〇〇年記念事業着工（五月）	
			都市計画東京地方委員会、高架式の自動車専用道路新設計画の立案を発表（一一月）	
一九三九（昭和一四）	四六歳	都市美協会理事に就任、機関誌『都市美』の編集を担当（六月）	東京府、皇紀二六〇〇年記念事業審議会設立（一月）	ノモンハン事件（五月）
		都市計画東京地方委員会、紀元二六〇〇年記念事業として計画された東京市の宮城外苑整備事業に対して、宮城広場から自動車交通を緩和するため、宮城広場にトンネルを建設する案を提出（九月）	東京緑地計画協議会、東京緑地計画大綱（環状緑地帯の整備）を内務大臣に報告（四月）	国民徴用令公布（七月）
		第三回人口問題全国協議会（東京）出席、報告（一一月）	商工省、工業の地方分散に関する件（九月）	
		新宿西口駅前広場整備にあたって照明学会都市照明委員会内に特別小委員会設置、委員長に就任、照明計画を立案	東京市、皇紀二六〇〇年記念事業として宮城外苑整備事業を考案	
一九四〇（昭和一五）	四七歳	第七回全国都市問題会議（東京）出席、報告（一〇月）	静岡市大火、復興事業実施（一月）	日独伊三国軍事同盟成立（九月）
		第四回人口問題全国協議会（東京）出席、報告（一一月）	東京府、東京六大緑地が計画決定（三月）	大政翼賛会発足（一〇月）

		都市計画法改正で防空が都市計画の目的に加わり、防空計画の研究に着手する	都市計画法改正、防空が都市計画の目的の一つに付け加わる（四月）	皇紀二六〇〇年記念式典挙行（一一月）
		防空的視点に立った東京のマスタープランである東京防空都市計画案大綱の取りまとめに尽力する（九月）	内務省、「東京市防空都市計画大綱」発表（九月）	
			内務省、東京区部に空地地区第一次指定（九月）	
			国土計画設定要綱（九月）	
			都市計画東京地方委員会、「大東京地区計画」を発表（一〇月）	
一九四一（昭和一六）	四八歳	第五回人口問題全国協議会出席（一一月）	住宅営団法公布（三月）	真珠湾攻撃、太平洋戦争開始（一二月）
		『日本国土計画論』を出版（三月）、その後終戦まで、国土計画に関する著作を数多く手がける	内務省に防空局・国土局設置（九月）	
		主著『都市計画及国土計画　その構想と技術』を工業図書から出版（一〇月）	防空法改正、建物疎開・工場分散（一一月）	
		学術振興会の調査費を得て、埼玉県と栃木県での戸別訪問による生活圏実態調査実施（九～一〇月）		
一九四二（昭和一七）	四九歳	興亜院嘱託、中断していた上海都市計画策定のため再度上海出張（七月）	企画院、大東亜国土計画大綱素案（三月）	米軍機、日本本土空襲（四月）
		第八回全国都市問題会議（神戸）出席、報告（一〇月）	東京府、防火保健道路四系統（幅三〇～九〇m）計画決定（四月）	ミッドウェー海戦（六月）
		関東地方全体を対象とする関東地方計画策定に向けて中心的役割を果たす		
一九四三（昭和一八）	五〇歳	東京帝大第二工学部講師、国土計画及都市計画の講座を担当（六月）	東京、大阪に防空空地帯（環状緑地と楔状緑地）（三月）	企画院廃止（一〇月）
		兼任東京都技師（七月）	企画院、黄海渤海国土計画要綱素案（四月）	
		東京都計画局道路課長就任、六号環状線等の実現を目指す（一〇月）	東京都制施行、東京府と東京市制の廃止（七月）	
			企画院、中央計画素案要綱案（一〇月）	
			東京都、「帝都重要地帯疎開計画」を発表（一一月）	
			都市疎開実施要綱（一二月）	
一九四四（昭和一九）	五一歳	東京都計画局都市計画課長兼務（一〇月）	東京、名古屋で防空法による初の建物疎開命令（一月）	本土爆撃本格化
		東京の復興計画の研究に着手、隣保地区計画を作成（一一月）	内務省国土局、戦時国土計画素案（一月）	学童疎開はじまる（六月）
		盛り場研究の集大成とも言える「都市生活圏論考−特に盛り場現象について」『皇国都市の建設』を刊行する。	全国一一市に建築規制区域告示、即日実施（二月）	B29の東京空襲はじまる（一一月）

		戦後を想定した帝都復興改造要綱（案）の策定に尽力（〜昭和二〇年）		
一九四五（昭和二〇）	五二歳	東京新宿角筈一丁目で設立された復興協力会会長の鈴木喜兵衛から事業の相談を受け、その設計等の指導に当たり、歌舞伎町の誕生に協力する（一〇月）	東京都計画局都市計画課、「帝都再建方策」発表、計画人口三〇〇万人、広幅員道路他（八月）	東京大空襲、死者七万二千人（三月一〇日）
		早稲田大学理工学部で非常勤講師「都市計画」担当（〜昭和二六年四月）	内務省、国土計画基本方針（九月）	広島、長崎に原爆投下、敗戦（八月）
			東京新宿角筈一丁目で地主、借地人などが「復興協力金」を設立（一〇月）	GHQ本部、日比谷の第一生命保険ビルほか接収（九月）
			戦災復興院設置（一一月）	治安維持法廃止（一〇月）
			戦災復興都市計画基本方針の閣議決定、過大都市の抑制ならびに地方中小都市の振興（一二月）	
一九四六（昭和二一）	五三歳	都市計画地方委員会にて東京戦災復興計画の説明を行う（三月、四月、九月）	東京都、銀座、新宿、浅草、渋谷、品川、深川の盛り場地区の復興計画オープンコンペ実施、内田祥文グループが新宿、深川で一等（一月）	公職追放実施（一月）
		『新首都建設の構想』（四月）、『都市復興の原理と実際』（一〇月）、「帝都復興都市計画の報告と解説」（『新建築』、一九四七年一月）などで復興計画を大々的に報告する。	東京都、帝都復興計画概要案発表、東京四〇km圏及び関東地方の地方計画を前提とした東京都市計画案、計画人口三五〇万人に抑える理想都市計画（三月）	経済安定本部設置（五月）
		都市文化協会を設立（五月）	東京都、復興都市計画の街路計画、区画整理等の計画決定、戦災区域四、八〇〇万坪とこれに関連する区域を含めた六、一〇〇万坪を区画整理事業区域として計画決定（四月）	生活法護法（九月）
		目白文化協会を結成（一一月）	組合による復興区画整理の推進を閣議決定、東京で八組合認可（五月）	傾斜生産方式決定（一二月）
			臨時建築制限令公布・施行、料理店、映画館、五〇㎡を超える住宅禁止（五月）	
			内務省、復興国土計画要綱（六月）	
			都市計画東京地方委員会、特別用途地区案として公館地区、文教地区、消費勧興地区、港湾地区の指定案を答申、指定は都告示（八月）	
			特別都市計画法公布、同施行令公布（九月）	
			東京都、復興都市計画の用途地域指定、区部周辺の環状緑地帯を予定した案に基づく指定（九月）	
			全国一一五都市を戦災復興都市に指定（一〇月）	

一九四七（昭和二二）	五四歳	東京の交詢社にて日本計画士会の結成に理事長として参加（三月二九日）	戦災復興院、建設法草案（一月）	新憲法、地方自治法施行（五月）
		東京都都市計画課内に広告審査室を設置（五月）	臨時建築等制限規則公布・施行、建築物の築造が許可制、一二坪以上禁止（二月）	内務省解体（一二月）
		第一回東京都都市美審議委員会にて、美観街路制度を提案（九月）	東京都三五区整理統合で二二区に（三月）、板橋区から練馬区が独立（八月）	
		石川の後援で、東京都屋外広告研究会設立（九月）	国土計画審議会設置（三月）	
		東京都都市計画課、映画『二十年後の東京』を制作	内務省、地方計画策定基本要綱（三月）	
			飯田市大火、市街地の八割焼失（四月）	
			東京都、戦災復興区画整理区域六、一〇〇万坪のうち、三、〇〇〇万坪につき特別都市計画区画整理事業を決定（一一月）	
			文教地区計画協議会（会長：南原東大総長）、建築学科をもつ都内各大学でそれぞれのキャンパスを含む文教地区構想の基本計画を作成する	
一九四八（昭和二三）	五五歳	都市美技術家協会設立（五月）	建設院発足（一月）	極東軍事裁判判決（一一月）
		東京都建設局長就任（六月）	都市復興会議開催（四月）	経済安定九原則（一二月）
		東京王子での柳橋開通式に出席し、工事報告を行う（一一月七日）	福井市震災、市街地の九割焼失、復興計画に着手（六月）	
		児童書『私達の都市計画の話』を刊行、子どもへの都市計画教育の取り組みを加速	東京都、復興都市計画の緑地地域指定、防空空地帯を引き継ぐ二三区の外周一八、〇一〇ha（七月）	
		東京戦災復興区画整理事業第一地区（麻布十番）事業認可	自作農創設特別措置法により、東京の六大緑地内の農耕地七三一万坪（約六五％）が緑地の指定を解除される（七月）	
			建設院、建設省に昇格（七月）	
			臨時建築制限規則の改正、制限緩和、一五坪以下（八月）	
			都市不燃化促進同盟発足（一二月）	
			東京都、戦災区域の焼け跡清掃事業により発生したがれきで、三十問題、四ッ谷見附の堀など二〇.八坪を埋め立てる	
一九四九（昭和二四）	五六歳	工学博士（東京大学）	屋外広告物法案、閣議決定、美観・風紀の維持、公衆の危害防止（四月）	ドッジライン（四月）
		北九州五市合併に関する視察、講演、座談会を行う（八月一六～一八日）	戦災復興都市計画の再検討に関する基本方針閣議決定（六月）	地方自治庁発足（六月）

		区画整理に反対するマーケットの営業者により、自宅に座り込まれる（一一月）	東京都、全露店組合（九四組合）に解散指示書を伝達（七月）	土地改良法施行（八月）
			GHQの露店整理令、公道上の露店整理を指令（八月）	
			シャウプ税制勧告、地域計画は市町村事務（八月）	
			広島・長崎の特別都市建設法（八月）	
			東京都議会、首都建設法の制定を国会請願することを決議（一二月）	
一九五〇（昭和二五）	五七歳	東京都建設局内に臨時露店対策部が設置され、その部長に就任する（一月）	臨時建築制限規制の大幅緩和改正、住宅制限を解除し届出制とする（一月）	国土総合開発法、北海道開発法公布（五月）
		新宿歌舞伎町を会場とした東京都文化産業博覧会を開催し、建築制限をすり抜け、将来映画館や劇場に転用可能な施設を建設する（四月～六月）	東京都、戦災復興計画の大幅縮小（三月）	
			建築基準法公布（五月）、施行（一一月）	
			首都建設法公布（議員立法）（六月）	朝鮮戦争はじまる（六月）
			都市計画教会、都市計画法改正基本要綱案（六月）	警察予備隊令公布（八月）
一九五一（昭和二六）	五八歳	上田市で講演「上田と近郊の発展策について」を行う（八月一二日）	首都建設委員会発足（三月）	土地収用法公布（六月）
		日本都市計画学会設立に尽力、初代副会長に就任（一〇月）	特定地域指定基準決定（六月）	国土調査法公布（六月）
		第五回全国都市計画協議会（名古屋）出席、報告（一〇月）	東京八重洲口外堀埋立地に鉄鋼ビル完成（戦災復興のがれき整理埋立地）（七月）	サンフランシスコ平和条約、日米安保条約調印（九月）
		東京都参与、早稲田大学理工学部教授に転任（一一月）	日本都市計画学会設立、会長は内田祥三（一〇月）	
			東京都、露店の整理完了、都内七千軒（一二月）	
一九五二（昭和二七）	五九歳	商業経営指導者幹部養成夏季学校にて講演「美観商店街の建設」を行う（八月六日）	鳥取市、大火により中心市街地全滅五千戸焼失（四月）	農地法公布（七月）
		第一四回全国都市問題会議（大阪）出席、報告（一一月）	耐火建築促進法公布・施行（五月）	砂防法公布（七月）
		東京商工会議所での商業診断員要請講習会で講演「商店街の整備について」を行う（一一月二七日）	東京、中央官衙地区整備計画（七月）	電源開発促進法（七月）
		都市巡回防火講演会で千葉、旭川、帯広、釧路、長野、福島、金沢、高岡、奈良、津、佐世保、久留米、川崎、浦和を訪れる。	都市計画学会誌「都市計画」創刊（九月）	
一九五三（昭和二八）	六〇歳	都市計画指導のため沖縄へ出張（秀島乾が随行）（二月）	東京、首都高速道路に関する計画（四月）	奄美大島返還

		都市巡回防火講演会で盛岡、八戸、豊橋、一宮、徳山、呉、熊本、清水を訪れる。この他、野田(四月一四日)、沼津(五月一五、一六日)、福山、(九月一一日)、尾道(九月一一、一二日)、三原(九月一三日)、長野(一一月二二日)を訪れている。	東京都周辺九区、特別都市計画法の緑地地域指定解除運動(五月)	町村合併促進法公布(九月)
		第七回全国都市計画協議会(横浜)出席、報告(一〇月)	東京、自動車駐車場整備計画(一一月)	
			首都建設委員会、衛星都市整備法要綱案(一二月)	
一九五四(昭和二九)	六一歳	「名都の表情　条件と分類」『市政』において初めて体系的に名都論を披露する(一月)	広島平和記念公園完成(四月)	地方交付税法公布(五月)
		都市巡回防火講演会で小倉、大牟田、福井、富山、石巻、秋田、宮崎、鹿児島、横須賀を訪れる。この他、郡山(一二月八日)、長岡を訪れている。	土地区画整理法公布、特別都市計画法廃止(五月)	自衛隊発足(七月)
		第一六回全国都市問題会議(新潟)出席、報告(九月)	第八回全国都市計画協議会(富山)開催(一〇月)	
		ゆうもあ・くらぶ設立(一二月)		
一九五五(昭和三〇)	六二歳	都市巡回防火講演会で鳥取(四月一七日)、松山、和歌山、岸和田、釧路、北見、高山、金沢、七尾を訪れる。この他、四日市(一月二九日)などを訪れている	土地区画整理法施行(四月)	
		東京五反田日野第一小学校での店主講演会で講演「伸びる商店街」を行う(七月二二日)	首都建設委員会、「首都圏整備の構想素案」発表、首都周辺五〇km圏域を内部市街地、近郊地帯(グリーンベルト)、周辺地帯に区分(六月)	
		再度沖縄へ出張(八月)	日本住宅公団法公布(七月)	
		伊豆長岡一茶荘での商店経営指導幹部要請夏期大学にて講演「繁栄商店街は如何にして出来るか」を行う(八月一七日)	第九回全国都市計画協議会(広島)開催(一〇月)	
		日本損害保険協会講演のため岐阜・石川両県に出張中倒れる(九月一七日)		
		永眠、六二歳、正四位勲三等(九月二六日)		
			第一四回全国都市問題会議(大阪)開催(一一月)	
一九五六(昭和三一)	—		首都圏整備法公布(四月)	国連加盟(一二月)

石川栄耀　著作一覧

＊を付した著作は座談会・対談での参加

年	年齢	著作	
一九二五（大正一四）	三二歳	一月	『上田市都市計画「石川案」に対する簡単な説明書』
		九月	「郷土都市の話になる迄」『都市創作』一巻一号
		一一月	「郷土都市の話になる迄」『都市創作』一巻三号
		一二月	「郷土都市の話になる迄」『都市創作』一巻四号
一九二六（昭和元）	三三歳	一月	「郷土都市の話になる迄（断章の二・夜の都市計画つづき）」『都市創作』二巻一号
		一月	「愛知の都市計画（一）」『中央銀行会通信録』二七四号
		二月	「都市の味（「郷土都市の話になる迄」の断章の三）～一　都市と自然」『都市創作』二巻二号
		二月	「愛知の都市計画（二）」『中央銀行会通信録』二七五号
		三月	「都市の味（「郷土都市の話になる迄」の断章の三）～二　時代相から」『都市創作』二巻三号
		四月	「都市の味（「郷土都市の話になる迄」の断章の三）～三　文化相から」『都市創作』二巻四号
		四月	「愛知の都市計画（三）」『中央銀行会通信録』二七七号
		五月	「聚落の構成（「郷土都市の話になる迄」の断章の四）～その一　人間の巣」『都市創作』二巻五号
		六月	「聚落の構成（「郷土都市の話になる迄」の断章の四）～その二　聚落の発生」『都市創作』二巻六号
		六月	「どんたくばなし」『都市創作』二巻六号
		七月	「聚落の構成（「郷土都市の話になる迄」の断章の四）」『都市創作』二巻七号
		七月	「愛知の都市計画（四）」『中央銀行会通信録』二七八号
		八月	「聚落の構成（「郷土都市の話になる迄」の断章の四）～その三　聚落の消長」『都市創作』二巻八号
		八月	「愛知の都市計画（五）」『中央銀行会通信録』二八〇号
		九月	「設計室より」『都市創作』二巻九号
		九月	「愛知の都市計画（六）」『中央銀行会通信録』二八一号
		一〇月	「愛知の都市計画（七）」『中央銀行会通信録』二八二号
		一〇月	「第壱回広告議会議事録（一）」『事業と広告』大正一五年一〇月号
		一一月	「愛知の都市計画（八）」『中央銀行会通信録』二八三号
		一一月	「聚落の構成（「郷土都市の話になる迄」の断章の四）～その四　聚落の構成」『都市創作』二巻一一号
		一一月	「第壱回広告議会議事録（二）」『事業と広告』大正一五年一〇月号
		一二月	「交通力学序説「郷土都市の話になる迄」の断章の五）～その一　「混雑」について考える」『都市創作』二巻一二号
		一二月	「愛知の都市計画（九）」『中央銀行会通信録』二八四号
		一二月	「第壱回広告議会議事録（三）」『事業と広告』大正一五年一〇月号
一九二七（昭和二）	三四歳	一月	「小都市主義への実際（「郷土都市の話になる迄」の断章の六）～その三　聚落の消長」『都市創作』三巻一号
		一月	「都市計画茶話」『中央銀行界会通信録』二八六号
		二月	「どんたくばなし（「郷土都市の話になる迄」の断章の七）～その一　墓のはなし」『都市創作』三巻二号
		三月	「どんたくばなし（「郷土都市の話になる迄」の断章の七）～その二　美しき街路」『都市創作』三巻三号

		五月	「市勢一覧の味ひ方(「郷土都市の話になる迄」の断章の八)」『都市創作』三巻五号
		五月	「名古屋に於ける土地区画整理の紹介(一)」『中央銀行会通信録』二八九号
		六月	「市勢一覧の味ひ方(完)(「郷土都市の話になる迄」の断章の八)」『都市創作』三巻六号
		七月	「都市を主題とせる文学(「郷土都市の話になる迄」の断章の九)」『都市創作』三巻七号
		七月	「名古屋に於ける土地区画整理の紹介(二)」『中央銀行会通信録』二九一号
		八月	「都市計画学の方向その他(「郷土都市の話になる迄」の断章の一〇及び断章の一一)」『都市創作』三巻八号
		九月	「都市風景の技巧(「郷土都市の話になる迄」の断章の一二)」『都市創作』三巻九号
		九月	「名古屋に於ける土地区画整理の紹介(三)」『中央銀行会通信録』二九四号
		一〇月	「都市風景の技巧(「郷土都市の話になる迄」の断章の一二)」『都市創作』三巻一〇号
		一〇月	「八事称賛」『都市創作』三巻一〇号
		一一月	「都市風景の技巧　その二(「郷土都市の話になる迄」の断章の一二)」『都市創作』三巻一一号
		一二月	「都市風景の技巧　その三(「郷土都市の話になる迄」の断章の一二)、及び農村計画のテーマ(同断章の一三)」『都市創作』三巻一二号
一九二八(昭和三)	三五歳	一月	「都市は永久の存在であろうか(「郷土都市の話になる迄」の断章の一四)」『都市創作』四巻一号
		一月	「名古屋に於ける土地区画整理の紹介(四)」『中央銀行会通信録』二九八号
		一月一五日	「細工都市(上)」『名古屋新聞』
		一月一六日	「細工都市(下)」『名古屋新聞』
		三月	「都市計画街路網の組み方(「郷土都市の話になる迄」の断章の一五)」『都市創作』四巻三号
		三月二〇日	「気の利いた盛岡市にし度　我国都市計画の権威石川君来盛」『岩手日報』夕刊＊
		四月	「市民倶楽部三相(「郷土都市の話になる迄」の断章の一六)」『都市創作』四巻四号
		五月	「七都行き・前編(「郷土都市の話になる迄」の断章の一七)」『都市創作』四巻五号
		六月	「七都行き・後編(「郷土都市の話になる迄」の断章の一八)」『都市創作』四巻六号
		七月	「郷土都市の話(「郷土都市の話になる迄」の断章の終編)」『都市創作』四巻七号
		八月	「地価の考察その他(「郷土都市の話になる迄」の断章の追補)」『都市創作』四巻八号
		一〇月	「区画整理設計室より」『都市創作』四巻一〇号
		一〇月二二日	「新なごや座談會」『名古屋新聞』
		一一月	「大名古屋都市博覧会報告」『都市創作』四巻一一号
		一一月	「商店街の改善案と正札窓の実施」『広告界』五巻一一号
一九二九(昭和四)	三六歳	一月	「都市を捉へる人」『都市創作』五巻一号
		一月	「年賀状」『都市創作』五巻一号
		二月	「都市会社考課状の研究」『都市創作』五巻二号
		三月	「区画整理換地法案自由換地に就て」『都市創作』五巻三号
		四月	「区画整理組合事業健康診断の標準其他」『都市創作』五巻四号
		四月	「地価を通して名古屋を語る」『名古屋商工会議所月報』二五六号

		五月	「どこへゆく」『共存』五巻一号
		五月	「都市を中心とする電鉄会社の健康診断」『都市創作』五巻五号
		六月	「都市鑑賞東京巣素描（前編）」『都市創作』五巻六号
		六月一六日	「小売商人座談会」『名古屋新聞』＊
		七月	「都市鑑賞東京巣素描（後編）」『都市創作』五巻七号
		八月	「名古屋都市計画第二次事業に付いての技術的考察」『都市創作』五巻八号
		九月	「都市鑑賞・尾張大野」『都市創作』五巻九号
		一〇月	「常識的都市計画法鑑賞（一）」『都市創作』五巻一〇号
		一〇月	「名古屋の区画整理の特質（上）」『都市問題』九巻四号
		一一月	「常識的都市計画法鑑賞（二）」『都市創作』五巻一一号
		一一月	「現代日本における都市計画の方向に関して弓家氏に対する答」『共存』五巻一一号
		一二月	「名古屋の区画整理の特質（下）」『都市問題』九巻五号
		一二月	「常識的用途地域鑑賞」『都市創作』五巻一二号
一九三〇（昭和五）	三七歳	一月	「大都市計画へのユートピアとその都市価値」『都市創作』六巻一号
		一月	「都市に於ける場末帯の作用」『共存』六巻一〇号
		二月	「「集団住宅地」設計技巧と経済効果（上）」『都市創作』六巻二号
		三月四日	「製法秘伝　盛り場読本　第一巻」『名古屋新聞』
		三月五日	「製法秘伝　盛り場読本　第二巻」『名古屋新聞』
		三月六日	「製法秘伝　盛り場読本　第三巻」『名古屋新聞』
		三月七日	「製法秘伝　盛り場読本　第四巻」『名古屋新聞』
		三月八日	「製法秘伝　盛り場読本　第五巻」『名古屋新聞』
		三月九日	「製法秘伝　盛り場読本　第六巻」『名古屋新聞』
		四月	「日本に於ける田園都市の可能」『都市創作』六巻三号
		四月一三日	「こちらは都市美研究會 大街路緑化や都計公園を」『名古屋新聞』
		七月一六日	「名古屋市電の打開策二三（一）」『新愛知新聞』
		七月一七日	「名古屋市電の打開策二三（二）」『新愛知新聞』
		七月一八日	「名古屋市電の打開策二三（三）」『新愛知新聞』
		七月一九日	「名古屋市電の打開策二三（四）」『新愛知新聞』
		八月	「区画整理を始める迄」『都市公論』一三巻八号
		八月	「夜の盛り場の種々相」『都市問題』一一巻二号
		九月	「夜の盛り場の種々相（承前）」『都市問題』一一巻三号
		九月	「中川運河を中心として」『都市公論』一三巻九号
		一〇月	「郊外聚落結成の技巧」『都市公論』一三巻一〇号

		一〇月	「区画整理による郊外統制」『第二回全国都市問題会議④議事要録』
		一一月	「旅ゆく人の為め」『都市公論』一三巻一一号
		一一月七日	「街路を演舞場とするお祭りの製造」『岩手日報』夕刊
		一二月	「最高地価の諸相と地価による名古屋の構造—集落研究の一節」『都市問題』一一巻六号
		一二月	「名古屋の区画整理は何をしたか」『都市公論』一三巻一二号
一九三一（昭和六）	三八歳	一月	「区画整理換地清算の一法」『都市公論』一四巻一号
		一月	「大都市は「独裁性」にあるか「崩壊性」にあるか」『共存』七巻一号
		一月	「照明効果と明日の都市照明」『照明学会雑誌』一五巻一号
		一月	「都市計画の企業化、その他」『名古屋商工会議所月報』二七二号
		二月	「都市計画に於ける郷土主義の余地」『郷土』四号
		二月	「『都市計画から』際限なく—座談風に」『愛知之自治』一七巻二号
		三月	「都市計画的物の考え方」『都市公論』一四巻三号
		五月	「区画整理至上主義」『都市公論』一四巻五号
		六月	「山陽の五都行脚」『都市公論』一四巻六号
		七月	「一都市内の地価の研究　集落研究の一節」『都市問題』一三巻一号
		七月	「区画整理誘導講話の順序　県市の区画整理係に贈る」『都市公論』一四巻七号
		七月	「都市と燃料」『燃料協会誌』一〇年七号
		七月	「都市計画の諸問題」『都市公論』一四巻七号
		八月	「どんたく話—散策編」『都市公論』一四巻八号
		八月	「大都市の構造を見る三つの角度」『郷土科学』一〇号
		九月	「都市計画の巨人達をたづねて」『都市公論』一四巻九号
		一〇月	「風景愛護外客誘致の座談会」『名古屋商工会議所月報』二八一号＊
		一一月	「区画整理換地規程に於いて唱ひ置く可き要項—昭和六年度都市計画講習会出席に贈る」『都市公論』一四巻一一号
		一一月	「大都市の構造を見る三つの角度」『郷土科学』一一号
		一一月	「都市人口増加を支配するもの—都市の習性」『都市問題』一三巻五号
		一二月	「区画整理事業安全率推定（区画整理誘導講話の順序。「その二」への追補）」『都市公論』一四巻一二号
一九三二（昭和七）	三九歳	一月	「地方計画に於ける手法」の鑑賞」『都市公論』一五巻一号
		一月	「工業適地としての名古屋」『名古屋商工会議所月報』二八三号
		二月	「地方計画に於ける手法」の鑑賞（中）」『都市公論』一五巻二号
		三月	「地方計画に於ける手法」の鑑賞（下）」『都市公論』一五巻三号
		四月	「村落計画手記—地方計画の細胞として」『都市公論』一五巻四号
		四月	「廣小路伯爵」島洋之助編『百萬・名古屋』名古屋文化協会
		四月一二－一四日	「盛り場復興座談會」（上・中・下）『名古屋新聞』

		六月	『都市動態の研究　郷土科学パンフレット第三集』刀江書院
		六月	「名古屋市の交通問題とその対策」『都市公論』一五巻六号
		六月	「人文地理的角度から―都市力学の演習」『都市公論』一五巻六号
		八月	「盛り場計画のテキスト―夜の都市計画」『都市公論』一五巻八号
		八月	「必要なれども歓迎されざる」施設に対する位置及設備に就て」『第三回全国都市問題会議総会六議事要録』
		九月	「内海の二都―都市鑑賞記」『都市公論』一五巻九号
		一二月	「都市路上を中心とする市民交歓生活の変遷(上)」『都市公論』一五巻一二号
一九三三(昭和八)	四〇歳	一月	「都市路上を中心とする市民交歓生活の変遷(下)」『都市公論』一六巻一号
		一月	「商店街更正試案一つ」『名古屋商工会議所月報』二九五号
		五月	「交通量と人口及び交通量相互の関係　交通量の概念(上)」『都市問題』一六巻五号
		六月	「交通量と人口及び交通量相互の関係　交通量の概念(下)」『都市問題』一六巻六号
		六月	「名古屋に於ける区画整理の本態」『都市公論』一六巻六号
		九月	「ドンタク話―或老人の昔話」『都市公論』一六巻九号
		一〇月	「盛り場のテキスト補追―ショウインド指導手引き」『都市公論』一六巻一〇号
一九三四(昭和九)	四一歳	一月	「支那都市計画考」『都市公論』一七巻一号
		二月	「支那都市計画考(二)」『都市公論』一七巻二号
		三月	「新京都計画是非」に追記す」『都市公論』一七巻三号
		四月	「和田倉門前「ロータリー式交通整理」」『都市公論』一七巻四号
		五月	「狩野君を憶ふ」『都市公論』一七巻五号(※阿伎生名義)
		七月	「都易習断『静岡の巻』」『都市公論』一七巻七号
		八月	「戯易『都相の巻』」『都市公論』一七巻八号(※栄耀軒名義)
		八月	「街路構造令の「老い」」『エンジニア』一三巻八月
		八月二四日	「近代都市発展のコツはどこに!?」『大阪朝日新聞』石川版＊
		一〇月	「街路の「照明施設合理化」に対する都市計画的考察」第四回全国都市問題会議事務局
		一〇月	「都市鑑賞記「金沢、慶州、京城」」『都市公論』一七巻一〇号
		一一月	「都市鑑賞記「金沢、慶州、京城」」『都市公論』一七巻一一号
		一一月	「京城商工業振興の一策」『京城商工会議所経済月報』二二七号
		一一月	「盛り場並主要商店街に対する二、三の提案」『都市問題』一九巻六号
一九三五(昭和一〇)	四二歳	三月	『都市計画要項』三重高等農業学校
		三月	「盛場の研究」『エンジニア』一四巻三号
		三月	「都市計画の角度から見た広島の発展策」『広島商工会議所月報』一五巻三号
		三月	「電燈数の増減」と「都市の諸性質」との關係(上)」『マツダ新報』二二巻三号
		四月	「盛場の研究」『エンジニア』一四巻四号

		四月	「広島の盛場及商店設備に就て」『広島商工会議所月報』一五巻四号
		五月	「盛場の研究」『エンジニア』一四巻五号
		五月	「都市美構造に於けるルネサンス技法の展開（試稿）」『都市公論』一八巻五号
		五月	「広島の盛場及商店設備に就て」『広島商工会議所月報』一五巻五号
		六月	「都市計画の角度から見た広島の発展策　工場誘致―盛り場計画―観光計画」広島商工会議所編『盛り場視察記念会誌』
		六月	「「電燈數の増減」と「都市の諸性質」との關係（下）」『マツダ新報』二三巻六号
		七月	「都市美構造に於けるルネサンス技法の展開（試稿）」『都市公論』一八巻七号
		八月	『「商店街盛場」の研究及其の指導要項』商工省
		八月	「盛場の価値と技術家の立場」『エンジニア』一四巻八号
		九月	「路上工作物に関する件」（第二回全国都市計画協議会記録）『都市公論』一八巻九号
		九月	「不知火抄―福岡、別府、熊本、長崎、佐賀、唐津」『都市公論』、一八巻九号　（※Q亭名義）
		九月二〇日	「盛り場変遷史 銀座や渋谷は将来どうなる」『東京朝日新聞』
		一〇月	「都市美構造に於けるルネサンス技法の展開（試稿）」『都市公論』一八巻一〇号
		一一月	「都市美構に於けるルネサンス技法の展開（試稿）」『都市公論』一八巻一一号
		一二月	「わしが国さ―都市計画東京地方委員会執務報告」『都市公論』一八巻一二号（※Q亭名義）
		一二月	「『東京の建築を語る』座談会」『都市美』一三号＊
		一二月	「どんな看板を選ぶ可きか　店頭看板再吟味」『商店界』一五巻一二号
		一二月	「新宿の安定率」『エンジニア』一四巻一五七号
		一二月	「拾った話―痴笑道場老人閑話」『技術日本』一六〇号
一九三六（昭和一一）	四三歳	一月	「簡易なる都力測定法」『都市公論』一九巻一号
		一月	「商店街・盛り場の理論と計画と経営」『販売科学』一五年一号
		一月	「舞台式の店がまへ」『店』二巻一号
		一月	「話になる話―どんたく亭老人閑話」『技術日本』一六一号
		二月	「簡易なる都力測定法（承前）」『都市公論』一九巻二号
		二月	「商店街・盛り場の理論と計画と経営」『販売科学』一五年二号
		三月	「簡易なる都力測定法（承前）」『都市公論』一九巻三号
		三月	「商店街・盛り場の理論と計画と経営」『販売科学』一五年三号
		三月	「駅前廣場の設計」『土木建築雑誌』一五巻三号
		四月	「簡易なる都力測定法」『都市公論』一九巻四号
		四月	「商店街・盛り場の理論と計画と経営」『販売科学』一五年四号
		四月	「新版盛り場読本」『商業都市美』一巻一号
		七月	「東京都市計画にて当面したる二三の問題」『土木学会』
		七月	「盛り場診療場」『商業都市美』一巻三号

		七月	「銀座の座談会」『商業都市美』一巻三号
		八月	「都市計画に於ける保健問題—併せて本邦都市計画に於ける非生産部門の発展を観る」『都市問題』二三巻二号
		八月	「『盛り場照明』読本（上）」『マツダ新報』二三巻八号＊
		九月	「鮮満都市風景」『都市公論』一九巻九号
		九月	「田代・東山公園・公園祭」『区画整理』二巻九号
		九月	「『盛り場照明』読本（中）」『マツダ新報』二三巻九号＊
		一〇月	「鮮満都市風景（二）」『都市公論』一九巻一〇号
		一〇月	「都市保険問題に関し都市計画の反省及びこの結果としての地方行政の更新について」『第五回全国都市問題会議』
		一〇月	「『盛り場照明』読本（下）」『マツダ新報』二三巻一〇号＊
		一〇月	「大雪抄」長長成編『持寄文集』名古屋公衆図書館読話会
		一一月	「盛り場に於ける場力の簡易なる測定法」『都市公論』一九巻一一号
		一一月	「最近の都市計画に於ける、二、三の問題」京城都市計画研究会編『朝鮮都市問題会議録』
		一一月	「名士の観た風致地区　風致地区誌上座談会（一）」『風致』一巻三号
		一二月	「盛り場に於ける場力の簡易なる測定法（二）」『都市公論』一九巻一二号
		一二月	「商店街に於ける最近の動向」『横浜商工会月報』二一号
		一二月	「新春年賀状風景」『店』二巻一二号（※石川栄耀の年賀状が紹介されている）
			『都市計画要項　前篇』（講述）
一九三七（昭和一二）	四四歳	一月	「商店街盛り場について」照明学会編『照明日本』
		一月	「鮮満都市風景（三）」『都市公論』二〇巻一号（※琥亭名義）
		二月	「うえむぶれい記」『都市公論』二〇巻二号（※琥亭名義）
		三月	『「商店街盛場」の研究及其の指導要項』大阪市産業部
		四月	「風車抄—アムステルダム国際都市計画会議の追憶」『都市公論』二〇巻四号（※鮭助名義）
		五月	「風車抄—あむすてるだむ国際都市計画会議」『都市公論』二〇巻五号（※Q亭名義）
		五月	「名古屋都市計画公園　第一期」『公園緑地』一巻五号
		五月	「都市美運動の精神部門への展開—区心建設、その他」都市美協会編『現代之都市美』
		六月	「峡湾抄」『公園緑地』一巻六号
		八月	「随筆紀行　峡湾抄　続」『公園緑地』一巻八号
		八月	「都市美運動の精神部門への展開」『都市美』二一号
		九月	「街路上の電柱其の他工作物の統制整理に関する件他一件」（第四回全国都市計画協議会記録）『都市公論』二〇巻九号
		一〇月	「区画整理の基礎問題」『都市公論』二〇巻一〇号
		一二月	「区画整理—事始め　東京都市計画地方委員会」『区画整理』三巻一二号
		一二月	『盛り場の照明』照明学会照明知識普及委員会
一九三八（昭和一三）	四五歳	一月	「都市の健康診断　どんな市が栄えどんな市が衰へるか」『実業の日本』四一巻二号

		三月	「都市計画地方委員会技師論」『都市公論』二〇巻三号（※文徐行名義）
		四月	「興亜都市計画の定型」『土木日本』一巻四号
		五月	「都市計画は何処へ行く」『建築と社会』二二巻五号
		六月	「主題主義地方計画の提唱」『都市公論』二一巻六号
		九月	「都市計画再建の要項」（都市計画の基本問題（上））『第六回全国都市問題会議　総会文献・一　研究報告』
		一〇月	「商店街の構成」東京商工会議所編『商業経営指導講座第一巻』
		一〇月	「人口再分布技術としての都市計画の能力限界」『第一回人口問題全国協議会報告書』
		一〇月	「都市計画再建の要項／都市計画の基本問題に就て」『都市問題』二七巻四号
		一〇月	「技術放言」『技術日本』一九〇号
		一一月	「盛り場風土記」『都市公論』二一巻一一号
		一二月	「盛り場風土記（中）」『都市公論』二一巻一二号
一九三九（昭和一四）	四六歳	一月	「大都市の疎開問題と都市計画の能力限界」『区画整理』五巻一号
		一月	「盛り場風土記（下）」『都市公論』二二巻一号
		一月	「帝都の飛行場計画」『公園緑地』三巻一号
		一月	「新宿駅前広場を語る」『都市美』二八号
		一月	「人口分布の拠点としての都市の諸性質」『区画整理』六巻一号
		三月	「東京緑道計画解説」『公園緑地』三巻・二、三合併号
		三月	「上海報告（盛り場と照明（Ⅰ））」『照明学会誌』二三巻三号
		四月	「江戸「市井」年表」『都市公論』二二巻四号
		四月	「百年後の都市の形態をかく考える」『科学画報』二九巻四号
		四月	「上海報告（盛り場と照明（Ⅱ））」『照明学会誌』二三巻四号
		五月	「江戸「市井」年表（二）」『都市公論』二二巻五号
		五月	「上海報告（盛り場と照明（Ⅲ））」『照明学会誌』二三巻五号
		七月	「映画館経営臨地検討座談会」『国際映画新聞』
		八月	「第一四編　都市計画」倉橋藤治郎編『土木工学最近の進歩』
		九月	「灯亭綺談」『マツダ新報』二六巻九号
		九月二五日	「都市計画」『朝日新聞』
		一一月	「都市美と広告の関係　広告効果とモラル」『広告研究　昭和一四年版』
		一一月	「宮城外苑地下道計画案」『道路』一巻七号　山田正男との共著
		一二月	「大東京都市計画の基礎問題」『東京市都市計画に関する講義録』
			「興亜期に於ける京城の都市計画」『工事の友』一一巻四号
一九四〇（昭和一五）	四七歳	一月	「都市計画最近の進歩」『区画整理』六巻一号
		二月	「植民地に映画センターを建設せよ」『国際映画新聞』二六四号

		三月	「地方映画館繁栄策はここから　第六回映画館臨地検討座談会」『国際映画新聞』二六五号＊
		四月	「都市計画最近の進歩」『区画整理』六巻四号
		四月	「商店街支持力としての都力の問題」『経済集誌』一二巻五・六号
		四月	「大東京の産業立地的考察」『東京市産業時報』六巻四号
		四月	「百年後の理想都市」『科学画報』二九巻四号
		五月	「住居法制定の是非」『都市問題』三〇巻五号
		六月	「現代盛り場価値論　附・東京の盛り場」『都市美』三〇号
		六月	「随筆續灯亭綺談」『マツダ新報』二七巻六号
		七月	「廣告に於ける色彩論序説」『三田広告研究』一八号
		八月	「地方計畫か國土計畫か」『土木工学』九巻八号
		八月	「国土計画の農業との関連に於て」『農村工業』七巻八号
		八月	「大東京地方計画と高速度自動車道路」『道路』二巻八号
		八月	「都市計画における保健問題」『都市問題』三一巻二号
		九月	「大東京地方計画と高速度自動車道路（承前）」『道路』二巻九号
		九月	「工業文化と都市」『建築と社会』二三巻九号
		九月	「防空と緑地」『公園緑地』四巻九号
		九月	「殷賑産業労働者住宅整備に関する件、官公庁前庭美化に関する件」『都市美』三一号
		九月	「本邦各都市に於ける工場誘致の概況」『経済集誌』一三巻二号
		九月	「大東京地方計畫と高速度自動車道路（承前）」『道路』二巻九号
		一〇月	「国土計画方法試論　本邦都市発達の動向と其の諸問題（下）」『第七回全国都市問題会議　総会文献・研究報告二』
		一〇月	「國土計畫と都市信託會社」『経済マガジン（秋季特別號）』
		一一月	「都力測定及都力より見たる日本の国土構造」『都市公論』二三巻一一号
		一一月	「大都市分散論」『技術評論』二一五号
		一一月	「大都市是非論」『都市問題』三一巻五号
		一一月	「修正される工業立地学」『工業国策』三巻一一号
		一一月	「防空都市を正導するは都市美運動の新しき態度である」『都市美』三二号
		一二月	「横山君」木村英夫編『横山信二君』
一九四一（昭和一六）	四八歳	一月	「大東京地方計画方法論」『第三回人口問題全国協議会報告書』
		一月	「国土計画と商店街」『商工経済』一一巻一号
		一月	「国土計画及び地方計画の当面せる諸問題」『都市公論』二四巻一号
		一月	「大都市限度論―大東京の国土計画的処理に対する参考」『都市問題』三二巻一号
		一月	「大陸都市計画に就て」『都市美』三三号
		一月	「「国土計画はものになるか」―東北の山村の児友に」『道路』三巻一号

一月	「國土計畫はものいなるか」『道路』三巻一号
一月一八日	「防空日本の再建(上)」『読売新聞』
一月二一日	「防空日本の再建(下)」『読売新聞』
二月	「国土計画の最終課題たる「生活計画」に就て」『農村工業』八巻二号
二月	「国土計画と工業の再配置―吉田秀夫氏の諸説に答えて」『都市問題』三二巻二号
三月	『日本国土計画論』八元社
三月	「帝都防空都市計画試案」『土木学会誌』二七巻三号
三月	「帝都高速度交通営団法案」『都市問題』三二巻三号
三月	「國民建築の課題」『科学画報』三〇巻三号
三月	「防空都市計畫に就て」『技術向上』第六輯
四月	『防空日本の構成』天元社
四月	「空の要塞」『防空事情』三巻四号
四月	「国民厚生と観光事業」『観光』一巻二号
四月	「陸軍徴募区の改正」『都市問題』三二巻四号
四月	「国民学校令の発布」『都市問題』三二巻四号
四月	「防空談叢」『東亜聯盟』三巻四号
四月	「國土防衛の緊急對策」西野旗生『一億人の防空』金星堂
四月	「日本のジークフリード線―旧友に送る手紙」『道路』三巻四号
五月	「屋外広告物に関する座談会」『都市美』三四号
五月	「国土計画の主要課題―生活圏構成に関する試案(人口、民族、国土)」『第四回人口問題全国協議会　報告書(上)』
五月	「防空計畫と工業立地」『経済マガジン(創刊四周年記念號)』
六月	「英國防空技術覺書」『マツダ新報』二八巻六号
六月二七日	「強みは都市分散」『読売新聞』
七月	「防空の書」『防空事情』三巻七号
七月	「「防空都市文化の日本的性格」を語る」『都市美』三五号
七月	「防空都市論」『東亜聯盟』三巻七号
七月	「國土計畫の最終課題たる「生活計畫」に就て」『農村工業』八巻七号
八月	「上海　都市計画人吉村辰夫君をしのぶ」『都市公論』二四巻八号(※栄耀生名義)
八月	「人口の心的資質と都市計画」『人口問題』四巻一号
八月	「国土計画に於ける農村工業の位置」『農村工業』八巻八号
九月	「巻頭言」『都市美』三六号
九月	「戰爭と都市計畫」『土木技術』二巻九号
一〇月	『都市計画及国土計画』工業図書

		一〇月	「帝都防空と国土計画」『中央公論』五六巻一〇号
		一〇月	「国家要請としての国土計画」『早稲田大学新聞』二二四号
		一〇月	「国土局以後」『都市公論』二四巻一〇号（※文傜行名義）
		一〇月	「防空と家庭」『東亜聯盟』三巻一〇号
		一〇月	「理想工場都市は出現するか」三〇巻一〇号
		一一月	「防空施策の体系」『防空事情』三巻一一号
		一一月	「大都市の生活環境と科学」『都市美』三七号
		一一月	「国土計画に於ける文化配分と映画」『国際映画新聞』
		一一月	「高速度道路と国土防衛」『道路』三巻一一号
		一一月	「無資材防空に於ける精神防空」『帝国教育』七五七号
		一二月	「國土計畫の實態」『科学人』一二月号
		一二月	「『世界最終戰論』考」『東亜聯盟』三巻一二号
		一二月	「都市失樂園史—高度國防と現代都市の形態」『知性』四巻一二号
一九四二（昭和一七）	四九歳	一月	「都市形態の新しき構想」『国土計画』一巻一号
		一月	「潜水艦五隻未だ還らず」『都市美』三八号
		一月七日	「国土・都市計画」『読売新聞』
		一月九日	「南方の都市」『読売新聞』
		二月	「都市と防空」『照明』八巻一号
		二月	「工場防空談抄」『マツダ新報』二九巻二号
		三月	『増補改訂　日本国土計画論』八元社
		三月	「大東亜国土計画の構想」『土木技術』三巻三号
		三月	「国土計画と交通問題」『汎交通』四三巻三号
		三月	「国土計画に就いて」『会報土木工業』四巻三号
		三月	「大東亜の国土計画を語る」『ダイヤモンド』三〇巻九号＊
		四月	「防空都市計画は恒久国家計画たれ」『防空事情』四巻四号
		四月	「カンペラの都市計画」『南方技術』一号
		四月	「『国土計画の新構想』座談会」『文藝春秋』一九四二年四月号＊
		四月	「南方都市の構想」『道路』四巻四号
		五月	「防空文化と教育」『帝国教育』七一三号
		五月	「川島大佐を囲んで南方の都市を語る」『都市美』三九号
		五月一四日	「夢の南図」『日本工業新聞』
		六月	『戦争と都市（国防科学新書Ⅰ）』日本電報通信社
		六月	「南方都市計画への提言」『都市問題』三四巻六号

		六月	「國土計畫は照明に呼びかけてゐる」『照明』八巻三号
		六月	「衛星都市抄」清水彌太郎編『好日随想』光風館
		七月	「国土計画と水道部門」『水道協会雑誌』一一〇号
		七月	「国土計画に於ける瓦斯の問題」『帝国瓦斯協会雑誌』三一巻四号
		七月	「都市形態の新しき構想」『国土計画』一巻一号
		七月	「殘置燈異聞」『照明』八巻四号
		八月	『国土計画：生活圏の設計(河出書房科学新書三八)』河出書房
		一〇月	「地方計画実現途上の諸問題」『第八回全国都市問題会議』
		一〇月	「長野地方の国土計画価値の吟味」『官界公論』八巻三八号
		一〇月	「中支工業合作社運動に就いて—上海地方計画の参考」『都市問題』三五巻四号
		一〇月	「國土計畫から觀た住宅問題」『経済マガジン(一〇月特大號)』
		一一月	「江戸の照明を聞く」『照明』八巻八号
		一一月	「大陸覚え書—獏老人雑話集の中」『照明』八巻八号
		一一月	『国土計画の実際化』誠文堂新光社
		一一月	「関東平野に於ける生活圏の実相」『人口政策と国土計画』刀江書院
			「都市計画国土計画に至る」『新文化論講座第五巻 都市と農村』刀江書院
一九四三(昭和一八)	五〇歳	一月	「上海報告—闘う国土計画」『道路』五巻一号
		一月	「都市の戰時照明」『照明』九巻一号
		二月	「大都市疎開の第二段階」『文藝春秋』二一巻二号
		三月	『都市の生態』春秋社
		三月	「『国土計画と地方都市建設』座談会」『官界公論』九巻九四号＊
		四月	「国土計画と東京港及東京「都」」『東京港』七巻四号
		四月	「「国土計画」と「帝都」と「都制」」『市政研究』三輯
		五月	「ファシズモと国土計画」『イタリア』三巻三号
		五月	「国土計画と交通統制」『鉄道軌道統制会報』二巻五号
		五月	「爆彈に弱い米國都市」『月刊讀賣』一巻一号
		五月九日	「国土計画と生活圏」『読売新聞』
		六月	『国土計画と土木技術』常盤書房
		六月	「国土計画と生活圏」『区画整理』九巻六号
		六月	「大都市処理と都市経営問題」『都市問題』三六巻六号
		六月	「農村的都市の構想」『農業世界』三八巻六号
		七月一日	「東京都の構想雑感(上)」『読売新聞』
		七月二日	「東京都の構想雑感(下)」『読売新聞』

		八月	「大都市疎開に対する技術主導論」『技術評論』二〇巻七号
		八月	「大東亜国土計画と文教基地建設」『帝国教育』七七八号
		八月	「都市整地事業の国土計画的反省」『官界公論』九巻九八号
		八月	「防空都市計畫要領」『防空教材 第五輯 防空土木』大日本防空協会
		九月	「防空文化の確立」『科学思潮』二巻九号
		一〇月	「人口疎散と國土計畫」『実業の日本』四六巻二〇号
		一〇月	「防空と皇国都市」『ダイヤモンド』三一巻三〇号
		一〇月一七日	「疎散は建設(上)」『読売新聞』
		一〇月一九日	「疎散は建設(下)」『読売新聞』
		一一月	「地方工業都市を中心とする都市財政の吟味」『官界公論』九巻一〇〇号
		一一月	「來年の生活設計　家・街・國土」『月刊讀賣』一巻七号
		一一月	「疎散經濟學の必要—(防空講座)」『経済マガジン(一一月號)』
		一二月	「都市住民の生活實態より見たる人口疎開問題」『人口問題』六巻三号
			「国土計画に於ける生活圏の問題」『民族科学研究』一号
一九四四(昭和一九)	五一歳	一月	「名古屋市民に贈る疎開問題」『産業之日本』一八巻一号
		一月	「決戰と道路」『道路』六巻二号
		二月	「座談會　都市をどう疎開するか」『実業の日本』四七巻三号
		二月	「国土計画と学園の疎開」『帝国教育』七八四号
		二月一九日	「都市要塞化(上)崖地を利用　造れ地下街」『東京朝日新聞』
		二月二〇日	「都市要塞化(下)士気昇揚に飾窓を利用」『東京朝日新聞』
		三月	『皇国都市の建設』常磐書房
		三月二四日	「都会—田舎 疎開は建設なり」『読売新聞』
		六月	「北陸地方に於ける国土計画上の課題」『商工経済』一七巻六号
		六月	「防空の中に生活あり」『婦人之友』三八巻六号
		七月	『国防と都市計画』山海堂
		七月二三日	「道路は防塁」『読売新聞』
		一一月	「大都市の決戰形態」『道路』六巻一〇号
		一一月	「決戰都市の學校配置」『教育維新』四巻一号
			「建築物を中心とする疎開に於ける問題の所在」『住宅研究資料』第二三輯(昭和一八年一〇月一一日講演)
			「都市住民の生活実態より見たる人口疎開問題」『人口問題』六巻三号
一九四五(昭和二〇)	五二歳	一月四日	「帝都改造案」『朝日新聞』
		一月四日	「完勝都市大東京」『読売新聞』
		三月	「地下生活についての問題」『婦人之友』三九巻三号

		六月一七日	「帝都を〝戦う村〟に」『朝日新聞』
		八月五日	「実現近い〝戦時住区〟」『朝日新聞』
		八月二七日	「帝都再建の途を聴く」『朝日新聞』
		一〇月	「住宅問題の新しき方途―（座談會）」『婦人之友』三九巻一〇号
		一一月	「新日本国土計画への展望」『道路』七巻二号
		一二月	「「戦災都市復興諸問題」座談会」『道路』七巻三号
		一二月	「帝都復興改造案要旨（一）」『復興情報』一巻一号
一九四六（昭和二一）	五三歳	一月三日	「東京復興計画」『朝日新聞』
		一月	「大都市復興方法論：区画整理か復興会社か」『実業之日本』四九巻一号
		一月	「東京都の復興プラン」『科学世界』二一巻一号
		一月	「帝都復興の新構想」『総合雑誌現代』二七巻一号
		一月	「美しい街」『少年クラブ』三四巻一号
		一月	『新生日本の国土計画』日本商工経済会
		二月	「東京都の復興プラン」『科学世界』二一巻二号
		二月	「帝都復興と都市美の問題」『月刊読売』四巻二号
		二月	「当局の国土計画」『光』二巻二号
		二月	「国土再建の課題」『土木建築情報』一巻一号
		二月	「復興計画と土地問題」『土木建築情報』一巻一号
		三月	「大東京復興物語」『世界文化』一巻二号
		三月	「復興帝都の交通」『交通クラブ』一巻一号
		四月	『新首都建設の構想（建設叢書）』戦災復興本部
		四月	「帝都復興計画に於ける緑地計画」『復興情報』二巻四号
		四月	「文化日本の国土計画と産業」『潮流』一巻四号
		四月	「東京復興物語」『科学の世界』一巻二号
		五月	「住宅：新小住宅の構想」『婦人春秋』一巻三号
		六月	「帝都改造計画の構想」『土木技術』一巻一号
		七月	「理想の首都」『日本週報』三〇、三一合併号
		七月	「紫外線と生活―紫外線の中の住宅」『生活科学』四巻五号
		八月	「東京復興計画とその主構想」『水道協会雑誌』一四四巻八号
		九月	「帝都復興都市計画の展望」『都政時報』一号
		九月	「文化建設都市計画の手法論」『復興情報』二巻九号
		九月	「復興の構想：東京都復興計画の興味点」『トップライト』一巻三号
		九月	「家をめぐる都生活座談会」『東京新聞』（九月一二日～一九日、全七回）＊

		九月一四―一五日	「新生名古屋を語る」(上・下)『名古屋タイムズ』
		一〇月	『都市復興の原理と実際』光文社
		一一月	「十年後の日本はどうなるか　よみがへる都市の姿」『キング』二二巻一〇号＊
		一二月	「農業と復興都市計画」『新農芸』一巻九号
		一二月一八―一九日	「名古屋市民の肩を叩いて―復興助言」(上・下)『名古屋タイムズ』
一九四七(昭和二二)	五四歳	一月一日	「都市計画の夢と実際」『建設工業新聞』二六二号
		一月一日	「東洋のシカゴ建設　廿年後のナゴヤ」『中部日本新聞』
		一月	「美しい街」『少年クラブ』三四巻一号　指導
		一月	「二〇年後の大東京」『出版天国』一号
		一月	「帝都復興計画と観光事業」『観光』四号
		一月	「都市復興はどうなる?：都市計画公聴会」『生活科学』五巻一、二号
		一月	「復興都市計画と映画センタア」『キネマ旬報』九号
		一月	「帝都復興計画に伴ふ地方計画」『道路』九巻一号
		一月	「グラフ：二〇年後の東京」『少国民世界』二巻一号
		一月	「観光都市東京の新構想」『観光』
		一月	「東京復興計画に於ける緑地計画」『公園緑地』九巻一号
		一月一〇日	「住みよい東京を造る座談会一」『東京都民新聞』＊
		一月一一日	「住みよい東京を造る座談会二」『東京都民新聞』＊
		一月一二日	「住みよい東京を造る座談会三」『東京都民新聞』＊
		一月一四日	「住みよい東京を造る座談会四」『東京都民新聞』＊
		一月一五日	「住みよい東京を造る座談会五」『東京都民新聞』＊
		一月一六日	「住みよい東京を造る座談会六」『東京都民新聞』＊
		一月一七日	「住みよい東京を造る座談会七」『東京都民新聞』＊
		二月	「帝都復興都市計画の報告と解説」『新建築』二二巻一号
		二月	「土木：楽しい街路」『科学朝日』七巻二号
		三月	「新都市の構法」『新都市』一巻一号
		四月	「都市計画の角度から：商店街を考える」『商店界』二二巻三、四号
		五月	「東京復興計画を中心とする国土計画の展開」『新地理』一巻一号
		六月	「帝都復興の実態」『土木建築情報』一巻六号
		六月	「これからの屋外広告に就て」『都市美新聞』一号
		七月	「美しい町：復興をどう美しくするか」『新文庫』一巻二号＊
		八月	「公益広告の提唱」『都市美新聞』二号
		九月	「都市計画は法律に餓へる」『法律新報』七三八号

		九月	「観光と商業地区の設計」『商店界』二巻九号
		一〇月	「二つの星―美観通りと文化協会」『都市美新聞』四号
		一〇月	「第五都市計画の問題」『新都市』一巻一〇号
		一〇月	「世界の都づくり」『ひろば』二巻二号
		一〇月	「空白」『都市美新聞』五号
		一一月	「日本の色」『都市美新聞』六号
		一一月一日	「観光日本のセンター　銀座復興の諸計画」『銀座新聞』一三号
一九四八(昭和二三)	五五歳	一月	『私達の都市計画の話』兼六館
		一月	「東京復興都市計画を中心として大都市形態の論及」『新都市』二巻一号
		二月	「都市のいろいろ」『科学の世界』一、二月号
		二月	「新春にのぞむもの」『綜合宣伝』三巻四号
		三月	「二十年後の東京：夢の実現」『科学の友』四巻三号
		五月	「座談会：観光地の繁栄策を語る」『商店界』三巻五号
		五月	「都市計画から見た夢の東京」『丸』一巻三号
		五月	「私たちの都市計画」『赤とんぼ』三巻五号
		九月	「世界の形から：国土の基本形態と国土計画」『科学世界』二二巻八号
		一〇月	「商店組合の進み方：これからの商店街」『ナショナル・ショップ』二巻一〇号
		一一月	「御遠慮施設物語」『朝日評論』三巻一一号
		一二月	「新しき都市計画」『公衆衛生学雑誌』五巻二号
			『大都市形態論』
一九四九(昭和二四)	五六歳	一月	「国土形態試論(一)」『新都市』三巻一号
		一月	「御遠慮施設物語」『社会の動き』四巻一号
		一月	「都市計画の展望」『新都市』三巻一号＊
		一月	「生活のなかの子供　衣・食・住：すまい」『新しい教室』四巻一号
		一月	「自動車燃料税(ガソリンゼイ)はどのように考えられて居るか」『自動車』六巻一号
		一月	「社会見学　東京都建設局長石川栄耀先生に「都市計画」のお話しをきく」『月刊私たちの社会科』二巻一号
		二月	「国土形態試論(二)」『新都市』三巻二号
		二月	「世界首都物語」『新星』二巻六号
		二月一〇日	「鼎談会　二〇年後のトーキョー」『東京日日新聞』＊
		三月	『社会科文庫　都市計画と国土計画』三省堂
		三月	「私の商店街の構想」『商店界』三〇巻三号
		三月	「明日の日本の都市」『新都市』三巻三号
		三月	「観光と都市計画」東京都総務局観光課編『観光の理論と実践(第一回観光講座全集)』

		四月	「都市計画今日の展望：現場報告」『新都市』三巻四号
		六月	「都市美と人生」『女性線』六号
		七月	「日曜抄」『都政人』 三号
		八月	「酒と民主主義」『官界』一一巻八号
		八月	「明日の日本の都市」建設省『明日の住宅と都市』彰国社
		九月	「都市発見」『ニューエイジ』一巻九号
		一〇月二二日	「国土開発と電力資源」『東京日日新聞』
			『東京復興都市計画設計及解説』（学位請求論文）東京大学
			「東京復興都市計画の一部としての広告計画覚書」『広告研究』（※石川栄耀の学位論文に付属していた参考資料）
一九五〇（昭和二五）	五七歳	一月	「理想都市の設計」『世界評論』五巻一号
		四月	「東京さかり場談義」『東京だより』九号
		四月二六日	「待合趣味の一掃　石川栄耀氏の注文　観光大学設けよ」『東京日日新聞』
		五月二〇日	「新しい都市設計のあり方　イサム・ノグチ氏を囲んで」『東京日日新聞』＊
		六月一日	「厖大な首都建設法　来る四日住民投票　産みの親石川都建設局長にきく」『東京日日新聞』＊
		六月三日	「軍事基地など悪質なデマだ　石川都建設局長にきく」『読売新聞』
		六月	「獨歩公園」『文藝小誌』一巻一号
		八月	「首都建設法に就て」『東商』四一号
		八月	「首都建設法はなぜ生れたか」『都政通信　首都東京の建設特集』
		八月	「首都建設法と東京の港湾（試論）」『港湾』二七巻八号
		八月	「火事の生態」『日本評論』二五巻八号
		九月	「首都建設法で東京はどう変わるか」『中学時代』二巻九号
		一〇月	「新東京びっくりお話会　むかしの東京　みらいの東京」『少年』五巻一〇号
		一〇月	「都市美技法の展望」『生産研究』二巻一〇号
		一一月	「首都建設計画の主題目」『新都市』四巻一一号
		一一月	「首都建設法の展望」『土木技術』五巻一一号
		一二月	「名都の条件」『Hotel Review』一巻八号
		一二月	「終端施設の構想」『生産研究』二巻一二号
		一二月	「都市の立場から見た東京の発達過程」都市文化研究会編『東京発達史：東京を中心とする都市と交通の史的研究』
		一二月二五日	「花で飾る大東京　石川都建設局長談」『読売新聞』
一九五一（昭和二六）	五八歳	一月	「Reconstruction of Tokyo An Interim Report」『COMTEMPORARY JAPAN』
		一月	「明日の道路」『道路』一三巻一号
		二月	「東京新名所」『東京だより』一九号
		三月	『都市計画及国土計画　改訂版』産業図書

		六月	『都市美と広告』日本電報通信社
		六月	「都市美試論」『新都市』五巻六号
		六月	「都市の美しい装い」『毎日グラフ』四巻一六号＊(※丹下健三との対談)
		六月	「名都抄」『旅』二五巻九号
		六月	「ラジオ勝手話」『放送文化』六巻六号
		七月	「国立公園余談」『国立公園』二〇号
		九月	「復興より建設へ」『道路』一三巻九号
		九月	「日本の復興と資源―開発綜合国土計画のあり方」『東洋経済新報』二四八九
		九月	「誰か東京を唄う」『東京だより』二七号
		一〇月	「三十年後の東京」木村毅編『東京案内記』黄土社書店
		一〇月	「若き日の名古屋」『新都市』五巻一〇号
一九五二(昭和二七)	五九歳	一月	「広義都市計画の考え方」『第五回全国都市計画協議会会議要録』
		一月	「都市計画学会創立について」『第五回全国都市計画協議会会議要録』
		一月	『上田と近郷の発展策について』上田観光協会
		一月	「これからの都市と農村」『中学時代』三巻一〇号
		二月	「港湾都市計画の問題」『港湾』二九巻二号
		二月	「マチスを買わない東京都」『都政人』二四号＊
		三月	「工業都市計画の問題」『新都市』六巻三号
		四月	「私の都市計画史(一)」『新都市』六巻四号
		四月	「獏談」『都政人』 二六号
		五月	「私の都市計画史(二)」『新都市』六巻五号
		五月	「わが毒舌」『測量』二巻五号
		六月	「源氏物語を観て寶塚に望む 座談會」『歌劇』三二一号
		六月	「国土計画の問題の所在(上)」『国土』二巻一四号
		七月	「都市計画に対する反省」『都市問題』四三巻三号
		七月	「国土計画の問題の所在(下)」『国土』二巻一五号
		七月	「盛り場の手帳」『Hotel Review』三巻七号
		八月	「都市道路の反省―ロンドンを壁間に―」『道路』一四巻八号
		九月	「私の都市計画史(三)」『新都市』六巻九号
		九月	「都市計画未だ成らず」『都市計画』一巻一号
		九月	「末広亭木戸御免 落語批評家に出世して」『都政人別冊 特集話の市場』
		一〇月	「自治体における都市行政のあり方」『第一四回全国都市問題会議』
		一〇月	「アーケードは是か非か 対談 街に欲しい大久保彦左」『商店界』三三巻一〇号＊

		一一月	「私の都市計画史(四)」『新都市』六巻一一号
		一二月	「私の都市計画史(五)」『新都市』六巻一二号
			「岡山都市計画について」『岡山県都市計画協会都市対資料No.1』
			「泡盛に浮ぶ沖縄への郷愁【おもろ】」「自慢はウェッディング・ケーキ【ROXY】」読売新聞社会部編『味なもの』現代思潮社
一九五三(昭和二八)	六〇歳	一月	「新春座談会　昭和五〇年の東京を描く」『都政人』三五号*
		一月	「最近に於ける都市計画の諸問題」『道路』二八巻一号
		二月	「余談亭余談」『教育じほう』六一号
		二月	「北九州五市の安定度」『新都市』七巻二号
		二月	「地方制度改正に関する問題点　上」『自治時報』六巻二号
		二月二五日	「味なもの　珍味・豚の尻尾と耳の料理」『読売新聞』
		三月	「最近に於ける都市計画の諸問題」『日本道路会議論文集』一号
		三月	「地方制度改正に関する問題点　下」『自治時報』六巻三号
		三月一三日	「味なもの　自慢ウェッディング・ケーキ」『読売新聞』
		四月	「沖縄雑記」『新都市』七巻四号
		四月	「地方制度改革の問題点二、三」『自治時報』六巻四号
		五月	『社会科全書　都市』岩崎書店
		六月	『都市計画的に見た商店街さかり場の計画と研究』(商業診断参考シリーズI)、中小企業庁
		六月	「都市道路の反省」『道路』二八巻六号
		七月	「主婦の質問會　街はどうしたらきれいになるか」『婦人之友』四七巻七号
		七月	「育つ商店街育たぬ商店街」『商店界』三四巻七号
		八月	「市長学としての都市計画―これを全国の市長に贈る」『市政』二巻八号
		八月	『那覇市都市計画の考察』那覇市都市計画課
		八月一〇日	「名古屋城噂話」『名古屋タイムズ』
		九月	「力学的に見た東京」『科学朝日』一三巻九号
		九月	「北海道鉱業地域の都市計画について」
		九月一三日	「尾道・福山の都市診断」『毎日新聞』広島版
		九月二七日	「落ちた広告塔　商業都市美と人命の保護」『朝日新聞』
		一〇月一九日	「秋色日本の都市」『朝日新聞』
		一〇月	「神奈川八都紙上診断」『新都市』七巻一〇号
		一〇月	「露店は商店街のプラスとなるか」『商店界』三四巻一〇号
		一〇月	「日本の都市、今日特有の問題二、三」『第七回全国都市計画協議会研究報告』
		一〇月	「商店街に露店はプラスとなるか」『商店界』三四巻一〇号
		一一月	「都市計画に於けるShopping Centerの研究とその復興計画上の措置」『都市計画』六号

		一一月	『新しい長野市と商店街について』(※講演日)
		一一月	「座談会　大井西口商店街はどう発展するか」『商店経営』四巻一一号
		一一月	「商店街覚書」『商店経営』四巻一二号
		一一月	「都市計画的に考えた都市行政区域の算定」『地方自治』七一号
		一一月	「『借境調心』遺聞」『都政人』一四三号
		一二月	「あなたの町を繁華街にするには」『近代』一巻一号
			「The Study of Shopping Center in Japanese Cities & Treatment of Reconstruction City-Planning After the War」『早稲田大学理工学部紀要』一七号
一九五四(昭和二九)	六一歳	一月	「日本の都市の偏向とそれに対する措置としての都市計画―試論」『都市問題』、四五巻一号
		一月	「名都の表情　條件と分類」『市政』三巻一号
		一月	「新時代の繁栄する街を造るには……」『商店経営』五巻一号
		一月	「どんたく亭夜話　あんま談義」『都政人』一四五号
		一月	「私の東京地図」『東京案内』一集
		一月	「広場の歴史」『中学コース』五巻九号
		二月	「水の反省」『土木技術』九巻二号
		二月	「東京都商店装飾コンクールを審査して」『商店経営』五巻二号
		三月	「どんたく亭夜話　役人論をシマリ無く」『都政人』一四七号
		三月	「屋外広告批評―ネオンを切る」『宣伝会議』一巻一号
		三月	「過大都市東京を如何にすべきか」『国土』四巻三号
		四月	「都市の鑑賞法(Ⅰ)」『旅』二八巻四号
		四月	「どんたく亭夜話　夫婦力学」『都政人』一四八号
		五月	『新訂 都市計画及び国土計画』産業図書
		五月	「都市調査方法論の一考察」『都市問題』四五巻五号
		五月	「アーケードの研究　その照明と陳列」『中小企業情報』六巻五号
		五月	「都市の鑑賞法(Ⅱ)」『旅』二八巻五号
		五月	「首都の交通閉鎖」『汎交通』五四巻二号
		五月	「どんたく亭夜話　春の断章」『都政人』一四九号
		六月	「都市の社会性化」『第七回全国都市計画協議会会議要録』
		六月	「商店街今後の諸問題」『商店界』三五巻六号
		六月	「どんたく亭夜話　MORENAにて」『都政人』一五〇号
		七月	「都市の鑑賞法(Ⅲ)」『旅』二八巻七号
		八月	「どんたく亭夜話　天の邪鬼と枇杷」『都政人』一五二号
		九月	「市町村合併を中心としての都市経営の問題点」『第一六回全国都市問題会議』
		九月	「都市経営に対する実証的研究」『都市問題』四五巻九号

		九月	「名古屋の都市計画を楽しむ」『名古屋商工会議所月報』一四三号
		一〇月	「都市計画」磯村英一編『都市』有斐閣
		一〇月	「どんたく亭夜話　東京の地図・昭和笑話」『都政人』一五四号
		一一月	「どんたく亭夜話　秋風抄・鳴りヤカン」『都政人』一五五号
		十一月	「文化と生活　首都の教育環境—文化地区後始末」『教育じほう』八三号
一九五五（昭和三〇）	六二歳	一月	「東海都市採点—名古屋・豊橋・岡崎・一宮・岐阜・大垣・浜松・四日市」『市政』四巻一号
		一月	「都市計画の立場から見た高知市」『市政研究』一号
		一月	「どんたく亭夜話」『都政人』一五七号
		一月	「愛される店員さん」『オール生活』一〇巻一号
		一月	「こんにやく問答」『土木技術』一〇巻一号
		一月一日	「米寿の東京　夢の首都建設」『読売新聞』
		二月	「どんたく亭夜話　夜の決心」『都政人』一五八号
		三月	「漁港都市採点　那珂湊・石巻・銚子」『市政』四巻三号
		三月	「理想市街地建設計画競技設計応募作について」新宿区総合計画促進会『理想市街地建設計画設計競技入選設計及論文集』
		三月	「どんたく亭夜話　空財布綺談」『都政人』一五九号
		三月	「廣場のない國」『東京だより』六八号
		四月	「ゆうもあ談義」『東京だより』六九号
		四月	「市庁舎の位置に関する一二章」『市政』四巻五号
		四月	「どんたく亭夜話」『都政人』一六〇号
		五月	「音楽愛好家の殿堂」『放送文化』一〇巻五号
		六月	「随想ゆうもあ談義」『小二教育技術』八巻三号
		六月	「話の泉」『週刊朝日（別冊）』六〇巻二四号（※渡辺紳一郎との対談）＊
		六月	「都市計画はナゼ進まないか？」（上）『国土開発』四巻六号＊（※渋江操一との対談）
		六月	「どんたく亭夜話」『都政人』一六二号
		七月	「都市計画はナゼ進まないか？」（下）『国土開発』四巻七号＊（※渋江操一との対談）
		七月	「「季節外れ」の首都」『東京だより』七二号
		八月	「どんたく亭夜話」『都政人』一六四号
		八月一五日	「大学タウンの夢　若ものにのびのびした環境を」『早稲田大学新聞』
		八月二四日	「「結婚局」を提案する」『読売新聞』
		九月	「糞尿の街から七色ネオンへ　商店街のたち直り」『商店界』三六巻九号
		九月	「住みよい東京都にするには—座談会」『東京だより』七四号
		九月	「商店街の立ち直りをみる」『商店界』三六巻九号
		九月	「銅像建立」『文芸春秋』三三巻一七号

	一〇月	「首都の教育環境―文化地区後始末」『教育じほう』(東京都教育庁調査課編)八三号
	一一月	「序文」鈴木喜兵衛『歌舞伎町』
	十一月	「「おきなは」ものがたり(遺稿)」『東京だより』七六号
	一一月二日	「現代への"遺言" ベッドで講義する」『読売新聞』
	一二月	「Post-War Planning in Japan」『Journal of the American Institute of Planners』, Vol.21 No.4
一九五六(昭和三一)―	五月	『大長岡市建設之都市計画構想』長岡青年会議所
	五月	「巨人の風格」グロピウス会編『グロピウスと日本文化』彰国社
	八月	『世界首都ものがたり』筑摩書房
	一〇月	『余談亭らくがき』都市美技術家協会
一九五九(昭和三四)―	一〇月	「東京復興都市計画論」『都市計画』二六号
一九九三(平成五)	九月	『生誕百年記念 石川栄耀都市計画論集』石川栄耀博士生誕百年記念事業実行委員会

補：石川栄耀に関する人物紹介・追悼文

- (一九四八)、「人物素描：東京都建設局長石川栄耀氏」、『土木建築情報』、二巻六号、三二―三三頁、土木建築情報社
- (一九四八)、「談話室：全拳闘士の素描(二)：ニューフェース東京都建築局長：石川栄耀氏」、『建設』、一七号、八頁、全日本建築技術協会
- 柿村紅磁(一九四九)、「文化人石川栄耀」、『都政人』、一号、二四―二五頁、都政人協会
- 磯村英一(一九五五)、「側近第一号の石川君」、『都政人』、一六七号、四七―四八頁、都政人協会
- 人間地図子(一九五五)、「シャレた学者 石川栄耀博士」、『都政人』、一六六号、四三頁、都政人協会
- 福田桂次郎(一九五五)、「石川さんのジンギ」、『都政人』、一六七号、四八―四九頁、都政人協会
- 笠原敏郎(一九五六)、「石川副会長の急逝を悼む」、『都市計画』、一四号、二頁、日本都市計画学会
- 榧木寛之(一九五六)、「石川君の長逝を悼む」、『都市計画』、一四号、二頁、日本都市計画学会
- 根岸情治(一九五六)、『都市に生きる―石川栄耀縦横記』、作品社
- 北村徳太郎(一九五六)、「故石川栄耀君追悼の辞」、『都市計画』、一四号、二頁、日本都市計画学会
- 春彦一(一九五六)、「石川栄耀氏の憶い出」、『都政人』、一六九号、五二―五三頁、都政人協会
- 山田正男(一九五九)、「拝啓、故石川栄耀殿―都市計画学会と石川さんと私」、『都市計画』、五六号、七頁、日本都市計画学会
- 「石川栄耀」『創立二十周年記念写真帖』、二二頁、名古屋経済協会、一九三三年
- 「謹悼　石川栄耀氏」『市政』四巻一〇号、六三頁、全国市長会
- 大竹哲太郎(一九五五)「師・石川栄耀博士を偲ぶ」『宣伝』五〇号、一二頁、綜合宣伝社

石川栄耀に関する既往研究

『石川栄耀生誕百年記念号』（『都市計画』一八二号、日本都市計画学会、一九九三年七月）

・晶子住江、「石川栄耀の生涯」、一五-二四頁
・越澤明、「石川栄耀の都市計画と都市計画思想」、二一四-二一六頁
・西山康雄、「石川栄耀と名古屋の区画整理」、七六-八三頁
その他、石川栄耀に関する数多くの評伝、学術論文が収録されている。

石川栄耀についての評伝

・石川允（一九八三）、「石川栄耀」、『土木学会誌』、六八巻九号、四八頁、土木学会
・越澤明（二〇〇〇）、「石川栄耀 都市計画をこよなく愛し、夢見た男」、国土政策機構編、『国土を創った土木技術者達』、二一五頁、鹿島出版会
・鈴木信太郎（一九九〇）、「石川栄耀」、『都市計画』、一六三号、六八頁、日本都市計画学会
・谷鹿光治（一九九一）、「石川栄耀 工博を偲んで」、『照明学会七五年史 照明技術の発展とともに』、三五一頁、照明学会
・東郷尚武（一九九三）、「戦災復興の礎を築いた石川栄耀」、『江戸・東京を造った人々―都市のプランナーたち』、東京人編集室、四一一-四三〇頁、都市出版
・中井祐（二〇〇一）、「石川栄耀の人間讃歌」、『建設業界』、五八七号、四七頁、日本土木工業協会
・橋爪紳也（一九九五）、「歌舞伎町を創った男 石川栄耀」、『にぎわいを創る近代日本のプランナーたち』、二〇三-二一四頁、長谷工総合研究所
・馬場伸彦（一九九七）、「『都市創作』する理想主義者 石川栄耀」、『周縁のモダニズム モダン都市名古屋のコラージュ』、六二-七二頁、人間社
・広瀬盛行（一九九三）、「都市計画学会―都市づくりに情熱をかけた石川栄耀」、牧野昇・竹内均『日本の「創造力」』、第十三巻、七三-八六頁、日本放送出版協会
・広瀬盛行（二〇〇四）、「石川栄耀の都市計画家としての生涯」、『都・市・み・ら・い』、五五号、一四-一七頁、都市みらい推進機構
・晶子住江（一九九五）、「戦災復興事業と石川栄耀」、御厨貴編『シリーズ東京を考える三 都庁のしくみ』、二七七-三二〇頁、都市出版
・晶子住江（二〇〇〇）、「新宿歌舞伎町をつくった人物―石川栄耀」、『地域開発ニュース』、三四-三六頁、東京電力
・山田朋子（二〇〇六）、「石川栄耀―人びとの生活と都市計画」、加藤政洋・大城直樹編著、『都市空間の地理学』、三〇-四二頁、ミネルヴァ書房
・（一九九六）、「石川栄耀先生のことについて」、『区画整理研究』、七一号、八頁

石川栄耀の業績を主題とした学術論文

•鈴木栄基(一九九六)、「石川栄耀の盛り場研究と新宿歌舞伎町の計画」、『都市計画と都市形成』、一三三―一四八頁、東京都立大学
•中島直人(二〇〇二)、「石川栄耀の都市美運動に関する研究」、『都市計画論文集』、三七号、五二三―五二八頁、日本都市計画学会
•中島直人(二〇〇七)、「石川栄耀による都市計画の基盤理論の探求に関する研究―『都市計画及び国土計画』に着目して」、『都市計画論文集』、四二―三号、四〇三―四〇八頁、日本都市計画学会
•西成典久・齋藤潮(二〇〇四)、「石川栄耀の広場設計思想―新宿コマ劇前広場をめぐって」、『都市計画論文集』、三九―三号、九〇七―九一二頁、日本都市計画学会
•西成典久(二〇〇六)、「麻布十番戦災復興計画と石川栄耀の理想的商店街―広場状空地の出自と経緯に着目して」、『都市計画論文集』、四一―三号、九二九―九三四頁、日本都市計画学会
•西成典久(二〇〇七)、「都市広場をめぐる石川栄耀の活動に関する研究」、東京工業大学博士論文
•初田香成(二〇〇五)、「石川栄耀の盛り場論とその都市史的意義―戦災復興期の東京における実践を中心として」、『日本建築学会計画系論文集』、五九〇号、二一五―二二〇頁、日本建築学会
•濱満久(二〇〇六)、「都市における小売業―都市計画家石川栄耀の取り組み」、『経営研究』、五六巻四号、三〇七―三二八頁、大阪市立大学
•本間義人(二〇〇二)、「東京緑地地域計画と石川栄耀―土地問題をめぐる攻防」、『現代福祉研究』、二号、三三―四九頁、法政大学
•山田朋子(二〇〇三)、「石川栄耀の盛り場論と名古屋における実践」、『人文地理』、五五巻五号、二一―四四頁、人文地理学会

その他、石川栄耀の業績に関連する文献

•阿部和俊(二〇〇三)、『二〇世紀の都市地理学』、古今書院
•五十嵐太郎(二〇〇三)、『戦争と建築』、晶文社
•石田頼房(一九八六)、「日本における土地区画整理制度史概説一八七〇―一九八〇」、『総合都市研究』、二八号、四五―八七頁、東京都立大学都市研究センター
•石田頼房(一九八七)、『日本近代都市計画の百年』、自治体研究社
•石田頼房(一九九二)、『未完の東京計画―実現しなかった計画の計画史』、筑摩書房
•石原武政(一九八五)、「商店街の組織化 戦前の商店街商業組合を中心として(下)」、『経営研究』、三六巻一号、一―一九頁、大阪市立大学
•市古太郎・馬場俊介(一九九四)、「戦前名古屋における土地区画整理制度による集落計画」、『土木史研究』、一四号、土木学会
•井上研究会編(二〇〇二)『都市計画を担う君たちへ』、計量計画研究所
•井上孝(一九八九)、『都市計画の回顧と展望』、井上孝先生講演集刊行会
•浦山益郎・佐藤圭二・鶴田佳子(一九九二)、「戦前名古屋の組合施行土地区画整理事業の展開過程に関する研究」、『都市計画論文集』、二七号、四九―五四、日本都市計画学会
•大濱聡(一九九八)、『沖縄・国際通り物語―「奇跡」と呼ばれた一マイル』、ゆい出版
•川上征雄(二〇〇七)、『国土計画の変遷―効率と衡平の計画思想』、鹿島出版会
•川野訓志(一九九二)、「戦前期商店街政策の展開―商店街商業組合の形成過程についての一考察」、『経済と貿易』、一六一号、一二三―一四〇頁、横浜市立大学経済研究所

•川野訓志（一九九五）、「異業種型組織としての商店街商業組合」、『経済と貿易』、一七〇号、四五‐五八頁、横浜市立大学経済研究所
•越澤明（一九八五）、「日本占領下の上海都市計画（一九三七‐一九四五年）」、『都市計画論文集』、二〇号、四三―四八頁、日本都市計画学会
•越澤明（一九九一）、『東京の都市計画』、岩波新書
•越澤明（一九九一）、『東京都市計画物語』、日本経済評論社
•越澤明（一九九二）、「区画整理の展開と近代日本都市計画」、『都市計画』、一七五号、六五‐六六頁、日本都市計画学会
•越澤明（二〇〇五）、『復興計画―幕末・明治の大火から阪神・淡路大震災まで』、中央公論新社
•五〇周年史編纂委員会（二〇〇一）、「日本都市計画学会五十年史」、『都市計画』、二三三号、日本都市計画学会
•真田純子（二〇〇七）、『都市の緑はどうあるべきか　東京緑地計画の考察から』、技報堂出版
•佐野浩祥・十代田朗（二〇〇七）、「岡山・倉敷地域における広域計画「百万都市構想」の淵源とその展開」、『都市計画論文集』、四二‐一号、六九‐七四頁、日本都市計画学会
•佐野浩祥（二〇〇六）、『戦後日本の国土計画における地方拠点開発に係る計画と事業に関する研究』、東京工業大学博士論文
•サントリー不易流行研究所（一九九六）、『都市のたくらみ・都市の愉しみ：文化装置を考える』、日本放送出版協会
•サントリー不易流行研究所（一九九九）、『変わる盛り場―「私」がつくり遊ぶ街』、学芸出版社
•新谷洋二・越澤明（二〇〇四）、『都市をつくった巨匠たち―シティプランナーの横顔』、ぎょうせい
•杉浦芳夫（一九九六）、「幾何学の帝国―わが国における中心地理論受容前夜」、『地理学評論』、六九号A‐一一、八五七‐八七八頁、日本地理学会
•鈴木伸治（一九九九）、『東京都心部における景観概念の変遷と景観施策の展開に関する研究 東京美観地区を中心として』、東京大学博士論文
•鈴木信太郎（二〇〇三）、『私の都市計画生活 喜寿を迎えて』、山海堂
•瀬口哲夫（一九九一）、「名古屋における都市美運動」、『Nagoya発』、一七号、一一‐一四頁、名古屋市
•孫禎睦［西垣安比古・市岡実幸・李終姫訳］（二〇〇四）、『日本統治下朝鮮都市計画史研究』、柏書房
•高橋陽之介（二〇〇四）、『東京高速道路株式会社線の実現における石川栄耀の役割』、筑波大学環境科学研究科修士論文
•田中重光（二〇〇五）、『近代・中国の都市と建築』、相模書房
•鶴田佳子・南谷孝廣・佐藤圭二（一九九四）、「名古屋市における戦前の区画整理設計水準の発展過程に関する研究」、『都市計画論文集』、二九号、二一一‐二一六頁、日本都市計画学会
•鶴田佳子・佐藤圭二（一九九五）、「近代都市計画初期における一九一九年都市計画法第一二条認可土地区画整理による市街地開発に関する研究」、『日本建築学会計画系論文集』、四七〇号、一四九‐一五九頁、日本建築学会
•東京都建設局（一九八七）、『甦った東京 東京戦災復興土地区画整理誌』、東京都建設局
•中島直人（二〇〇六）、『都市美運動に関する研究』、東京大学博士論文
•中島直人（二〇〇七）、「「中心市街地活性化」のアーバニズム」、『一〇＋一』、四五号、七八‐八六頁、INAX出版
•中島直人（二〇〇七）、「日本近代都市計画における都市像の探求」、『都市計画』、二六二号、一一‐一六頁、日本都市計画学会
•中島直人（二〇〇八）、「商店街まちづくりの祖 石川栄耀と美観商店街」、『東京人』、二五二三号、八二‐八四頁、都市出版
•西山康雄（一九九二）、『アンウィンの住宅地計画を読む』、彰国社
•西山康雄（二〇〇〇）、『「危機管理」の都市計画―災害復興のトータルデザインをめざして』、彰国社

・西山康雄（二〇〇二）、『日本型都市計画とはなにか』、学芸出版社
・西山康雄・渡辺貴介・村瀬章（一九八一）、「まちづくり教育の概念と展望 コラム・まちづくりに関する二つの児童図書」、『都市計画』、一二六号、一三頁、日本都市計画学会
・西成典久（二〇〇七）、「東京戦災復興区画整理事業にみる広場状空地の出自とその背景に関する研究」、『都市計画論文集』、四二-三号、四〇九-四一四頁、日本都市計画学会
・西村幸夫編（二〇〇五）、『都市美 都市景観施策の源流とその展開』、学芸出版社
・ニック・ティラッソー他（二〇〇六）、「戦災復興の日英比較」、知泉書院
・日本屋外広告協会（一九九七）、『広告景観の創造』、日本屋外広告協会
・長谷川淳一（二〇〇三）、「一九四〇年代の国土計画に関する一考察（二）―国土総合開発法の制定を中心に」、『経済学雑誌』、一〇四巻三号、八-二九、大阪市立大学経済学会
・長谷川淳一（二〇〇四）、「一九四〇年代の国土計画に関する一考察（六）―国土総合開発法の制定を中心に」、『経済学雑誌』、一〇五巻三号、三九-六三、大阪市立大学経済学会
・波多野憲夫（一九八八）、「東京戦災復興における組合施工土地区画整理事業」、『東京―成長と計画一八六八-一九八八』、東京都立大学
・初田香成（二〇〇八）、『戦後日本における都市再開発の形成と展開に関する史的研究』、東京大学博士論文
・日笠端（一九九七）、『市町村の都市計画1 コミュニティの空間計画』、共立出版社
・広瀬盛行（二〇〇四）、「都市計画及び国土計画（初版、改訂版、新訂版）」、『都市計画』、二四九号、九四頁、日本都市計画学会
・藤井信幸（二〇〇四）、『地域開発の来歴』、日本経済評論社
・藤原辰史（二〇〇六）、「文献解題：石川栄耀『国土計画―生活圏の設計』（河出書房、一九四二年）、同『改訂増補 日本国土計画論』（八元社、一九四二年）」、『「帝国」日本の学知 第八巻 空間形成と世界認識』、岩波書店
・堀江興（一九九五）、「東京における街路照明の発展経緯および照明基準に関する研究」、『都市計画論文集』、三〇号、四七五-四八〇頁、日本都市計画学会
・堀田典裕（一九九五）、「道徳地区の形成過程とその空間的特質について」、『日本建築学会計画系論文集』、四七八号、一六九-一七七頁、日本建築学会
・堀田典裕（一九九六）、「近代都市空間における夜景の意匠 汎太平洋平和博覧会について」、上野邦一・片木篤編、『建築史の想像力』、五〇-六九頁、学芸出版社
・堀田典裕（二〇〇五）、『復刻版「都市創作」別冊解説』、不二出版
・本間義人（二〇〇二）、『都市改革の思想 都市論の系譜』、日本経済評論社
・山田朋子（一九九七）、「名古屋大須の盛り場構想の変遷―昭和初期の新聞座談会の役割」、『大阪大学日本学報』、一六号、一五九-一七三頁、大阪大学
・吉見俊哉（一九八七）、『都市のドラマトゥルギー 東京・盛り場の社会史』、弘文堂
・李東毓、榊原渉、戸沼幸市（一九九九）、「戦後の地区発展からみた新宿歌舞伎町における復興計画の影響に関する研究」、『日本建築学会計画系論文集』、五二四号、二〇七-二一二頁、日本建築学会
・（一九九一）、『「都市創作」に見る理想の名古屋』、『Nagoya発』一七号、一五-一六頁、名古屋市

【人名索引】

は

ひ

ふ

へ

ほ

ま

み

む

め

も

や

よ

り

れ

ろ

わ

さ

し

す

せ

そ

た

ち

つ

て

と

な

に

の

【地名索引】

さ

し

す

せ

索引

【事項索引】

著者略歴

中島直人《なかじま・なおと》

一九七六年　東京都に生まれる
一九九九年　東京大学工学部都市工学科卒業
二〇〇一年　東京大学大学院工学系研究科都市工学専攻修士課程修了
現在　東京大学大学院工学系研究科都市工学専攻准教授　博士（工学）
専門は都市計画。主な著書に『都市美運動　シヴィックアートの都市計画史』（東京大学出版会、二〇〇九年）、『都市計画の思想と場所　日本近現代都市計画史ノート』（東京大学出版会、二〇一八年）、共編著に『アーバニスト　魅力ある都市の創生者たち』（ちくま新書、二〇二一年）。
これまでに日本都市計画学会論文賞、日本建築学会著作賞を受賞。

西成典久《にしなり・のりひさ》

一九七八年　東京都中野区に生まれる
二〇〇〇年　東京工業大学工学部社会工学科卒業
二〇〇七年　東京工業大学大学院社会理工学研究科社会工学専攻博士課程修了
現在　香川大学大学院創発科学研究科　博士（工学）
専門は景観・都市計画、まちづくり、地域振興。主な著書に『日本の都市づくり』（共著、朝倉書店、二〇一一年）、『はじめて学ぶ都市計画』（共著、市ヶ谷出版社、二〇一八年）。
これまでに日本都市計画学会論文奨励賞、観光庁長官賞を受賞。

初田香成《はつだ・こうせい》

一九七七年　東京都に生まれる
二〇〇一年　東京大学工学部都市工学科卒業
二〇〇八年　東京大学大学院工学系研究科建築学専攻博士課程修了
現在　工学院大学建築学部建築デザイン学科准教授　博士（工学）
専門は都市史、建築史。主な著書に『都市の戦後　雑踏のなかの都市計画と建築』（東京大学出版会、二〇一一年）、共編著に『盛り場はヤミ市から生まれた』（青弓社、二〇一三年、増補改訂版二〇一六年）、『危機の都市史　災害・人口減少と都市・建築』（吉川弘文館、二〇一九年）。

佐野浩祥《さの・ひろよし》

一九七七年　東京都小平市に生まれる
二〇〇〇年　東京工業大学工学部社会工学科卒業
二〇〇六年　東京工業大学大学院情報理工学研究科情報環境学専攻博士課程修了
現在　東洋大学国際観光学部教授　博士（工学）
専門は国土・地域計画、観光まちづくり。主な著書に『インバウンドと地域創生』（共著、海文堂、二〇一七年）、『初めて学ぶ都市計画』（共著、市ヶ谷出版社、二〇一八年）。

津々見崇《つつみ・たかし》

一九七二年　熊本県に生まれる
一九九七年　東京工業大学工学部社会工学科卒業
二〇〇〇年　東京工業大学大学院情報理工学研究科情報環境学専攻修士課程修了
現在　東京工業大学環境・社会理工学院建築学系助教　博士（工学）
専門は都市・地域計画、まちづくり学習論、観光計画。主な著書に『観光の新しい潮流と地域』（共著、放送大学教育振興会、二〇一一年）。

都市計画家 石川栄耀

都市探求の軌跡

二〇〇九年三月二〇日　第一刷発行
二〇二三年四月一〇日　第二刷発行

著者　中島直人、西成典久、初田香成、佐野浩祥、津々見崇
発行者　新妻 充
発行所　鹿島出版会
〒一〇四-〇〇六一　東京都中央区銀座六-一七-一　銀座6丁目SQUARE 七階　電話 〇三(六二六四)二三〇一　振替 〇〇一六〇-二-一八〇八八三
装幀　伊藤滋章
組版　高木達樹(しまうまデザイン)
印刷　壮光舎印刷
製本　牧製本

ISBN978-4-306-09396-6　C0052　Printed in Japan　
本書の内容に関するご意見・ご感想は下記までお寄せください。　https://www.kajima-publishing.co.jp　info@kajima-publishing.co.jp